Android开发进阶实战

拓展与提升

谭东◎著

Android

机械工业出版社
China Machine Press

图书在版编目（CIP）数据

Android开发进阶实战：拓展与提升/谭东著．—北京：机械工业出版社，2020.5

ISBN 978-7-111-65472-8

Ⅰ．A…　Ⅱ．谭…　Ⅲ．移动终端－应用程序－程序设计　Ⅳ．TN929.53

中国版本图书馆CIP数据核字（2020）第071135号

Android 开发进阶实战：拓展与提升

出版发行：机械工业出版社（北京市西城区百万庄大街 22 号　邮政编码：100037）

责任编辑：李华君　　责任校对：姚志娟

印　刷：中国电影出版社印刷厂　　版　次：2020 年 5 月第 1 版第 1 次印刷

开　本：186mm×240mm　1/16　　印　张：25.5

书　号：ISBN 978-7-111-65472-8　　定　价：119.00 元

客服电话：（010）88361066　88379833　68326294　　投稿热线：（010）88379604

华章网站：www.hzbook.com　　读者信箱：hzit@hzbook.com

前言

写作背景

当前，学习移动端开发的人越来越多，尤其是基于 Google 公司的 Android 平台开发更是热门。截至作者写作本书，Android 系统的最新版本已经更新到了 Android Q，其整个生态、开发技术和开发工具也越来越完善与丰富。Android 系统被广泛应用于各个领域，例如不仅局限于移动手机端，还应用于诸如电视机顶盒、车载系统、平板终端、智能手表和物联网等领域。Android 系统在过去的几年里得到了飞速的发展与提升，这使得 Android 系统产生了更大的潜力，也吸引了更多的开发者加入 Android 开发队伍中。相信在未来的时间里，Android 系统还会继续给我们带来更多、更大的惊喜。

由于 Android 在系统、生态上不断扩展与发展，所以对 Android 开发者的要求也越来越高。尤其是最近几年，Android 系统基本上每个大的版本都会更新很多内容，其 API 也会发生很多变化，而且相关的开发技术、框架、设计理念和开发工具等也都在不断变化。开发者想要跟上 Android 系统的不断更新和变化，就得不断学习 Android 的新技术和新架构等知识，这对开发者来说非常重要。这样能够帮助开发人员掌握最新的 Android 高效开发技术，可以让他们开发的应用更加稳定、安全、高效，从而达到事半功倍的效果。

笔者写作本书也是为了将 Android 的新技术、新理念、新方向和各种高效编程技术分享给各位喜爱 Android 开发的人员。本书将围绕 Android 的核心技术、新技术、新趋势和高效编程经验进行详细讲解。本书主要适合有一定 Android 开发基础的人员阅读，可以带领他们进一步深入、拓展与提升。希望通过本书，可以帮助读者提升 Android 开发技术水平，提高思维能力，拓展技术视野。

本书特色

1. 内容新颖，注重技术趋势

本书摒弃了一些过时的开发技术，重点讲解了 Android 平台的核心技术和最新发布的一些新技术、新工具及 API，如 Android ROM、Android TV 开发和 Flutter 等，这些技术代表着 Android 技术的未来发展趋势。

2．分享经验，提高开发效率

本书不仅对各重要技术点进行了详细讲解，而且还给出了笔者总结的大量的高效开发经验，可以帮助读者提高开发效率。这些经验都来自于作者多年的实际开发工作，可以让读者少走很多弯路。

3．新技术和新工具实用、有针对性

本书介绍的各种新技术和新工具都非常实用，而且很有针对性，能解决读者在开发中遇到的各种实际问题，如一些新的 IDE、辅助工具和开发技巧等，都可以给读者的高效开发打下基础。

4．实例丰富，内容深度适宜

本书每个章节的讲解都安排了实例，以方便读者更好地理解和学习。这些实例有较高的应用价值，可以给读者的项目实践提供借鉴。另外，本书虽然是进阶读物，但内容深度适宜，适合大多数读者阅读。本书中只介绍高频使用的核心技术，而不介绍冷门生僻的技术。

5．提供核心源代码

本书讲解过程中给出了实例的核心代码，并对关键代码做了详细注释，以方便读者更好地理解和实践。读者可以对这些代码进行改造和扩展，将其应用于自己的项目实践之中，从而大大提高开发效率。读者可以在作者的 GitHub 上获取完整的代码。

本书内容

第1篇　高效开发基础（第1~3章）

本篇重点围绕 Android 平台的高效开发与经验分享进行讲解，从新的开发工具、辅助工具、开发技巧和新的开发技术等方面进行多角度讲解，为读者的高效开发打下基础。

第 1 章详细介绍了 Android 开发最新的 IDE——Android Studio，介绍了它的用法、小技巧及新的构建系统 Gradle，为读者的高效开发打好 IDE 工具基础。

第 2 章主要介绍了 Android 的各种新技术，如新的布局方式、AndroidX、新架构、新动画、新发展等，还介绍了一些最新的技术框架内容，为读者的高效开发打下坚固的新知识基础。

第 3 章主要介绍了一些常用的 Android 开发辅助工具，如版本控制、抓包工具、布局分析器、高效反编译工具等。这些辅助工具有助于开发人员提升开发效率，达到事半功倍的效果。

第2篇　核心技术详解（第4~7章）

本篇重点对 Android 开发过程中经常用到但又不容易深入理解和正确使用的一些知识点进行详细讲解。希望通过本篇内容，可以让读者对 Android 应用安全、测试、适配等内容有更深入的理解，并能够将这些内容应用于项目实践中。

第 4 章详细介绍了线程与进程的特点和区别，并且讲解了进程 IPC 的相关知识，以及 Binder 的使用。

第 5 章重点介绍了 Android 应用安全等相关核心知识点。安全问题经常被忽略，但非常重要。掌握了应用安全和开发规范的核心知识，将能够更好地提升自己，做到在开发上事半功倍。

第 6 章详细介绍了 Android 应用测试的相关知识点，例如测试方法和原则、规范的测试用例的编写、主流测试框架的使用等。详细的 Android 应用测试可以让我们的应用更加稳定与安全。

第 7 章详细介绍了 Android 中定制与适配等相关内容。这部分内容比较浅显易懂，读者要重点掌握一些适配技术和方法，这样所开发出来的应用的用户体验会比较好。

第3篇　拓展与实践（第8~12章）

本篇主要介绍了一些 Android 的新技术和较为深入的技术，希望通过本篇内容，可以提升读者的开发水平。

第 8 章主要介绍了 Android 系统中的 ROM 知识，如源码结构、ROM 内核编译、系统应用编写及其他一些使用 Android ROM 的知识点，以便让读者详细地了解 Android 系统的构成与原理，并扩充一些 Android ROM 的知识，为更加深入的 Android 开发打好系统底层的基础。

第 9 章带领读者了解和学习基于 Android 的机顶盒系统开发，分享了大量的 Android TV 开发的实际项目经验，非常有价值。本章内容也是 Android 开发的一个热门方向，建议读者能很好地掌握。

第 10 章详细地讲解了 Google 最新的跨平台技术框架——Flutter，帮助读者快速入门 Flutter 并编写一个简单的应用。本章内容是 Android 最新、最核心的内容之一，希望读者能够很好地掌握。

第 11 章详细介绍了软件开发的 23 种设计模式，并配有生动、形象的实例进行讲解，便于读者对设计模式有更加深入的理解。因为设计模式可以提升开发者的编程架构思维能力，所以非常重要，需要读者很好地掌握。

第 12 章带领读者学习如何从 0 到 1 设计和架构一个简单应用，帮助读者了解项目开发流程，并学习一些项目实践中的开发经验。

本书读者对象

本书主要面向具有 Android 编程基础而想进一步学习 Android 新技术、高级技术和高效开发方式的读者。建议读者对 Java 等面向对象编程语言有一定的了解，敢于尝试新事物，例如新的 IDE、新的 API、新技术方向等。本书的目的就是提升读者的 Android 开发水平和经验，带领读者挑战开发极限。

具体而言，本书主要适合以下读者阅读：

- 有一定 Android 编程基础的人员；
- 希望进一步提升自己，学习 Android 新技术的人员；
- Android 开发进阶人员；
- Android 技术爱好者；
- Android 新技术研究者；
- 需要一本 Android 开发手册的人员；
- 高校相关专业的老师与学生；
- 相关培训机构的学员。

本书阅读建议

- 基础相对薄弱的读者，从第 1 章开始顺次阅读本书各章节的内容；
- 基础较好的读者，如果想有针对性地学习，可以选择感兴趣的章节进行阅读；
- 建议所有读者都重点学习第 2 章及第 5～10 章的相关内容；
- 设计模式非常重要，建议读者重点阅读和学习第 11 章，以便打好架构思维的基础；
- 阅读时要善于抓住重点，再结合实际场景进行实践，以更好地体会相关技术。

本书配套资源

本书涉及的所有源代码都已经开源并提供在了 GitHub 上，读者可以自行下载（下载网址为 https://github.com/jaychou2012/android_hight_book）。另外，读者也可以在华章网站 www.hzbook.com 上搜索到本书，然后单击“资料下载”按钮，即可在本书页面上找到“配书资源”下载链接。

读者反馈

由于笔者水平所限，书中可能还会存在一些疏漏，敬请读者指正，笔者会及时进行调整和修改。联系邮箱为 852041173@qq.com 或 hzbook2017@163.com。笔者会将一些反馈信息整理在博客中（https://fantasy.blog.csdn.net）。另外，也欢迎读者关注笔者的微信公众号（tandongjay），笔者会定期分享一些技术文章。

致谢

感谢我的父母和妻子在本书编写过程中所给予的大力支持和鼓励！

感谢我的老师，让我对计算机产生了兴趣，并且让我的相关技术水平有了很大的提升与拓展！

感谢我任职的公司，让我有机会在实际项目研发和技术攻关中学习和总结，从而掌握了很多新技术，积累了大量开发经验，为本书的写作积累了一手素材！

感谢欧振旭编辑在本书出版过程中提供的大力支持与帮助！他非常热心，也很有耐心，他对本书质量的提升给出了有益的建议，并做了大量的工作。

目录

第 2 篇　核心技术详解

第 3 篇 拓展与实践

第1篇 高效开发基础

第 1 章　高效开发工具

提到 Android 开发工具，大家一般想到的有两种：Eclipse 和 Android Studio。早期程序员都是使用 Eclipse 进行开发，效率非常低。于是 Google 在 2013 年 5 月的 I/O 大会上发布了全新的 Android 高效开发工具——Android Studio。目前，Android Studio 版本更新相对来说比较频繁，新功能、新插件非常丰富，大大满足了开发者的需求，开发效率远远高于传统的 Eclipse，所以推荐大家直接使用 Android Studio 进行 Android 开发。Android Studio 也有很多小功能及全新的 Gradle 构建系统。本章将会讲解 Android Studio 的安装与使用，以及一些提升开发效率的功能和插件。

1.1　使用 Android Studio 进行高效开发

Android Studio 是在 IntelliJ IDEA（社区版）开源版本的基础上进行开发的。相对于传统的 ADT（Eclipse），Android Studio 可以说让 Android 开发体验实现了一个质的飞跃，非常高效、快捷。

1.1.1　认识 Android Studio

Android Studio 提供了一个更为优秀、专业的开发工具平台，集成了很多高效、实用的功能，以及丰富的工具和插件等。而且构建应用的速度变得非常快，因为有 Instant Run，无须每次都重新编译一次。除了 IntelliJ 强大的代码编辑器和开发者工具外，Android Studio 还提供了更多可以提高 Android 应用构建效率的功能，例如：

- 基于 Gradle 的灵活构建系统；
- 快速且功能丰富的模拟器；
- 可针对所有 Android 设备进行开发的统一环境；
- Instant Run，可将变更推送（安装）到正在运行的应用，而无须构建新的 APK；
- 可帮助构建常用应用功能和导入示例代码的代码模板及 GitHub 集成；

- 丰富的测试工具和框架；
- 具有可捕捉性能、易用性、版本兼容性及其他问题的 Lint 工具；
- C++和 NDK 支持；
- 内置对 Google 云端平台的支持，可轻松集成 Google Cloud Messaging 和 App 引擎。

如图 1-1 所示为 Android Studio IDE 的整体界面预览图。

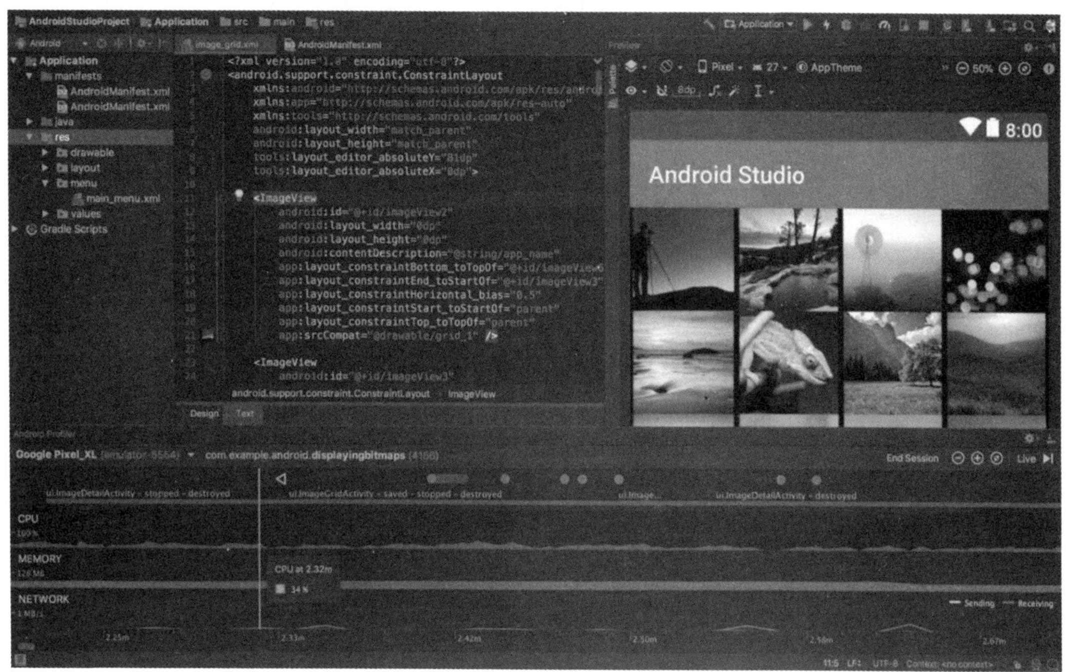

图 1-1　Android Studio IDE 的整体界面预览

Android Studio 提供了可视化布局编辑器（Visual Layout Editor），主要是使用 ConstraintLayout 布局方式进行拖曳和约束式布局。但是这种方式并不推荐，建议使用 XML 布局编辑器通过代码逻辑进行编写，这样会避免出现适配等其他问题。可视化布局编辑器（Visual Layout Editor）界面如图 1-2 所示。

APK 分析器（APK Analyzer）也非常实用，即使它不是使用 Android Studio 构建的应用，也可以使用。通过 APK 分析器可以对应用进行结构分析，并且可以减小 Android 应用的大小。可以检查清单文件、资源和 DEX 文件，比较两个 APK，了解你的应用大小在各个应用版本之间的变化情况。APK 分析器界面如图 1-3 所示。

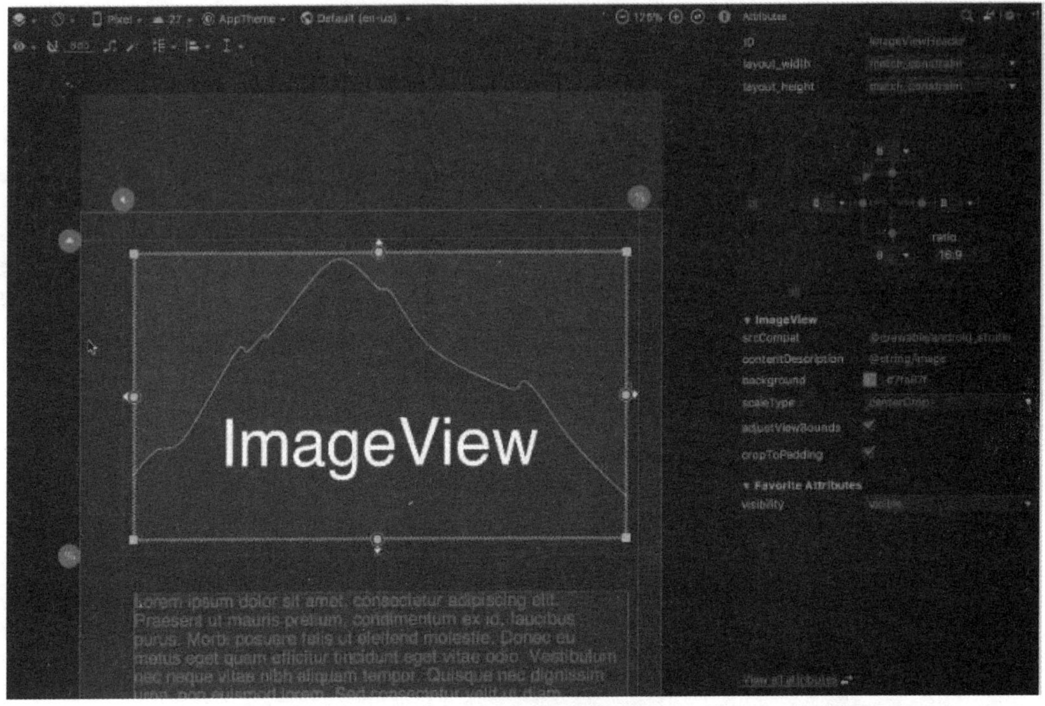

图 1-2　可视化布局编辑器界面

app-debug.apk

com.android.androidstudioapp (version 1.0)

APK size: 2.4 MB, Download Size: 2.1 MB　　Compare with previous APK...

File	Raw File Size	Download Size	% of Total Download size
classes.dex	1.6 MB	1.5 MB	75.4%
▶ res	413.3 KB	395.8 KB	19.4%
resources.arsc	248.5 KB	56.7 KB	2.8%
▶ META-INF	43.8 KB	40.5 KB	2%
▼ kotlin	9.3 KB	9.3 KB	0.5%
kotlin.kotlin_builtins	3.8 KB	3.8 KB	0.2%
▶ reflect	2.1 KB	2.1 KB	0.1%
▶ collections	1.5 KB	1.5 KB	0.1%
▶ ranges	944 B	944 B	0%
▶ annotation	559 B	559 B	0%
▶ internal	457 B	457 B	0%
AndroidManifest.xml	684 B	684 B	0%

Load Proguard mappings...　8 classes with 21461 methods, and references 28076 methods.

Class	Defined Methods	Referenced Methods	Size
▶ android	15972	21024	2.1 MB
▶ kotlin	5440	6086	690.9 KB
▶ java		893	21.8 KB
▶ org	23	40	3.5 KB
▶ com	26	30	33.9 KB
▼ float[]		1	20 B
java.lang.Object clone()		1	20 B
▶ int[]		1	20 B
▶ long[]		1	20 B

图 1-3　APK 分析器界面

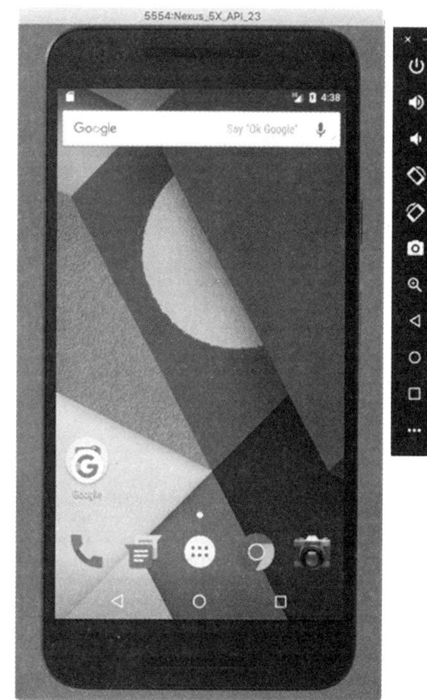

图 1-4　全新的模拟器界面

全新的模拟器（Android Emulator）体验更好、更快，可以模拟不同的配置和功能，也可以对 Android TV、Phone、Wear 和 Auto 等设备进行模拟，还可以用于构建增强现实体验的 Google 平台 ARCore。模拟器界面如图 1-4 所示。

Android Studio 全新的智能代码编辑器非常好用，可以自动提示并支持多种编程语言；还可以使用 Kotlin、Java、C/C ++、HTML 和 Flutter 等语言提供的智能代码编辑器编写更好的代码，从而更快地工作，提高工作效率。编辑器界面如图 1-5 所示。

Android Studio 使用 Gradle 构建系统构建 Android 项目，可扩展性非常强且非常灵活。Android Studio 由 Gradle 提供支持，其构建系统允许开发者自定义构建，如图 1-6 所示。

实时分析器（Realtime profilers）这个内置的分析工具为应用程序的 CPU、内存和网络活动提供实时统计信息。实时分析器通过记录方法跟踪、检查堆及其分配，以及查看传入和传出的网络有效负载来识别性能瓶颈，功能非常实用、强大，如图 1-7 所示。

```
ScrollingActivity.kt

override fun onCreate(savedInstanceState: Bundle?) {
    super.onCreate(savedInstanceState)
    setContentView(R.layout.activity_scrolling)
    val toolbar = findViewById<View>(R.id.toolbar) as Toolbar

    setSupportActionBar(toolbar)

    val fab = findViewById<View>(R.id.fab) as FloatingActionButton
    val emailButton = findViewById<View>(R.id.emailAction) as ImageButton
    val androidButton = findViewById<View>(R.id.androidAction) as ImageButton

    //Icons
    em
                                             R.color.colorAccent)
                                             R.color.colorPrimary)
                                             this, R.color.colorPrimaryDark)
            view, text: "Email Contact", Snackbar.LENGTH_LONG)

ScrollingActivity    onCreate()
```

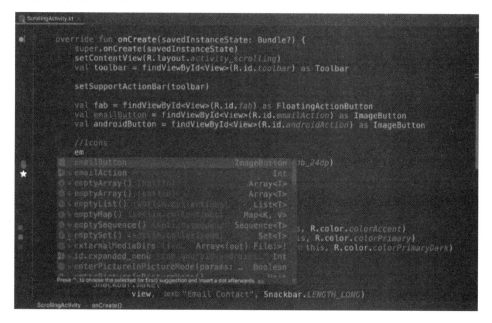

图 1-5　全新的智能代码编辑器区域

```
MainActivity.java × | activity_main.xml × | GoogleAndroid × | app ×

apply plugin: 'com.android.application'

android {
    compileSdkVersion 27
    defaultConfig {
        applicationId "com.google.android"
        minSdkVersion 15
        targetSdkVersion 27
        versionCode 1
        versionName "1.0"
        testInstrumentationRunner "android.support.test.runner.AndroidJUnitRunner"
    }
    buildTypes {
        release {
            minifyEnabled false
            proguardFiles getDefaultProguardFile('proguard-android.txt'), 'proguard-rules.pro'
        }
    }
}

dependencies {
    implementation fileTree(dir: 'libs', include: ['*.jar'])
    implementation 'com.android.support:appcompat-v7:27.1.1'
    implementation 'com.android.support.constraint:constraint-layout:1.1.3'
    testImplementation 'junit:junit:4.12'
    androidTestImplementation 'com.android.support.test:runner:1.0.2'
    androidTestImplementation 'com.android.support.test.espresso:espresso-core:3.0.2'
}
```

图 1-6　Gradle 构建系统

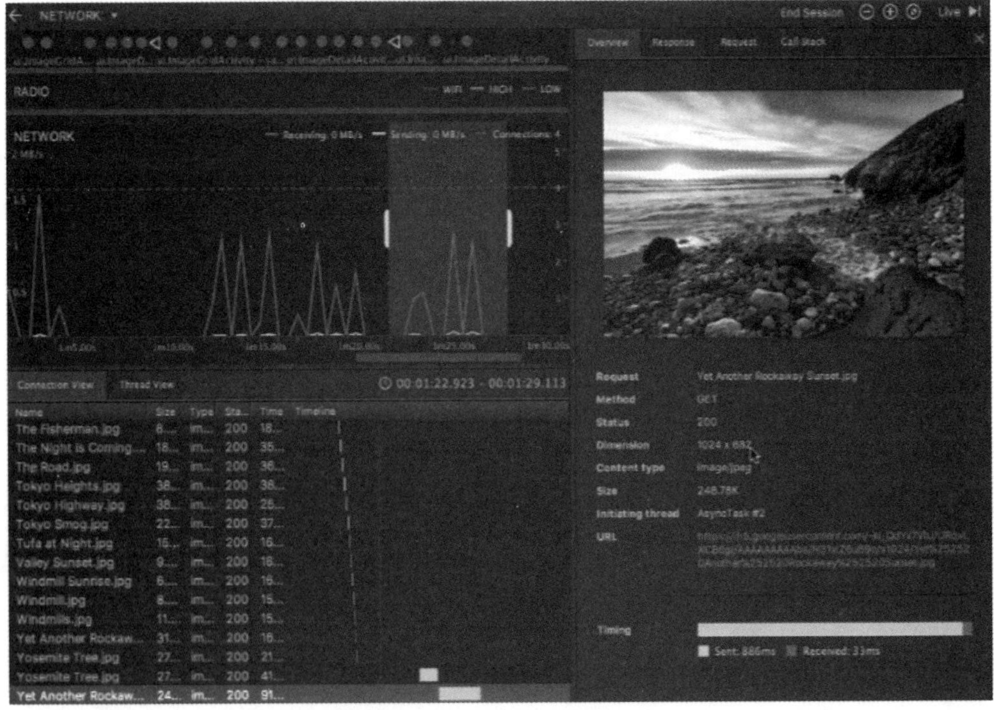

图 1-7　实时性能分析器

最后给出一个 Android 开发流程图，如图 1-8 所示。

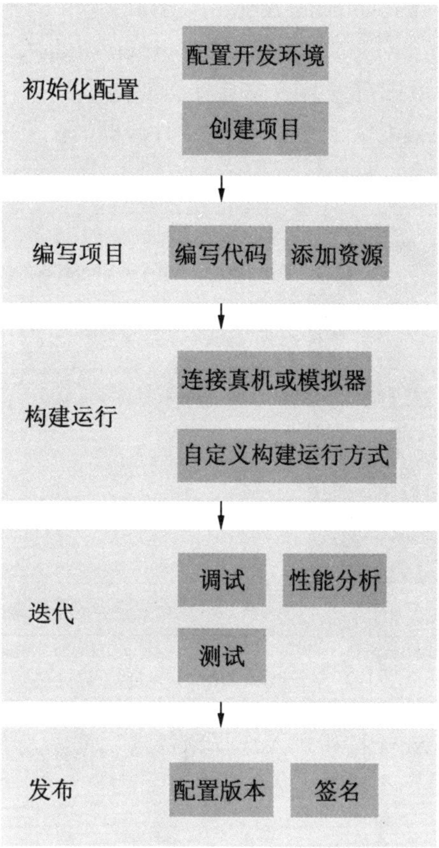

初始化配置：配置开发环境、创建项目

编写项目：编写代码、添加资源

构建运行：连接真机或模拟器、自定义构建运行方式

迭代：调试、性能分析、测试

发布：配置版本、签名

图 1-8　Android 开发流程图

Android Studio 的优点如下：

- 支持 Windows、Mac OS 和 Linux 等操作系统；
- 运行速度快；
- 自动保存，实时编译；
- 快捷键方便，UI 界面支持多屏预览；
- 插件强大；
- 自动提示，开发十分高效、快速。

说了这么多 Android Studio 的优点，接下来看一下如何安装 Android Studio。

1.1.2　安装与使用 Android Studio

在安装 Android Studio 的时候可以先安装 Java 环境 JDK 1.7+，如果没有安装，默认

Android Studio 根目录会自动安装 JDK。

（1）到官网下载最新版的 Android Studio，分 32 位和 64 位，选择合适的版本下载即可。官方下载网址为 https://developer.android.google.cn/studio/。当然，Android Studio 也可以在 Ubuntu 下安装。下载后进行安装，安装界面如图 1-9 所示。

（2）单击图 1-9 中的 Next 按钮进入选择组件对话框，在其中选择安装 Android 模拟器，如图 1-10 所示。

图 1-9　Android Studio 安装启动页面

（3）单击图 1-10 中的 Next 按钮进入选择路径对话框，设置好要安装的路径位置，如图 1-11 所示。

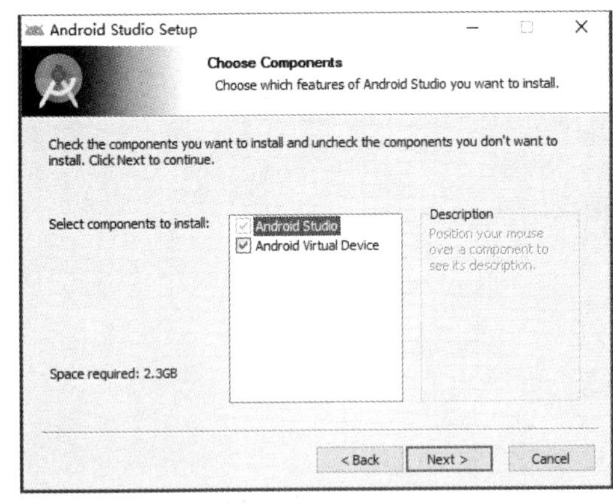

图 1-10　选择组件对话框

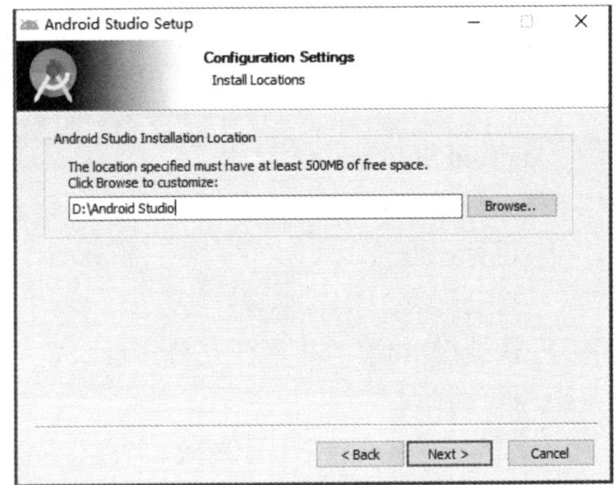

图 1-11　选择安装路径

（4）一直单击 Next 按钮即可，直到安装完成。然后启动 Android Studio，首次启动时会进入创建项目引导对话框，如果没有安装相关的 SDK，会进行相关的 SDK 下载，如图 1-12 所示。

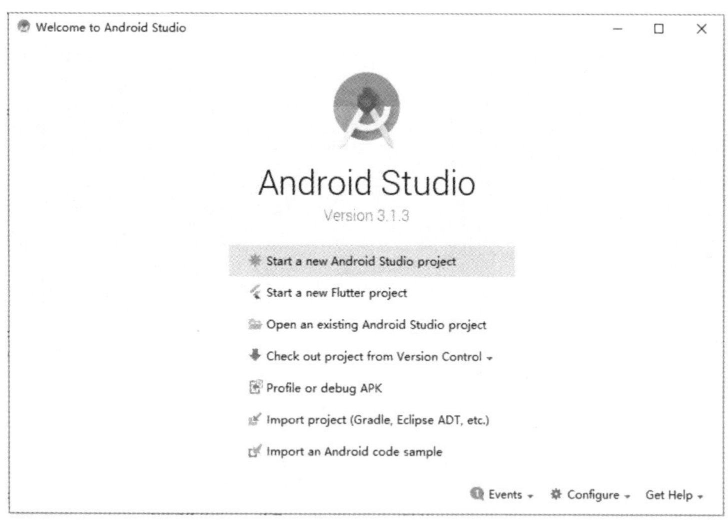

图 1-12　创建项目引导对话框

（5）选择第一个 Start a new Android Studio project，填写项目名称、公司域名（也就是项目唯一的包名），然后一直单击 Next 按钮即可，如图 1-13 所示。

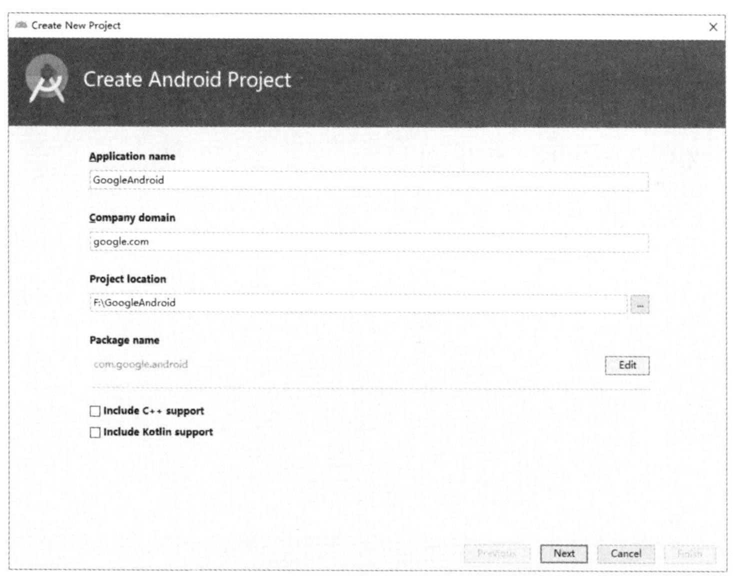

图 1-13　创建新的项目

（6）至此就完成了 Android Studio 的新 Android 项目创建。进入 Android Studio 的开发窗口，如图 1-14 所示。

这里显示的是 Android 项目视图模式。如果想看完整的项目结构和文件，可从 Android 的视图下拉菜单中选择 Project 文件结构视图模式。

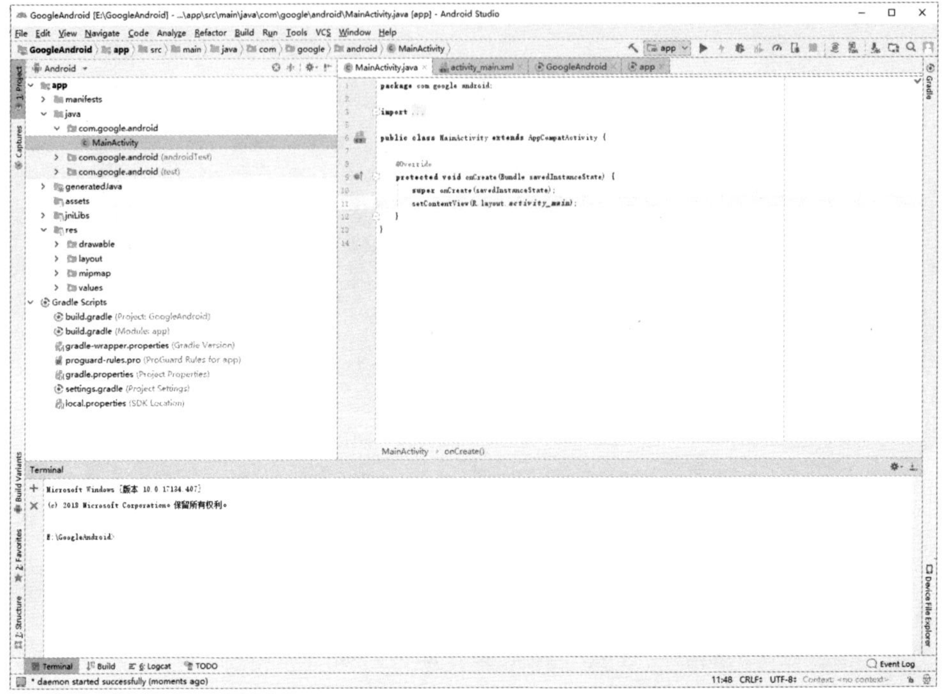

图 1-14　项目的结构及 Android Studio 主窗口预览

接下来讲解 Android Studio 一些常用的菜单工具，以方便大家了解和高效使用。首先看最上面比较重要的常用菜单，如图 1-15 所示。

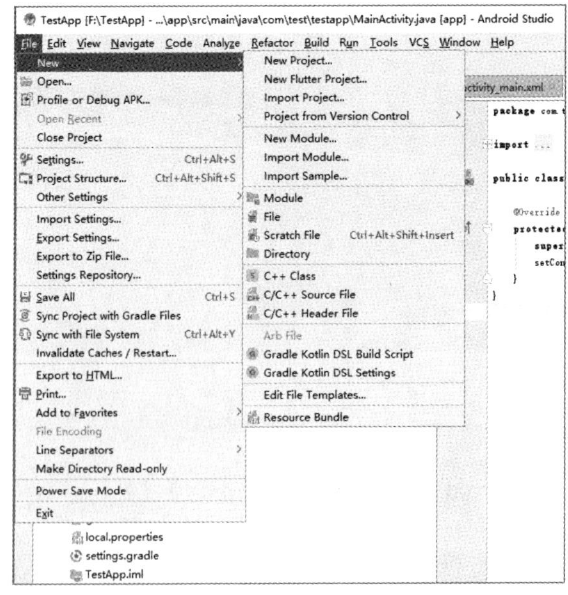

图 1-15　Android Studio 常用功能

从图 1-15 中可以看到，File 菜单中常用的命令有：New（新建）命令，可以新建项目、Module、类、文件和文件夹等；Open 用来打开及导入已有项目；Settings 设置命令，包含了几乎所有的 Android Studio 开发设置。Settings 设置对话框如图 1-16 所示。

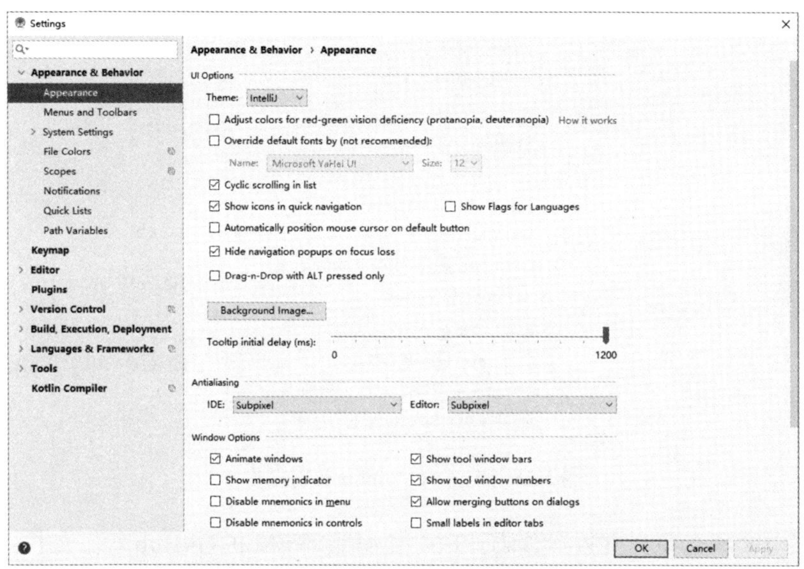

图 1-16　Android Studio 常用操作 1

当然，如果想要安装 Android Studio 插件，也可以在这里进行搜索和安装，选择 Plugins 即可，如图 1-17 所示。

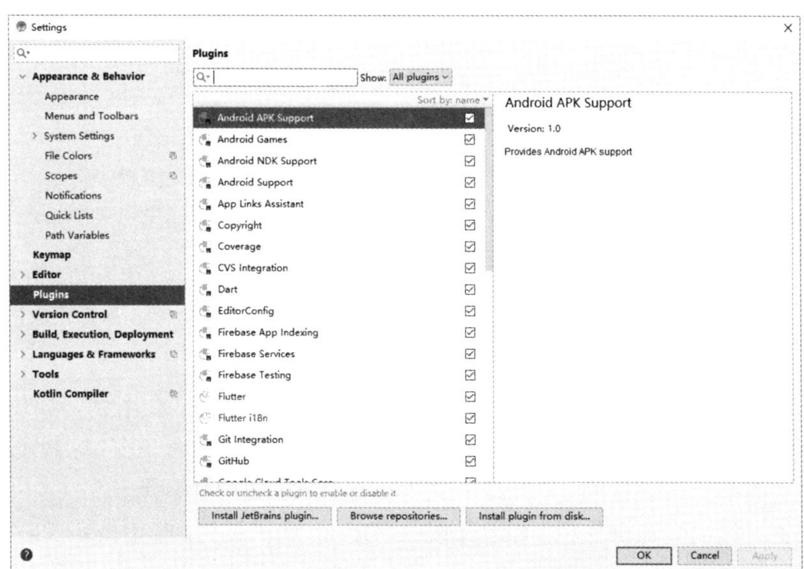

图 1-17　Android Studio 常用操作 2

接下来看一下 Android Studio 的另一个常用菜单命令 Build。其中，经常用到的有 Clean Project（清理项目）、Generate Signed APK（签名打包 APK）命令，如图 1-18 所示。

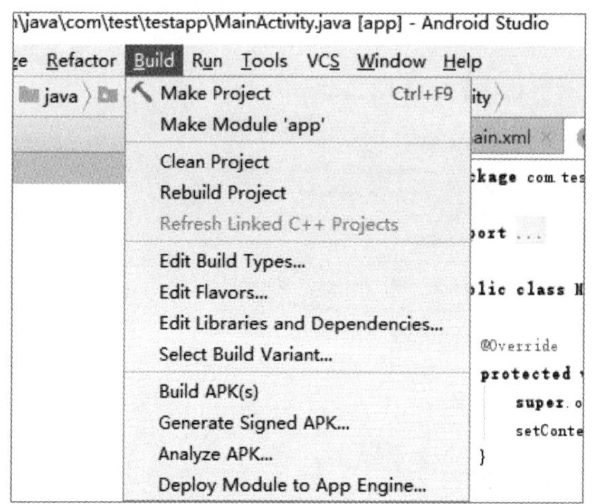

图 1-18　Android Studio 常用操作 3

VCS 菜单命令主要负责版本源码管理，如 Git、SVN 和 GitHub 等，如图 1-19 所示。

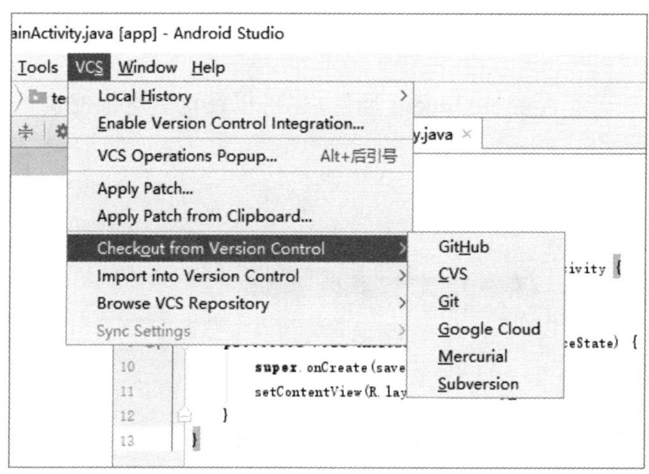

图 1-19　Android Studio 常用操作 4

再看一下底部的操作栏，主要有 Logcat（查看日志），经常会用到，如调试程序等；Terminal 命令窗口，可以在其中输入一些命令，等同于 CMD 的命令窗口；Device Exploer，用于浏览连接的手机等设备的 SDCard 的文件浏览器，如图 1-20 所示。

再看一下右边上侧的操作栏，有运行按钮、Debug 调试按钮、停止按钮及右侧的 Gradle 任务操作栏。因为 Android Studio 的 Android 项目是基于 Gradle 系统构建的，所以掌握 Gradle 这门语言也很重要，如图 1-21 所示。

图 1-20　Android Studio 常用操作 5

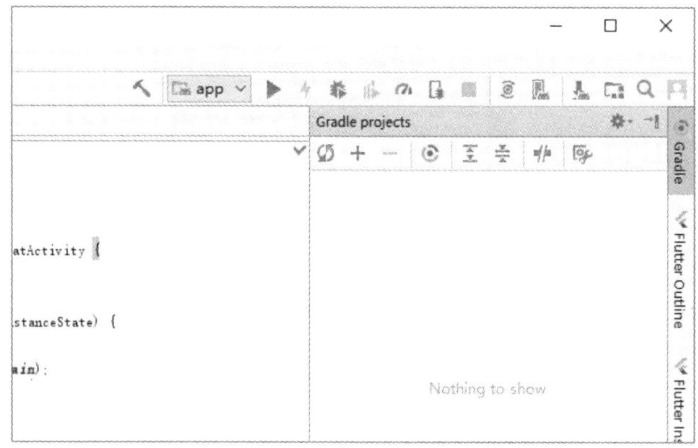

图 1-21　Android Studio 常用操作 6

1.2　常用的 Android Studio 高效插件

Android Studio 有非常丰富的插件，其中的很多插件可以让开发事半功倍，大量减少开发者的工作量。插件的搜索和安装在上一节已经讲解过，接下来介绍几款常用的 Android Studio 插件。

1. GsonFormat简介

GsonFormat 可以快速将 Json 字符串转换成一个 Java Bean，免去了根据 Json 字符串手写对应 Java Bean 的过程；同时也可以检查 Json 字符串是否正确，免去了手写实体的麻烦，非常高效。在 Setting 里选中 Plugins，然后搜索 Gson 关键字便会出现 GsonFormat 工具，单击 Install 按钮安装，然后重启 Android Studio 即可使用（后面的其他插件安装方法类似），如图 1-22 所示。

重启后可以在编辑器代码区内右击，在弹出的快捷菜单中选择 Generate|GsonFormat 命令即可使用，或者按 Alt+S / Alt+Insert 快捷键进行使用。复制进去一段 Json 字符串，单击 OK 按钮即可生成预览实体，如图 1-23 所示。

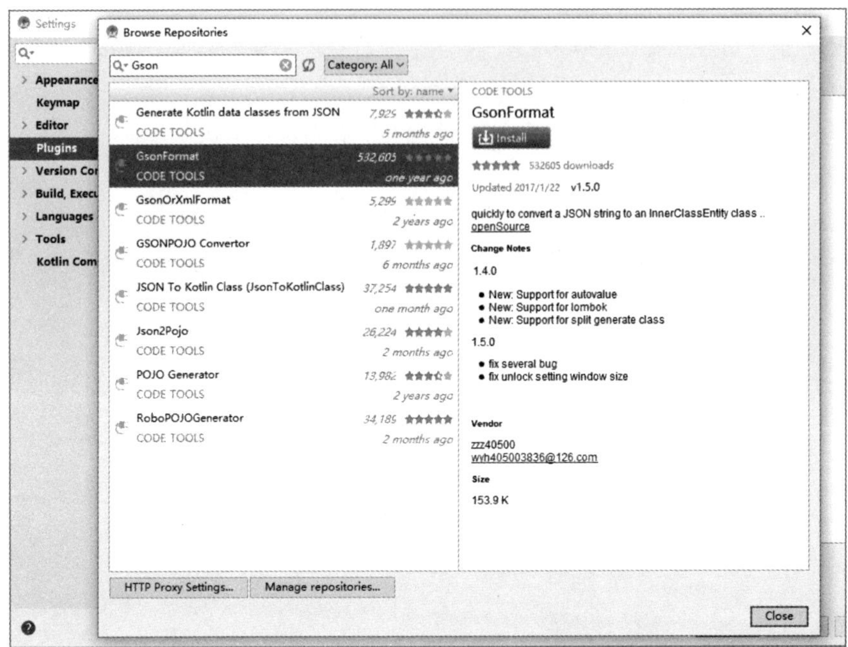

图 1-22　安装 Android Studio 插件

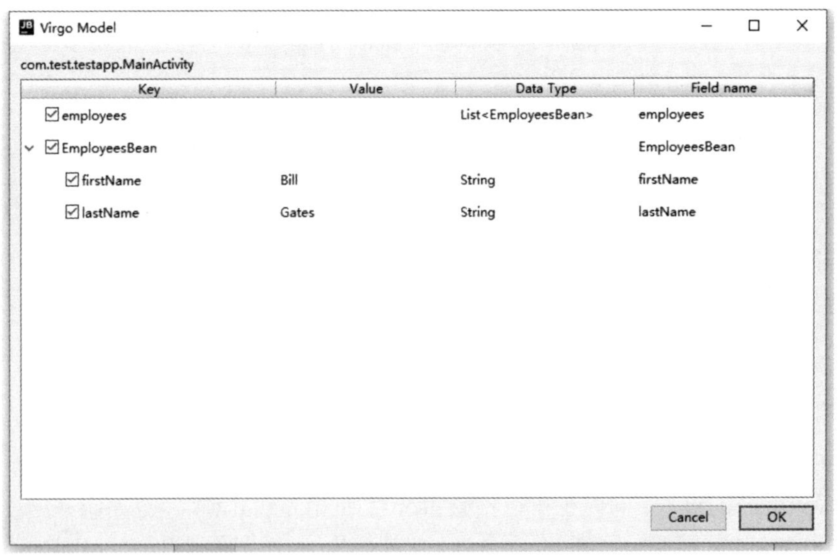

图 1-23　GsonFormat 插件

再次单击 OK 按钮，即可生成实体类。最好是提前建好需要的实体类，然后生成。GsonFormat 也可以进行个性化设置，单击 GsonFormat 首界面的 Setting 即可进入设置对话框，如图 1-24 所示。

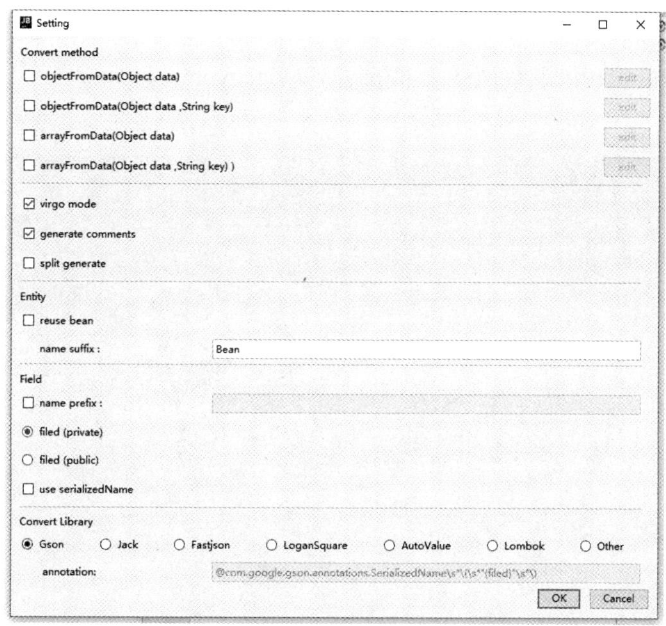

图 1-24　GsonFormat 插件设置对话框

2. Genymotion简介

Genymotion 是一款 Android 第三方模拟器插件，比 Android 自带的模拟器启动速度快很多倍，几秒钟就可以启动且运行流畅，在各个平台的各种分辨率下都可以选择设置进行模拟，使用非常方便，如图 1-25 所示。

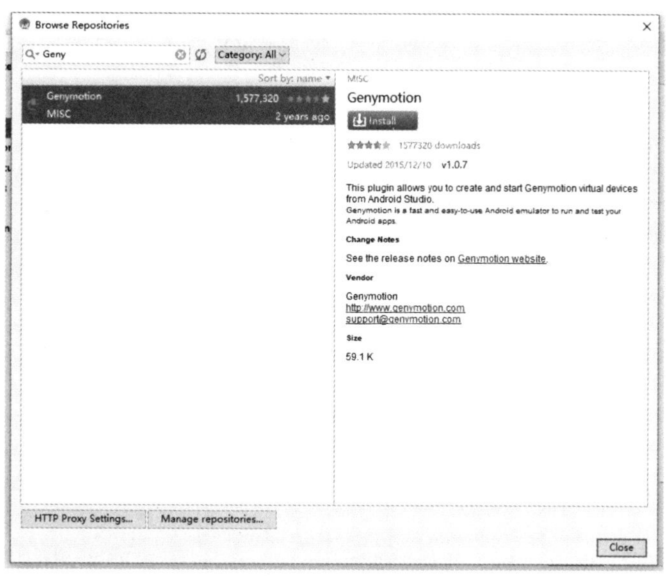

图 1-25　Genymotion 插件

安装了 Genymotion 插件后还需要安装 Genymotion 包才可以使用。最终运行效果如图 1-26 所示。Genymotion 包下载地址为 https://www.genymotion.com/ 。

图 1-26　Genymotion 模拟器界面

3. Android ButterKnife Zelezny简介

Android ButterKnife Zelezny 插件需要配合 ButterKnife 实现注解绑定，不需要重复编写 findViewById 等操作方法。在 Activity、Fragment 和 Adapter 中的布局 XML 上选中并

右击，在弹出的快捷菜单中选择 Generate 中的 Generate Butterknife Injections 命令，即可自动生成资源 ID 的 Butterknife 注解，如图 1-27 所示。

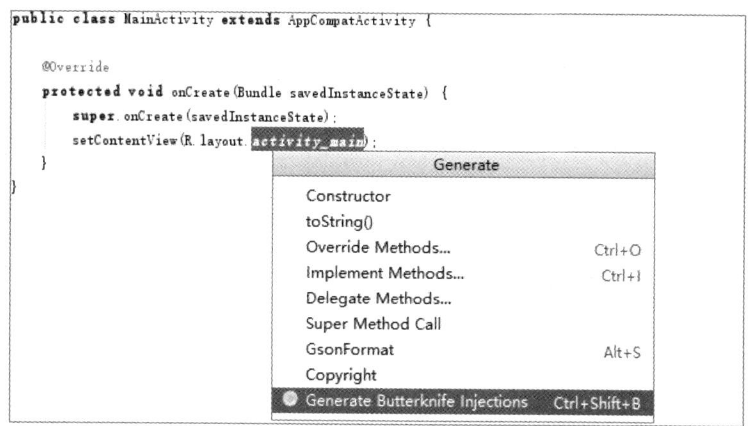

图 1-27　Android ButterKnife Zelezny 插件应用 1

Android ButterKnife Zelezny 插件可以自动搜索布局中的控件 ID 进行绑定，如图 1-28 所示。

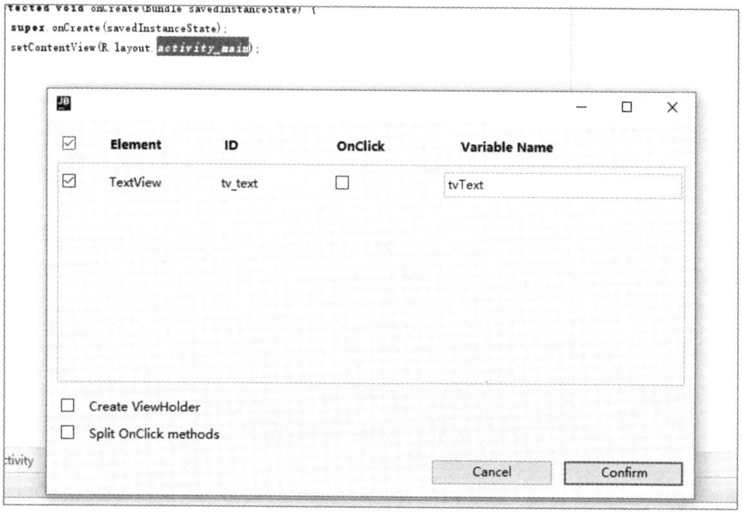

图 1-28　Android ButterKnife Zelezny 插件应用 2

Android ButterKnife Zelezny 插件可以自动生成控件绑定代码，免去了重复操作，如图 1-29 所示。

4．ADB WIFI简介

ADB WIFI 可以使用 WiFi 调试你的 App，而无须使用 Root 权限，非常方便。安装成

功后，选择 Tools | Android | ADB WIFI 命令，即可找到 ADB WIFI 插件，如图 1-30 所示。

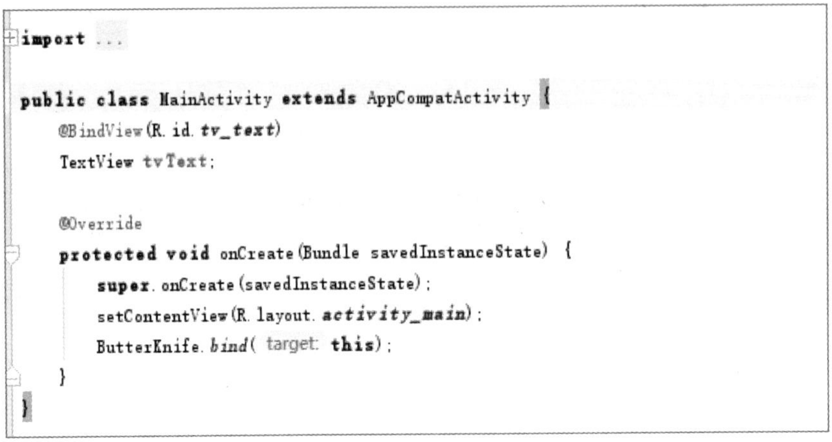

```
import ...

public class MainActivity extends AppCompatActivity {
    @BindView(R.id.tv_text)
    TextView tvText;

    @Override
    protected void onCreate(Bundle savedInstanceState) {
        super.onCreate(savedInstanceState);
        setContentView(R.layout.activity_main);
        ButterKnife.bind( target: this);
    }
}
```

图 1-29　Android ButterKnife Zelezny 插件应用 3

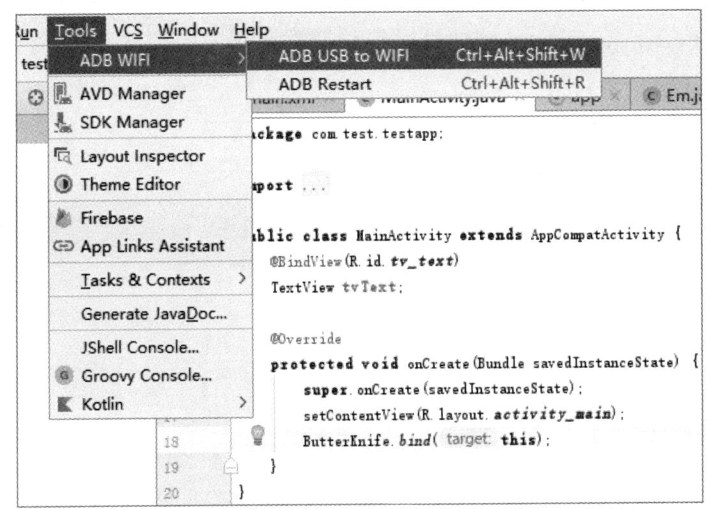

图 1-30　ADB WIFI 插件

使用的时候首先需要用数据线连接计算机，然后选择 ADB WIFI|ADB Restart（Ctrl+Alt+Shift+R）命令，再选择 ADB USB to WIFI（Ctrl+Alt+Shift+W）命令，最后拔掉数据线即可。

5. Android Parcelable code generator简介

Android Parcelable code generator 工具可以实现 JavaBean 序列化，快速实现 Parcelable 接口，免去每次自己写很多重复逻辑。用法也是先右击编辑器代码窗口，选择 Generate 中的 Parcelable 即可弹出如图 1-31 所示的对话框。

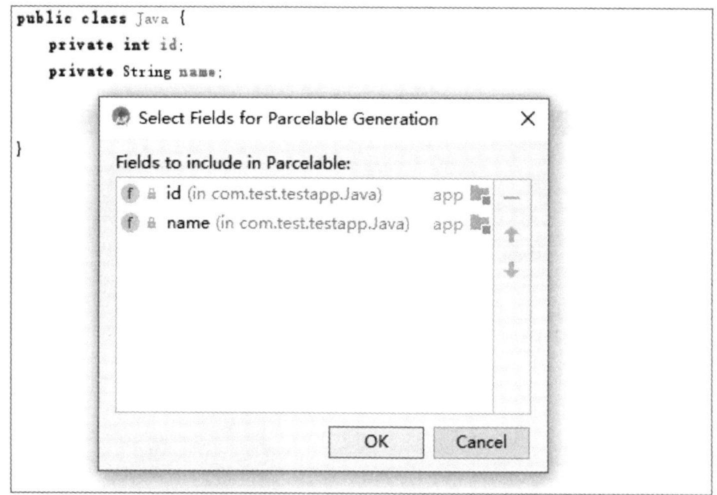

图 1-31　Android Parcelable code generator 插件

1.3　Android Studio 小技巧

在学习和了解了 Android Studio 的一些基本用法和常用插件之后，接下来讲解一些 Android Studio 在开发方面的一些小技巧。这些小技巧既简单又实用，可以提高开发效率，起到事半功倍的作用。

1.3.1　熟悉 Gradle 构建流程与脚本

如图 1-32 所示，典型的 Android 应用模块的构建流程通常依循下列步骤：

（1）编译器将源代码转换成 DEX（Dalvik Executable）文件（其中包括运行在 Android 设备上的字节码），将所有其他内容转换成已编译资源。

（2）APK 打包器将 DEX 文件和已编译资源合并成单个 APK。不过，必须先对 APK 签名（Debug 或 Release 密钥），才能将应用安装并部署到 Android 设备上。

（3）APK 打包器使用调试或发布密钥库对 APK 签名。

（4）如果构建的是调试版本的应用，打包器会使用调试密钥库签署应用。Android Studio 自动使用调试密钥库配置新项目。

（5）如果构建的是打算向外发布的发布版本应用，打包器会使用发布密钥库签署你的应用，你需要事先创建发布密钥 Keystore。

（6）在生成最终 APK 之前，打包器会使用 zipalign 工具对应用进行优化，减少其在设备上运行时的内存占用。

整个构建流程结束后，就可以进行发布和测试调试 APK 了，如图 1-33 所示。

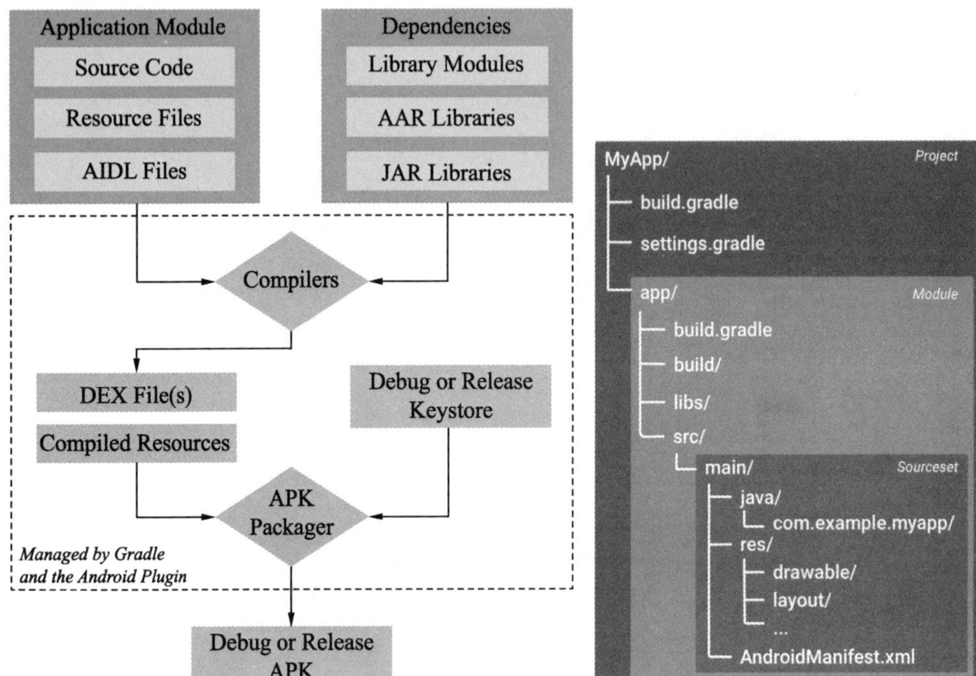

图 1-32　典型的 Android 应用模块的构建流程　　图 1-33　Android 应用模块大致的默认项目结构

这里主要看 3 个 gradle 文件：Project 中的 build.gradle、settings.gradle 和 Module 中的 build.gradle。

settings.gradle 文件位于项目根目录下，用于指示 Gradle 在构建应用时应将哪些模块库包括在内。对大多数项目而言，该文件很简单，只包括以下内容：

```
include ':app'
```

如果增加了其他依赖库，只需要在后面增加逗号+库文件名即可，示例如下：

```
include ':app',':xxx'
```

顶级 build.gradle 文件位于项目根目录下，用于定义适用于项目中所有模块的构建配置。默认情况下，这个顶级构建文件使用 buildscript{}代码块来定义项目中所有模块共用的 Gradle 存储区和依赖项。以下代码示例描述的是默认配置。

```
// Top-level build file where you can add configuration options common to
all sub-projects/modules.

buildscript {
    //仓库地址设置
    repositories {
        google()
        jcenter()
```

```
    }
    dependencies {
        //依赖库
        classpath 'com.android.tools.build:gradle:3.2.1'

        // NOTE: Do not place your application dependencies here; they belong
        // in the individual module build.gradle files
    }
}
//全局配置
allprojects {
    repositories {
        google()
        jcenter()
    }
}

task clean(type: Delete) {
    delete rootProject.buildDir
}
```

下面看一下 Module 下的 buidl.gradle 文件。

```
apply plugin: 'com.android.application'
android {
    compileSdkVersion 27
    defaultConfig {
        applicationId "com.google.android"
        minSdkVersion 15
        targetSdkVersion 27
        versionCode 1
        versionName "1.0"
        testInstrumentationRunner "android.support.test.runner.AndroidJUnitRunner"
    }
    buildTypes {
        //release 版本配置
        release {
            minifyEnabled false
            proguardFiles getDefaultProguardFile('proguard-android.txt'),
'proguard-rules.pro'
        }
    }
}
//项目依赖的库
dependencies {
    implementation fileTree(dir: 'libs', include: ['*.jar'])
    implementation 'com.android.support:appcompat-v7:27.1.1'
    implementation 'com.android.support.constraint:constraint-layout:1.1.3'
    testImplementation 'junit:junit:4.12'
    androidTestImplementation 'com.android.support.test:runner:1.0.2'
    androidTestImplementation 'com.android.support.test.espresso:espresso-
core:3.0.2'
}
```

当项目的依赖做了更改时，需要同步项目，可以单击 Sync Project 或 Sync Now 进行项目同步。

1.3.2　Lint 静态代码分析

Lint 静态分析可以检查和发现项目代码或结构、资源文件中不规范、错误及没有使用的代码、资源文件等问题，可以说当一个开发阶段结束后，在发布前进行 Lint 静态代码分析非常有必要，这也是补充单元测试功能的一种方式。Lint 工具会检查项目中的源文件，包括 XML 和 Java 及它们的资源引用，还会查找缺失的元素、结构不规范的代码及未被使用的变量等。Lint 在检查和提示后，也会提供快速修复的功能，帮助我们快速修复发现的问题。

Lint 发现的每个问题都有描述信息和等级（和测试发现 bug 很相似），这样可以很方便地定位问题，按照严重程度来解决，如图 1-34 所示。

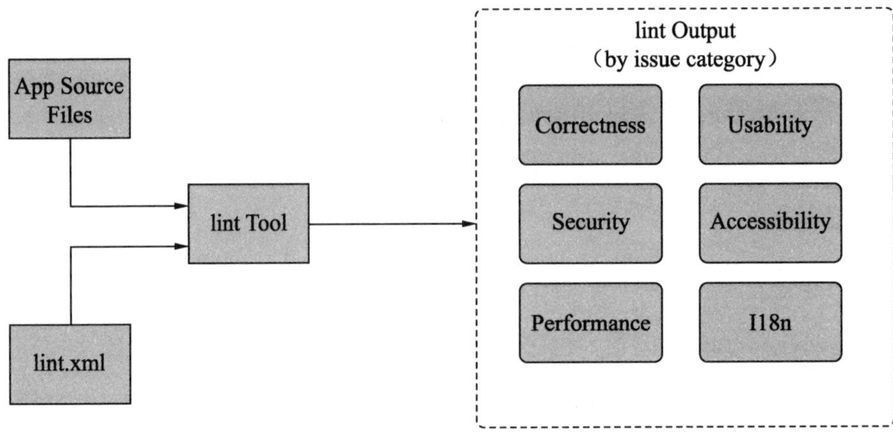

图 1-34　Lint 检测代码的过程

可以选择工具栏中的 Analyze | Inspect Code…命令，使用 Lint 检查功能，在弹出的对话框中可以自定义检查范围，如图 1-35 所示。

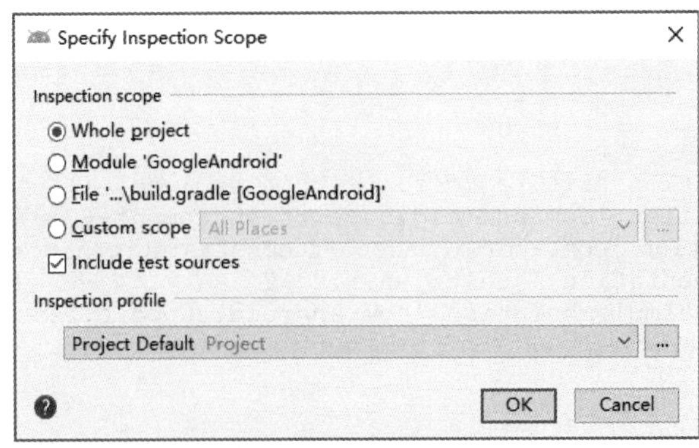

图 1-35　Lint 检查范围

单击 OK 按钮，便会针对选择范围内的代码和项目结构进行检查，查找一些不规范或者错误的地方，并形成一个报告。可以通过底部的控制栏查看检查结果，也可以通过浏览器打开 HTML 报告页面进行查看，报告位于 app/build/reports/lint-results.html。

1.3.3　使用 Android Studio 进行调试

进行项目调试时，首先要打开开发者模式的 USB 调试模式，这样可以连接真机进行断点或者 Log 日志调试，如图 1-36 所示。

图 1-36　开启开发者模式

先看一下 Log 日志调试模式。Android Log 日志调试模式可以让一些调试的值输出在 Android Studio 的 Logcat 窗口中，用户可以很方便地根据输出的数据进行判断和修改，找到问题所在。Log 类比较常用的打印日志的方法有以下 5 个级别，它们都会把日志打印到 Logcat 窗口中。

- Log.v(tag,message)：verbose 模式，打印最详细的日志；
- Log.d(tag,message)：Debug 级别的日志；
- Log.i(tag,message)：info 级别的日志；
- Log.w(tag,message)：warn 级别的日志；
- Log.e(tag,message)：error 级别的日志。

例如，可以在代码中输入打印一条日志的语句：

```
public class MainActivity extends AppCompatActivity {

    @Override
    protected void onCreate(Bundle savedInstanceState) {
        super.onCreate(savedInstanceState);
        setContentView(R.layout.activity_main);
        Log.i("info", "输出日志");
    }
}
```

这样，编译运行后就会在 Logcat 窗口中输出相应的日志信息，如图 1-37 所示。

接下来看一下 Debug 断点调试按钮。顶部有 2 个按钮，如图 1-38 所示，都是 Debug 字样的。第一个按钮表示需要重新启动和运行 App 才可以调试；第二个按钮表示在 App 运行中也可以新增断点进行时调试。

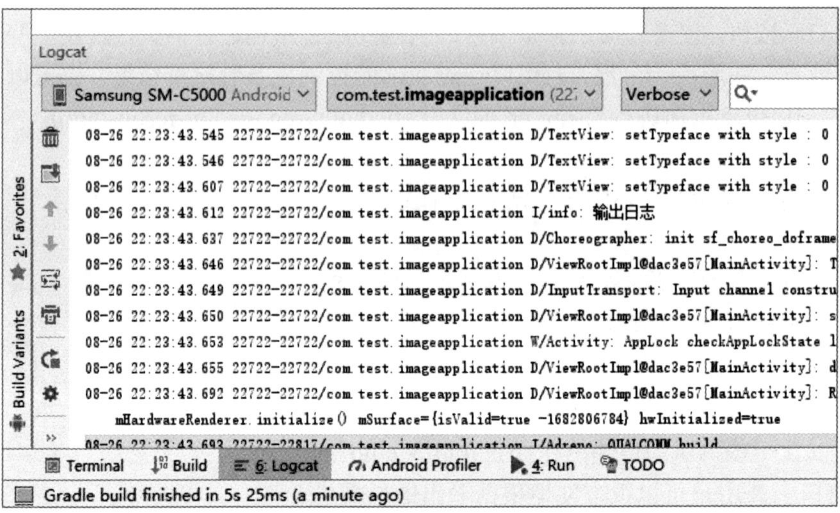

图 1-37　Logcat 日志输出

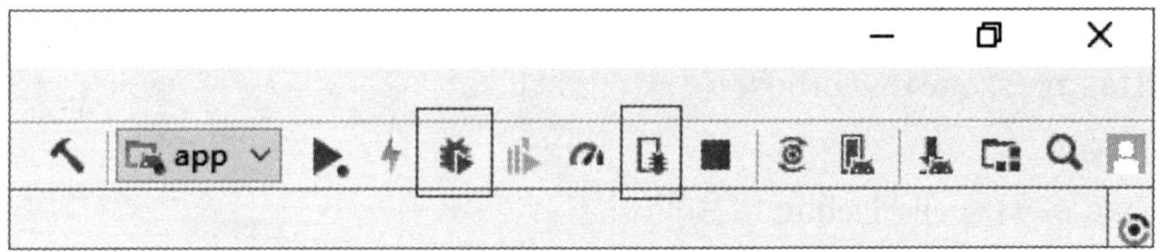

图 1-38　Debug 断点调试按钮

编写一段简单的代码进行 Debug 调试，如图 1-39 所示。

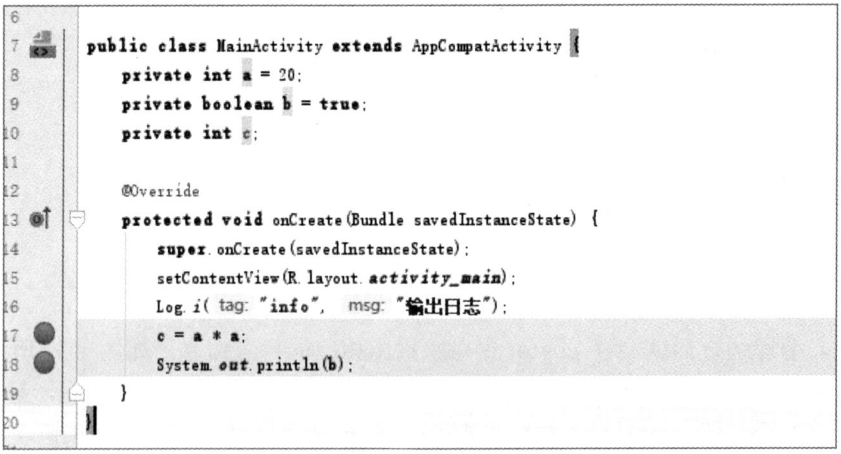

```
public class MainActivity extends AppCompatActivity {
    private int a = 20;
    private boolean b = true;
    private int c;

    @Override
    protected void onCreate(Bundle savedInstanceState) {
        super.onCreate(savedInstanceState);
        setContentView(R.layout.activity_main);
        Log.i( tag: "info",  msg: "输出日志");
        c = a * a;
        System.out.println(b);
    }
}
```

图 1-39　Debug 断点调试

单击第一个 Debug 调试按钮，重新运行 App 进行调试，如图 1-40 所示。

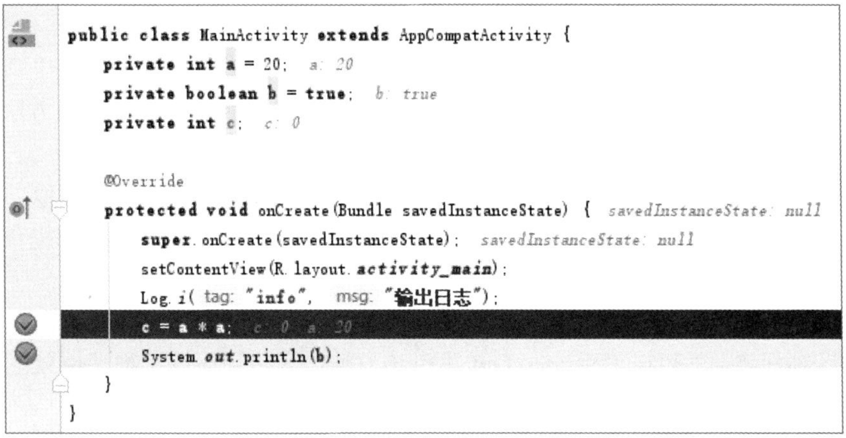

```
public class MainActivity extends AppCompatActivity {
    private int a = 20;   a: 20
    private boolean b = true;   b: true
    private int c;   c: 0

    @Override
    protected void onCreate(Bundle savedInstanceState) {   savedInstanceState: null
        super.onCreate(savedInstanceState);   savedInstanceState: null
        setContentView(R.layout.activity_main);
        Log.i( tag: "info",  msg: "输出日志");
        c = a * a;   c: 0   a: 20
        System.out.println(b);
    }
}
```

图 1-40　Debug 断点调试

在 Debug 输出窗口中可以清晰地看到调试变量的值，如图 1-41 所示。

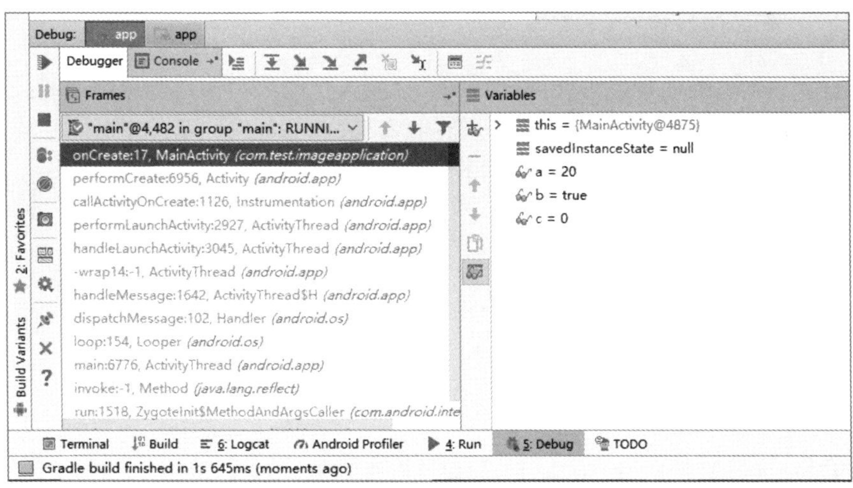

图 1-41　Debug 断点调试

如果有多个断点，可以单击 Debug 窗口工具栏顶部的小箭头进行断点的移动，如图 1-42 所示。

图 1-42　Debug 断点调试

这几个控制箭头分别如下：

- Step Over（F8），单步跳过，单击该按钮将使程序向下执行一行。如果当前行是一个方法调用，此行调用的方法被执行完毕后再到下一行。

- Step Info（F7），单步跳入，执行该操作将使程序向下执行一行。如果该行有自定义的方法，则进入该方法内部继续执行。需要注意，如果是类库中的方法，则不会进入方法内部。
- Force Step Info（Alt+Shift+F7），强制单步跳入。和 Step Into 功能类似，主要区别在于，如果当前行有任何方法，则不管该方法是自行定义的还是类库提供的，都能跳入到方法内部继续执行。
- Step Out（Shift+F8），如果在调试的时候进入了一个方法（如 f2()），并觉得该方法没有问题，就可以使用 Step Out 跳出该方法，返回到该方法被调用处的下一行语句。值得注意的是，该方法已执行完毕。
- Run to Cursor（Alt+F9），立即执行下一个断点。

关于 Android 的基础断点调试就讲解到这里，大家可以自行进行相关的实践学习。

1.3.4　代码重构

在进行开发时，前期阶段可能由于时间、开发人员的经验不足等原因而导致项目结构混乱、不规范、逻辑混乱、冗余、性能差等问题，因此在开发完第一个版本后需要进行整理、重构。重构需要考虑和解决的问题如下：

- 进行重构分析和规划；
- 整理现有程序存在的问题和瓶颈；
- 架构设计采用合理的架构和设计模式；
- 解决代码规范、冗余问题；
- 依赖库的版本更新升级问题；
- 性能优化及扩展；
- 安全性问题。

对于 Android 平台来说，应用定期进行重构和优化非常有必要。首先从架构上讲有必要进行优化，架构一般采用 MVC 和 MVP 等结构设计。要建立父类机制，如 BaseApplication、BaseActivity 和通用父类，用于全局控制管理和抽象化。

另外，要选择合适的第三方框架和技术方案。例如，对于 Android 来说，性能和稳定性很重要，在大多数应用中，网络请求和图片加载处理是属于应用中的基础功能，所以选择优秀、稳定的网络处理和图片加载框架非常重要。在进行软件代码重构时，要注意选择和及时更新相关的第三方库，并且相关的技术方案也要及时更新。根据实际情况也可以尝试使用新的技术方案，例如 RxJava 的出现可以提高对数据和流程的可控性和可定制性的处理。

在重构时，要考虑到现有架构和代码逻辑中存在的问题、安全性、稳定性及未来将会遇到的瓶颈和可扩展性等问题，这些都将会成为代码重构要考虑和优化的内容。

对于项目中存在的代码命名规范和冗余等问题，应及时进行更正和删减内容，这样其他的开发人员和后来的开发人员会更容易理解，同时也会提高代码的可维护性。

在 Android 开发中，性能问题也非常重要，毕竟手机的性能和配置无法和计算机相比，所以应该做到更好的性能优化。比如，可以减少内存溢出问题、减少不必要的大量对象创建和长时间引用等。在绘制布局时，要尽量降低布局的层级，这样软件的响应时间和内存消耗才会大大减少，从而提升用户体验。所以在重构时也要对布局的层级进行优化，使界面更快地进行渲染和响应。例如，可以使用 Google 新推出的 ConstraintLayout 进行布局绘制，这样可以大大降低布局层级，优化性能。

对于安全性，在重构的时候也应该考虑到，因为应用的安全性也是很重要的一个方面。例如，接口数据的加密处理、使用 HTTPS 进行请求数据、应用混淆和加固处理等都需要考虑。

因此，在代码重构时要全面考虑问题，多方面、多角度去重构优化项目，这样应用的稳定性、安全性和可读性都会得到大大提升。

第 2 章　提高效率，从“新”开始

目前，Google 为 Android 推出了很多新技术，如新布局方式、新控件、新架构、新设计和 Material Desgin 等。对于这些新的技术和 API，开发者应该积极学习和使用，并且在新的或现有的项目中适时地用新的技术方案替代旧的技术方案，让应用更加安全与稳定。

本章首先将介绍 Android 推出的新的布局方式，这个新布局方式可以降低布局层级，优化 UI 渲染性能和速度；接下来会介绍 AndroidX 扩展包、新架构 JetPack 及 Lottie 动画；最后会讲解 Material Design 设计的相关内容。希望读者通过对本章内容的学习，能够将这些新技术应用于实际开发中并能解决实际问题。

2.1　新布局方式：ConstraintLayout

我们都知道几种传统的 Android 的布局方式，不过在 Android Studio 2.3 发布以后，创建的布局默认都是使用 ConstraintLayout。这是 Google Android 团队主推的一个新的布局方式，可以译为“约束布局”，于 2016 年在 Google I/O 大会推出亮相。ConstraintLayout 也是继承自 ViewGroup，在 API 9 以上的 Android 版本中都可以通过引入包来使用。ConstraintLayout 的主要特点就是布局层级少，嵌套很多层的布局用 ConstraintLayout 进行布局只需要一层就可以了，ConstraintLayout 也是为了解决布局嵌套层级过多而导致界面卡顿和性能与体验降低的问题。下面先看一下 ConstraintLayout 的特点。

- 扁平式布局，无须嵌套，一个层级就可以绘制复杂布局；
- 高渲染性能；
- 集合了线性布局、相对布局、百分比布局的特点和大部分功能于一身；
- 支持在可视化环境下拖曳绘制约束布局。

默认新建的布局文件最外层使用的是 ConstraintLayout，也可以在项目的 build.gradle 中手动引入：

```
implementation 'com.android.support.constraint:constraint-layout:1.1.3'
```

接下来就看一下 ConstraintLayout 的用法和特点。

2.1.1　相对定位

相对定位是 ConstraintLayout 中创建约束布局的基本方式之一，类似于相对布局。

相对定位约束允许将给定的控件相对于另一个控件进行定位，可以在水平和垂直轴上约束控件。

- 水平方向约束：left, right, start and end；
- 垂直方向约束：top, bottom and text baseline。

下面看一个例子。如图 2-1 所示，想将按钮 B 放在按钮 A 的右侧。

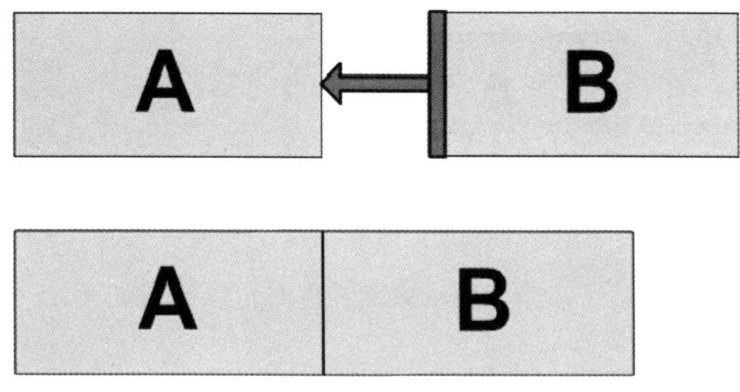

图 2-1　相对定位

可以使用相对定位的 layout_constraintLeft_toRightOf 属性。例如：

```
<Button
    android:id="@+id/buttonA"
    android:layout_width="200dp"
    android:layout_height="20dp"/>

<Button
    android:id="@+id/buttonB"
    android:layout_width="200dp"
    android:layout_height="20dp"
    app:layout_constraintLeft_toRightOf="@+id/buttonA" />
```

layout_constraintLeft_toRightOf 约束属性就是让按钮 B 的左侧约束到按钮 A 的右侧上，这样就达到了想要的效果。

如图 2-2 所示就是相对定位可以使用的几个相对的边，ConstraintLayout 中可以用的相对定位约束属性如下：

- layout_constraintLeft_toLeftOf;
- layout_constraintLeft_toRightOf;
- layout_constraintRight_toLeftOf;
- layout_constraintRight_toRightOf;
- layout_constraintTop_toTopOf;
- layout_constraintTop_toBottomOf;
- layout_constraintBottom_toTopOf;
- layout_constraintBottom_toBottomOf;
- layout_constraintBaseline_toBaselineOf;

- layout_constraintStart_toEndOf;
- layout_constraintStart_toStartOf;
- layout_constraintEnd_toStartOf;
- layout_constraintEnd_toEndOf。

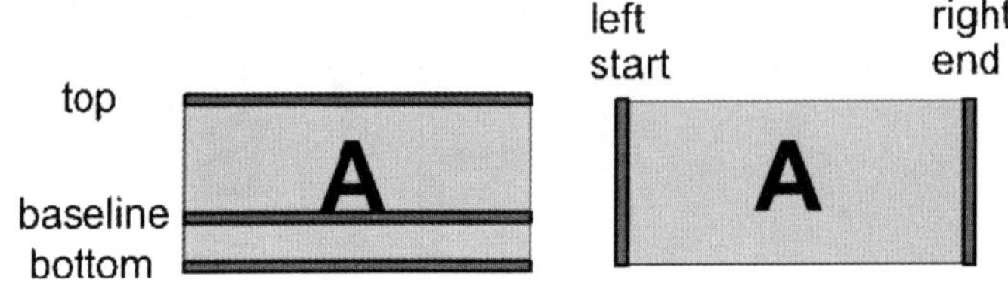

图 2-2　相对定位

此外，还有一个重要点是，当想要约束父控件时可以设置如下：

```
<Button
    android:id="@+id/buttonB" ...
    app:layout_constraintLeft_toLeftOf="parent" />
```

使用 parent 这个 id 即可。

2.1.2　边距

首先看一张图片，如图 2-3 所示。

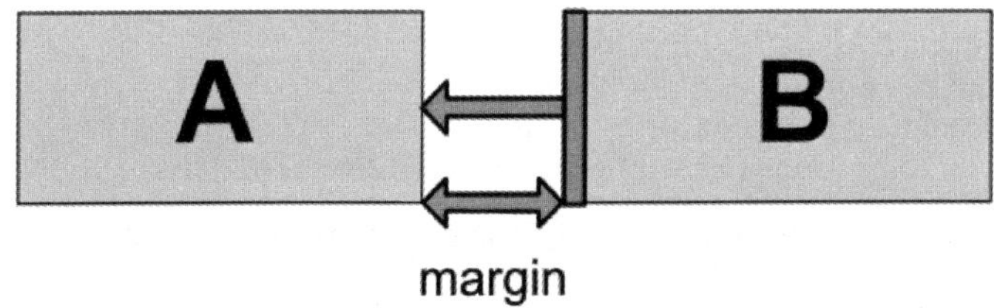

图 2-3　相对边距

ConstraintLayout 中边距设置也是一个控件相对于另一个控件，如按钮 B 相对于按钮 A 的右侧设置边距。边距可以设置的属性如下：

- android:layout_marginStart;
- android:layout_marginEnd;
- android:layout_marginLeft;
- android:layout_marginTop;
- android:layout_marginRight;
- android:layout_marginBottom。

属性的值必须大于等于 0。

还有一种情况设置边距 ConstraintLayout 也是支持的：如果一个控件隐藏了，也可以设置隐藏后的相对于这个控件的边距，也就是控件隐藏了，这个相对边距也可以继续存在，如图 2-4 所示。

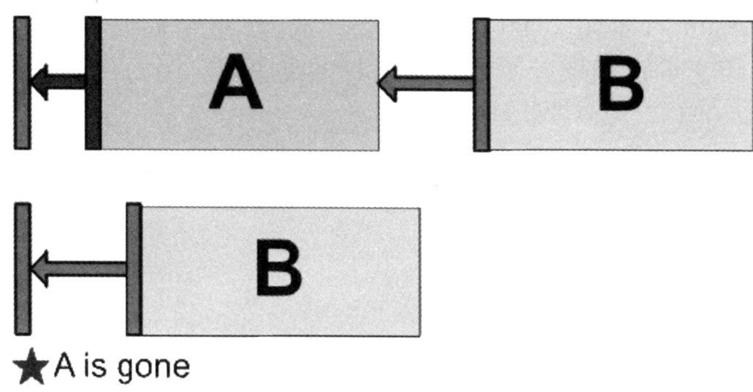

图 2-4　相对隐藏边距

相当于隐藏的控件变成了一个点，边距还是存在。如果不希望隐藏后还存在边距，就需要使用这些属性并将值设置为 0。下面的这些属性可以设置控件隐藏后的边距：

- layout_goneMarginStart；
- layout_goneMarginEnd；
- layout_goneMarginLeft；
- layout_goneMarginTop；
- layout_goneMarginRight；
- layout_goneMarginBottom。

2.1.3　居中定位和偏移

当需要将一个控件放置在中间居中位置时，可以进行如下设置：

```
<Button
     android:id="@+id/button"
     android:layout_width="200dp"
     android:layout_height="20dp"
     app:layout_constraintLeft_toLeftOf="parent"
     app:layout_constraintRight_toRightOf="parent/>
```

只需要将两侧约束到 parent 即可，如图 2-5 所示。

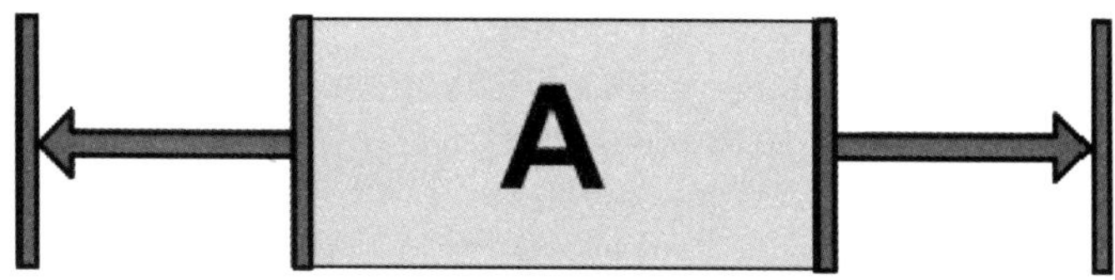

图 2-5　居中定位

当然还有一种更加强大的方式，不但可以设置居中，还可以设置两侧的偏移量和权重。可以通过以下两个属性来设置：

- layout_constraintHorizontal_bias；
- layout_constraintVertical_bias。

偏移值在 0～1 之间，越靠近 1 则越靠近右侧或底部。例如，实现如图 2-6 所示的偏移效果，可以这样设置：

```
<android.support.constraint.ConstraintLayout ...>
    <Button
        android:id="@+id/button"
        android:layout_width="200dp"
        android:layout_height="30dp"
        app:layout_constraintHorizontal_bias="0.3"
        app:layout_constraintLeft_toLeftOf="parent"
        app:layout_constraintRight_toRightOf="parent" />
</>
```

图 2-6　偏移

2.1.4　环形定位

环形定位就是允许一个控件相对于另一个控件的中心进行相对角度的定位。例如，可以设置控件 B 相对位于控件 A 的右上角 45° 的位置，距离为 20dp。环形定位可供使用的属性如下：

- layout_constraintCircle：引用另一个控件的 ID；
- layout_constraintCircleRadius：到另一个控件中心的距离；
- layout_constraintCircleAngle：自身相对于另一个控件应该处于哪个角度（以度为单位，范围为 0°～360°）。

如图 2-7 所示为环形定位示意图。

示例代码如下：

```
<Button android:id="@+id/buttonA" ... />
  <Button android:id="@+id/buttonB" ...
      app:layout_constraintCircle="@+id/buttonA"
      app:layout_constraintCircleRadius="100dp"
      app:layout_constraintCircleAngle="45" />
```

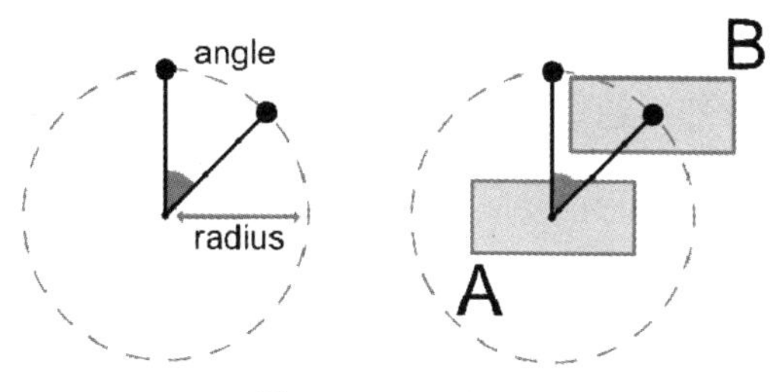

图 2-7　环形定位

2.1.5　尺寸约束

当控件设置宽或高的属性为 WRAP_CONTENT 时，可以通过以下属性控制最大和最小宽/高：

- android:minWidth：设置布局的最小宽度；
- android:minHeight：设置布局的最小高度；
- android:maxWidth：设置布局的最大宽度；
- android:maxHeight：设置布局的最大高度。

当控件设置宽或高为 0dp 时，相当于设置为 MATCH_CONSTRAINT，将占用可用的全部空间。

ConstraintLayout 也支持百分比布局，使用步骤如下：

（1）将 layout_width 或者 layout_height 设置为 0dp。

（2）设置 layout_constraintWidth_default="percent"或 layout_constraintHeight_default="percent"。

（3）通过 layout_constraintWidth_percent 或者 layout_constraintHeight_percent 指定百分比，值为 0～1 之间。

如图 2-8 所示为尺寸约束示意图。

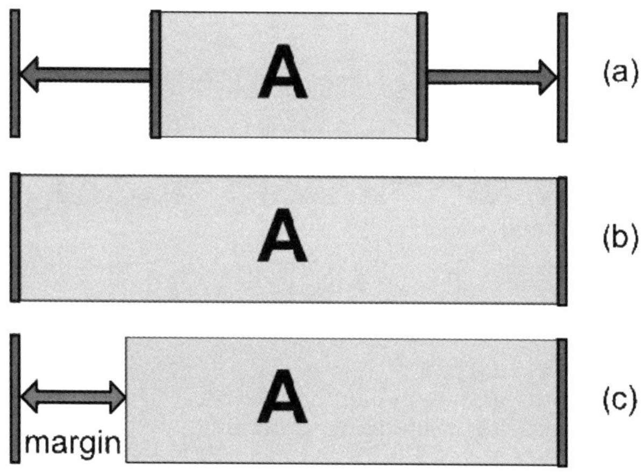

图 2-8　尺寸约束

ConstraintLayout 也支持宽高比例约束设置，首先需要将宽度或者高度设置为 0dp 或 MATCH_CONSTRAINT；然后通过属性 layout_constraintDimensionRatio 设置宽高比率。例如：

```
<Button
        android:layout_width="wrap_content"
        android:layout_height="0dp"
        app:layout_constraintDimensionRatio="1:1" />
```

这里的 layout_constraintDimensionRatio 属性可以是比率也可以是具体的浮点数值，如 0.5，也就是宽度除以高度的浮点比值。也可以指定比值的分子是宽或者高，例如：

```
<Button
     android:layout_width="0dp"
     android:layout_height="0dp"
     app:layout_constraintDimensionRatio="H,16:9"
     app:layout_constraintBottom_toBottomOf="parent"
     app:layout_constraintTop_toTopOf="parent"/>
```

这里的“H,16:9”代表高度比宽度为 16 比 9。

2.1.6　链约束

链约束可以创建一组水平或者垂直方向上的控件约束，非常方便、高效。当两个控件具有双向约束时，也就是互相约束时它们可以构成一个链，如图 2-9 所示。

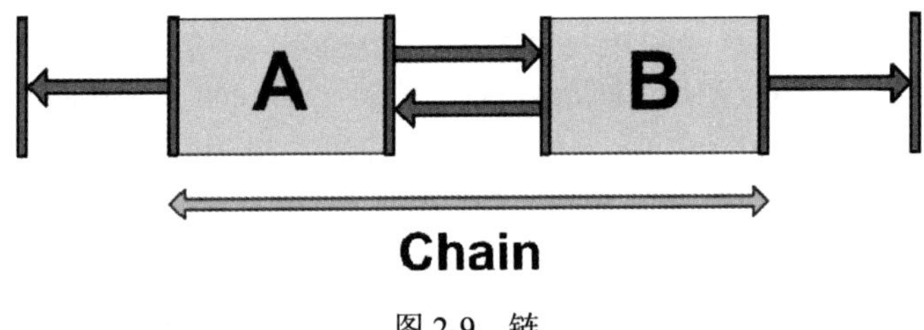

图 2-9　链

其中，链的第一个元素为链头，这个链的属性也由链头控制，如图 2-10 所示。

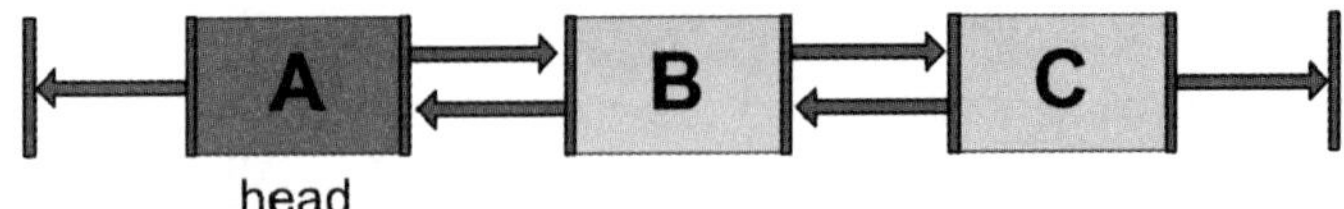

图 2-10　链头

```
<Button
        android:id="@+id/bt_1"
        android:layout_width="wrap_content"
        android:layout_height="wrap_content"
        android:text="A"
        //默认样式
        app:layout_constraintHorizontal_chainStyle="spread"
```

```
        app:layout_constraintLeft_toLeftOf="parent"
        app:layout_constraintRight_toLeftOf="@+id/bt_2" />

    <Button
        android:id="@+id/bt_2"
        android:layout_width="wrap_content"
        android:layout_height="wrap_content"
        android:text="B"
        app:layout_constraintLeft_toRightOf="@+id/bt_1"
        app:layout_constraintRight_toRightOf="parent" />
```

链有很多种不同的样式，可以设置属性 layout_constraintHorizontal_chainStyle 或 layout_constraintVertical_chainStyle，这些属性设置在链头上生效，也就是设置在第一个控件上。链约束有以下样式：

- Spread Chain：元素将全部展开，并且左右间距相同（默认样式）；
- Spread Inside Chain：元素也是全部展开，但是链两端无间距；
- Weighted Chain：权重链，可以为每个控件设置占用控件的权重大小；
- Packed Chain：元素居中聚在一起，两侧间距相同；
- Packed Chain with Bias：链条的元素将被包装在一起，子项的水平或垂直偏差属性将控制元素向哪一侧偏移。

如图 2-11 所示为链样式示意图。

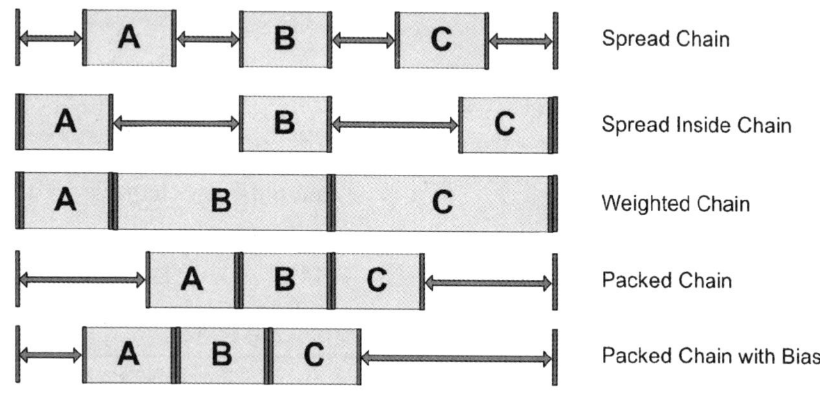

图 2-11　链样式

其中，权重链通过属性 layout_constraintHorizontal_weight 和 layout_constraintVertical_weight 来控制控件占用的空间大小。

在使用 ConstraintLayout 进行布局时，也可以设置优化选项。通过属性 app:layout_optimizationLevel 来设置优化选项，可以设置的值如下：

- none：无优化；
- standard：仅优化直接约束和屏障约束（默认）；
- direct：优化直接约束；

- barrier：优化屏障约束；
- chain：优化链约束；
- dimensions：优化尺寸测量。

也可以叠加使用多个优化，app：layout_optimizationLevel ="direct | barrier | chain"。

关于 ConstraintLayout 的特性和用法还有很多细节，如 Barrier、Group、Placeholder 和 Guideline 等，读者可以自己在实践中总结和学习。

2.2　新包引入方式：AndroidX

AndroidX 是 2018 年 9 月 21 日 Google I/O 2018 大会推出的一款新的扩展支持库，用来替代原来的 Android Support 库。由于之前的 Support 库版本比较多，支持库种类也繁多等各种兼容问题，所以 Google 在发布了 Android Support Library 28 时也宣称这将是 Android Support 库的最后一个版本，同时 Google 也发布了 AndroidX 的 1.0.0 第一个正式版本。当然，它也支持旧的项目迁移为 AndroidX 支持库的项目。

AndroidX 是 Android 团队推出的 Jetpack 新架构中的一员，是一个从开发、测试到打包发布的开源项目，它是独立于 Android 操作系统提供的依赖库，并且新版本向后兼容。

AndroidX 的功能特点如下：

- AndroidX 中的包的命名路径都是 androidx 开头的，例如 androidx.lifecycle. *；
- 与支持库不同，AndroidX 软件包是单独维护和更新的，这些 AndroidX 包使用严格的语义版本控制；
- 支持库从 28.0.0 版本后不再更新，将转移为 AndroidX 库，Jetpack 架构组件也被引入 AndroidX 中。

简单看一下 Support 库和 AndroidX 库的引入名称对比，见表 2-1。

表 2-1　Support库和AndroidX库的引入名称对比

旧的Support库	新的AndroidX库
com.android.support:appcompat-v7	androidx.appcompat:appcompat:1.0.0
com.android.support:cardview-v7	androidx.cardview:cardview:1.0.0
com.android.support:leanback-v17	androidx.leanback:leanback:1.0.0
om.android.support:multidex	androidx.multidex:multidex:2.0.0
com.android.support:recyclerview-v7	androidx.recyclerview:recyclerview:1.0.0
com.android.support:viewpager	androidx.viewpager:viewpager:1.0.0
com.android.support:webkit	androidx.webkit:webkit:1.0.0

更多映射关系参见官网 https://developer.android.google.cn/jetpack/androidx/migrate。

接下来看一下如何迁移旧的项目到 AndroidX 库中。首先需要在旧项目中的 gradle.

properties 里添加以下代码：

```
// 表示使用 Androidx
android.useAndroidX=true
// 表示将第三方库迁移到 Androidx
android.enableJetifier=true
```

如果 android.enableJetifier 设置为 false，那么依赖的第三方库将不会被迁移至 AndroidX。

接下来可以手动将项目下 build.gradle 中的依赖库名称改为对应的 AndroidX 的依赖库名称，例如将 com.android.support:appcompat-v7 改为 androidx.appcompat:appcompat:1.0.0。这样做可能会麻烦些，但 Android Studio 已经提供了转为 AndroidX 的功能，可以在菜单栏中选择 Refactor | Migrate to AndroidX 命令，快速迁移现有项目使用 AndroidX。修改完之后，build.gradle 中的编译版本要改为 Android 9.0 的 SDK 及以上版本才可以使用。

2.3　新架构：Jetpack

Google I/O 2018 推出了很多新的功能，其中就包括一系列新的架构组件和工具，如 Jetpack。Android Jetpack 能帮助开发者加快应用开发速度，处理类似后台任务、UI 导航及生命周期管理之类的活动，免去开发者编写样板代码的麻烦，专注提升应用体验。Android Jetpack 框架包括 Architecture、Foundation、Behavior 及 UI 这几部分，并且这些组件都发布了两种语言版本的库，一种是基于 Java 语言的，另一种就是基于 Kotlin 语言的。Jetpack 架构内容如图 2-12 所示。

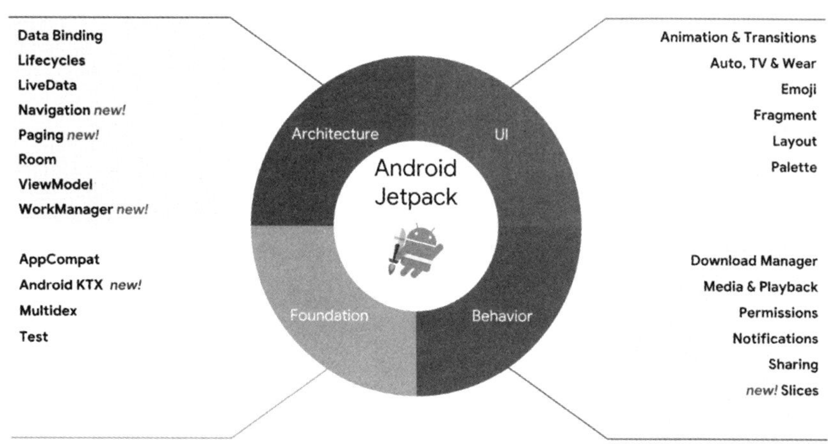

图 2-12　Jetpack 框架内容

可以说，Jetpack 是一套新的架构组件和工具，它的每一种功能都独立成了一个依赖库，可以根据需要进行选择依赖。Jetpack 具有向后兼容性，可以减少崩溃和内存泄漏，可以让开发效率大幅提高，消除大量的重复代码，让开发者将重心专注于构建高质量的应用上。

Jetpack 组件主要分为四大类：基础组件（Foundation Components）、架构组件（Architecture Components）、行为组件（Behavior Components）和界面组件（UI Components）。具体包括的库分别如下：

- 基础组件：包括 AppCompat、Android KTX、Multidex 和 Test；
- 架构组件：包括 Data Binding、Lifecycles、LiveData、Navigation、Paging、Room、ViewModel 和 WorkManager；
- 行为组件：包括 Download Manager、Media&Playback、Permissions、Notifications、Sharing 和 Slices；
- 界面组件：包括 Animation&Transitions、Auto，TV&Wear、Emoji、Fragment、Layout 和 Palette。

可以看出，Jetpack 的相关依赖库很多，每一个都是都是针对一方面功能的依赖库，更新和添加也都非常方便。这里选择其中一个库进行讲解，即 WorkManager，其他的相关库可以按照同样的学习方法进行实践学习。

从名字就可以大概看出来 WorkManager 用于任务管理。很多开发者以前都使用进程守护、进程保活、App 的后台 Service 来保证后台任务的执行，不过这些方案都不能保证后台服务一定可以存活。WorkManager 的特点就是可以在 App 被杀死、关闭甚至机器重启后还会继续执行设置的任务，并且还可以个性化设置任务执行的时间段和范围，以及可以执行一次任务，或者可以定时执行等。有了 WorkManager，这些问题都迎刃而解。

WorkManager 的功能特点如下：

- 向后兼容至 API 14；
- 后台可以执行定期任务、一次性任务和连锁任务；
- 即使应用程序或设备重新启动，也可确保任务执行；
- 支持 Doze 模式等省电功能。

可以用 WorkManager 做很多事情，如将日志定期发送给服务器端、定期将应用程序数据与服务器同步、做类似于闹钟提醒的功能等。

要使用 WorkManager，首先要在项目的 build.gradle 中引入库，例如：

```
implementation "android.arch.work:work-runtime:1.0.0-alpha01"
```

接下来创建一个 Work 类，它继承自 Worker，在其中写具体的任务逻辑。代码如下：

```
package com.google.androidarc.utils;

import android.support.annotation.NonNull;
import androidx.work.Worker;

public class TestWork extends Worker {

    @NonNull
    @Override
    public WorkerResult doWork() {
```

```
        //  System.out.println("执行任务，非UI线程");
        return WorkerResult.SUCCESS;
    }
}
```

运行一次任务、多个任务及周期性执行任务，也可以传入和传出数据。为了方便，这里将它们写在了一起，代码如下：

```
private void worker() {
        //数据传输
        Data data = new Data.Builder().putString("string", "text").build();

        //设置任务约束
        Constraints constraints = new Constraints.Builder()
                .setRequiresDeviceIdle(true)
                .setRequiresCharging(true)
                .setRequiredNetworkType(NetworkType.CONNECTED)
                .build();

        //运行一次任务
        OneTimeWorkRequest oneTimeWorkRequest = new OneTimeWorkRequest.
Builder(TestWork.class).setInitialDelay(5, TimeUnit.SECONDS)
                .setConstraints(constraints)
                .setInputData(data).addTag("tag").build();
        WorkManager.getInstance().enqueue(oneTimeWorkRequest);

        //周期定期执行任务
        PeriodicWorkRequest periodicWorkRequest = new PeriodicWorkRequest.
Builder(TestWork.class, 5000, TimeUnit.MILLISECONDS).build();
        WorkManager.getInstance().enqueue(periodicWorkRequest);

        //链式执行任务
        WorkContinuation chain1 = WorkManager.getInstance()
                .beginWith(oneTimeWorkRequest)
                .then(oneTimeWorkRequest);
        WorkContinuation chain2 = WorkManager.getInstance()
                .beginWith(oneTimeWorkRequest)
                .then(oneTimeWorkRequest);

        WorkContinuation chain3 = WorkContinuation
                .combine(chain1, chain2)
                .then(oneTimeWorkRequest);
        chain3.enqueue();

        //输出任务结果
        WorkManager.getInstance().getStatusesByTag("tag").observe(this,
new Observer<List<WorkStatus>>() {
            @Override
            public void onChanged(@Nullable List<WorkStatus> workStatuses) {
                if (workStatuses != null && workStatuses.get(0).getState().
isFinished()) {
                    String result = workStatuses.get(0).getOutputData().
getString("string", "");
                    System.out.println("输出: " + result);
```

```
                }
            }
        });
    }
```

接收的地方接收数据可以这样写，也可以输出结果数据回调。代码如下：

```
package com.google.androidarc.utils;

import android.support.annotation.NonNull;
import androidx.work.Data;
import androidx.work.Worker;

public class TestWork extends Worker {

    @NonNull
    @Override
    public WorkerResult doWork() {
        System.out.println("执行" + getInputData().getString("string", ""));
        Data data = new Data.Builder().putString("string", "执行" + getInputData().
getString("string", "")).build();
        setOutputData(data);
        return WorkerResult.SUCCESS;
    }
}
```

有了 WorkManager，即使应用关闭，任务依然可以正常执行。关于 Jetpack 其他相关组件的用法，读者可以参考官方文档进行学习，网址为 https://developer.android.google.cn/jetpack。

2.4　新动画：Lottie

Android 自带的动画读者应该很熟悉。这里扩充讲解一个第三方 Airbnb 开源的动画支持库 Lottie，其功能非常强大，而且是 SVG 形式的矢量动画，可以实现很多复杂的效果。使用的时候通过一个 JSON 描述文件进行引用，很方便。Lottie 支持多个平台，如 Android、iOS 和 Web 等。官方 GitHub 地址为 https://github.com/airbnb/lottie-android。

接下来看一下 Lottie 在 Android 平台的使用方法。首先在项目 build.gradle 中引入库：

```
dependencies {
  implementation 'com.airbnb.android:lottie: 3.0.1'
}
```

可以通过布局或者代码方式使用 Lottie，布局引用如下：

```
<FrameLayout xmlns:android="http://schemas.android.com/apk/res/android"
    xmlns:app="http://schemas.android.com/apk/res-auto"
    android:layout_width="match_parent"
    android:layout_height="match_parent">

    <com.airbnb.lottie.LottieAnimationView
```

```
        android:id="@+id/animation_view"
        android:layout_width="wrap_content"
        android:layout_height="wrap_content"
        app:lottie_autoPlay="true"
        app:lottie_fileName="biking_is_cool.json"
        app:lottie_loop="true" />
</FrameLayout>
```

动画 json 文件要放置在项目的 assets 目录下，会自动读取。在代码中的用法如下：

```
lottieAnimationView = findViewById(R.id.animation_view);
        lottieAnimationView.setImageAssetsFolder("images");
        lottieAnimationView.setAnimation("data.json");
        lottieAnimationView.loop(true);
        lottieAnimationView.playAnimation();
```

Lottie 支持很多种方式加载 json 动画文件，如网络地址和本地文件等。其核心方法结构如图 2-13 所示。

图 2-13　Lottie 支持的加载 json 动画文件方式

如果感觉动画卡顿，可以开启硬件加速或缓存模式。

- LottieAnimationView.CacheStrategy.None：没有缓存；
- LottieAnimationView.CacheStrategy.Weak：弱引用缓存；

- LottieAnimationView.CacheStrategy.Strong：强引用缓存。

也可以控制动画播放速度、时间，监听动画的执行过程等。如果想自己制作动画的话，需要使用 After Effects（AE）进行制作，然后配合 Bodymovin 插件导出动画的 json 文件。但是开发者一般不自己制作动画，因为已经有动画库网站提供了大量的可直接使用的 Json 动画，网址为 https://lottiefiles.com。

在使用 Lottie 动画时，也要考虑性能问题，如果性能影响到应用的流畅度和体验，那么就需要考虑合理使用 Lottie 了。

2.5　新发展：Material Design

Google I/O 2018 大会上发布了 Material Design 2，这个新版本的发布让 Material Design 迎来了更好的设计、发展和元素。Material Design 最初于 2014 年 Google I/O 大会首次推出，时隔 4 年 Google 再次推出了新版本的 Material Design。

Material Design 可以翻译为材料设计，可以说是一种视觉语言和设计风格，整体设计风格和灵感很多来自于现实生活，如纹理、光线反射、投影阴影、动画等。它将优秀设计的经典原则与技术和科学创新相结合。Material Design 不仅用于 Android 平台，而且还可以应用于 iOS、Flutter 和 Web 等平台。经过不断更新和完善，Material Design 已经拥有了自己的一套完善的设计风格和体系标准，并且配套推出了一套 Material Design 包供 Android 开发平台使用，以方便地实现 Material Design 风格的应用。那么接下来就介绍一下 Material Design 包中提供的一些控件。

想使用 Material Design 控件，需要引入相关 Design 库，代码如下：

```
implementation 'com.android.support:design:28.0.0'
```

目前，Design 包中提供了 12 种 Material Design 控件，可以实现大部分 Material Design 风格的设计与应用。下面简单介绍一下这几种 Material Design 控件的作用。

Android 平台 Material Design 风格的控件主要有 AppBarLayout、CoordinatorLayout、CollapsingToolbarLayout、ToolBar、DrawerLayout、TextInputLayout、TabLayout、BottomSheet、Palette、RecyclerView、SwitchCompat、FloatingActionButton、Snackbar、CardView、NavigationView、BottomSheetDialog、BottomNavigationView 和 SwipeRefreshLayout 等。

AppbarLayout 是 Material Design 的一个控件，继承自 LinearLayout。AppBarLayout 必须作为 Toolbar 的父布局容器，也可以配合 CoordinatorLayout 和 CollapsingToolbarLayout 一起使用。这几个控件进行组合使用，可以实现很多种炫酷的效果，如视差滚动效果、标题栏上推效果等。

ToolBar 是一个标准的标题栏控件，可以实现大部分的标题栏功能。ToolBar 很强大也很常用，是 Google 新推出的代替 ActionBar 的一个标题栏控件，能将背景拓展到状态栏。

Toolbar 也支持个性化定义和修改等操作，非常灵活。

DrawerLayout 用于侧滑菜单，可以实现左侧侧滑出现、右侧侧滑出现和左右两侧侧滑出现。当然，也可以配合 NavigationView 使用，方便地实现侧滑导航菜单样式。

TextInputLayout 控件是一个容器，只能包裹一个控件，一般用来包裹 EditText 来实现输入文本时根据预先设定展示一些提示信息和动画效果，如输入提示、输入错误提示等，非常方便。

TabLayout 控件我们非常熟悉，它是 Android 6.0 后 Google 官方推出的选项卡导航控件，一般配合 ViewPager 进行使用，可以将其放置在顶部或者底部，使用灵活方便、功能强大，可以实现固定的选项卡和可滚动的选项卡等效果。

BottomSheet 控件主要用于实现底部弹窗，可以实现一些底部弹出的菜单。另一个和它作用、效果类似的控件是 BottomSheetDialog，是一个从底部弹出的对话框。

Palette 控件主要用于取色，可以获取一张图片的主体颜色等色调，用来优化界面的色彩搭配。有了 Palette 就可以动态根据图片的色调来设置界面的色调了，非常方便。

RecyclerView 控件很常用，主要是用来替代 ListView 和 GridView 的功能，并且性能优秀，可扩展性非常强。

SwitchCompat 控件主要用来实现滑动开关，是 Material Design 中的一员。以前的旧 Switch 体验不是很好，而且用起来也比较麻烦。

FloatingActionButton 控件继承自 ImageView，主要用来实现悬浮按钮，位置可以自己设置，通过个性化属性可以配置出很多炫酷的效果，甚至可以放置在底部导航中。

Snackbar 控件的作用有点像 Toast，主要用于提示信息，它是 Android 5.0 中的一个控件，用来代替 Toast。Snackbar 与 Toast 的主要区别是，Snackbar 可以滑动退出，也可以处理用户交互事件。

CardView 主要用来实现卡片效果，可以配置一些卡片阴影、圆角等复杂效果，它也是 Material Design 中的一个常用控件，可以配合 RecyclerView 进行使用。

BottomNavigationView 控件的主要作用就是实现应用的底部导航栏，一般只适用于底部有 3～5 个导航栏的情况，可以配合 ViewPager 进行使用。

SwipeRefreshLayout 控件是 Google 官方推出的一款下拉刷新控件，简化了实现下拉刷新效果的难度，也可以自己扩展功能，适用于大部分界面的刷新，如 ListView、GridView、RecyclerView 及普通的复杂控件布局等。

关于 Material Design 的一些控件就介绍到这里，其实 Material Design 的内容规范非常多，是一个体系化设计规范。更多、更详细的 Material Design 内容，可以参考官网进行学习，网址为 https://material.io/design。

第 3 章　认识 Android 相关辅助工具

提到 Android 开发工具，我们一般想到的有两种：Eclipse 和 Android Studio。早期开发者都是使用 Eclipse 进行开发，效率非常低。于是 Google 在 2013 年的 I/O 大会上发布了全新的高效 Android 开发工具：Android Studio。目前 Android Studio 版本更新相对来说比较频繁，新功能、新插件大大满足了开发者的需求，可以说功能非常丰富，开发效率远远高于传统的 Eclipse，所以推荐大家直接使用 Android Studio 进行 Android 开发。Android Studio 也有很多丰富的小功能，以及全新的 Gradle 构建系统。本章将会介绍 Android Studio 的安装与使用方法，以及一些提升效率的功能和插件。

3.1　版本控制和源代码管理工具

在实际的项目开发中，经常要用到版本控制管理系统，目前主流的是 Git 和 SVN。版本控制系统是一种记录一个或若干个文件内容变化，以便将来查阅特定版本修改情况的系统。采用版本控制系统（VCS）可将某个文件回溯到之前的状态，甚至将整个项目都回退到过去某个时间点的状态，可比较文件的变化细节，查出最后是谁修改了哪个地方，或者又是谁在何时报告了某个功能有何缺陷等，从而找出导致错误问题出现的原因，就算项目改动很大，也可以恢复到原来的样子。

接下来就简单讲解一下 SVN 和 Git 的基本用法。

3.1.1　SVN 的基本用法

SVN 可以单独使用，当然这里 SVN 是要搭配 Android Studio 进行使用。首先需要安装好 SVN 客户端，下载地址为 https://tortoisesvn.net/downloads.html。安装完毕之后，就可以配置 Android Studio 的 SVN 了。SVN 的安装界面如图 3-1 所示。

注意，安装的时候要安装 command line，默认是不安装的。安装完毕后，选择 Android Studio 的 Settings|Subversion，在弹出的对话框中设置 Use command line client 的路径即可，如图 3-2 所示。

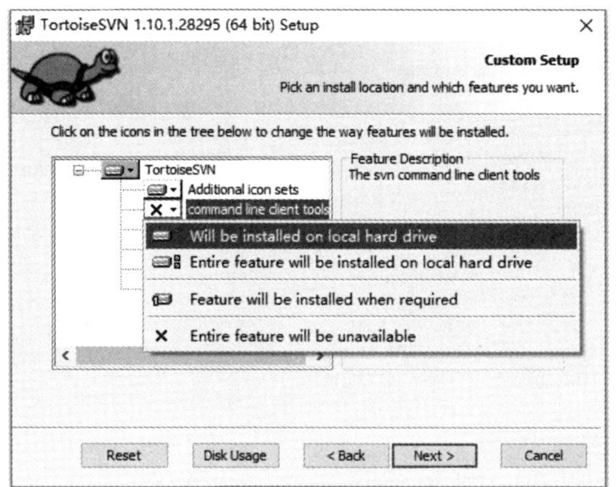

图 3-1　安装 SVN 1

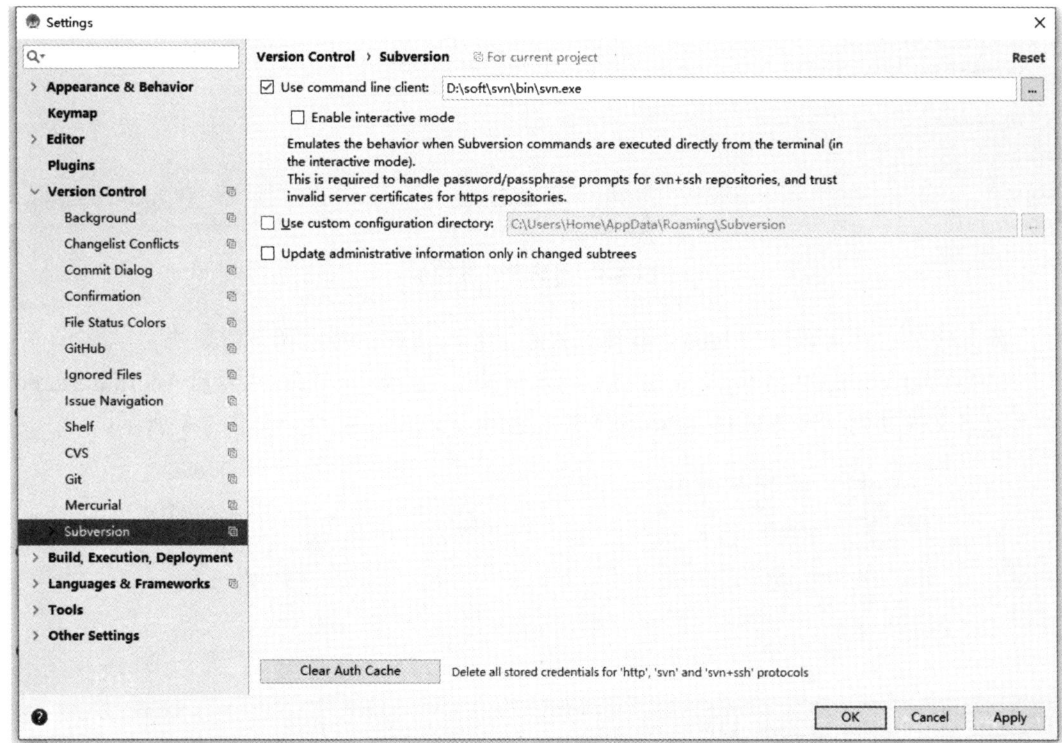

图 3-2　安装 SVN 2

然后需要添加 Ignored Files，忽略提交文件，这些文件没有必要提交到 SVN 服务器上。SVN 中文件忽略规则包括.idea 文件、.gradle 文件、build 文件（包含 module 中的 build））、.iml 文件、local.properties 文件，如图 3-3 所示。

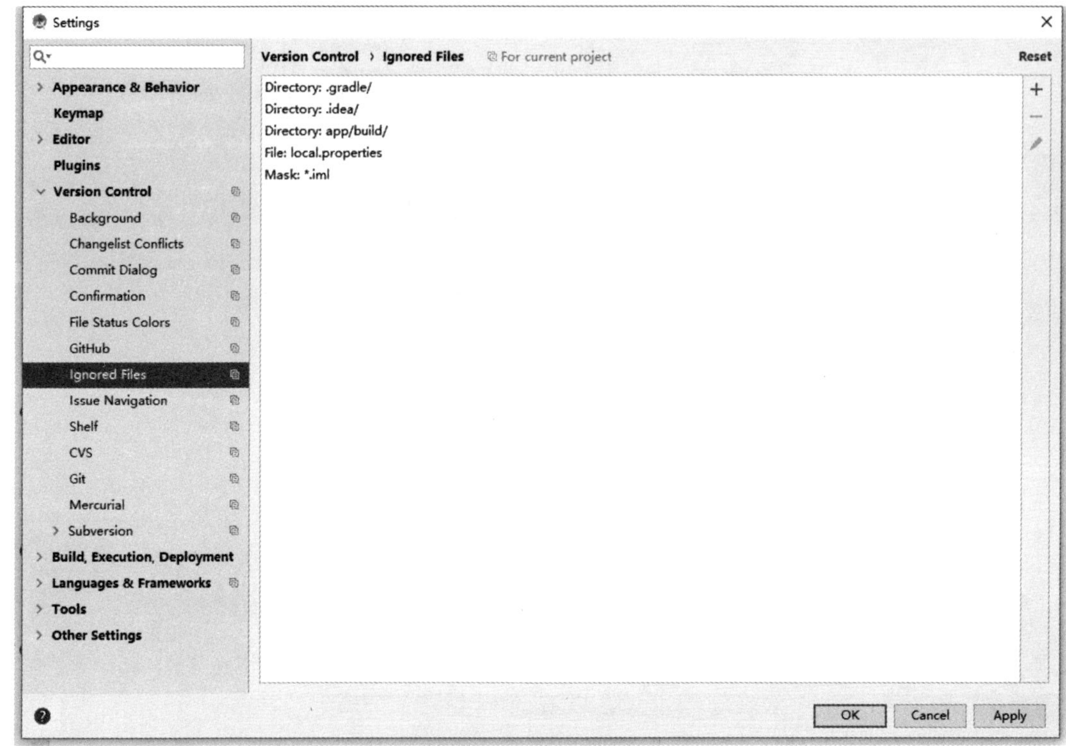

图 3-3　忽略文件设置 1

除此之外，还可以通过.ignore 插件方式添加忽略文件，步骤如下：

选择 File|Settings|Plugins|Browse repositories|搜索.ignore|安装命令，重启 Android Studio|手写忽略文件规则，最终项目（Project）中会出现.gitignore 文件，如图 3-4 所示。

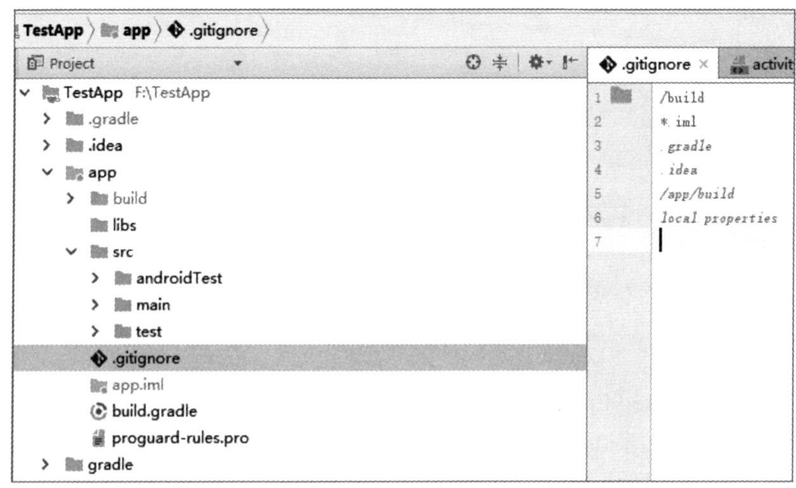

图 3-4　忽略文件设置 2

接下来看一下如何把项目导入提交到 SVN 中。选中项目，选择菜单栏中的 VCS|Import into Version Control|Share Project(Subversion)命令即可，如图 3-5 所示。

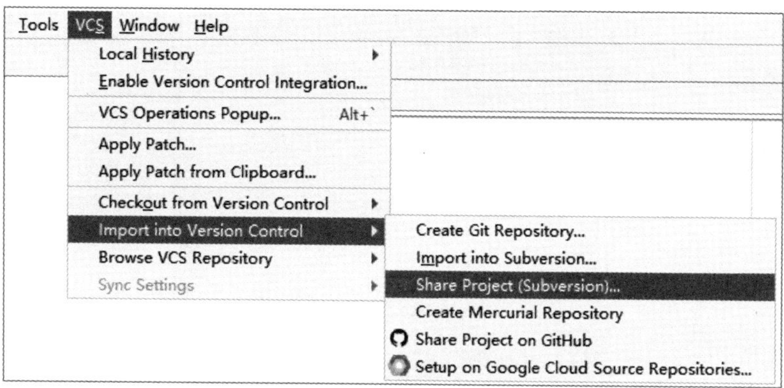

图 3-5　提交文件 1

在弹出的对话框中输入 SVN 的项目提交地址，如图 3-6 所示。

提交开始时会弹出输入账号和密码的对话框，输入 SVN 服务器的账号和密码即可登录进行相关提交操作，如图 3-7 所示。

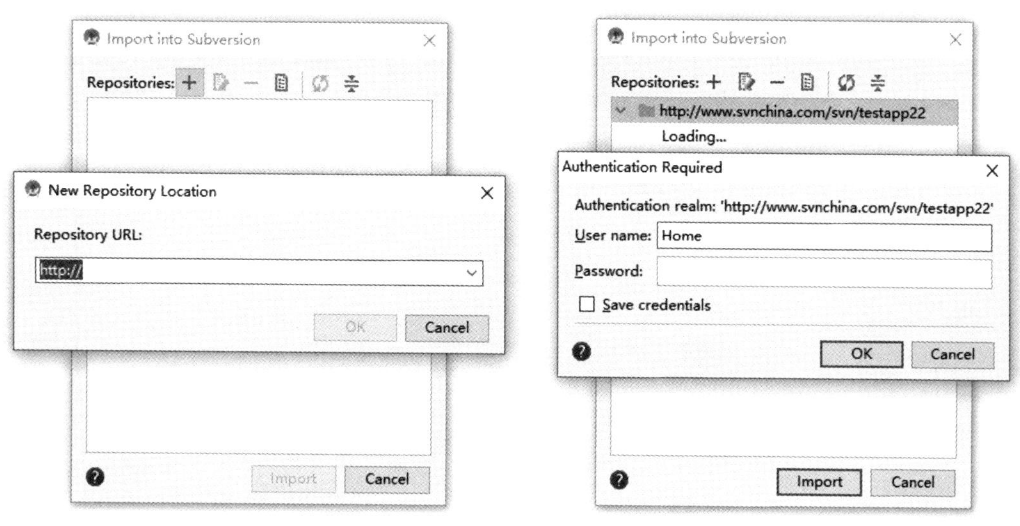

图 3-6　提交文件 2　　　　图 3-7　提交文件 3

登录成功后，输入一些提交的备注即可提交，如图 3-8 所示。

后续的一些提交、更新等操作直接在项目目录上右击，即可看到 Subversion 的快捷菜单，如图 3-9 所示。

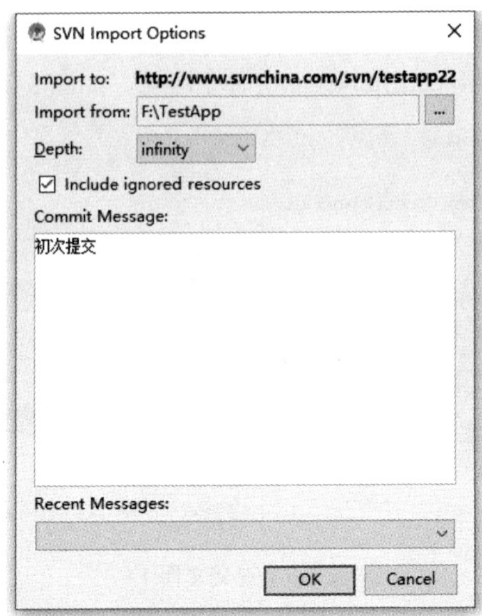

图 3-8 提交文件 4

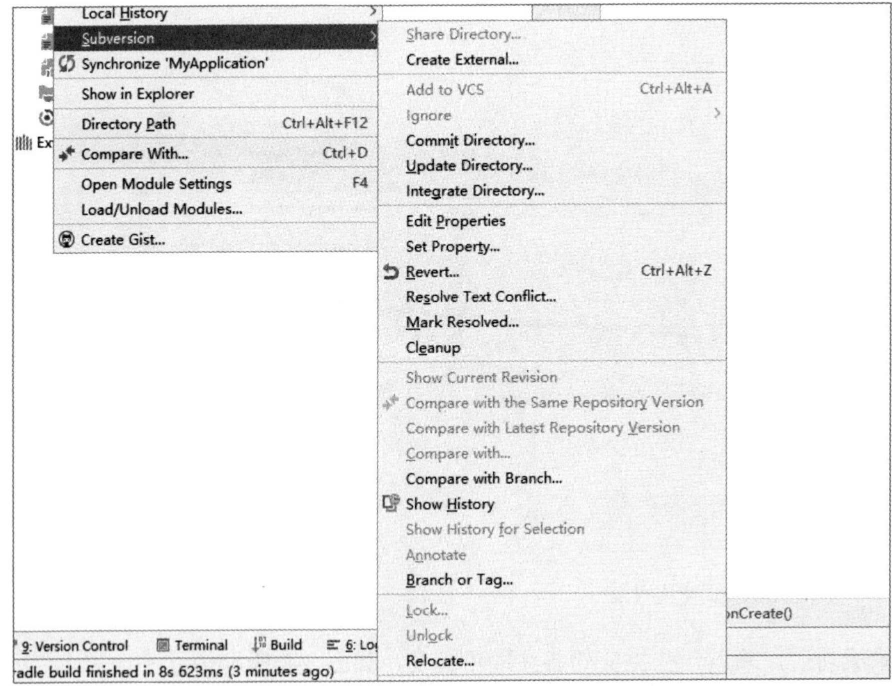

图 3-9 提交文件 5

如果想查看项目的历史提交记录，选中 Show History 命令即可查看历史提交记录及版本号。

3.1.2 Git 的基本用法

Git（分布式版本控制系统）可以说是目前最好用的版本控制系统。它是一个免费、开源的分布式版本控制系统，可以有效、高速地处理从很小到非常大的项目版本管理。Git 是 Linus Torvalds 为了帮助管理 Linux 内核而开发的一个开放源码的版本控制软件。分布式相比于集中式的最大区别在于开发者可以每次先将项目代码提交到本地，然后再提交到服务器端仓库，对服务器依赖降低到最低限度。每个开发者通过克隆（git clone）服务器项目代码，在本地机器上复制一个完整的 Git 仓库，开发者可以在本地的仓库内进行创建分支、开发等灵活的操作，减少对服务器仓库的依赖，这些修改都可以先在本地仓库中进行操作，然后再汇总到服务器端仓库。

在 Android Studio 中使用 Git 需要先安装 Git 客户端。下载地址为 https://git-scm.com/。这里需要用的就是 Git Bash 了，我们偶尔会需要到命令行操作。

首先需要在 Android Studio 的 Settings 中配置 Git 的路径，然后测试是否成功连接，如图 3-10 所示。

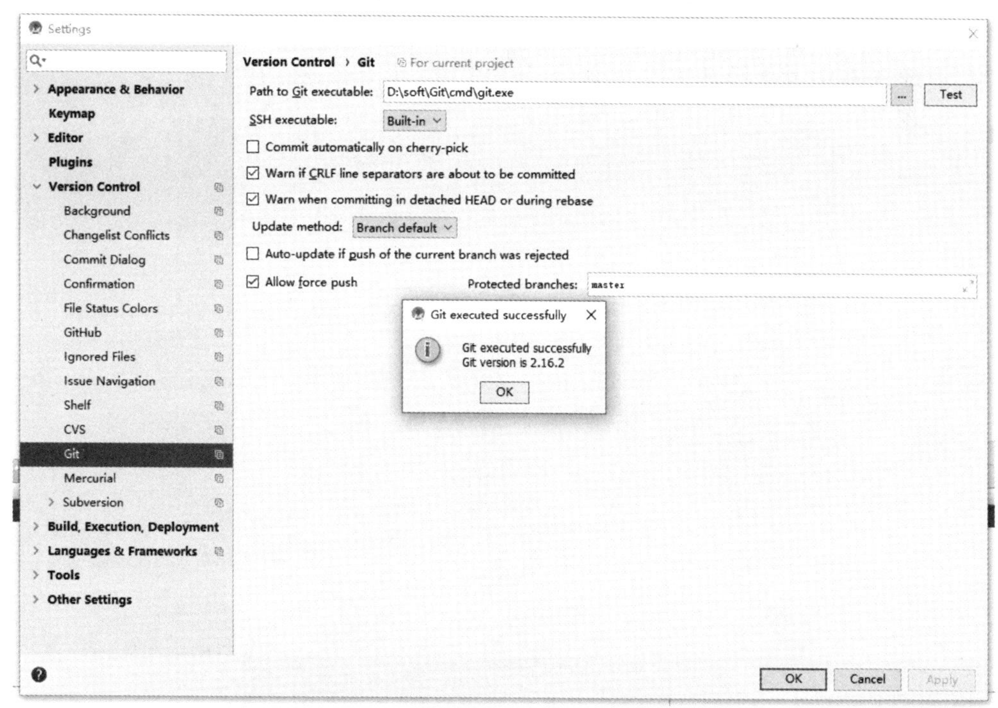

图 3-10　测试 Git 是否连接成功

忽略文件的配置方法和 SVN 的相同，这里不再重复说明。接下来看一下如何提交项目到 Git。

打开 Git Bash，随便在一个文件夹里右击便可看到 Git Bash 的右键快捷菜单，选择 Git Bash 命令，然后在弹出的窗口中输入配置 username 和 email 的代码，具体如下：

```
git config --global user.name "你的名字"
git config --global user.email "你的邮箱"
```

然后选择 VCS | Import into Version Control | Create Git Reponsitory 命令，如图 3-11 所示。

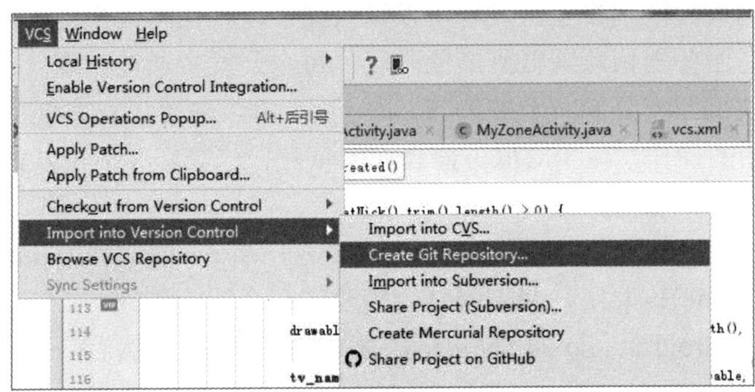

图 3-11　VCS 菜单命令

当前项目的 VCS 菜单如图 3-12 所示。

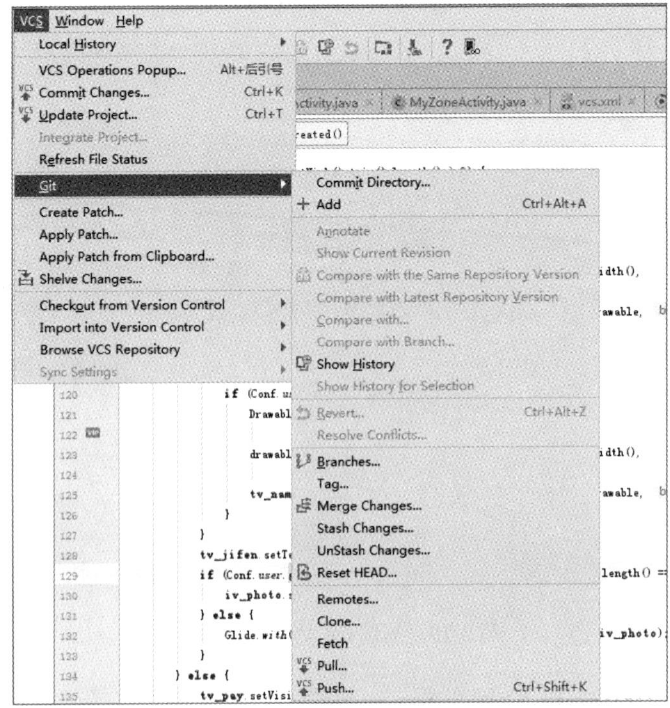

图 3-12　VCS 下的 Git 命令

接下来添加远程仓库地址。选择 VCS | Git | Remotes 命令，弹出添加操作对话框，如图 3-13 所示。

单击加号按钮添加远程仓库地址。当然这些都是基于 UI 操作的，Android Studio 已经封装好了。也可以用 Git Bash 命令进行操作，为本地项目添加远程仓库。进入本地项目根目录，右击，弹出快捷菜单，选择 Git Bash Here 命令，如图 3-14 所示。

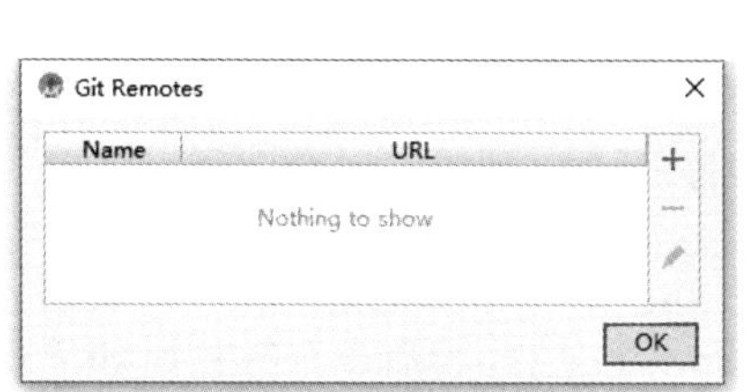

图 3-13　添加远程仓库地址

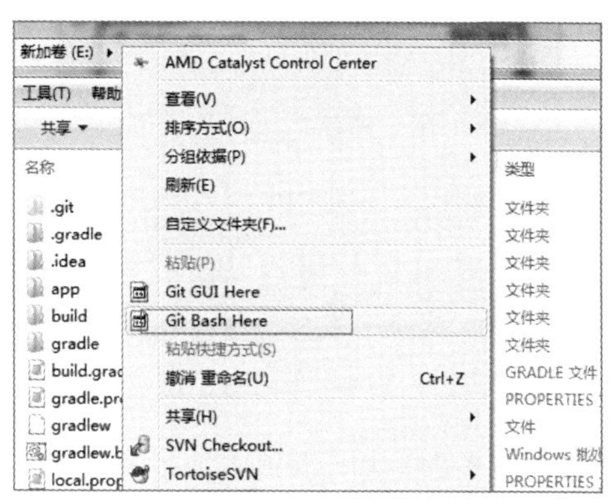

图 3-14　选择 Git Bash Here 命令

输入命令 git remote add origin+远程仓库地址，回车即可。如果你的远程项目是第一次提交或者远程仓库有一些文件的话，需要选择 Pull 命令拉取一下，将服务器端代码同步到本地仓库，如图 3-15 所示。

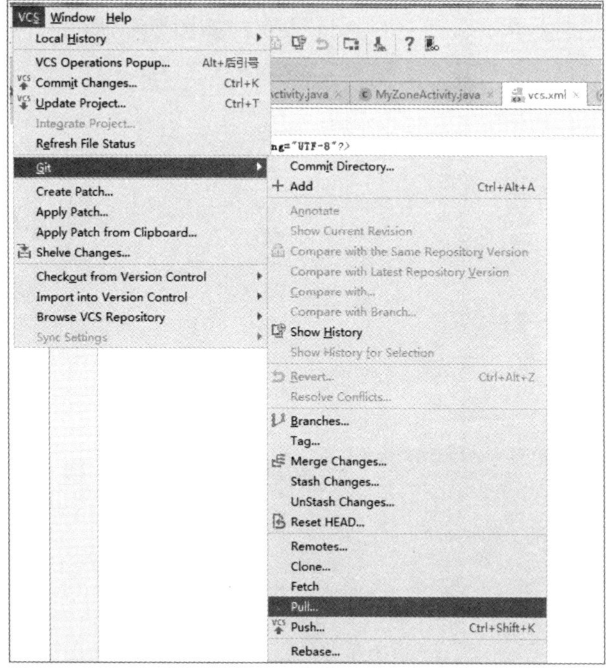

图 3-15　选择 Pull 命令

在弹出的对话框中选择获取远程仓库的路径信息，单击 Pull 按钮，如图 3-16 所示。

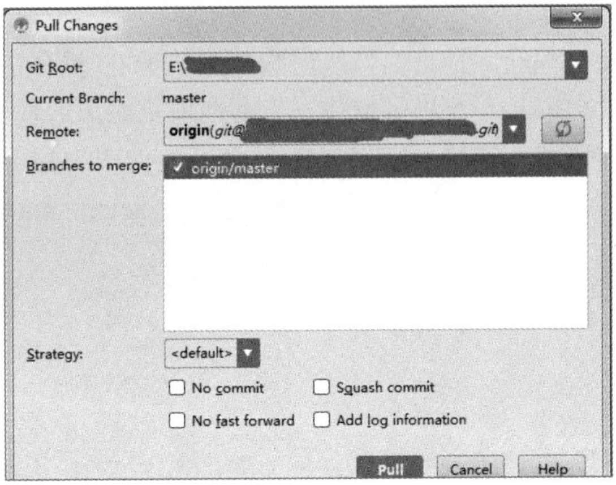

图 3-16　选择获取远程仓库的路径信息

这样远程文件就同步到本地了。这步操作也可以用 Git Bash 命令行操作，即 git pull 命令。假如遇到 Git Pull Failed: refusing to merge unrelated histories 这样的错误，说明远端仓库和本地仓库的分支名称不一样，则需要在 Git Bash 上输入命令（切换进入到项目根目录输入命令执行）。

```
git pull origin master --allow-unrelated-histories
```

这样就可以继续后面的步骤了。下面在本地仓库中添加项目需要提交的相关文件。右击项目，在弹出的快捷菜单中选择 Git | Add 命令，如图 3-17 所示。

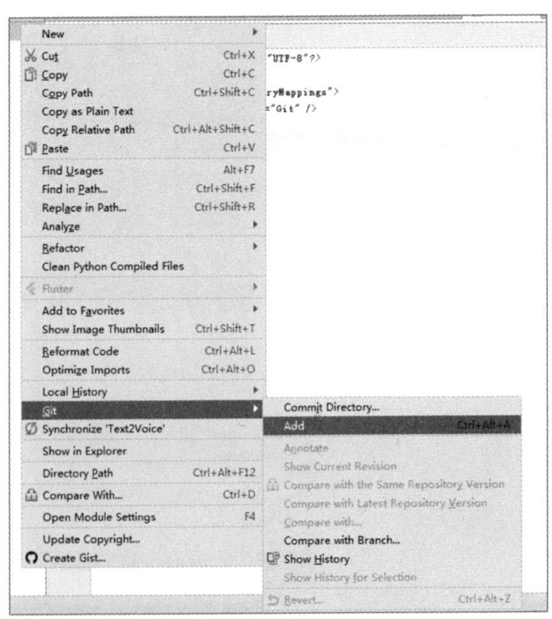

图 3-17　选择 Git | Add 命令

如果想查看哪些文件被添加进去了，在 Git Bash 中输入命令 git status 即可，如图 3-18 所示。

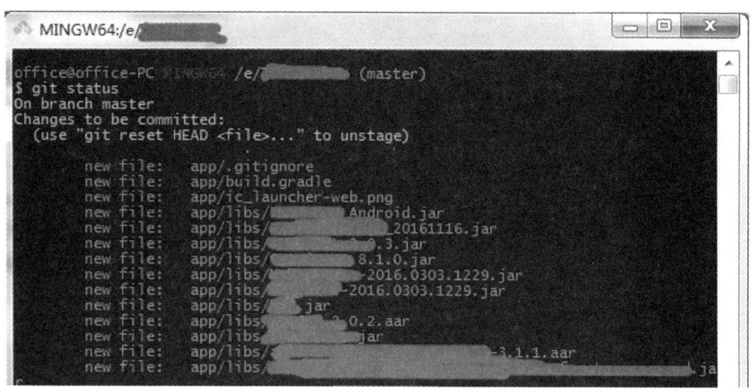

图 3-18　在 Git Bash 中查看添加文件

接下来将文件提交到本地仓库。操作方法是选择 VCS | Git | Commit Directory 命令，在弹出的对话框框里输入提交的备注，单击 Commit 按钮。最后把本地仓库提交到远程仓库，选择 VCS | Git | Push 命令即可，如图 3-19 所示。

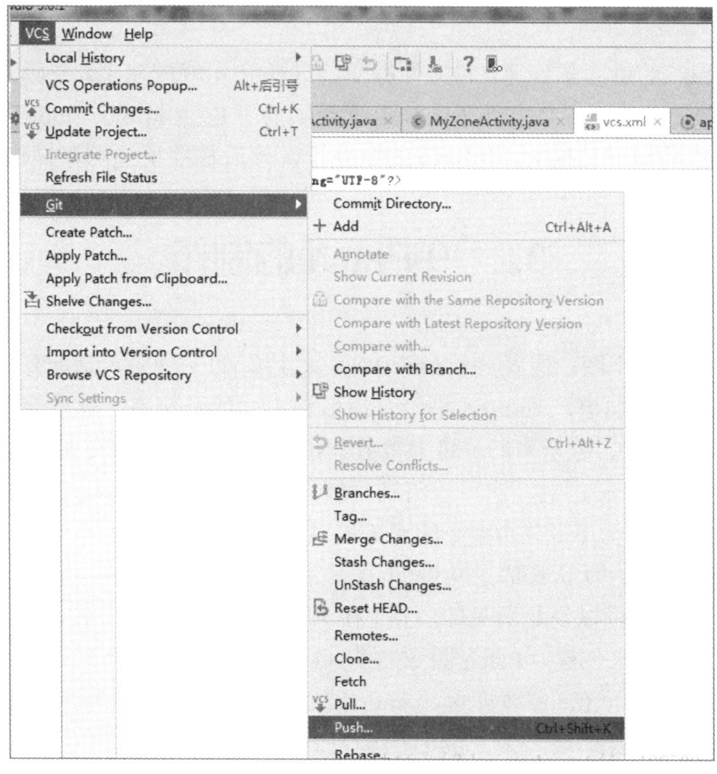

图 3-19　选择 VCS | Git | Push 命令

在弹出的对话框中选中 Push Tags 复选框，再单击 Push 按钮即可提交，如图 3-20 所示。

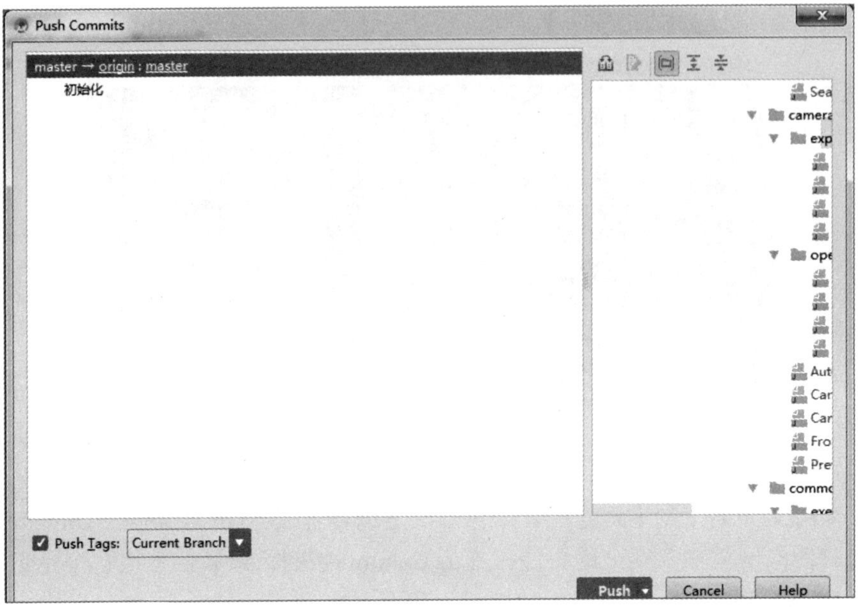

图 3-20　提交文件

等待 Pushing...的进度条走完，将文件提交到远程仓库就成功了。最后去远程仓库刷新一下就会看到提交成功的项目文件了。如果读者用的不是 Android Studio，则把 Android Studio 的 UI 操作的地方替换为 Git Bash 的命令行，然后按照所述顺序操作即可。

3.2　9-Patch 的制作

9-Patch 图也叫点 9 图，是 Android 应用开发里特有的一种图片适配形式，其图片文件扩展名为.9.png。我们知道，Android 平台有很多种不同的分辨率、屏幕密度，很多控件的切图文件在不同的尺寸、分辨率的屏幕上被放大拉伸后图片会模糊失真。9-Patch 技术适配方案就是用来解决这一问题的，它可以将图片横向和纵向同时进行拉伸，以实现在多分辨率下的完美显示效果。

Android Studio 已经默认集成了 9-Patch 图片制作工具，非常高效与方便，可以说是所见即所得。在 Android Studio 中，右击想要用来创建 9-Patch 图像的 PNG 图像，然后选择 Create 9-patch file 命令即可，Android Studio 会自动将文件重命名成扩展名为.9.png 的图片，如图 3-21 所示。

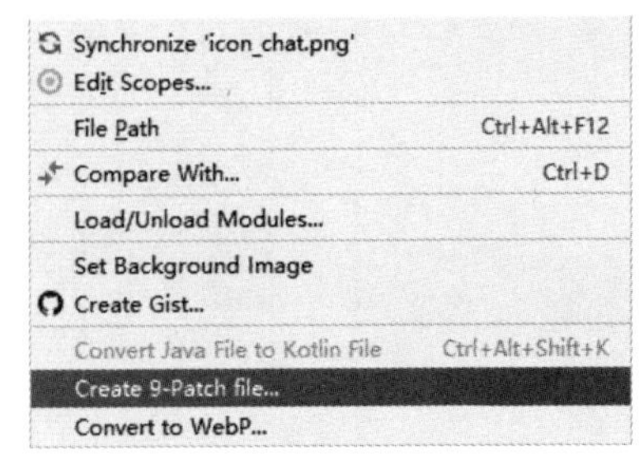

图 3-21　选择 Create 9-Patch file 命令

之后双击.9.png 图片文件，将其在 Android Studio 中打开。这样要处理的 9-Patch 图片便出现在了内容编辑区域中，如图 3-22 所示。

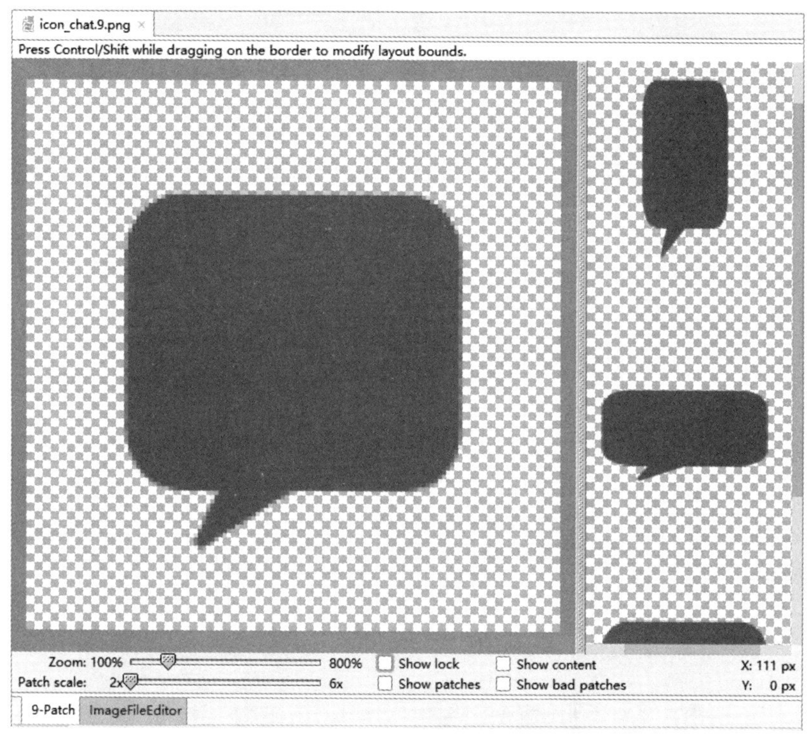

图 3-22　9-Patch 图片制作编辑区域

该界面中最大的区域为编辑区域，其右侧为拉伸后的效果预览区域，底部为一些缩放操作的小工具。下面简单看一下底部几个小工具的作用。

- Zoom：调整图形在绘制区域中的缩放级别；
- Patch scale：调整图像在预览区域中的比例；
- Show lock：当光标悬停在图形的不可绘制区域上时以直观方式呈现；
- Show patches：在绘制区域中预览可拉伸配线（紫色为可拉伸配线）；
- Show content：突出显示预览图像中的内容区域（紫色为允许内容的区域）；
- Show bad patches：在拉伸时可能会在图形中产生伪影的配线区域周围添加的红色边界。

之所以称之为 9-Patch 图片，主要是因为其将一个图片分成看 4 个边、4 个角和一个中间区域 9 个部分。在制作 9-Patch 图片时，4 个角是不做拉伸的，所以重点就是控制 4 条边，即上、下、左、右，如图 3-23 所示。

从图 3-23 中可以看到有 4 条黑色的边，我们就是要拖动控制这几条边的长度范围来实现拉伸适配效果。那么首先就要搞懂这几条边的作用和含义。

- 左侧边：黑线区域表示图片在纵向拉伸时只有黑色区域进行拉伸，黑线范围外不参与拉伸，一般只点一个黑点即可，也就是一个像素点的拉伸区域。

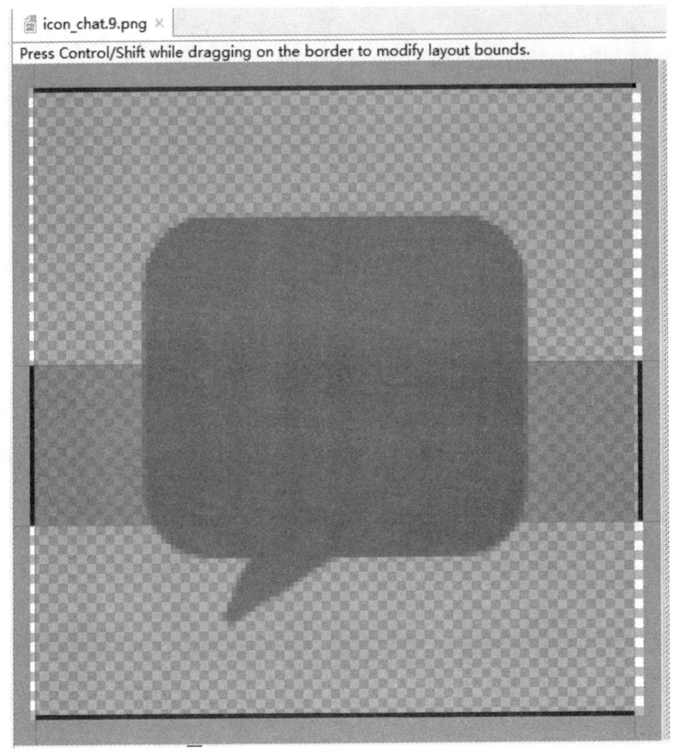

图 3-23　9-Patch 图片制作第 1 步

- 右侧边：右侧黑线表示纵向拉伸时显示内容的区域范围，一般是一条在图片区域内的黑线。
- 上侧边：黑线区域表示图片在横向拉伸时，只有黑色区域进行拉伸，而黑线外不参与拉伸，一般一个点像素即可。
- 下侧边：下侧边黑线区域表示图片在横向拉伸时内容显示的区域范围，一般是一条在图片区域内的黑线。

制作效果，如图 3-24 所示。

需要注意的是，图片任意可拉伸区域的尺寸至少为 2×2 像素，否则它们可能会在缩小时消失。另外，也要在可拉伸区域前后各额外提供 1 像素的安全空间，以避免比例调整期间发生内插，从而导致边界处的颜色发生变化。如果遇到编译器报.9 图片错误的话，需要检查一下.9 图片制作是否有问题，4 条边是否都已经绘制，是否有重复绘制黑边，Android Studio 中要求.9 图片的 4 条边都要绘制才可以。

当然，除了 Android Studio 自带的 9-Patch 制作工具外，再提供给大家一个额外的在线制作网站 http://inloop.github.io/shadow4android/。

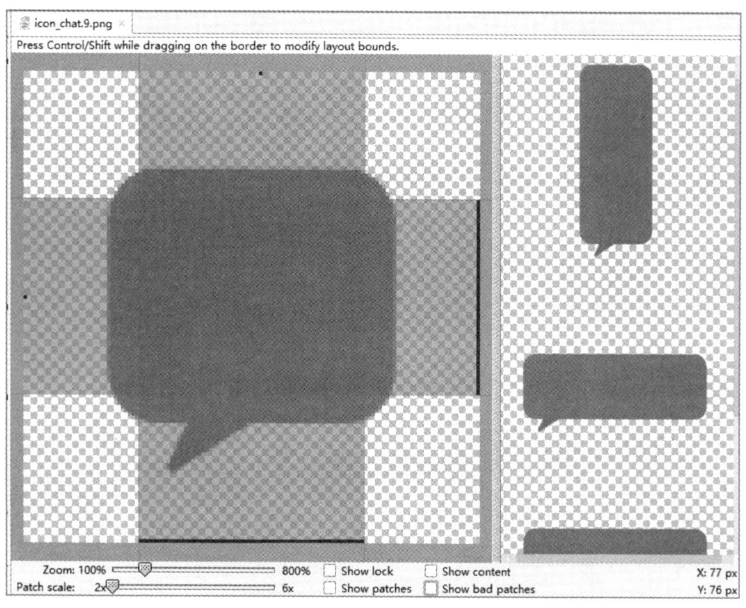

图 3-24　9-Patch 图片制作第 2 步

3.3　抓包工具 Fiddler

Fiddler 是常用的抓包工具，是用 C#编写的，功能非常强大。Fiddler 的原理是以 Web 代理服务器的方式进行工作的，使用的代理地址是 127.0.0.1，默认端口是 8888。当有 HTTP 请求发送出去的时候，首先会被 Fiddler 进行拦截捕获，然后再模拟发送者将 HTTP 请求发送出去。Fiddler 可以抓取 Web、移动客户端、PC 客户端的 HTTP 网络请求，支持各种 HTTP 请求方式的数据抓包。如果要抓取 HTTPS 数据的话，需要先安装证书。Fiddler 还支持请求断点调试，可以使用 Fiddler 进行数据的抓取和分析等操作。Fiddler 的原理示意如图 3-25 所示。

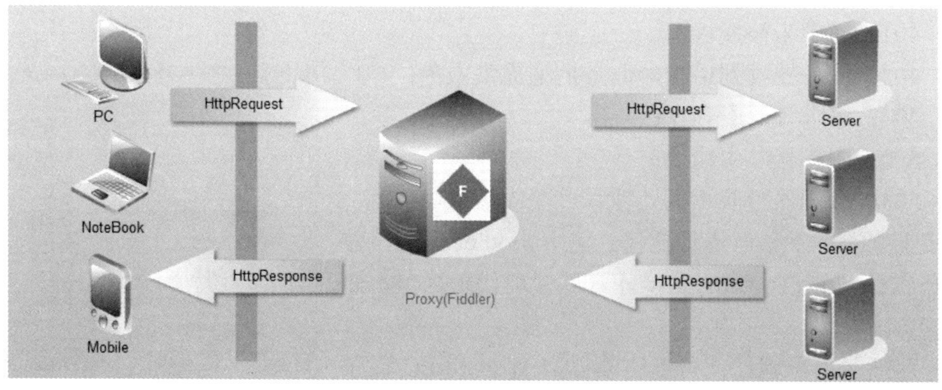

图 3-25　Fiddler 原理示意图

Fiddler 的官方下载地址为 https://www.telerik.com/fiddler。下载 PC 版本安装后主界面如图 3-26 所示。

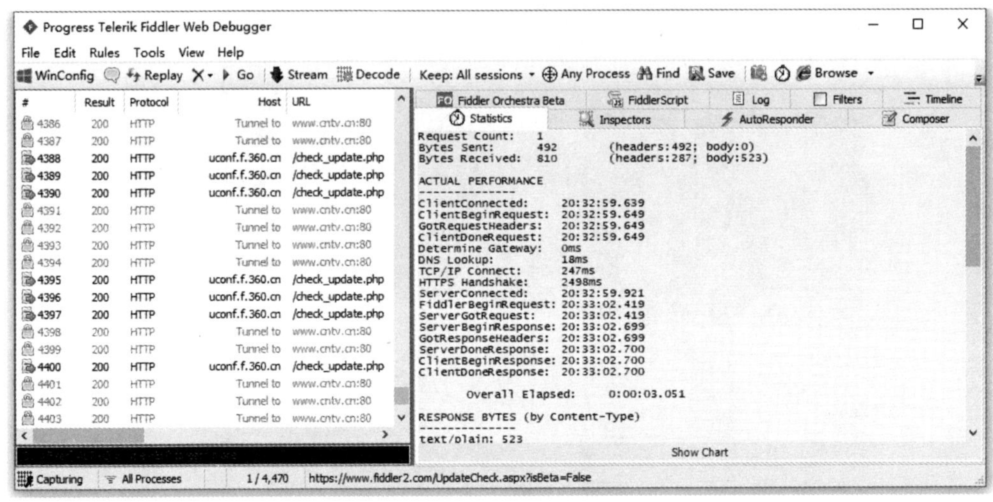

图 3-26 Fiddler 主界面

要了解 Fiddler，首先需要了解 HTTP 协议，常见的 HTTP 请求有 GET、POST、PUT、DELETE 和 TRACE 等请求，其次需要了解请求的响应状态码。

- 1**：服务器收到请求，需要请求者继续执行操作；
- 2**：请求成功，操作被成功接收并处理；
- 3**：请求被重定向，需要进一步的操作以完成请求；
- 4**：客户端错误，请求包含语法错误或无法完成请求；
- 5**：服务器错误，服务器在处理请求的过程中发生了错误。

常见的状态码及其含义如下：

- 200：客户端请求成功；
- 400：客户端请求错误，有语法错误；
- 401：请求未被授权；
- 403：服务器收到请求，但是拒绝提供服务；
- 404：请求资源不存在；
- 500：服务器发生错误；
- 503：服务器当前不能处理客户端的请求。

接下来看一下如何进行抓包。使用 Fiddler 抓包，首先要开启 Capture Traffic，这样才可以开启代理抓包，如图 3-27 所示。

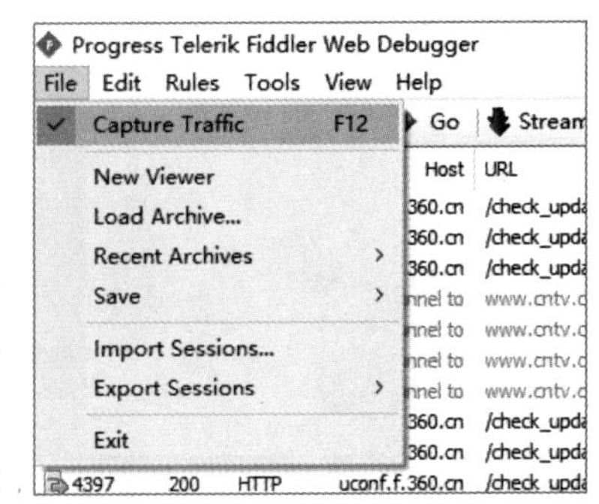

图 3-27 Fiddler 开启抓包第 1 步

开启抓包后，软件便可以自动抓取 Web 和 PC 程序的 HTTP 请求，如图 3-28 所示。

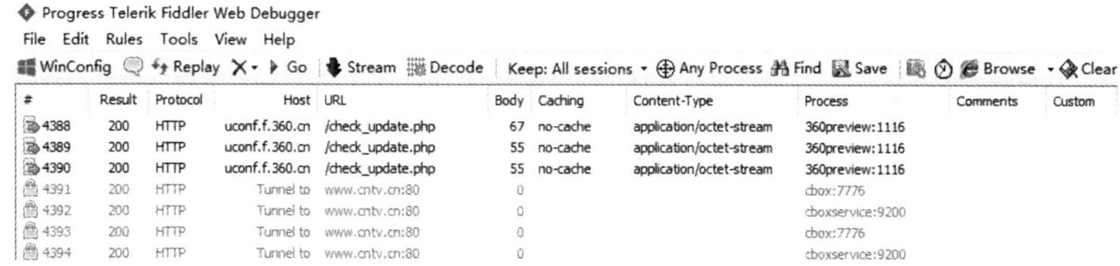

图 3-28　Fiddler 开启抓包第 2 步

抓包面板的主要功能及含义如下：

- Result：HTTP 请求响应的状态；
- Protocol：请求协议 HTTP/HTTPS；
- Host：请求地址域名；
- URL：请求的服务器路径和文件名，也包括 GET 请求的参数；
- Body：请求的大小，单位为 byte；
- Cache：请求的缓存过期时间；
- Content-Type：请求响应的类型；
- Process：发出请求的 Windows 进程名和进程 ID；
- Comments：增加的备注；
- Custom：自定义值和内容。

再看一下 Fiddler 的右侧主面板，主要的 HTTP 请求的相关数据和分析都在这里，如图 3-29 所示。

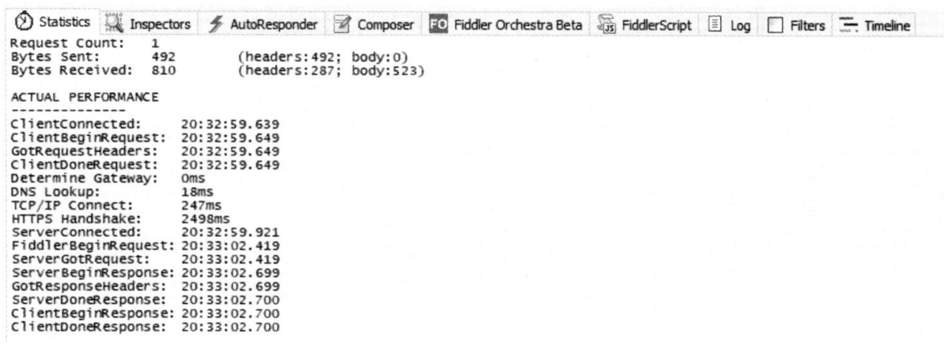

图 3-29　Fiddler 的右侧工具面板

下面先看一下 Fiddler 右侧面板中几个标签的主要功能。

- Statistics：显示选中的左侧请求会话的总的统计信息，如请求耗时和传输字节数等信息；
- Inspectors：显示请求的数据报文信息和响应的信息，供分析使用；
- AutoResponder：可以更改请求返回的响应数据，例如可以添加规则为包含 baidu 关键字的请求返回 500 错误或者返回指定的数据或文件、页面；

- Composer：可以手动构建和发送 HTTP 请求，类似于通过 Fiddler 模拟构建一个 HTTP 请求发送到服务器端；
- FiddlerScript：可以通过编写代码逻辑来实现 HTTP 请求和响应的修改和监听，并且可以不中断程序进行处理；
- Log：用于相关的日志打印；
- Filters：主要用于对左侧的请求列表进行过滤，可以制定自定义过滤规则；
- Timeline：时间轴，性能测试分析，多个接口耗时对比，主要用于展示请求的时间，这个时间轴可以统计展示页面各个元素资源加载的时间和顺序。每个请求都会经历域名解析、连接建立、发送请求和接收数据等过程，这里把一个或多个请求的时间作为 X 轴。

先看一下 Inspectors 的界面，如图 3-30 所示。

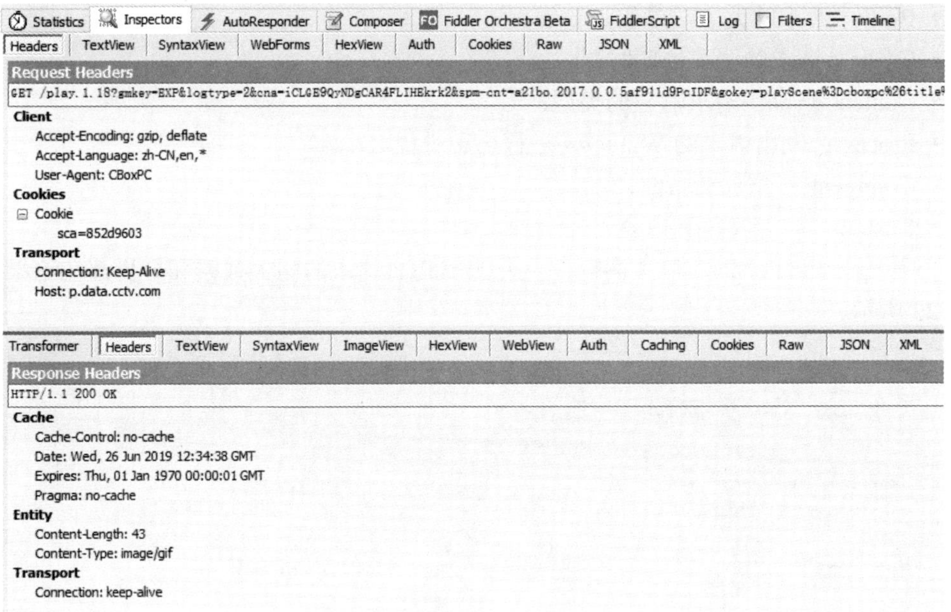

图 3-30　Fiddler Inspectors 界面

下面看一下 Inspectors 下的几个主要标签工具的作用。

- Headers：上方的 Headers 为请求头信息，下方的 Headers 标签为响应头信息；
- TextView：显示请求或响应的数据；
- WebForms：请求部分以表单形式显示所有的参数和值，响应部分显示响应数据；
- HexView：采用十六进制显示请求或响应的数据内容；
- Auth：显示认证信息，如 Authorization；
- Cookies：显示所有的 Cookies；

- Raw：显示原始的 Header 和 Body 数据；
- JSON：若请求或响应数据是 JSON 格式，则以 JSON 格式显示请求或响应内容；
- XML：若请求或响应数据是 XML 格式，则以 XML 格式显示请求或响应内容。

接下来看一下 AutoResponder 请求代理，主要用来设置配置规则，控制指定请求返回的状态或数据，界面如图 3-31 所示。

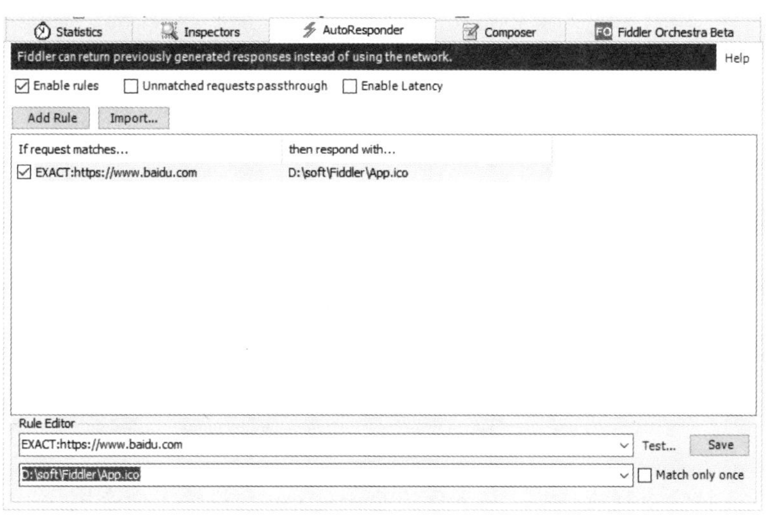

图 3-31　Fiddler AutoResponder 界面

可以通过 Add Rule 添加一条规则，设置返回指定的状态或文件等，如图 3-32 所示。

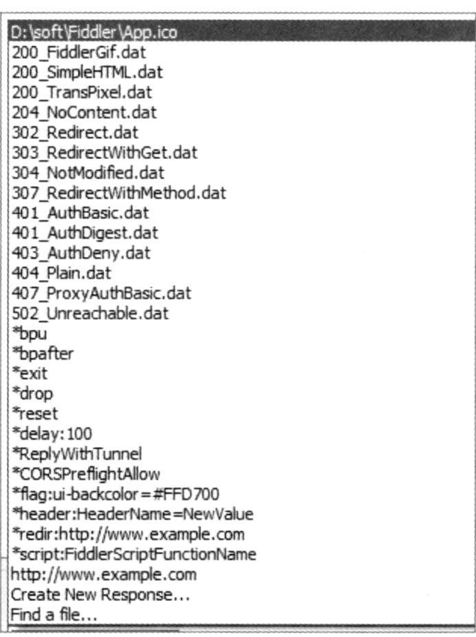

图 3-32　Fiddler AutoResponder 可以配置的规则

最后看一下 Composer，它可以伪造模拟请求发送给服务器端，如图 3-33 所示。

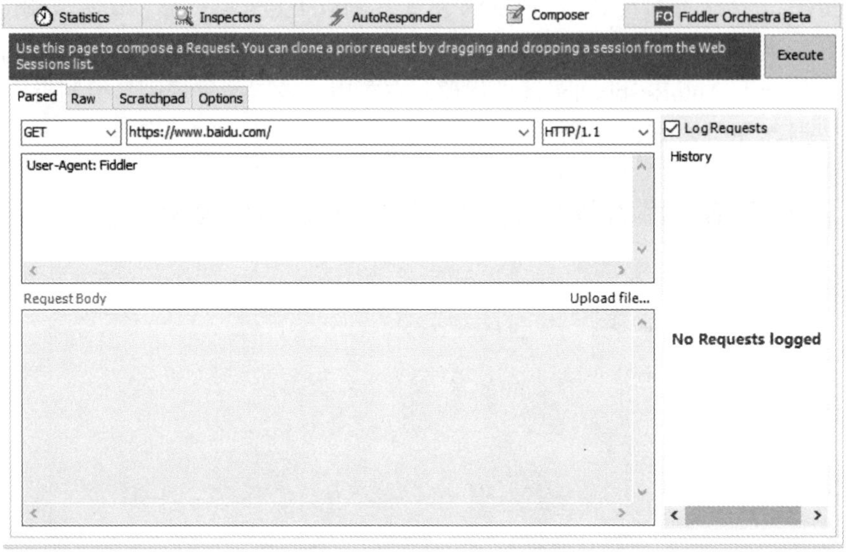

图 3-33　Fiddler Composer 模拟发送请求

Fiddler 也支持命令行操作，其左下角的 QuickExec 允许输入命令执行相应的操作，非常的方便。常用的命令如下：

- help：输入命令后，会打开浏览器跳转到官方帮助页面，里面会展示所有命令的帮助文档；
- cls：清屏（按 Ctrl+X 键也可以清屏）；
- select：选择会话命令，选择相应的类型，如 select image、select css、select html；
- ?+文本：查找字符串并高亮显示查找到的会话列表条目，如? baidu.com；
- >size：选择请求响应大小 size 字节的会话；
- =status/=method/@host：查找状态、方法、主机相对应的 session 会话，例如，=502、=post 和@www.baidu.com；
- quit：退出 Fiddler；
- bpu+文本：中断请求 URL 中包含指定字符的全部 session 响应，不带参数表示清空所有设置断点的 session；
- bpafter+文本：中断 URL 包含指定字符的全部 session 响应，不带参数表示清空所有设置断点的 session。

Fiddler 的命令行命令还有很多，读者可以自行去官网查阅。

接下来使用 Fiddler 抓取 HTTPS 协议数据包。默认情况下是无法抓取 HTTPS 协议数据包的，因此需要进行一些配置。

（1）选择 Fiddler 的 Tools | Options 命令，如图 3-34 所示。

（2）在弹出的对话框中进行相应设置，如图 3-35 所示。

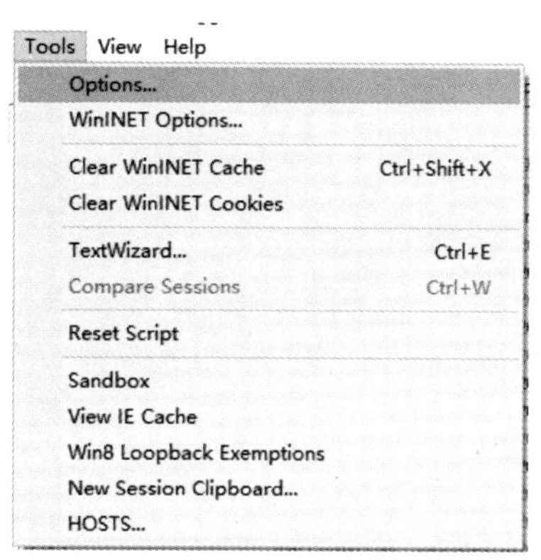

图 3-34　选择 Tools | Options 命令

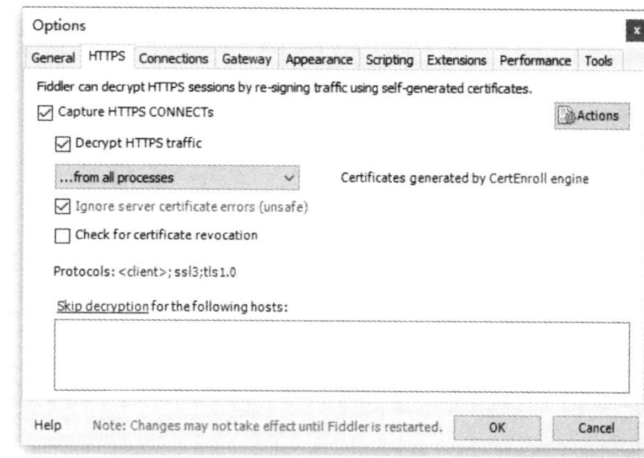

图 3-35　通过 Fiddler 抓取 HTTPS 设置

（3）在选择过程中对弹出的相应证书导入确认都选是即可，如图 3-36 至图 3-39 所示。

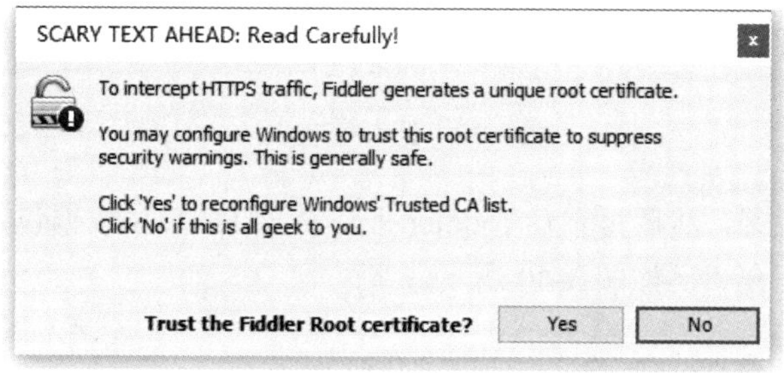

图 3-36　通过 Fiddler 抓取 HTTPS 证书设置

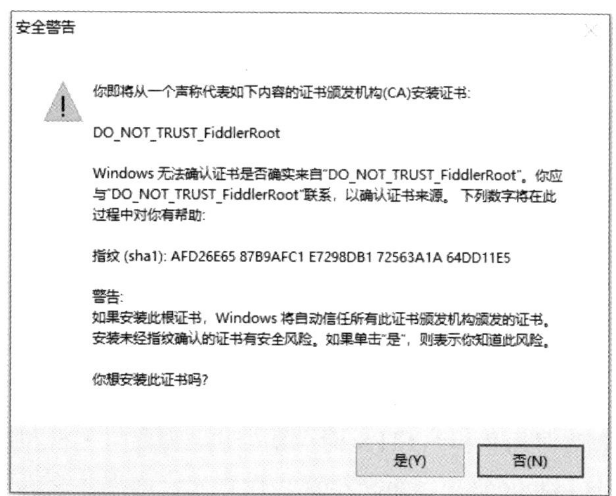

图 3-37　安装 Fiddler 提供的证书

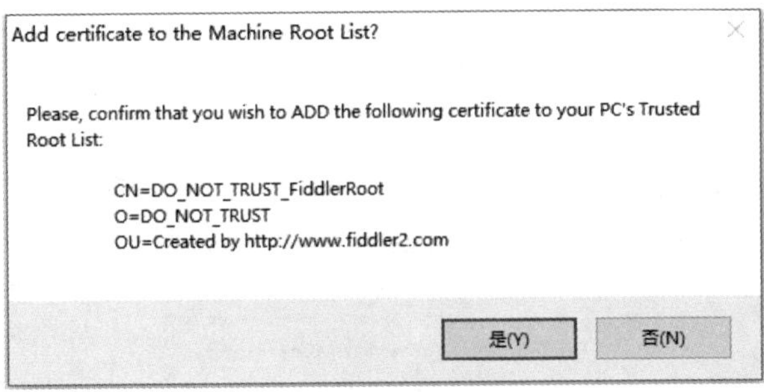

图 3-38　证书确认

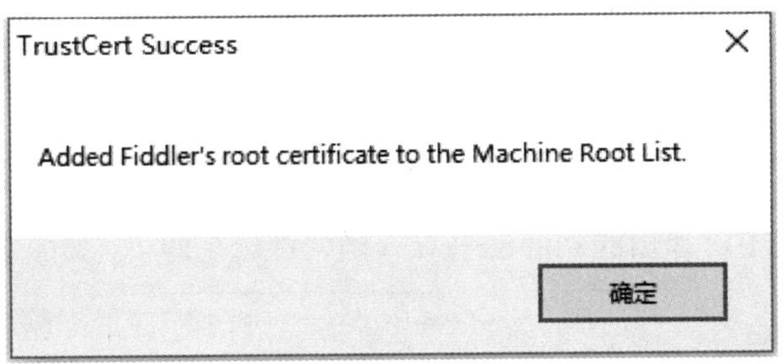

图 3-39　证书安装成功

（4）通过以上设置，然后再重启 Fiddler 即可抓取 HTTPS 数据包。下面以访问 https://www.baidu.com 为例介绍，如图 3-40 所示。

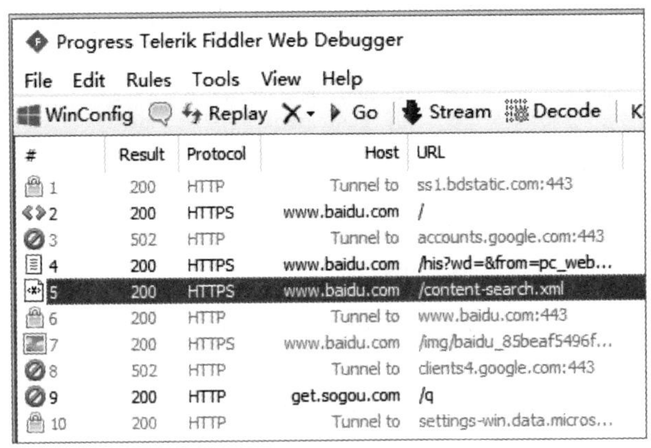

图 3-40　通过 Fiddler 访问百度

可以看到，HTTPS 请求已经出现在列表中了，而且是可以正常捕获的。接下来再使用 Fiddler 抓取手机端的 HTTP 和 HTTPS 请求数据包，需要将手机和计算机连接在同一个网络上，然后在 Tools | Options | Connections 里设置允许远程计算机或手机设备连接，如图 3-41 所示。

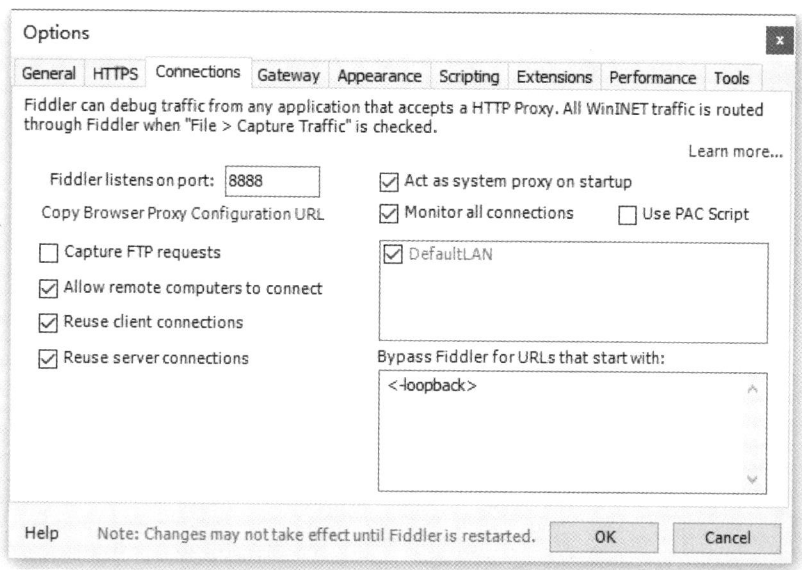

图 3-41　手机连接抓包设置

配置好后重启 Fiddler。接下来需要获取计算机的 IP 地址，通过在 CMD 命令窗口输入 ipconfig 命令查找到本机 IP，如图 3-42 所示。

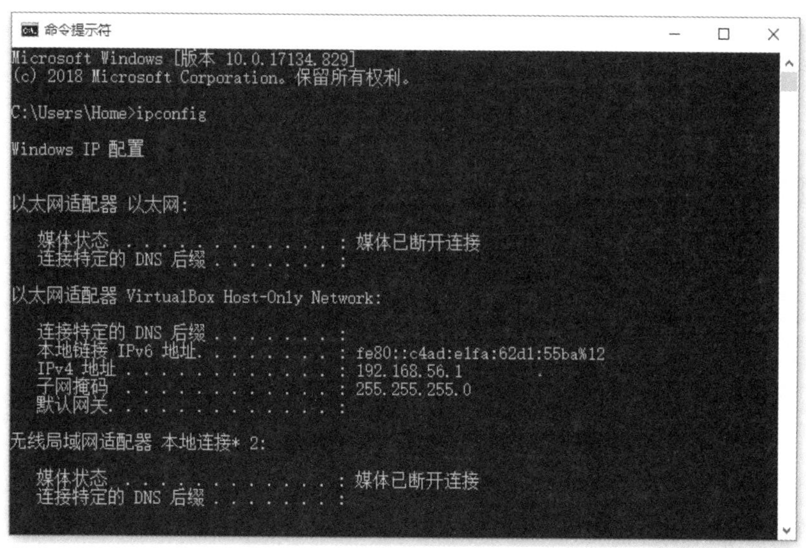

图 3-42　获取计算机的 IP 地址

然后设置手机连接的 Wi-Fi 网络代理 IP 地址和端口，指向计算机的 IP 地址和 Fiddler 监听端口即可，如图 3-43 所示。

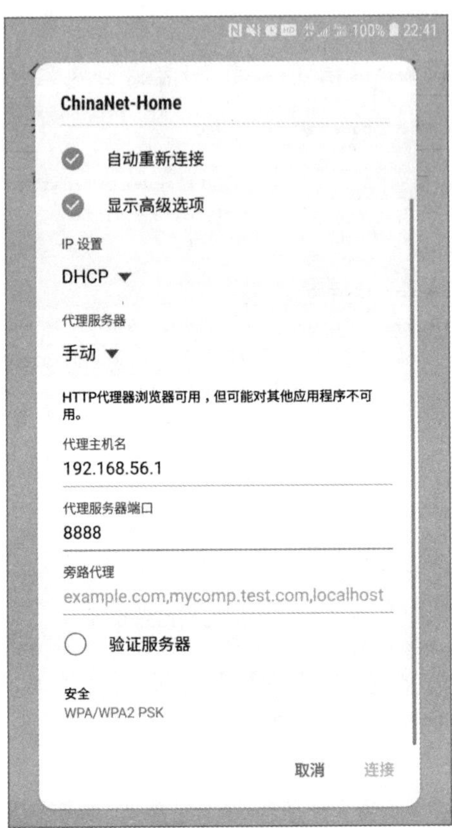

图 3-43　设置手机网络代理

配置好后，使用浏览器访问一个网址，即计算机 IP 地址+Fiddler 监听端口，会出现安装证书界面，如图 3-44 所示。

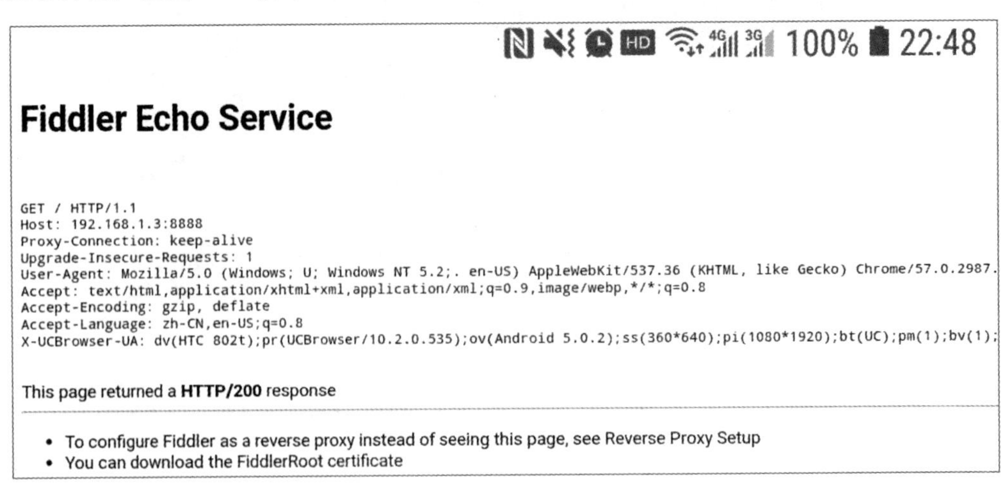

图 3-44　下载支持 HTTPS 抓取的证书

单击 FiddlerRoot certificate 下载并安装证书，这样就可以通过 Fiddler 抓取 HTTP/HTTPS 协议的数据包了，如图 3-45 所示。

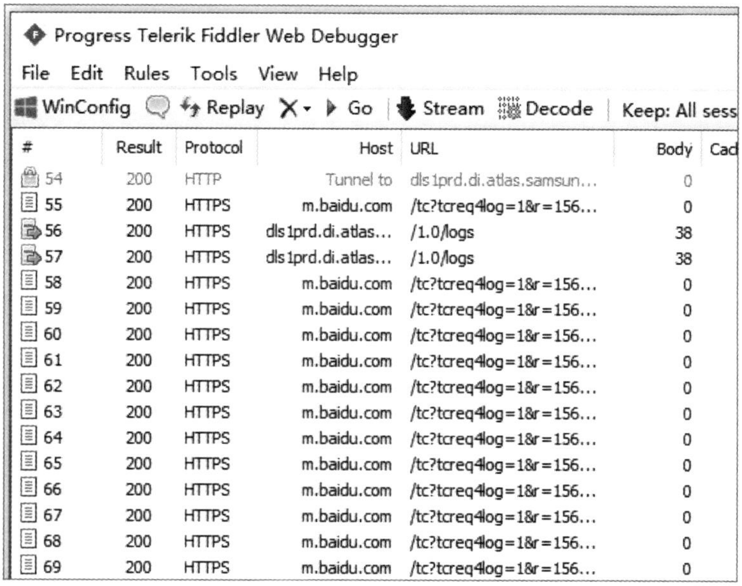

图 3-45　捕获手机的 HTTP/HTTPS 请求

Fiddler 可以使用的功能非常多，比如模拟网络请求延迟等，这里主要挑了几个重点的功能进行讲解，其他的功能读者可以查阅官网进行学习。

3.4　布局分析器与结构视图工具

布局分析工具大家一定很熟悉了，因为我们以前经常使用 DDMS、Systrace 和 Hierarchy Viewer 这些工具做一些分析。但是从 Android Studio 3.0 版本以后默认就不提供这些工具了，而是采用了更加好用的功能来替代这些工具，即使用 Android Profiler 替代了 DDMS 和 Systrace，使用 Layout Inspector 替代了 Hierarchy Viewer。本节的重点就是学会使用 Layout Inspector 进行布局层级分析。

Layout Inspector 的主要作用就是分析应用某个页面的布局层级、结构及布局的实现方式等。通过 Tools | Layout Inspector 命令打开 Layout Inspector，如图 3-46 所示。

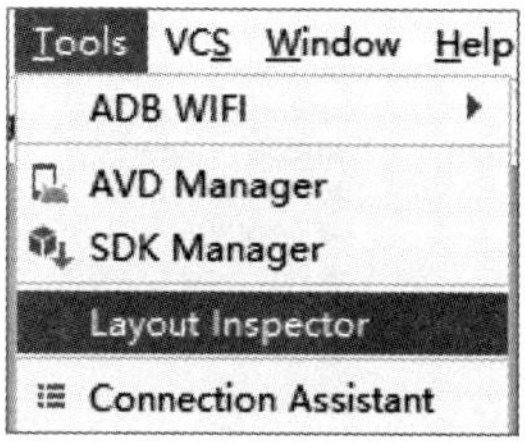

图 3-46　打开 Layout Inspector 第 1 步

在弹出的 Choose Process 对话框中选择要进行分析 UI 层级的应用进程，如图 3-47 所示。

在手机上启动对应的 App，并且打开要分析的界面，这里选择对应的包名下的界面即可。整体分析界面如图 3-48 所示。

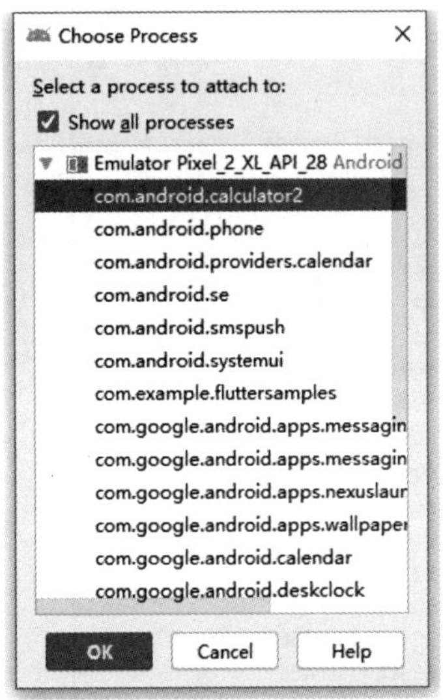

图 3-47　打开 Layout Inspector 第 2 步

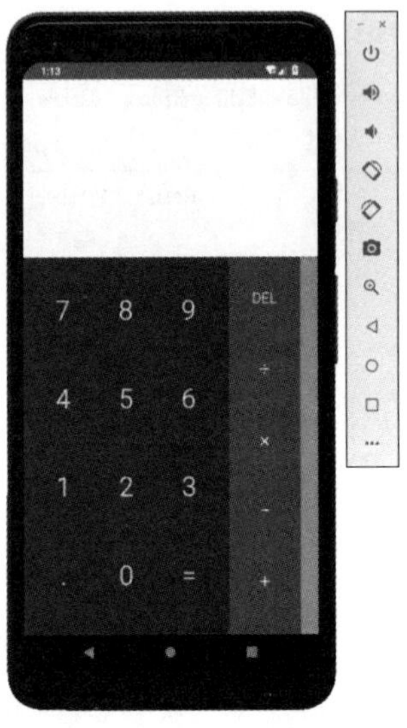

图 3-48　要分析的应用界面

Layout Inspector 的主界面如图 3-49 所示。

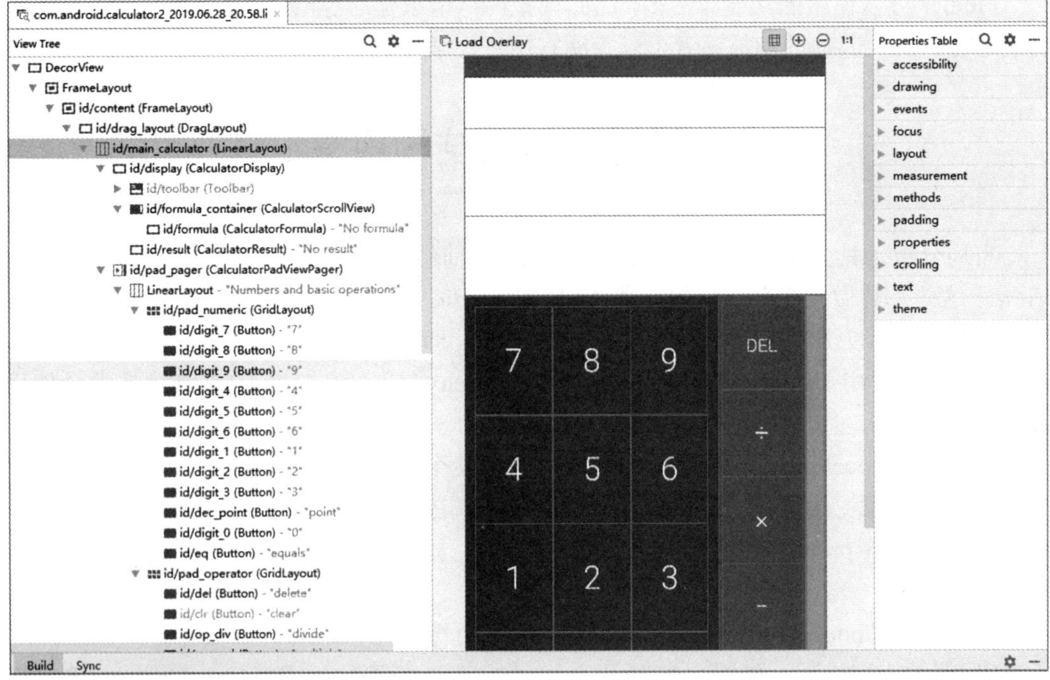

图 3-49　Layout Inspector 主界面

在左侧的 View Tree 里就可以详细地看到当前界面的布局层级、所用的控件等信息，默认布局分析的文件以.li 后缀结尾，如图 3-50 所示。

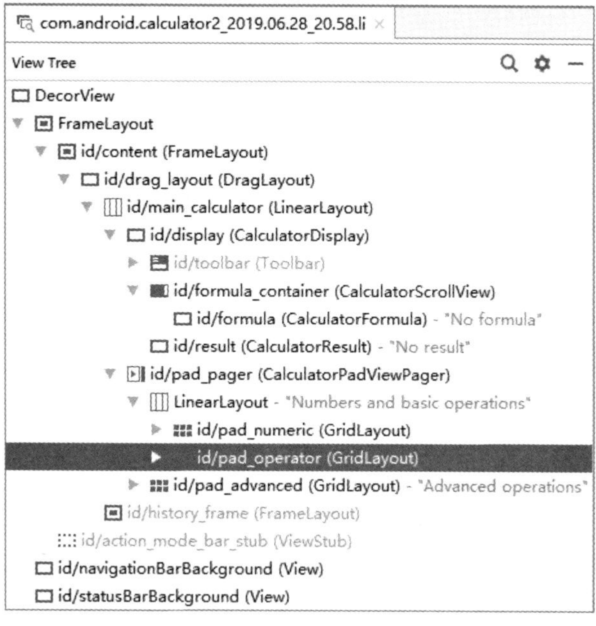

图 3-50　通过 Layout Inspector 查看布局层级信息

根据这些结构层级，可以查看想看的应用布局的实现方式或者应用运行时的布局层级，据此来优化应用布局层级。Layout Inspector 主界面的左边部分是 View 的层次，中间部分是要分析的页面屏幕内容，右边部分是 View 的各种属性。Layout Inspector 默认只能检测 Debug 应用、虚拟机、Root 的安卓手机第三方应用布局分析，如果想要分析一些第三方应用，可以安装虚拟机来分析布局。

3.5　反编译工具

在开发的过程中，经常会遇到需要反编译其他 APK 进行分析学习，或者反编译自己的 APK 进行安全检查等操作。这时就会用到一些反编译工具。反编译工具可以帮助我们很方便地将 APK 文件反编译为一些 Java 代码，当然也可以查看一些 APK 的布局信息及项目注册清单信息等。

常用的反编译工具有 apktool、dex2jar 和 jd-gui.exe。其中，apktool 用来反编译获取 APK 中的资源文件、布局文件和项目注册清单文件；dex2jar 用来将 APK 的 dex 核心文件反编译为 jar 文件；jd-gui.exe 用来查看反编译后的 jar 文件内容，可以查看到 jar 文件里的包目录结构和代码信息等。所以想要反编译一个 APK，通常需要这 3 个小工具搭配使用，有些麻烦。这里给大家介绍一个更加高效、方便的反编译工具——jadx。jadx 是一个开源的反编译工具，功能非常强大，并且简单易用，其优点如下：

- 图像化操作界面，所见即所得，支持拖曳操作；
- 支持更多的文件格式：.apk、.dex、.jar、.class、.smali、.zip、.aar 和.arsc；
- 可以直接反编译出 Java 源码、项目注册清单和布局文件等；
- 支持反编译信息的全局搜索功能；
- 反混淆；
- 支持导出为 gradle 项目。

接下来看一下 jadx 工具的使用方法。首先在 GitHub 上下载 jadx，网址为 https://github.com/skylot/jadx/。在 release 里选择安装包进行下载，或者在 sourceforge 上下载，网址为 https://sourceforge.net/projects/jadx/files/。然后运行 jadx，其主界面如图 3-51 所示。

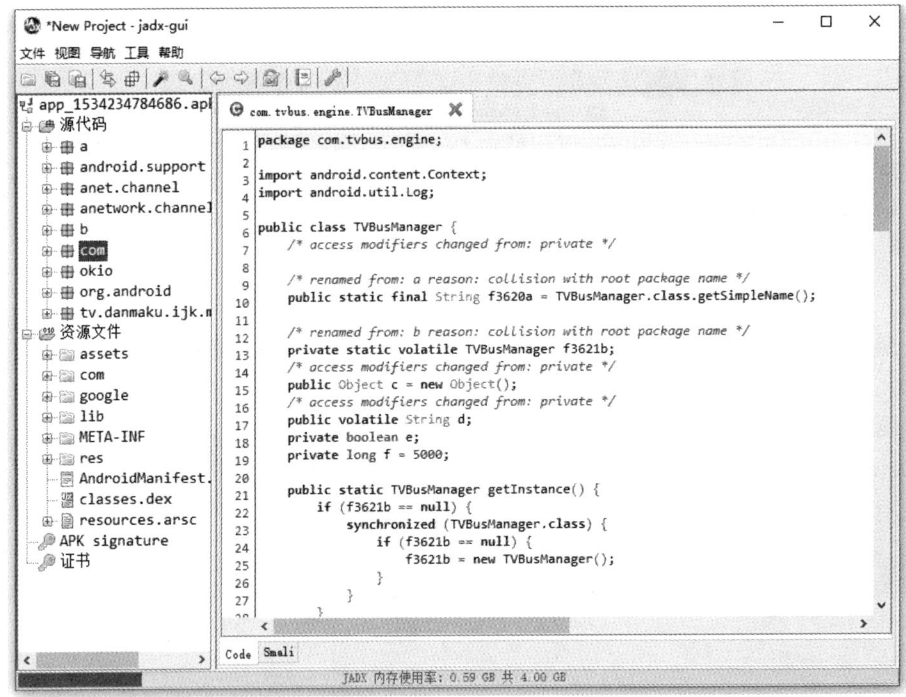

图 3-51　jadx 主界面

可以通过打开文件或者直接拖曳文件的方式进入jadx 工具，然后即可进行反编译。jadx 工具支持 jadx、apk、dex、jar、class、smali、zip、aar 和 arsc 类型文件的反编译，非常强大，Java 虚拟机能够识别的字节码类型文件基本上都可以进行反编译。这里以 APK 文件为例（见图 3-51），可以看到，左侧列表中分为了源代码、资源文件、签名、证书这几个层级，通过 jadx 可以反编译查看到这部分信息，例如布局文件，直接选中资源文件里的布局文件后双击就可以查看到布局内容，如图 3-52 所示。

com.tvbus.engine.TVBusManager　fragment_custom_channel.xml

```
<?xml version="1.0" encoding="utf-8"?>
<LinearLayout xmlns:android="http://schemas.android.com/apk/res/android" xmlns:app
    <include layout="@layout/fragment_custom_channel_first"/>
    <FrameLayout android:id="@+id/frame_custom_content" android:visibility="visibl
        <TextView android:textSize="@dimen/p_38" android:gravity="center" android:
        <include layout="@layout/fragment_custom_channel_add"/>
        <include layout="@layout/fragment_custom_channel_share"/>
    </FrameLayout>
</LinearLayout>
```

图 3-52　jadx 反编译布局

也可以看到一些 APK 签名信息的一部分，如图 3-53 和图 3-54 所示。

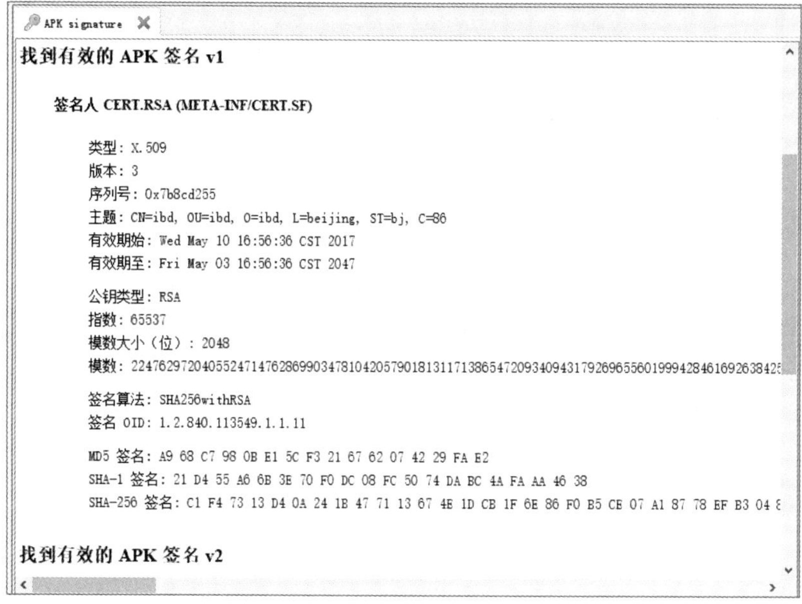

图 3-53　jadx 反编译签名信息 1

APK signature　证书

类型: X.509
版本: 3
序列号: 0x7b8cd255
主题: CN=ibd, OU=ibd, O=ibd, L=beijing, ST=bj, C=86
有效期始: Wed May 10 16:56:36 CST 2017
有效期至: Fri May 03 16:56:36 CST 2047

公钥类型: RSA
指数: 65537
模数大小（位）: 2048
模数: 224762972040552471476286990347810420579018131171386547209340943179269655601999428461692638425758277731016

签名算法: SHA256withRSA
签名 OID: 1.2.840.113549.1.1.11

MD5 签名: A9 68 C7 98 0B E1 5C F3 21 67 62 07 42 29 FA E2
SHA-1 签名: 21 D4 55 A6 6B 3E 70 F0 DC 08 FC 50 74 DA BC 4A FA AA 46 38
SHA-256 签名: C1 F4 73 13 D4 0A 24 1B 47 71 13 67 4E 1D CB 1F 6E 86 F0 B5 CE 07 A1 87 78 EF B3 04 84 8D 0D 82

图 3-54　jadx 反编译签名信息 2

当然，jadx 也记录了查看、反编译工作的日志，通过“工具”|“日志查看器”就可以查看日志，如图 3-55 所示。

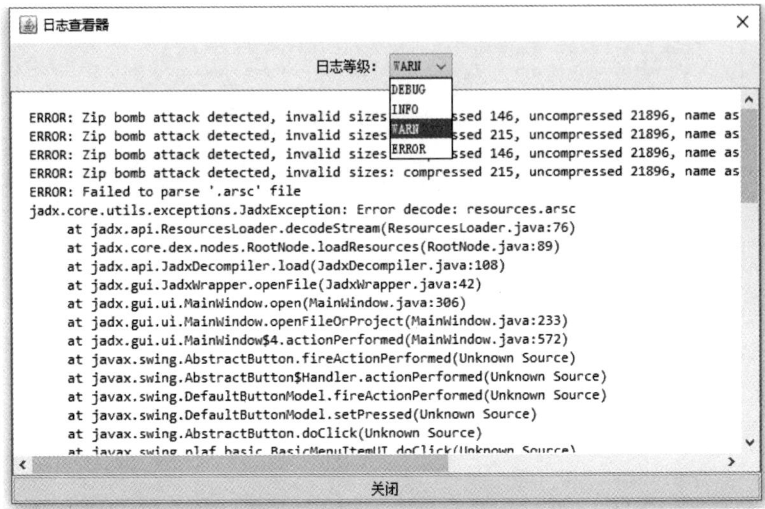

图 3-55　jadx 日志查看器

接下来再看一下 jadx 比较强大和特有的功能：搜索功能和展开显示代码包功能。先看一下搜索功能，其支持全局反编译的代码搜索关键字、方法和类。选择“导航”|“搜索文本”或“搜索类”即可进行全局搜索，如图 3-56 所示。

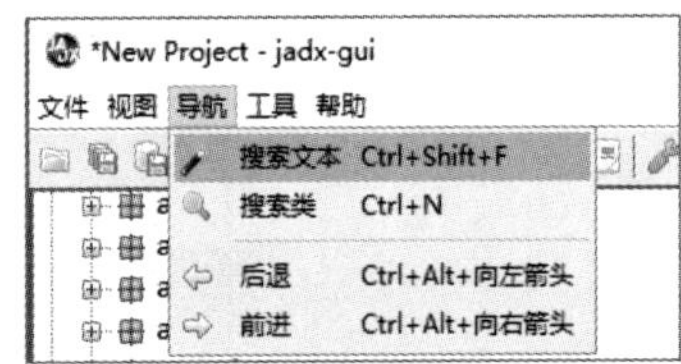

图 3-56　打开 jadx 搜索功能

在其中可以查找类名、方法名、变量名和代码等信息，如图 3-57 所示。

图 3-57　jadx 搜索功能对话框

也可以查找代码引用的地方，如图 3-58 所示。

接下来看一下 jadx 的展开显示代码包功能。选择“视图”|“展开显示代码包”，可以将源代码的层级结构平行展开，这样可以更加直观地查看代码包名、结构和分类等信息，如图 3-59 所示。

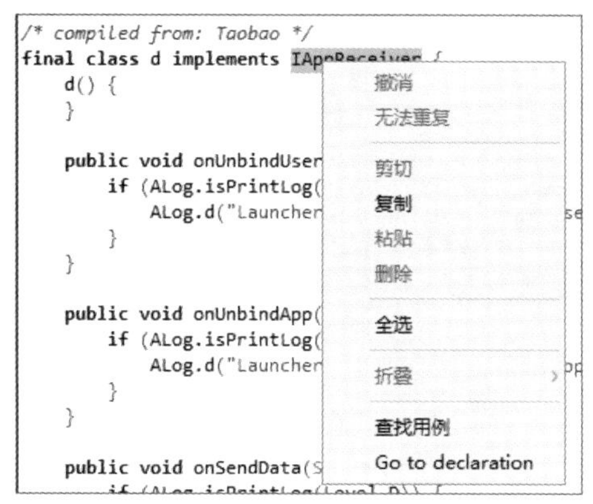

图 3-58　通过 jadx 查找引用

图 3-59　通过 jadx 展开显示代码包

当然，如果觉得在 jadx 里查看源码不方便的话，还可以将反编译后的项目转为 gradle 项目，这样可以通过其他工具进行查看，例如通过 Android Studio 进行查看，如图 3-60 所示。

图 3-60　通过 jadx 导出 gradle 项目

jadx 导出的 gradle 项目结构不是很完整，所以并不一定可以通过第三方工具打开，需要进行部分修改。jadx 也支持以命令行的方式进行使用，如图 3-61 所示。

```
jadx[-gui] [options] <input file> (.apk, .dex, .jar, .class, .smali, .zip, .aar, .arsc)
options:
  -d, --output-dir                    - output directory
  -ds, --output-dir-src               - output directory for sources
  -dr, --output-dir-res               - output directory for resources
  -j, --threads-count                 - processing threads count
  -r, --no-res                        - do not decode resources
  -s, --no-src                        - do not decompile source code
  --single-class                      - decompile a single class
  --output-format                     - can be 'java' or 'json' (default: java)
  -e, --export-gradle                 - save as android gradle project
  --show-bad-code                     - show inconsistent code (incorrectly decompiled)
  --no-imports                        - disable use of imports, always write entire package name
  --no-debug-info                     - disable debug info
  --no-inline-anonymous               - disable anonymous classes inline
  --no-replace-consts                 - don't replace constant value with matching constant field
  --escape-unicode                    - escape non latin characters in strings (with \u)
  --respect-bytecode-access-modifiers - don't change original access modifiers
  --deobf                             - activate deobfuscation
  --deobf-min                         - min length of name, renamed if shorter (default: 3)
  --deobf-max                         - max length of name, renamed if longer (default: 64)
  --deobf-rewrite-cfg                 - force to save deobfuscation map
  --deobf-use-sourcename              - use source file name as class name alias
  --rename-flags                      - what to rename, comma-separated, 'case' for system case se
  --fs-case-sensitive                 - treat filesystem as case sensitive, false by default
  --cfg                               - save methods control flow graph to dot file
  --raw-cfg                           - save methods control flow graph (use raw instructions)
  -f, --fallback                      - make simple dump (using goto instead of 'if', 'for', etc)
  -v, --verbose                       - verbose output
  --version                           - print jadx version
  -h, --help                          - print this help
Example:
 jadx -d out classes.dex
 jadx --rename-flags "none" classes.dex
 jadx --rename-flags "valid,printable" classes.dex
```

图 3-61　jadx 的常用命令

想查看更多命令，可以通过 jadx –h 命令。

关于 jadx 的内容就介绍到这里，更多用法可以关注 jadx 官方的 GitHub，网址为 https://github.com/skylot/jadx。

第2篇
核心技术详解

第 4 章　线程与进程 IPC

我们常常会用到 Android 中的消息处理机制及线程，所以应该熟悉其用法和原理。当然更复杂一点的可能是 IPC 进程间通信了。线程和进程在各个平台都是比较重要和常用的知识点，本章将会进行相关内容的学习。

4.1　Handler 与 Looper

Handler 与 Looper 经常用在异步消息处理里，当然大部分时间是与线程集合起来进行异步通信及处理的。Android 中的异步消息处理涉及 Handler、Looper、Message 和 MessageQueue，它们之间的关系如图 4-1 所示。

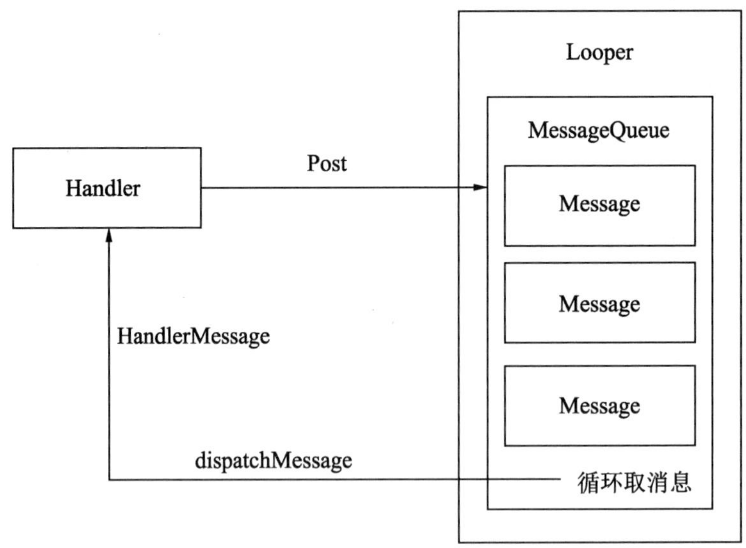

图 4-1　Handler 与 Looper 的关系

首先看一下 Handler 与 Looper 的含义。

Handler 主要是消息发送和接收的处理者，负责发送 Message 到消息队列，以及处理 Looper 分派过来的 Message。在 Android 中，Handler 类可用于在主线程和工作线程中收发消息，Handler 对象在工作线程中发送消息，该消息发送至消息队列中后等待处理。在主线程中，Handler 从消息队列中接收消息，并根据消息中的信息决定如何更新主线程中的UI。Handler 的构造方法如下：

- public Handler HandIer()：无参构造方法。
- Handler(Looper looper)：带参构造方法，用于创建 Handler 对象，将自定义的用于管理消息对列的 looper 对象存放在 Handler.mLooper 成员变量中。参数 looper 是自定义的用于管理消息队列的对象。
- Handler(Callback callback)：参数 callback 是自定义的用于处理消息的对象，该对象必须实现 Callback 接口。Callback 接口中声明了 handleMessage()方法，在该方法中编写处理消息的逻辑代码。
- Handler(Looper Iooper,Callback callback)：参数 looper 和 callback 的作用同上。

Handler 中的常用方法如下：

- sendEmptyMessage(int what)：从工作线程向主线程发送一个空消息。参数 what 用于当多个线程向主线程发送消息时区别不同的线程。
- sendEmptyMessageAtTime(int what,long uptime)：从工作线程按指定时间发送空消息。参数 uptime 用于指定时间。
- sendEmptyMessageDelayed(int what,long delay)：从工作线程延迟发送空消息。第二个参数 delay 用于指定延迟的时间，单位是毫秒。
- sendMessage(Message msg)：从工作线程向主线程发送消息。参数 msg 用于存放消息数据的对象。
- sendMessageAtTime(Message msg,long uptime)：从工作线程按指定时间向主线程发送消息。
- sendMessageDelayed(Message msg,long delay)：从工作线程延迟指定时间向主线程发送消息。
- handleMessage(Message msg)：接收并处理从工作线程发送的消息。参数 msg 是 sendMessage 发送过来的消息对象。

Looper 扮演 MessageQueue 和 Handler 之间的桥梁角色，负责消息循环和消息派发，其去循环取出 MessageQueue 中的 Message，并将取出的 Message 交付给相应的 Handler 处理。Android 应用程序是消息驱动的，Android 系统提供了消息循环机制 Looper，通过 Looper 和 Handler 实现消息循环机制。Android 消息循环是针对线程的（每个线程都可以有自己的消息队列和消息循环）。在 Android 系统中，Looper 负责管理线程的消息队列（Message Queue）和消息循环。

Looper 中的重要方法如下：

- Looper.prepare()：创建 Looper 对象和 MessageQueue（消息队列）对象。
- Looper.getMainLooper()：获得主线程的 Looper 对象。
- Looper.myLooper()：获得当前工作线程的 Looper 对象。
- Looper.loop()：进入消息循环。

Message 类用于存放消息中的数据，该类通常与 Handler 类配合使用，在通信时负责相关信息的存放和传递，类似于一个实体对象。

MessageQueue 顾名思义就是消息队列。它是采用单链表的数据结构来存储消息列表，用来存放通过 Handler 发过来的 Message，按照先进先出的顺序执行。

总结一下它们的关系和流程：Looper 中存放有 MessageQueue，MessageQueue 中又有很多 Message，当 Handler 发送消息的时候会获取当前的 Looper，并在当前 Looper 的 MessageQueue 中存放发送的消息，而 MessageQueue 也会在 Looper 的带动下一直循环地读取 Message 信息，并将 Message 信息发送给 Handler，然后执行 handlerMessage()方法。

下面看一下 UI 线程和子线程通信的使用，因为 Activity 一般默认维护自己的 Looper。代码如下：

```
public class MainActivity extends AppCompatActivity {
    private Handler handler;
    private TextView tv_text;

    @Override
    protected void onCreate(Bundle savedInstanceState) {
        super.onCreate(savedInstanceState);
        setContentView(R.layout.activity_main);
        tv_text = findViewById(R.id.tv_text);
        // 在 UI 线程中开启一个子线程
        new Thread(new Runnable() {
            @Override
            public void run() {
                // 在子线程中初始化一个 Looper 对象
                Looper.prepare();
                handler = new Handler() {
                    @Override
                    public void handleMessage(Message msg) {
                        super.handleMessage(msg);
                        switch (msg.what) {
                            case 1:
                                // 把 UI 线程发送来的消息显示到屏幕上
                                Log.i("info", "what=" + msg.what + "," + msg.obj);
                                break;
                        }
                    }
                };
                // 把刚才初始化的 Looper 对象运行起来，循环消息队列的消息
                Looper.loop();
            }
        }).start();

        tv_text.setOnClickListener(new View.OnClickListener() {
            @Override
            public void onClick(View v) {
                // UI 线程发消息
                Message msg = Message.obtain();
                msg.what = 1;
```

```
                msg.obj = "向子线程中发送消息! ";
                // 向子线程中发送消息
                handler.sendMessage(msg);
            }
        });
    }
}
```

但是一般情况下的用法如下：

```
public class MainActivity extends AppCompatActivity {
    private TextView tv_text;

    @Override
    protected void onCreate(Bundle savedInstanceState) {
        super.onCreate(savedInstanceState);
        setContentView(R.layout.activity_main);
        tv_text = findViewById(R.id.tv_text);
        // 在 UI 线程中开启一个子线程
        new Thread(new Runnable() {
            @Override
            public void run() {
                // UI 线程发消息
                Message msg = Message.obtain();
                msg.what = 1;
                msg.obj = "向 UI 线程中发送消息! ";
                // 向子线程中发送消息
                handler.sendMessage(msg);
            }
        }).start();
    }

    private Handler handler = new Handler() {
        @Override
        public void handleMessage(Message msg) {
            super.handleMessage(msg);
            switch (msg.what) {
                case 1:
                    // 把 UI 线程发送来的消息显示到屏幕上
                    tv_text.setText("what=" + msg.what + "," + msg.obj);
                    break;
            }
        }
    };
}
```

4.2　Thread 线程

在上一节中介绍了一点 Thread 线程的相关知识，这里再详细讲解一下。线程这个概念在很多开发语言里都有，Android 线程主要用来操作一些耗时的任务，可以在后台运行，例如请求网络、下载数据、上传数据和加载图片等。无论何时启动 App，所有的组件都会运行在一个单独的线程中（默认的）叫作主线程。这个线程主要用于处理 UI 的操作并为视图组件和小部件分发事件等，因此主线程也被称作 UI 线程。如果你在 UI 线程中运行一个耗时操作，那么 UI 就会被锁住，直到这个耗时操作结束。对于用户体验来说，这是非常糟糕的。这也就是为什么要理解 Android 上的线程机制的原因。理解这些机制就可以把一些复杂的工作迁移到其他线程中去执行。如果你在 UI 线程中运行一个耗时的任务，那么很有可能会发生 ANR（应用无响应），这样用户就会很快地结束该应用。Android 中使用 Thread 结合 Runable 进行线程操作。

先看一下 Thread 线程的使用方式，代码如下：

```
public class MainActivity extends AppCompatActivity {
    private TextView tv_text;
    private Thread thread;

    @Override
    protected void onCreate(Bundle savedInstanceState) {
        super.onCreate(savedInstanceState);
        setContentView(R.layout.activity_main);
        tv_text = findViewById(R.id.tv_text);
        // 在 UI 线程中开启一个子线程
        thread = new Thread(new Runnable() {
            @Override
            public void run() {
                //一些耗时操作
                //...
                //操作完成后可以通过 Handler 发送消息回调给 UI 线程
                Message msg = Message.obtain();
                msg.what = 1;
                msg.obj = "向 UI 线程中发送消息！";
                handler.sendMessage(msg);
            }
        });
        thread.start();
    }

    private Handler handler = new Handler() {
        @Override
        public void handleMessage(Message msg) {
            super.handleMessage(msg);
            switch (msg.what) {
                case 1:
                    // 把 Thread 线程发送来的消息显示到屏幕上
                    tv_text.setText("what=" + msg.what + "," + msg.obj);
                    break;
            }
        }
    };
}
```

那么，如何销毁线程呢？代码如下：

```
thread.interrupt();
thread = null;
```

前面介绍过 Handler，Android 提供了封装好的 Thread，叫作 HandlerThread。下面看一下它的用法。

首先需要创建 handlerThread 类型的线程对象，代码如下：

```
HandlerThread myThread = new HandlerThread("MyThread");
```

接着启动线程，代码如下：

```
myThread.start();
```

最后创建与 myThread 线程相关联的 Handler 对象，代码如下：

```
Handler myHandler = new Handler(myThread.getLooper()) {
          public void handleMessage(Message msg) {
              Log.i("looper", Thread.currentThread().getName());
          }
      };
```

有了线程后，会不会自然而然地想到线程池？线程池，顾名思义就是负责管理调度维护线程的池子，也就是集合。那么为什么要用线程池呢？

new Thread()的缺点：

- 每次调用 new Thread()都会耗费性能；
- 调用 new Thread()创建的线程缺乏管理，被称为野线程，而且可以无限制创建，线程之间相互竞争，导致过多地占用系统资源使得系统瘫痪；
- 不利于扩展，如定时执行、定期执行、线程中断。

采用线程池的优点：

- 重用存在的线程，减少对象创建、消亡的开销，性能佳；
- 可有效控制最大并发线程数，提高系统资源的使用率，同时避免过多的资源竞争，避免堵塞；
- 提供定时执行、定期执行、单线程和并发数控制等功能。

线程池会用到 ExecutorService 和 Executors。ExecutorService 是一个接口，继承了 Executors 接口，定义了一些操作线程池的生命周期的方法。Executors 接口提供了 4 种线程池，分别是 newFixedThreadPool、newCachedThreadPool、newSingleThreadExecutor 和 newScheduledThreadPool。

1. newFixedThreadPool

newFixedThreadPool 创建一个可重用固定线程数的线程池，以共享的无界队列方式来运行这些线程，代码如下：

```
ExecutorService executorService = Executors.newFixedThreadPool(5);
      for (int i = 0; i < 20; i++) {
          Runnable syncRunnable = new Runnable() {
              @Override
```

```
            public void run() {
                Log.e(TAG, Thread.currentThread().getName());
            }
        };
        executorService.execute(syncRunnable);
    }
```

运行结果：总共会创建 5 个线程，开始时会执行 5 个线程，当 5 个线程都处于活动状态时，再次提交的任务会加入队列等待其他线程运行结束，当线程处于空闲状态时会被下一个任务复用。

2．newCachedThreadPool

newCachedThreadPool 创建一个可缓存线程池，如果线程池长度超过需要，可灵活回收空闲线程，代码如下：

```
ExecutorService executorService = Executors.newCachedThreadPool();
    for (int i = 0; i < 100; i++) {
        Runnable syncRunnable = new Runnable() {
            @Override
            public void run() {
                Log.e(TAG, Thread.currentThread().getName());
            }
        };
        executorService.execute(syncRunnable);
    }
```

运行结果：可以看出缓存线程池大小是不定值，可以根据需要创建不同数量的线程，在使用缓存型线程池时，先查看池中有没有以前创建的线程。如果有，就复用；如果没有，就创建新的线程加入池中。缓存型池通常用于执行一些生存期很短的异步型任务。

3．newSingleThreadExecutor

newSingleThreadExecutor 创建一个单线程化的线程池，它只会用唯一的工作线程来执行任务，以保证所有任务按照指定顺序（FIFO、LIFO、优先级）执行，代码如下：

```
ExecutorService executorService = Executors.newSingleThreadExecutor();
    for (int i = 0; i < 20; i++) {
        Runnable syncRunnable = new Runnable() {
            @Override
            public void run() {
                Log.e(TAG, Thread.currentThread().getName());
            }
        };
        executorService.execute(syncRunnable);
    }
```

运行结果：只会创建一个线程，当上一个线程执行完之后才会执行第二个线程。

4. newScheduledThreadPool

newScheduledThreadPool 创建一个定长线程池，支持定时及周期性任务执行，代码如下：

```
ScheduledExecutorService executorService = Executors.newScheduledThreadPool(5);
        for (int i = 0; i < 20; i++) {
            Runnable syncRunnable = new Runnable() {
                @Override
                public void run() {
                    Log.e(TAG, Thread.currentThread().getName());
                }
            };
            executorService.schedule(syncRunnable, 5000, TimeUnit.MILLISECONDS);
        }
```

运行结果和 newFixedThreadPool 线程池类似，不同的是 newScheduledThreadPool 线程池是延迟一定时间之后才执行。

当然除了这些内置的线程池，也可以通过 ThreadPoolExecutor 定义自己的线程池，读者可自行研究。

由于线程池使用起来比较麻烦，而单独使用 Thread 又不方便管理线程，而且可能会造成线程重复创建，开销严重。为了降低开发者的开发难度，AsyncTask 应运而生。AsyncTask 是对线程池的一个封装，使用其自定义的 Executor 来调度线程的执行方式（并发还是串行），并使用 Handler 来完成子线程和主线程数据的共享。

AsyncTask 是 Android 提供的轻量级异步类，可以直接继承 AsyncTask，在类中实现异步操作，并提供接口反馈当前异步执行的程度，最后给 UI 主线程反馈执行的结果。

先来看一下 AsyncTask 的主要参数和函数解析。

- AsyncTask 是抽象类，定义了 3 种泛型类型，即 Params、Progress 和 Result；
- Params：启动任务执行的输入参数，比如下载 URL；
- Progress：后台任务执行的百分比，比如下载进度；
- Result：后台执行任务最终返回的结果，比如下载结果。

继承 AsyncTask 可以实现的函数如下：

- onPreExecute()：该函数是在任务没被线程池执行之前调用在 UI 线程中运行，比如在开始下载文件操作前执行的逻辑就可以写在这里，也可以不用实现。
- doInBackground(Params... params)：当线程池执行任务时调用该函数在子线程中处理比较耗时的操作，如执行下载任务的逻辑就写在这里。此函数是抽象函数，必须实现。
- onProgressUpdate(Progress... values)：该函数是任务在线程池中执行处于执行中的状态时，回调给 UI 主线程的任务进度，比如上传或者下载进度。如果不需要获取任务进度的话，也可以不用实现这个函数。
- onPostExecute(Result result)：该函数是任务在线程池中执行结束后回调给 UI 主线程

的结果，如下载结果，也可以不用实现这个函数。

- onCancelled(Result result)及 onCancelled()：表示任务关闭。

AsyncTask 主要的公共函数如下：

- cancel(boolean mayInterruptIfRunning)：用于尝试取消任务的执行。如果这个任务已经结束、取消或者由于某些原因不能被取消时，那么将导致这个操作失败。如果任务已经开始，这时执行此操作传入的参数 mayInterruptIfRunning 为 true，执行此任务的线程将尝试中断该任务。
- execute(Params... params)：用指定的参数执行任务，该方法将会返回任务对象本身，必须在 UI 线程中调用。
- executeOnExecutor(Executor exec,Params... params)：用指定的参数运行在指定的线程池中，该方法将会返回任务对象本身，必须在 UI 线程中调用。
- get()：等待计算结束并返回结果。
- get(long timeout, TimeUnit unit)：等待计算结束并返回结果，最长等待时间为 timeOut（超时时间）。
- getStatus()：获得任务的当前状态 PENDING（等待执行）、RUNNING（正在运行）和 FINISHED（运行完成）。
- isCancelled()：如果在任务正常结束之前取消任务，成功则返回 true，否则返回 false。

下面看一下简单的用法：

```
AsyncTaskRun asyncTaskRun = new AsyncTaskRun();
asyncTaskRun.execute("http://square.github.io/picasso/static/sample.png");
```

实例化任务之后，具体编写异步任务逻辑，代码如下：

```
public class AsyncTaskRun extends AsyncTask<String, Void, Bitmap> {
        /**
         * 在 doInBackground 方法中进行异步任务的处理
         */
        @Override
        protected Bitmap doInBackground(String... strings) {
            //要执行的具体任务逻辑
            return null;
        }

        /**
         * 用于异步处理前的操作
         */
        @Override
        protected void onPreExecute() {
            super.onPreExecute();
        }

        /**
         * 用于异步处理结束后返回结果到 UI 线程的操作
         */
        @Override
```

```
        protected void onPostExecute(Bitmap bitmap) {
            super.onPostExecute(bitmap);
        }

        /**
         * 用于更新任务操作进度
         */
        @Override
        protected void onProgressUpdate(Void... values) {
            super.onProgressUpdate(values);
        }

        /**
         * 任务关闭回调
         */
        @Override
        protected void onCancelled(Bitmap bitmap) {
            super.onCancelled(bitmap);
        }
    }
```

使用 AsyncTask 的注意事项：

- 必须在 UI 线程中创建 AsyncTask 实例；
- 只能在 UI 线程中调用 AsyncTask 的 execute 方法；
- AsyncTask 被重写的 4 个方法是系统自动调用的，不应手动调用；
- 每个 AsyncTask 只能被执行（execute 方法）一次，多次执行将会引发异常；
- AsyncTask 的 4 个方法中，只有 doInBackground 方法是运行在其他线程中，其他 3 个方法都是运行在 UI 线程中，也就说其他 3 个方法都可以进行 UI 的更新操作。

4.3　IPC 进程间通信

前面介绍了线程的相关知识。在介绍 IPC 进程间通信前，先给大家讲解一下进程的相关概念。当应用运行后，系统会创建一个 Linux 进程，大部分情况下，一个 Android 应用对应一个 Linux 进程，这个进程在一开始的时候只有一个线程。当程序启动运行时，系统就会为之创建相应的进程。在进程当中，调用系统资源，执行程序逻辑。进程什么时候会销毁呢？进程的销毁场景有两种：程序不需要继续执行代码，运行结束；系统为回收内存，强制销毁。

先看一下进程的特点：

- 进程是系统资源和分配的基本单位，而线程是调度的基本单位；
- 每个进程都有自己独立的资源和内存空间；
- 其他进程不能任意访问当前进程的内存和资源；
- 系统给每个进程分配的内存会有限制。

Android 规定，进程有 5 种优先级：前台进程、可见进程、服务进程、后台进程、空进程。

前台进程是用户当前正在进行的操作，一般满足以下条件：

- 屏幕顶层运行 Activity（处于 onResume()状态），用户正与之交互；
- 有 BroadcastReceiver 正在执行代码；
- 有 Service 在其回调方法（onCreate()、onStart()、onDestroy()）中正在执行代码，这种进程较少，一般用来作为最后的手段回收内存。

可见进程主要是做用户当前意识到的工作，一般满足以下条件：

- 屏幕上显示 Activity，但不可操作（处于 onPause()状态）；
- 有 Service 通过调用 Service.startForeground()，作为一个前台服务运行；
- 含有用户意识到的特定服务，如动态壁纸和输入法等，这些进程很重要，一般不会被杀死，除非这样做可以使得所有前台进程存活。

服务进程是含有以 startService()方法启动的 Service。虽然该进程用户不直接可见，但是它们一般做一些用户关注的事情（如数据的上传与下载）。这些进程一般不会被杀死，除非系统内存不足以保持前台进程和可视进程的运行。对于长时间运行的 Service（如 30 分钟以上），系统会考虑将之降级为缓存进程，避免长时间运行而导致内存泄漏或其他问题，占用过多 RAM 以至于系统无法分配充足的资源给缓存进程。

后台进程一般来说包含两个条件：有多个 Activity 实例，但是都不可见（处于 onStop()且已返回）；系统如有内存需要，可随意杀死，例如后台挂着的 QQ，这样的进程一旦系统没有了内存就会首先被杀死。

空进程是不包含任何应用程序的程序组件的进程，这样的进程系统一般是不会让它们存在的。为了使 App 下次启动得更快，当系统需要清除内存时最先被杀死。

那么，如何避免后台进程被杀死呢？有如下几个方法：

- 调用 startForegound()，让 Service 所在的线程成为前台进程；
- Service 的 onStartCommond()返回 START_STICKY 或 START_REDELIVER_INTENT；
- 在 Service 的 onDestroy()中重新启动自己；
- Root 之后提升为系统级 App；
- 在 JNI 层使用 C 代码启动一个进程；
- 在清单文件中的 intent-filter 节点中添加 android:priotity 属性，让其等于 1000，这是最高的优先级，不容易被杀死；
- 在前台放一个像素的页面，例如 QQ。

在讲解了进程的基础知识后，来看一下 Android IPC（Inter-Proscess Communication）进程间通信。IPC 的含义为进程间的通信或者跨进程通信，是指两个进程之间进行数据交换的过程。按操作系统中的描述，线程是 CPU 的最小调度单元，同时线程是一种有限的系统资源；而进程是指一个执行单元，在 PC 和移动设备上指一个程序或者一个应用。一个进程可以包含多个线程，因此进程和线程是包含与被包含的关系。所以，一般来说，进程间通信是不同的应用间进行跨进程通信。就是能够在两个不同的应用程序之间进行通信。

可以采用多种方式进行 IPC 进程间通信，但是这些都是基于 Binder IPC 进行处理的。所以，了解 Binder 对于学习 IPC 也很重要，Binder 提供了在不同执行环境间绑定功能和数据传递的特性。

Android 进行 IPC 进程间通信的方式有很多：使用 Bundle 进行传输数据、文件共享、通过 Messenger、ContentProvider、Socket、AIDL 实现。这些方式中有一些需要依赖数据传输的序列化和反序列化。这里介绍一下序列化和反序列化。

- 序列化：将对象转化为可保存的字节序列（注意是对象）；
- 反序列：将字节序列恢复为对象的过程。

序列化和反序列的用途：

- 以某种存储形式使自定义对象序列化；
- 将对象从一个地方传递到另一个地方；
- 通过序列化在进程间传递对象。

在 Android 中实现序列化的方式有两种：Serializable 和 Parcelable。Serializable 是 Java 提供的一个序列化接口，是一个空接口，类实现该接口即可实现序列化。在实现 Serializable 的时候，编译器会提示添加 serialVersionUID 字段，该字段是一个关键字段。在序列化时，如果序列化对象之后改变了类结构（添加或改变字段），甚至修改了字段的类型、类名，那么能反序列化成功吗？其实关键就在于 serialVersionUID 字段。

如果不指定 serialVersionUID 的话，在序列化时会计算当前类结构的 Hash 值并将该值赋给 serialVersionUID；当反序列化时，会比对该值是否相同，如果不相同，则无法序列化成功。

也可以手动指定 serialVersionUID，手动指定的好处是在类结构发生变化时能够最大程度地反序列化，当然前提是只删除或添加了字段，如果是变量类型发生了变化，则依然无法成功反序列化。

serialVersionUID 的工作机制：序列化时系统会把当前类的 serialVersionUID 写入序列化文件中，当反序列化时系统会去检测文件中的 serialVersionUID，看它是否和当前类的 serialVersionUID 一致，如果一致，则说明序列化类的版本和当前类的版本是相同的，这个时候可以成功反序列化，否则说明当前类和序列化的类相比发生了某些变化。所以，最好指定 serialVersionUID，避免其自定生成。

Parcelable 是 Android 中特有的一种序列化方式，在 Intent 传值时，通常使用该方式。Serializable 和 Parcelable 的比较：

- Serializable 是 Java 中的序列化接口，其使用起来简单但是开销较大，序列化和反序列化需要大量的 I/O 操作；
- Parcelable 是 Android 中的序列化方式，更适用于 Android 平台，其缺点是使用起来稍微麻烦，但是效率很高；

- Parcelable 适合进程间的通信。Serializable 适合文件存储和网络传输。

接下来主要讲解如何使用 Messenger 和 AIDL 方式进行 IPC 进程间的通信。

先看一下 Messenger 进行 IPC 进程间通信的方法。使用 Messenger 从客户端向服务端发送消息，可分为以下几步：

服务端：

（1）创建 Service。

（2）构造 Handler 对象，实现 handlerMessage 方法。

（3）通过 Handler 对象构造 Messenger 信使对象。

（4）通过 Service 的 onBind()返回信使中的 Binder 对象。

客户端：

（1）创建 Actvity。

（2）绑定服务。

（3）创建 ServiceConnection，监听绑定服务的回调。

（4）通过 onServiceConnected()方法的参数构造客户端 Messenger 对象。

（5）通过 Messenger 向服务端发送消息。

服务端代码如下：

```
/**
 * Messenger 使用服务端
 */
public class MessengerService extends Service {

    /**
     * 构建 handler 对象
     */
    public static Handler handler = new Handler() {
        public void handleMessage(android.os.Message msg) {
            // 接受客户端发送的消息
            String msgClient = msg.getData().getString("msg");
            Log.i("messenger", "接收到客户端的消息--" + msgClient);

        }

        ;
    };
    // 通过 handler 构建 Mesenger 对象
    private final Messenger messenger = new Messenger(handler);

    @Override
    public IBinder onBind(Intent intent) {
        // 返回 binder 对象
        return messenger.getBinder();
    }
}
```

同时要在 Android 项目注册清单中注册 Service，指定进程。

客户端代码如下：

```
public class MessengerActivity extends AppCompatActivity {

    /**
     * Messenger 对象
     */
    private Messenger mService;

    private ServiceConnection conn = new ServiceConnection() {

        @Override
        public void onServiceConnected(ComponentName name, IBinder service) {
            // IBinder 对象
            // 通过服务端返回的 Binder 对象构造 Messenger
            mService = new Messenger(service);

            Log.i("messenger", "客户端以获取服务端的 Messenger 对象");
        }

        @Override
        public void onServiceDisconnected(ComponentName name) {

        }

    };

    @Override
    protected void onCreate(@Nullable Bundle savedInstanceState) {
        super.onCreate(savedInstanceState);
        setContentView(R.layout.activity_main);

        // 启动服务
        Intent intent = new Intent(this, MessengerService.class);
        bindService(intent, conn, BIND_AUTO_CREATE);
    }

    /**
     * 布局文件中添加了一个按钮，单击该按钮的处理方法
     *
     * @param view
     */
    public void send(View view) {
        try {
            // 向服务端发送消息
            Message message = Message.obtain();

            Bundle data = new Bundle();

            data.putString("msg", "lalala");

            message.setData(data);
            // 发送消息
            mService.send(message);
```

```
            Log.i("messenger", "向服务端发送了消息");
        } catch (Exception e) {
            e.printStackTrace();
        }
    }

}
```

接下来看一下 Messenger 从服务端向客户端是如何发送消息的。

双向通信服务端代码如下：

```
/**
 * Messenger 使用服务端
 */
public class MessengerService extends Service {

    /**
     * 构建 handler 对象
     */
    public static Handler handler = new Handler() {
        public void handleMessage(android.os.Message msg) {
            // 接受客户端发送的消息
            String msgClient = msg.getData().getString("msg");
            Log.i("messenger", "接收到客户端的消息--" + msgClient);
            // 获取客户端的 Messenger 对象
            Messenger messengetClient = msg.replyTo;
            // 向客户端发送消息
            Message message = Message.obtain();
            Bundle data = new Bundle();
            data.putString("msg", "ccccc");
            message.setData(data);
            try {
                // 发送消息
                messengetClient.send(message);
            } catch (RemoteException e) {
                // TODO Auto-generated catch block
                e.printStackTrace();
            }
        }
    };
    // 通过 handler 构建 Mesenger 对象
    private final Messenger messenger = new Messenger(handler);

    @Override
    public IBinder onBind(Intent intent) {
        // 返回 binder 对象
        return messenger.getBinder();
    }
}
```

双向通信客户端代码如下：

```
public class MessengerActivity extends AppCompatActivity {

    /**
     * Messenger 对象
     */
    private Messenger mService;

    private ServiceConnection conn = new ServiceConnection() {

        @Override
        public void onServiceConnected(ComponentName name, IBinder service) {
            // IBinder 对象
            // 通过服务端返回的 Binder 对象构造 Messenger
            mService = new Messenger(service);
            Log.i("messenger", "客户端以获取服务端 Messenger 对象");
        }

        @Override
        public void onServiceDisconnected(ComponentName name) {

        }

    };

    /**
     * 构建 handler 对象
     */
    public static Handler handler = new Handler() {
        public void handleMessage(android.os.Message msg) {
            // 接受服务端发送的消息
            String msgService = msg.getData().getString("msg");
            Log.i("messenger", "接收到服务端的消息--" + msgService);
        }

        ;
    };

    // 通过 handler 构建 Mesenger 对象
    private final Messenger messengerClient = new Messenger(handler);

    @Override
    protected void onCreate(@Nullable Bundle savedInstanceState) {
        super.onCreate(savedInstanceState);
        setContentView(R.layout.activity_main);
        // 启动服务
        Intent intent = new Intent(this, MessengerService.class);
        bindService(intent, conn, BIND_AUTO_CREATE);
    }

    /**
     * 布局文件中添加了一个按钮，单击该按钮的处理方法
     *
     * @param view
     */
```

```
    public void send(View view) {
        try {
            // 向服务端发送消息
            Message message = Message.obtain();
            Bundle data = new Bundle();
            data.putString("msg", "lalala");
            message.setData(data);
            // ----- 传入 Messenger 对象
            message.replyTo = messengerClient;
            // 发送消息
            mService.send(message);
            Log.i("messenger", "向服务端发送了消息");
        } catch (Exception e) {
            e.printStackTrace();
        }
    }

}
```

接下来看一下使用 AIDL 的方式进行 IPC 进程间通信的方法。

AIDL 是 Android Interface Definition Language 的缩写，也就是 Android 接口定义语言。AIDL 主要用于进程间通信，它是纯文本文件，语法类似于 Java 语法。AIDL 功能强大，支持一对多并发通信和即时通信，但是使用起来比较复杂，需要处理好多线程的同步问题，常用于一对多通信且有 RPC 需求的场合（服务端和客户端通信）。

AIDL 支持的数据类型如下：

- Java 的基本数据类型；
- List 和 Map；
- 元素必须是 AIDL 支持的数据类型；
- Server 端具体的类里必须是 ArrayList 或者 HashMap；
- 其他 AIDL 生成的接口；
- 实现 Parcelable 的实体。

还需要了解 ADIL 的定向 Tag：in、out、inout。这几个定向 Tag 指的就是数据流向，表示在跨进程通信中数据的流向。其中，in 表示数据只能由客户端流向服务端；out 表示数据只能由服务端流向客户端；inout 则表示数据可在服务端与客户端之间双向流通。

AIDL 的编写主要分为以下三部分。

创建 AIDL：

（1）创建要操作的实体类，实现 Parcelable 接口，以便序列化或反序列化。

（2）新建 aidl 文件夹，在其中创建接口 aidl 文件及实体类的映射 aidl 文件。

（3）创建 project，生成 Binder 的 Java 文件。

创建服务端：

（1）创建 Service，在其中创建上面生成的 Binder 对象实例，实现接口定义的方法。

（2）在 onBind()中返回。

创建客户端：

（1）实现 ServiceConnection 接口，在其中拿到 AIDL 类。

（2）bindService()，即绑定服务。

（3）调用 AIDL 类中定义好的操作请求。

接下来就实践一下。首先创建 AIDL 实体类 Book，实现 Parcelable 接口进行序列化，代码如下：

```
public class Book implements Parcelable {
    public int bookId;
    public String bookName;

    public Book() {
        super();
    }

    public Book(int bookId, String bookName) {
        super();
        this.bookId = bookId;
        this.bookName = bookName;
    }

    @Override
    public int describeContents() {
        return 0;
    }

    @Override
    public void writeToParcel(Parcel dest, int flags) {
        dest.writeInt(bookId);
        dest.writeString(bookName);
    }

    public static final Parcelable.Creator<Book> CREATOR = new Creator<Book>() {

        @Override
        public Book[] newArray(int size) {
            return new Book[size];
        }

        @Override
        public Book createFromParcel(Parcel source) {
            Book book = new Book();
            book.bookId = source.readInt();
            book.bookName = source.readString();
            return book;
        }
    };

    @Override
    public String toString() {
        return "Book [bookId=" + bookId + ", bookName=" + bookName + "]";
    }

}
```

接下来创建 aidl 文件夹，在其中创建接口 aidl 文件及实体类的映射 aidl 文件。在 main 文件夹下新建 aidl 文件夹，使用的包名要和 Java 文件夹的包名一致，如图 4-2 所示。

先创建实体类的映射 aidl 文件，Book.aidl 文件如下：

```
package com.test.myapplication;
parcelable Book;
```

然后创建接口 aidl 文件，IBookManager.aidl 文件如下：

```
package com.test.myapplication;
import com.test.myapplication.Book;
interface IBookManager{
    /**
     * 除了基本数据类型外，其他类型的参数都需要标上方向类型：in、out、inout
     */
    List<Book> getBookList();
    void addBook(in Book book);
}
```

在接口 aidl 文件中定义将来要在跨进程进行的操作，上面的接口中定义了两个操作。之后选择菜单栏的 Build | Clean Project 或 Build | Make Project 命令，清理或编译工程，就会自动在 build/generated/source/aidl/的 flavor 下生成对应的 Java 文件，如图 4-3 所示。

图 4-2　新建 AIDL 文件

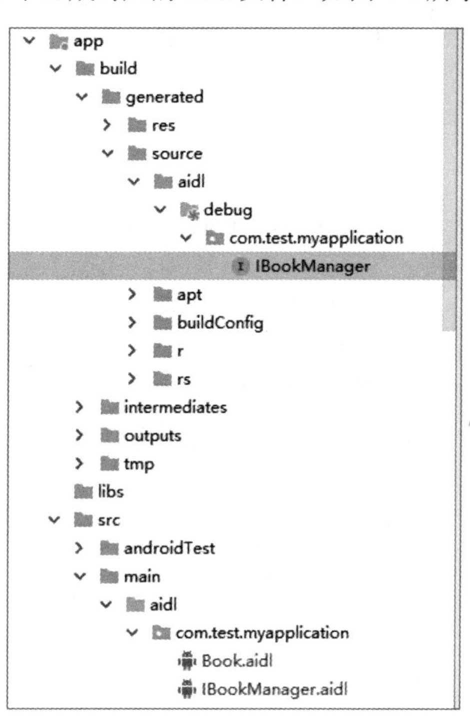

图 4-3　自动生成的 Java 文件

现在有了跨进程客户端和服务端的通信媒介，接着就可以编写客户端和服务端代码了。先编写服务端代码如下：

```
public class BookService extends Service {

    /**
     * 支持线程同步，因为其存在多个客户端同时连接的情况
     */
    private CopyOnWriteArrayList<Book> list = new CopyOnWriteArrayList<>();
    /**
     * 构造 aidl 中声明接口的 Stub 对象，并实现所声明的方法
     */
    private Binder mBinder = new IBookManager.Stub() {

        @Override
        public List<Book> getBookList() throws RemoteException {
            return list;
        }

        @Override
        public void addBook(Book book) throws RemoteException {
            list.add(book);
            Log.i("aidl", "服务端添加了一本书"+book.toString());
        }
    };

    @Override
    public void onCreate() {
        super.onCreate();
        //加点书
        list.add(new Book(1, "java"));
        list.add(new Book(2, "android"));

    }

    @Override
    public IBinder onBind(Intent intent) {
        // 返回给客户端的 Binder 对象
        return mBinder;
    }
}
```

然后在 Android 项目注册清单中注册 Service，代码如下：

```
<service
    android:name=".BookService"
    android:enabled="true"
    android:exported="true"
    android:process=":aidl" />
```

在 Service 中主要做了如下两件事：

- 实现 aidl 文件中接口的 Stub 对象，并实现方法；
- 将 Binder 对象通过 onBinder()返回给客户端。

接下来在另一个工程里编写客户端，需要把服务端的 aidl 文件复制到对应的位置，生成 Java 文件。

```
public class BookActivity extends AppCompatActivity {
    /**
     * 接口对象
     */
    private IBookManager mService;
    /**
     * 绑定服务的回调
     */
    private ServiceConnection conn = new ServiceConnection() {

        @Override
        public void onServiceConnected(ComponentName name, IBinder service) {
            // 获取书籍管理的对象
            mService = IBookManager.Stub.asInterface(service);
            Log.i("aidl", "连接到服务端，获取 IBookManager 的对象");
        }

        @Override
        public void onServiceDisconnected(ComponentName name) {
            mService = null;
        }

    };

    @Override
    protected void onCreate(@Nullable Bundle savedInstanceState) {
        super.onCreate(savedInstanceState);
        setContentView(R.layout.activity_main);
        // 启动服务
        Intent intent = new Intent(this, BookService.class);
        bindService(intent, conn, BIND_AUTO_CREATE);
    }

    /**
     * 获取服务端书籍列表
     *
     * @param view
     */
    public void getBookList(View view) {
        try {
            Log.i("aidl", "客户端查询书籍" + mService.getBookList().toString());
        } catch (RemoteException e) {
            // TODO Auto-generated catch block
            e.printStackTrace();
        }
    }

    /**
     * 添加书籍
     */
    public void add(View view) {
        try {
            // 调用服务端添加书籍
            mService.addBook(new Book(3, "ios"));
```

```
            } catch (RemoteException e) {
                e.printStackTrace();
            }
        }
    }
```

客户端代码的主要操作：

- 绑定服务，监听回调；
- 将回调中的 IBinder service 通过 IBookManager.Stub.asInterface()转化为接口对象；
- 调用接口对象的方法。

服务端可分为如下几步：

（1）服务端创建.aidl 文件和声明接口。

（2）创建类，继承 Service，并实现 onBind()方法。

（3）在 Service 类中定义 aidl 中声明接口的 Stub 对象，并实现 aidl 接口中声明的方法。

（4）在 onBind()方法中返回 Stub 对象。

（5）在 AndroidManifest.xml 中注册 Service 并声明其 Action。

客户端步骤如下：

（1）使用服务端提供的 aidl 文件。

（2）在 Activity 定义 aidl 接口对象。

（3）定义 ServiceConnection 对象，监听绑定服务的回调。

（4）在回调中通过方法获取接口对象。

常用的几种 AIDL 的 IPC 通信方式就介绍完了，如果想知道它们的实现机制，可以学习一下 Binder。

第 5 章　Android 应用安全

应用安全是一个需要引起大家重视的问题，其不但涉及应用的代码安全，也涉及隐私信息和数据安全等，是一个非常复杂的问题。很多大型公司的 Android 或 iOS 等平台在应用发布前一般都要进行安全性检查。当然如果作为开发者，在开发前就对一些常见的安全漏洞比较熟悉的话，就会在开发中避免安全问题的引入和发生，遵守开发规范和准则，会让我们在应用的安全问题上事半功倍。安全问题无处不在，虽然没有绝对的安全，也无法避免安全问题，但是通过一些手段和策略可以让应用安全级别得到很大的提升，避免漏洞和安全问题的产生与引入。本章将会介绍 Android 应用安全方面的内容，从漏洞、要点、安全处理策略、开发规范等方面进行介绍，让应用和数据更加安全。

5.1　Android 常见漏洞及安全要点

在学习 Android 安全处理策略和方法之前，有必要先了解和熟悉一下 Android 的一些漏洞和安全要点，以做到知其然并知其所以然，有利于在后续开发中提高安全意识，避免类似等安全问题发生。接下来先列举一些常见的 Android 漏洞。

5.1.1　Android 常见漏洞

1. Android Manifest配置相关的风险漏洞

Android Manifest 配置相关的风险漏洞主要是由组件暴露等一些风险漏洞所导致的，可以避免。

程序可被任意调试的风险：这个风险漏洞会使 App 可以被调试，这样里面的很多数据和逻辑将变得十分不安全。该风险产生的原因是应用的 APK 配置文件 Android Manifest.xml 中 android:debuggable="true"，调试开关被打开，导致风险的引入。可以将 Application 里的这个属性设置为 false 或者在 buidl.gradle 里配置 debuggable:false 即可避免。

程序数据任意备份的风险：这个风险漏洞会导致 App 应用数据可被备份导出，这样别人就可以查看、解密应用里存储的所有数据信息了。该风险产生的原因是应用 APK 配置文件 AndroidManifest.xml 中 android:allowBackup="true"，数据备份开关被打开。解决办法是把 AndroidManifest.xml 配置文件备份开关关掉，即设置 android:allowBackup="false"。如果应用不是必须开启备份，那么一定要关闭这个开关。

下面是一些组件暴露引起的风险。对于组件暴露风险，建议使用 android:protectionLevel="signature"验证调用来源。

- Activity 组件暴露：这个风险使得黑客可能构造恶意数据针对导出 Activity 组件实施越权攻击。产生的原因是 Activity 组件的属性 exported 被设置为 true 或未设置 exported 值，但 IntentFilter 不为空时，Activity 被认为是导出的，黑客可通过设置相应的 Intent 唤起这个 Activity。如果组件不需要与其他 App 共享数据或交互，应在 AndroidManifest.xml 配置文件中将该组件设置为 exported = "false"。如果组件需要与其他 App 共享数据或交互，请对组件进行权限控制和参数校验。
- Service 组件暴露：黑客可能会构造恶意数据针对导出 Service 组件实施越权攻击。该风险产生的原因是 Service 组件的属性 exported 被设置为 true 或未设置 exported 值，但 IntentFilter 不为空时，Service 被认为是导出的，可通过设置相应的 Intent 唤起 Service。如果组件不需要与其他 App 共享数据或交互，应在 AndroidManifest.xml 配置文件中将该组件设置为 exported = "false"。如果组件需要与其他 App 共享数据或交互，应对组件进行权限控制和参数校验。这个风险漏洞和 Activity 的基本一样。
- ContentProvider 组件暴露：黑客可能会访问到应用不想共享的数据或文件。该风险产生的原因是 ContentProvider 组件的属性 exported 被设置为 true 或是 Android API <=16 时，ContentProvider 被认为是导出的。解决办法和前面类似。如果组件不需要与其他 App 共享数据或交互，应在 AndroidManifest.xml 配置文件中设置该组件为 exported = "false"。如果组件需要与其他 App 共享数据或交互，请对组件进行权限控制和参数校验。
- Intent Scheme URL 攻击：攻击者通过访问浏览器构造 Intent 语法唤起 App 的相应组件，轻则引起拒绝服务，重则可能演变为对 App 进行越权调用甚至升级为提权漏洞。该风险产生的原因是在 AndroidManifast.xml 设置 Scheme 协议之后，可以通过浏览器打开对应的 Activity。解决办法是对 App 外部调用过程和传输数据进行安全检查或检验，配置 category filter，添加 android.intent.category.BROWSABLE 方式规避风险。

2．WebView组件及与服务器通信相关的风险漏洞

- Webview 存在本地 Java 接口：这使得当 targetSdkVersion 小于 17 时，攻击者可以利用 addJavascriptInterface 这个接口添加的函数远程执行任意代码。该风险产生的原因是 Android 的 Webview 组件有一个非常特殊的接口函数 addJavascriptInterface，该风险能实现本地 Java 与 JS 之间的交互。建议开发者不要使用 addJavascriptInterface，而使用注解@Javascript 和第三方协议的替代方案。

- WebView 组件执行远程代码（调用 getClassLoader）：通过调用 getClassLoader 可以绕过 Google 底层对 getClass 方法的限制。该风险产生的原因是使用低于 17 的 target- SDKVersion，并且在 Context 子类中使用 addJavascriptInterface 绑定 this 对象。避免办法是将 targetSDKVersion 设置为使用大于 17 的版本即可。
- WebView 忽略 SSL 证书错误：忽略 SSL 证书错误可能会引起中间人攻击。该风险产生的原因是 WebView 调用 onReceivedSslError()方法时，直接执行了 handler.proceed()来忽略该证书错误。建议不要重写 onReceivedSslError()方法，或者对于 SSL 证书错误问题按照业务场景判断，避免造成数据明文传输情况。
- Webview 启用访问文件数据：在 Android 中，webview.setAllowFileAccess(true)为默认设置，当 setAllowFileAccess(true)时，在 File 域下可执行任意的 JavaScript 代码，假如绕过同源策略能够对私有目录文件进行访问，将会导致用户隐私泄漏。该风险产生的原因是 Webview 中使用了 setAllowFileAccess(true)，App 可通过 Webview 访问私有目录下的文件数据。建议使用 WebView.getSettings().setAllowFileAccess(false)来禁止访问私有文件数据。如果必须使用这个权限的话就无须设置。
- SSL 通信服务端检测信任任意证书：黑客可以通过中间人攻击获取加密内容。该风险产生的原因是自定义了 SSL x509 TrustManager，重写 checkServerTrusted()方法且方法内不做任何服务端的证书校验。解决办法是严格进行服务端和客户端证书校验，对于异常事件禁止 return 空或者 null。
- HTTPS 关闭主机名验证：关闭主机名校验可以让黑客使用中间人攻击获取加密内容。该风险产生的原因是构造 HttpClient 时，设置 HostnameVerifier 参数使用 ALLOW_ALL_HOSTNAME_VERIFIER 或空的 HostnameVerifier，通过 App 在使用 SSL 时没有对证书的主机名进行校验，信任任意主机名下的合法的证书，导致加密通信可被还原成明文通信，加密传输遭到破坏。避免漏洞的建议就是可以对主机名进行适当的校验。
- 开放 socket 端口：攻击者可构造恶意数据对端口进行测试，对于绑定了 IP 0.0.0.0 的 App 可发起远程攻击。该风险产生的原因是 App 绑定了端口进行监听，建立连接后可接收外部发送的数据。如无必要，只绑定本地 IP127.0.0.1 即可，并且对接收的数据进行过滤、验证。

3. 数据安全风险漏洞

- 数据存储风险：当调用了 getExternalStorageDirectory，存储内容到 SD 卡上后可以被任意程序访问，存在安全隐患。建议将敏感信息存储到程序私有目录下，并对敏感数据加密。非敏感信息可以存储在 SD 卡上或者加密后存储在 SD 卡上。
- 全局 File 可读写漏洞 openFileOutput：攻击者恶意读取文件内容，获取敏感信息。该风险产生的原因是 openFileOutput(String name,int mode)方法创建内部文件时，将文件设置了全局的可读权限 MODE_WORLD_READABLE。避免办法是请开发者确认该文件是否存在敏感数据，如存在相关数据，请去掉文件全局可读属性。

- 配置文件可读写泄露风险：配置文件可以被其他应用读取导致信息泄漏。该风险产生的原因是使用 getSharedPreferences 打开文件时第二个参数设置为了 MODE_WORLD_READABLE。避免办法就是如果必须设置为全局可读模式供其他程序使用，请保证存储的数据是非隐私数据或者是加密后存储，否则设置为 MODE_PRIVATE 模式。
- 明文数字证书漏洞：APK 使用的数字证书可被用来校验服务器的合法身份，在与服务器进行通信的过程中对传输数据进行加密、解密运算，保证传输数据的保密性和完整性。明文存储的数字证书如果被篡改，客户端可能连接到假冒的服务端上，导致用户名和密码等信息被窃取；如果明文证书被盗取，可能会造成传输数据被截获解密，用户信息泄露，或者伪造客户端向服务器发送请求，篡改服务器中的用户数据或造成服务器响应异常。
- AES 弱加密：先了解一下 ECB，它是将文件分块后对文件块做同一加密，破解加密只需要针对一个文件块进行解密，降低了破解难度和文件的安全性。产生 AES 弱加密的原因是在 AES 加密时，使用了 AES/ECB/NoPadding 或 AES/ECB/PKCS5padding 的模式。避免办法就是禁止使用 AES 加密的 ECB 模式，显式指定加密算法为 CBC 或 CFB 模式，可带上 PKCS5Padding 填充。AES 密钥长度最少是 128 位，推荐使用 256 位。
- 随机数不安全使用：其实生成的随机数具有确定性，并非物理随机，存在被破解的可能性。一般都是通过调用 SecureRandom 类中的 setSeed 方法产生随机数。建议使用/dev/ urandom 或/dev/random 来初始化伪随机数生成器。
- AES/DES 硬编码密钥：通过反编译获取密钥可以轻易解密 App 通信数据。该风险产生的原因是使用 AES 或 DES 等加解密时，密钥采用硬编码写在程序中。建议密钥加密存储或变形后进行加解密运算，不要硬编码到代码中。

除了以上几点外，在使用接口获取和提交数据时，数据传输应加密传输，并使用 HTTPS 进行安全数据传输。

4. 文件目录遍历类漏洞

- Provider 文件目录遍历：攻击者可以利用 openFile()接口进行文件目录遍历以达到访问任意可读文件的目的。该风险产生的原因就是当 Provider 被导出且覆写了 openFile 方法时，没有对 Content Query Uri 进行有效判断或过滤。一般情况下无须覆写 openFile 方法，如果必要，对提交的参数进行“../”目录跳转符或其他安全校验。
- Unzip 解压缩漏洞：攻击者可构造恶意 zip 文件，被解压的文件将会进行目录跳转被解压到其他目录下并覆盖相应文件导致可执行任意代码。该风险产生的原因就是解压 zip 文件，使用 getName()获取压缩文件名后未对名称进行校验。建议解压文件时，判断文件名是否有../特殊字符。

5．文件格式解析类漏洞

- FFmpeg 文件读取漏洞：在 FFmpeg 的某些版本中可能存在本地文件读取漏洞，可以通过构造恶意文件获取本地文件内容。该风险产生的原因是使用了低版本的 FFmpeg 库进行视频解码。建议升级 FFmpeg 库到最新版。
- 安卓 Janus 漏洞：该漏洞可以让攻击者绕过 Android 系统的 signature scheme V1 签名机制，进而直接对 App 进行篡改。而且由于 Android 系统的其他安全机制也是建立在签名和校验基础之上，该漏洞相当于绕过了 Android 系统的整个安全机制。该风险产生的原因是向原始的 App APK 的前部添加了一个攻击的 classes.dex 文件（A 文件），Android 系统在校验时计算了 A 文件的 Hash 值，并以 classes.dex 字符串作为 key 保存，然后计算原始的 classes.dex 文件（B），并再次以 classes.dex 字符串作为 key 保存，这次保存会覆盖 A 文件的 Hash 值，导致 Android 系统认为 APK 没有被修改。完成安装后，APK 程序运行时系统优先执行先找到的 A 文件而忽略了 B 文件，从而导致漏洞的产生。建议禁止安装有多个同名 ZipEntry 的 APK 文件。

6．内存堆栈类风险漏洞

- 未使用编译器堆栈保护技术：不使用 Stack Canaries 栈保护技术，发生栈溢出时系统并不会对程序进行保护。为了检测栈中的溢出，引入了 Stack Canaries 漏洞缓解技术。在所有函数调用发生时，向栈帧内压入一个额外的被称为 canary 的随机数，当栈中发生溢出时，canary 将被首先覆盖，之后才是 EBP 和返回地址。在函数返回之前，系统将执行一个额外的安全验证操作，将栈帧中原先存放的 canary 和.data 中的副本值进行比较，如果两者不吻合，说明发生了栈溢出。建议使用 NDK 编译 So 文件时，在 Android.mk 文件中添加 LOCAL_CFLAGS := -Wall -O2 -U_FORTIFY_SOURCE -fstack-protector-all。
- 未使用地址空间随机化技术：不使用地址空间随机化（PIE），将会使 shellcode 的执行难度降低，攻击成功率增加。PIE（Position Independent Executables）是一种地址空间随机化技术。当 So 文件被加载时，在内存里的地址是随机分配的。建议 NDK 编译 So 文件时加入 LOCAL_CFLAGS := -fpie –pie，开启对 PIE 的支持。
- libupnp 栈溢出漏洞：构造恶意数据包可造成缓冲区溢出，造成代码执行。产生的原因是使用了低于 1.6.18 版本的 libupnp 库文件。建议将 libupnp 库升级到 1.6.18 版本或以上。

7．动态类风险漏洞

- DEX 文件动态加载：加载恶意的 dex 文件将会导致任意命令的执行。该风险产生的原因是使用 DexClassLoader 加载外部的 apk、jar 或 dex 文件，当外部文件的来源无法控制或被篡改时，将无法保证加载的文件是否安全。建议加载外部文件前，必须使用校验签名或 MD5 等方式确认外部文件的安全性。

- 动态注册广播：导出的广播可以导致拒绝服务、数据泄漏或越权调用。使用 registerReceiver 动态注册的广播在组件的生命周期里是默认导出的。建议使用带权限检验的 registerReceiver API 进行动态广播的注册。

8. 校验或限定不严导致的风险漏洞

- Fragment 注入：攻击者可绕过限制，访问未授权的界面。该风险产生的原因是导出的 PreferenceActivity 子类没有正确处理 Intent 的 extra 值。建议当 targetSdk 大于等于 19 时，强制实现 isValidFragment 方法；当 targetSdk 小于 19 时，在 PreferenceActivity 的子类中都要加入 isValidFragment。在这两种情况下，在 isValidFragment 方法中进行 fragment 名的合法性校验。
- 隐式意图调用：Intent 隐式调用发送的意图可被第三方劫持，导致内部隐私数据泄露。该风险产生的原因是封装 Intent 时采用隐式设置，只设定 action，未限定具体的接收对象，导致 Intent 可被其他应用获取并读取其中的数据。建议将隐式调用改为显式调用。

9. 命令行调用类相关风险漏洞

动态链接库中包含执行命令函数，攻击者传入任意命令，导致恶意命令的执行。该风险产生的原因是在 Native 程序中，有时需要执行系统命令，在接收外部传入的参数执行命令时没有做过滤或检验。建议对传入的参数进行严格的过滤。

5.1.2 Android 应用安全要点

通过对常见风险和漏洞的分析，我们可以总结一下 Android 应用安全的要点：规范使用 Android 标准组件（Activity、Service、Receiver、Provider）的访问权限；可以使用更加安全、高效的 LocalBroadcastManager；注意 Application 相关属性配置；注重 WebView 安全；数据存储安全，对访问的权限和数据加密要进行处理；数据传输安全，尽量采用 HTTPS 协议，并对数据进行加密；发布时关闭日志输出；进行混淆、加固；善于使用漏洞检测工具等。这里只是列举了常见的风险漏洞和安全要点，其他的问题，读者可以自行研究、关注。

5.2 Android 混淆与加固

针对前面所讲的 Android 安全漏洞和风险问题，我们需要进行一些安全处理：混淆与加固。这样可以避免代码信息暴露、反编译及数据泄露等问题。Android 混淆操作主要是对代码中的一些类、方法、变量和常量等进行名称混淆，使其不容易被反编译人员直接猜到代码和复制代码；而 Android 加固是为了不让应用被反编译、破解和二次打包等。接下来我们就详细讲解这两种方式的特点和用法。

5.2.1　Android 混淆

提到 Android 代码混淆大家一定很熟悉，虽然目前 Android 混淆只是将一些类名、常量、方法名进行了一个字符替换，增加了反编译后阅读的难度，但并不妨碍使用混淆技术增加一点应用安全策略。混淆，从字面上来说就是把项目中的包名、类名、方法名和变量名等进行更改，用以迷惑别人。混淆其实包含了代码压缩、优化、校验等过程，把混淆称为 ProGuard 更合适。例如，原来的类名叫 StudentClass.java，混淆后就可能是 a.java，即增加了阅读难度，并压缩了字符，节省了空间占用。

Android 里已经自带了混淆工具 ProGuard，它就是 Java 对 Class 文件进行“混淆”的工具。如图 5-1 所示为整个混淆的过程。

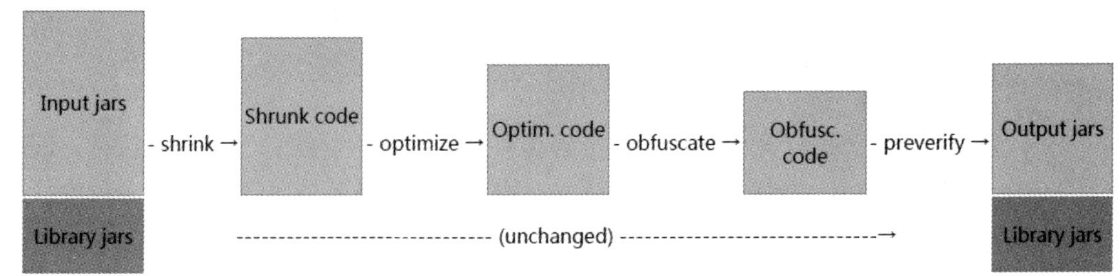

图 5-1　混淆过程

- shrink（压缩）：ProGuard 会递归地确定哪些类和类成员被使用，而其他的则被丢弃。
- optimize（优化）：ProGuard 会进一步分析和优化方法，比如一些无用的参数会被丢弃，一些方法会做内联。
- obfuscate（混淆）：这个过程就是进行重命名了，把原来包含注释意义的类名、方法名等进行无意义重命名。
- preverify（预校验）：这个步骤是将预校验信息添加到类中。

以上 4 个操作其实都是可选的。当然，一般情况下 Android 会保留前 3 个步骤，而忽略 preverify 过程，这样可以加快混淆速度。

Android 中默认集成了 ProGuard 工具，在 sdk/tools/proguard 下。以 Android Studio 为例，演示混淆开启方法，代码如下：

```
android {
    ...
    buildTypes {
```

```
        release {
            // 混淆开关
            minifyEnabled true
            // 移除无用的 resource 文件
            shrinkResources true
            // proguard-android.txt 表示默认的混淆规则
            // proguard-rules.pro 表示自定义的混淆规则（文件名和后缀可以修改）
            proguardFiles getDefaultProguardFile('proguard-android.txt'),
'proguard-rules.pro'
        }
    }
}
```

默认的 proguard-android.txt 文件在 sdk/tools/proguard 下。该路径下还有个 proguard-android-optimize.txt 文件。而自定义的 proguard-rules.pro 文件中有部分基础混淆规则就是来自 proguard-android-optimize.txt。

混淆语法可以在 ProGuard 官网中找到，表 5-1 至表 5-3 中给出了一些常用的语法规则。ProGuard 官网地址如下：

https://stuff.mit.edu/afs/sipb/project/android/sdk/android-sdk-linux/tools/proguard/docs/index.html#manual/introduction.html。

表 5-1　保留类和类成员

保　　留	防止被删除或重命名	防止被重命名
类和类成员	-keep	-keepnames
仅类成员	-keepclassmembers	-keepclassmembernames
如果拥有某成员，保留类和类成员	-keepclasseswithmembers	-keepclasseswithmembernames

表 5-2　类成员中的一些符号

符　　号	作　　用
<init>	匹配所有的构造器
<fields>	匹配所有的域
<methods>	匹配所有的方法
*	匹配所有的域和方法

表 5-3　常用通配符

通　配　符	作　　用
*	匹配任意长度字符，但不含包名分隔符(.)
**	匹配任意长度字符，并且包含包名分隔符(.)
***	匹配任意参数类型
...	匹配任意长度的任意类型参数
%	匹配任何原始类型
?	匹配类名中的任何单个字符

其他的语法基本上无变化，在混淆规则中基本都是固定使用，有需要的读者可以到官网查询和使用。

下面给出一个混淆模板的代码示例：

```
#############################################
#
# 对于一些基本指令的添加
#
#############################################
# 代码混淆压缩比，在 0~7 之间，默认为 5，一般不做修改
-optimizationpasses 5

# 混合时不使用大小写混合，混合后的类名为小写
-dontusemixedcaseclassnames

# 指定不忽略非公共库的类
-dontskipnonpubliclibraryclasses

# 这句话能够使项目混淆后产生映射文件
# 包含类名->混淆后类名的映射关系
-verbose

# 指定不忽略非公共库的类成员
-dontskipnonpubliclibraryclassmembers

# 不做预校验，preverify 是 proguard 的 4 个步骤之一，Android 不需要 preverify，去掉
  这一步能够加快混淆速度
-dontpreverify

# 保留 Annotation 不混淆
-keepattributes *Annotation*,InnerClasses

# 避免混淆泛型
-keepattributes Signature

# 抛出异常时保留代码行号
-keepattributes SourceFile,LineNumberTable

# 指定混淆是采用的算法，后面的参数是一个过滤器
# 这个过滤器是 Google 推荐的算法，一般不做更改
-optimizations !code/simplification/cast,!field/*,!class/merging/*


#############################################
#
# Android 开发中一些需要保留的公共部分
#
#############################################

# 保留使用的四大组件，自定义的 Application 等这些类不被混淆
# 因为这些子类都有可能被外部调用
```

```
-keep public class * extends android.app.Activity
-keep public class * extends android.app.Appliction
-keep public class * extends android.app.Service
-keep public class * extends android.content.BroadcastReceiver
-keep public class * extends android.content.ContentProvider
-keep public class * extends android.app.backup.BackupAgentHelper
-keep public class * extends android.preference.Preference
-keep public class * extends android.view.View
-keep public class com.android.vending.licensing.ILicensingService


# 保留 support 下的所有类及其内部类
-keep class android.support.** {*;}

# 保留继承的
-keep public class * extends android.support.v4.**
-keep public class * extends android.support.v7.**
-keep public class * extends android.support.annotation.**

# 保留 R 下面的资源
-keep class **.R$* {*;}

# 保留本地 native 方法不被混淆
-keepclasseswithmembernames class * {
   native <methods>;
}

# 保留在 Activity 中的方法参数是 view 的方法
# 这样在 layout 中写的 onClick 就不会被影响
-keepclassmembers class * extends android.app.Activity{
   public void *(android.view.View);
}

# 保留枚举类不被混淆
-keepclassmembers enum * {
   public static **[] values();
   public static ** valueOf(java.lang.String);
}

# 保留自定义控件（继承自 View）不被混淆
-keep public class * extends android.view.View{
   *** get*();
   void set*(***);
   public <init>(android.content.Context);
   public <init>(android.content.Context, android.util.AttributeSet);
   public <init>(android.content.Context, android.util.AttributeSet, int);
}

# 保留 Parcelable 序列化类不被混淆
-keep class * implements android.os.Parcelable {
   public static final android.os.Parcelable$Creator *;
}

# 保留 Serializable 序列化的类不被混淆
```

```
-keepnames class * implements java.io.Serializable
-keepclassmembers class * implements java.io.Serializable {
   static final long serialVersionUID;
   private static final java.io.ObjectStreamField[] serialPersistentFields;
   !static !transient <fields>;
   !private <fields>;
   !private <methods>;
   private void writeObject(java.io.ObjectOutputStream);
   private void readObject(java.io.ObjectInputStream);
   java.lang.Object writeReplace();
   java.lang.Object readResolve();
}

# 对于带有回调函数 onXXEvent、**On*Listener 的，不能被混淆
-keepclassmembers class * {
   void *(**On*Event);
   void *(**On*Listener);
}

# Webview 处理，项目中没有使用到 Webview 忽略即可
-keepclassmembers class fqcn.of.javascript.interface.for.webview {
   public *;
}
-keepclassmembers class * extends android.webkit.webViewClient {
   public void *(android.webkit.WebView, java.lang.String, android.
graphics.Bitmap);
   public boolean *(android.webkit.WebView, java.lang.String);
}
-keepclassmembers class * extends android.webkit.webViewClient {
   public void *(android.webkit.webView, jav.lang.String);
}

# 移除 Log 类打印各个等级的日志代码，打正式包的时候可以作为禁 log 使用，这里可以作为禁
  止 log 打印的功能使用
# 记得在 proguard-android.txt 中一定不要加-dontoptimize 才起作用
# 另外的一种实现方案是通过 BuildConfig.DEBUG 变量来控制
#-assumenosideeffects class android.util.Log {
#    public static int v(...);
#    public static int i(...);
#    public static int w(...);
#    public static int d(...);
#    public static int e(...);
#}

#############################################
#
# 项目中特殊处理部分
#
#############################################

# -----------------------保留 JS 接口----------------------------------------

# -----------------------保留反射类------------------------------------------
```

```
# ----------------------保留实体类----------------------------------------
# 在开发的时候可以将所有的实体类放在一个包内，这样写一次混淆就行了
#-keep class com.google.bean.**{ *; }

# ----------------------第三方库的混淆规则--------------------------------
```

一般第三方库都会给出它们引入的混淆规则，复制进去即可。例如 Glide 给出的库混淆规则如下：

```
-keep public class * implements com.bumptech.glide.module.GlideModule
-keep public class * extends com.bumptech.glide.module.AppGlideModule
-keep public enum com.bumptech.glide.load.ImageHeaderParser$** {
  **[] $VALUES;
  public *;
}

# for DexGuard only -keepresourcexmlelements manifest/application/meta-data@value=GlideModule
```

经过混淆后，会产生如下几个文件：

- dump.txt：描述 APK 文件中所有类的内部结构；
- mapping.txt：提供混淆前后类、方法、类成员等的对照表；
- seeds.txt：列出没有被混淆的类和成员；
- usage.txt：列出被移除的代码。

遇到混淆问题时，通常是通过查看 mapping.txt 文件来分析原因。如果在进行 Crash 追踪中遇到了困难，可以使用 sdk/tools/proguard/bin 下的 proguardgui.bat 可视化工具进行混淆定位，如图 5-2 所示。

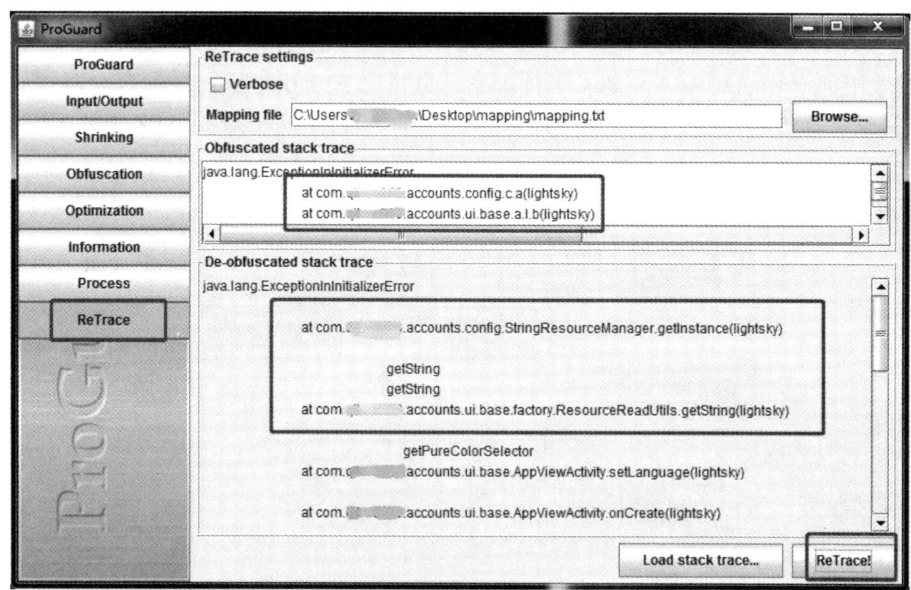

图 5-2　混淆定位

混淆使得项目增加了反编译的难度，优化了代码，但对于有心之人还是能从反编译中找到蛛丝马迹。所以，对于敏感代码和数据，应进一步使用更安全的保护措施，比如下一节将要介绍的加固。

5.2.2　Android 应用加固

目前来说，Android 相对来说安全级别比较高的方案就是对应用进行加固，可以避免很多反编译和破解等问题。加固其实就是对 APK 的 dex 文件进行加密操作，外面加一个壳，由这个壳去加密和解密 dex 文件，从破解难度来说要复杂一些。近些年加固技术的发展如图 5-3 所示。

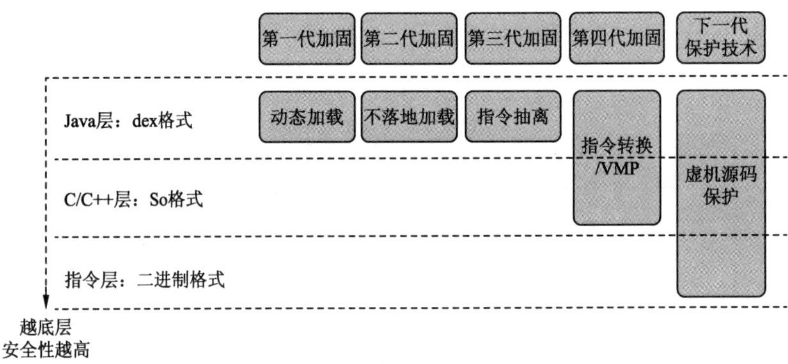

图 5-3　加固技术的发展

整个加固加壳的流程大致是这样的：拿到需要加密的 Apk dex 和自己的壳程序 Apk dex，然后用加密算法对源 Apk dex 进行加密，再将壳 Apk dex 与其进行合并得到新的 dex 文件，最后替换壳程序中的 dex 文件即可得到新的 APK，这个新的 APK 也叫作脱壳程序 APK。它已经不是一个完整意义上的 APK 程序了，它的主要工作是负责从加密后的 dex 解密出源 Apk dex，然后加载 APK，让其正常运行起来。加固流程如图 5-4 所示。

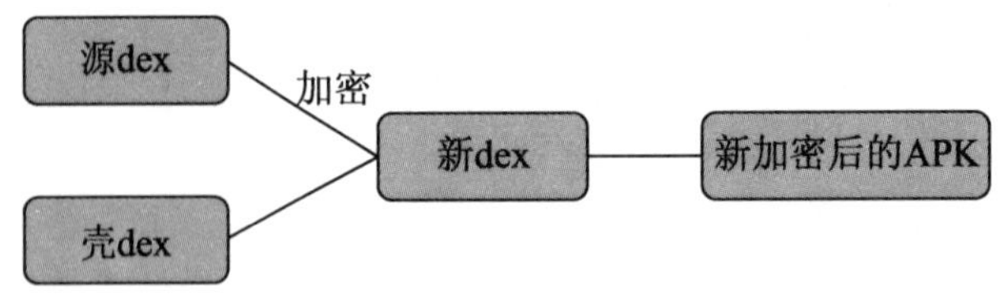

图 5-4　加固流程

加壳和脱壳的特点总结如下。

1．加壳程序

任务：对源程序 APK 进行加密，合并脱壳程序的 dex 文件，然后输入一个加壳之后的 dex 文件。

语言：任何语言都可以，不限于 Java 语言。

技术点：对 dex 文件格式的解析。

2．脱壳程序

任务：获取源程序 APK，进行解密，然后动态加载进来，运行程序。

语言：Android 项目（Java）。

技术点：如何从 APK 中获取 Dex 文件，动态加载 APK，使用反射运行 Application。

Android 中的 APK 反编译可能是每个开发者都要经历的事。但是在反编译的过程中，对于源程序的开发者来说是不公平的，因此 APK 加固应运而生。但是即使这样，也做不到那么安全，所以逆向和加固是一个持久的对立过程。

在了解加固的过程中，熟悉 dex 文件的头文件结构信息很重要。这里附带提供一下 dex 头文件结构信息，主要包括校验及其他结构的偏移地址和长度信息，见表 5-4。

表 5-4　dex头文件结构信息

字 段 名 称	偏　移　值	长　　度	描　　述
magic	0x0	8	'Magic'值，即魔数字段，格式如“dex/n035/0”，其中的035表示结构的版本
checksum	0x8	4	校验码
signature	0xC	20	SHA-1签名
file_size	0x20	4	Dex文件的总长度
header_size	0x24	4	文件头长度，009版本=0x5C，035版本=0x70
endian_tag	0x28	4	标识字节顺序的常量，根据这个常量可以判断文件是否交换了字节顺序，默认情况下=0x78563412
link_size	0x2C	4	连接段的大小，如果为0则表示静态连接
link_off	0x30	4	连接段的开始位置，从本文件头开始算起，如果连接段的大小为0，这里也是0
map_off	0x34	4	map数据基地址
string_ids_size	0x38	4	字符串列表的字符串个数
string_ids_off	0x3C	4	字符串列表的基地址
type_ids_size	0x40	4	类型列表里的类型个数
type_ids_off	0x44	4	类型列表的基地址
proto_ids_size	0x48	4	原型列表里的原型个数
proto_ids_off	0x4C	4	原型列表的基地址
field_ids_size	0x50	4	字段列表里的字段个数
field_ids_off	0x54	4	字段列表的基地址
method_ids_size	0x58	4	方法列表里的方法个数

（续）

字段名称	偏　移　值	长　　度	描　　述
method_ids_off	0x5C	4	方法列表的基地址
class_defs_size	0x60	4	类定义类表中类的个数
class_defs_off	0x64	4	类定义列表的基地址
data_size	0x68	4	数据段的大小，必须以4字节对齐
data_off	0x6C	4	数据段基地址

这些应用加固的流程可以使用第三方加固平台，方便、快速且安全，加固完后应用需要重新签名。

5.3　Android 数据加密与签名

Android 在传输和存储、读取、共享的时候，如果数据没有经过严格的加密处理，会导致数据信息的泄漏，轻而易举地被破解和获取。所以建议进行数据传输和存储时不要进行明文传输或存储。同时应用一定要进行签名，签名也是应用增加安全级别的一种方式，目前 Google 在 Android 7.0 后已经将签名策略升级为 V2 版本。接下来就介绍 Android 数据加密处理和签名的相关知识。

5.3.1　Android 数据加密

开发应用时一般会涉及敏感数据存储及接口数据的传输，例如 token、身份证、用户名和密码等。这些信息如果明文存储在本地是非常危险的，手机被 Root 之后无论你存储在什么地方都会被看到。如果在传输或者存储过程中进行了加密处理，那么信息将会变得更加安全，不易被破解、泄漏。

常见的安全级别比较高、性能比较好的公开数据加密算法有 AES 和 3DES，它们属于对称加密算法，即加密和解密的密钥相同；RSA 为非对称加密算法，即公钥和私钥不同。当然，基于这几种加密算法进行组合或者改进等都是可以的，使其变得更加定制化和安全，同时建议可以针对一些数据进行 Base64 编码后加密，这样更安全，传输和存储时也不易出现乱码等问题。如果进行数据完整性校验或者是否被篡改校验，推荐使用 MD5 消息摘要算法。下面简单介绍一下几种加密算法。

- AES 加密算法：高级加密标准（Advanced Encryption Standard，AES），在密码学中又称为 Rijndael 加密法，是美国联邦政府采用的一种区块加密标准。这个标准用来替代原先的 DES，已经被多方分析且为全世界所使用。AES 算法基于排列和置换运算。排列是对数据重新进行安排，置换是将一个数据单元替换为另一个。AES

使用几种不同的方法来执行排列和置换运算，是对称加密算法，加解密使用的密钥相同。它可以使用 128、192 和 256 位密钥，并且用 128 位（16 字节）分组加密和解密数据。迭代加密使用一个循环结构，在该循环中重复置换和替换输入数据。也就是通过多轮运算和替换，形成加密数据。AES 相对于 DES 和 3DES 具有运算速度快、安全性高、资源消耗低等特点，所以性价比和安全级别非常高。

- 3DES 加密算法：也称为 Triple DES，也是对称加密算法，是三重数据加密算法（TDEA，Triple Data Encryption Algorithm）块密码的通称。它相当于对每个数据块应用三次 DES 加密算法。由于计算机运算能力的增强，原版 DES 密码的密钥长度变得容易被暴力破解，3DES 即是用来提供一种相对简单的方法，通过增加 DES 的密钥长度来避免类似的攻击，而不是设计一种全新的块密码算法。它使用两条不同的 56 位密钥对数据进行三次加密。3DES 是 DES 向 AES 过渡的加密算法，是可以逆推的一种算法方案。但由于 3DES 的算法是公开的，所以算法本身没有密钥可言，主要依靠唯一的密钥来确保数据加解密的安全。到目前为止，仍没有人能破解 3DES。3DES 相对于 AES 和 DES，具有运算速度比较慢、安全性高于 DES 但低于 AES、资源消耗比较高等特点。3DES 密钥长度一般为 112 位或 168 位。
- RSA 加密算法：非对称加密算法，在公开密钥加密和电子商业中被广泛使用。对极大整数做因数分解的难度决定了 RSA 算法的可靠性。换言之，对一极大整数做因数分解愈困难，RSA 算法愈可靠。1983 年麻省理工学院在美国为 RSA 算法申请了专利，这个专利在 2000 年 9 月 21 日失效。由于该算法在申请专利前就已经被发表了，因此在大多数国家和地区这个专利权不被承认。我们再来看一下 RSA 公开密钥的密码体制。所谓的公开密钥密码体制就是使用不同的加密密钥与解密密钥，是一种“由已知加密密钥推导出解密密钥在计算上是不可行的”密码体制。在公开密钥密码体制中，加密密钥（即公开密钥）PK 是公开信息，而解密密钥（即秘密密钥）SK 是需要保密的。加密算法 E 和解密算法 D 也都是公开的。虽然解密密钥 SK 是由公开密钥 PK 决定的，但是由于无法计算出大数 n 的欧拉函数 phi(N)，所以不能根据 PK 计算出 SK。正是基于这种理论，1977 年麻省理工学院的 Ron Rivest、Adi Shamir 和 Leonard Adleman 这 3 人提出了著名的 RSA 算法，它通常是先生成一对 RSA 密钥，其中之一是保密密钥，由用户保存；另一个为公开密钥，可对外公开，甚至可在网络服务器中注册。为提高保密强度，RSA 密钥至少为 500 位长，一般推荐使用 1024 位，这就使加密的计算量很大。为减少计算量，在传送信息时，常采用传统加密方法与公开密钥加密方法相结合的方式，即信息采用改进的 DES 或 IDEA 密钥加密，然后使用 RSA 密钥加密对话密钥和信息摘要。对方收到信息后，用不同的密钥解密并可核对信息摘要。RSA 算法是第一个能同时用于加密和数字签名的算法，也易于理解和操作，是被研究得最广泛的公钥算法，从提出到现今的几十年里经历了各种攻击的考验，逐渐为人们所接受，截至 2017 年被普遍认为是最优秀的公钥方案之一。RSA 的算法成熟度高、安全性高，密钥长度越长安全级别越高、运算速度比较慢，因此一般用来做数字签名加密方案，文件加密不推荐，因为耗时过长、资源消耗也很高。

- MD5 消息摘要算法（MD5 Message Digest Algorithm）：一种被广泛使用的密码散列函数，可以产生出一个 128 位（16 字节）的散列值（Hash Value），用于确保信息传输完整、一致。MD5 是一种散列算法，散列是信息的提炼，通常其长度要比信息小得多并且为一个固定长度。加密性强的散列一定是不可逆的，这就意味着通过散列结果无法推出任何部分的原始信息。任何输入信息的变化，哪怕仅一位，都将导致散列结果的明显变化，这称之为雪崩效应。散列还应该是防冲突的，即找不出具有相同散列结果的两条信息。具有这些特性的散列结果可以用于验证信息是否被修改。MD5 也是 RSA 数据安全公司开发的一种单向散列算法，常用于文件完整性校验及信息是否被篡改。散列算法中还有一个叫作 SHA-1 的散列算法。MD5 的安全性稍微比 SHA-1 低一些，但是运算速度相对要快。
- Base64 编码：并不属于加密算法，只是一个编码方案，按照一个映射编码表进行字符的映射转换，是可逆、公开的。Base64 是网络上最常见的用于传输 8Bit 字节码的编码方式之一；是一种基于 64 个可打印字符来表示二进制数据的方法，是从二进制到字符的过程，可用于在 HTTP 环境下传递较长的标识信息。使用 Base64 编码可以防止数据传输中出现乱码等安全问题。

接下来介绍一些加密过程中推荐使用的算法和策略。

1. 数据传输加密

前面提到过一些常见的风险漏洞，其中之一就是数据传输风险。当使用接口获取和提交数据时，数据传输应加密传输，并使用 HTTPS 进行安全数据传输。所以在数据传输中建议使用 HTTPS 安全协议传输，这样数据在传输中是进行了协议加密保护的，在抓包后得到的数据也是加密的，会更加安全。同时，对于传输的敏感数据也要对数据本身做一次加密处理，并且进行 Base64 编码传输，这样会避免出现乱码和数据丢失问题，并大大提高数据的安全性。加密算法推荐使用 AES 加密，Base64 编码。

2. 数据存储加密

在实际开发中，经常用到 SQLite 数据库、SharedPreferences、Log 日志、图片和文件等进行数据存储和缓存，但是对于敏感数据，如果进行直接明文存储的话，数据信息会变得极不安全。所以建议敏感数据存储到内部存储并进行加密处理，防止敏感数据被泄漏和破解。例如存储的 SQLite 数据库的重要数据可以采用加密后的字符进行存储，防止被非法获取和使用，并且加解密密钥不要硬编码进项目里，可以采用服务器存储或者项目里二次加密隐藏存储等方式。一般文件的加密，推荐使用 AES 加密算法，完整性校验使用 MD5 消息摘要算法，也可以将 AES 和 DES、3DES、RSA 等算法组合增大安全级别，不过所耗费的加解密时间和性能也要考虑进去，越复杂，消耗的时间和资源就越大，可以权衡考虑，一般使用 AES 加密算法即可。建议不要使用 AES 加密的 ECB 模式，显式指定 AES 加密算法为 CBC 或 CFB 模式，可带上 PKCS5Padding 填充。AES 密钥长度最少是 128 位，推荐使用 256 位。

在开发中不是太重要的数据用一种加密方式就可以了。比较重要的数据建议用多种加密方式相结合的方式，例如 AES+3DES 或 RSA+AES 加密等。需要权衡加解密时间和效率、资源消耗的问题。一般，RSA 加密速度比较慢，不适合做大文件加密。AES 配合 RSA 加密，其主要思想就是在服务端生成公钥和私钥，并提供接口将公钥给客户端，客户端生成 AES 秘钥，并用 AES 秘钥对大量数据进行加密（解决 RSA 加解密速度慢的问题），然后用调用接口拿到的 RSA 公钥对自己生成 AES 秘钥进行加密，客户端将得到的秘钥和通过 AES 加密的数据发送给服务器（秘钥可以放在请求头中，数据放在请求体中，这个随意）。服务端拿到秘钥和数据后，用私钥加密得到 AES 秘钥，再通过秘钥得到发送的数据就可以了。具体策略方案可以按照实际情况设计。

5.3.2　Android 签名

在日常生活中，签名通常被作为个人身份的凭证。当一份文件上有某个人的签名时，便相信此份文件确实由此人审阅过了。与之类似，在数字安全领域中，数字签名也起着类似的作用。数字签名是非对称密钥加密技术与数字摘要技术的结合。APK 就是通过这种数字签名技术保证 APK 的安全。Android 的签名机制也是利用消息摘要算法进行唯一和完整性校验，防止被篡改。

Android 系统在安装 APK 的时候，首先会检验 APK 的签名，如果发现签名文件不存在或者校验签名失败，则会拒绝安装，所以应用程序在发布之前一定要进行签名。给 APK 签名可以带来以下好处：

- 应用程序升级：如果希望用户无缝升级到新版本，那么必须用同一个证书进行签名。因为只有以同一个证书签名，系统才会允许安装升级的应用程序。如果采用了不同的证书，那么系统会要求应用程序采用不同的包名称，在这种情况下相当于安装了一个全新的应用程序。如果想升级应用程序，签名证书要相同，包名称也要相同。
- 应用程序模块化：Android 系统可以允许同一个证书签名的多个应用程序在一个进程里运行，系统实际上把它们作为一个单一的应用程序，此时就可以把应用程序以模块的方式进行部署，而用户可以独立地升级其中的一个模块。
- 代码或者数据共享：Android 提供了基于签名的权限机制，因此一个应用程序可以为另一个以相同证书签名的应用程序公开自己的功能。以同一个证书对多个应用程序进行签名，利用基于签名的权限检查，使开发者可以在应用程序间以安全的方式共享代码和数据。

签名信息中包含开发者信息，在一定程度上可以防止应用被伪造。所以一旦给 APK 签名并上线，签名文件和密码别名等一定要记住，不能丢失。

先看一下 Google 给出的 APK 打包流程图，如图 5-5 所示。

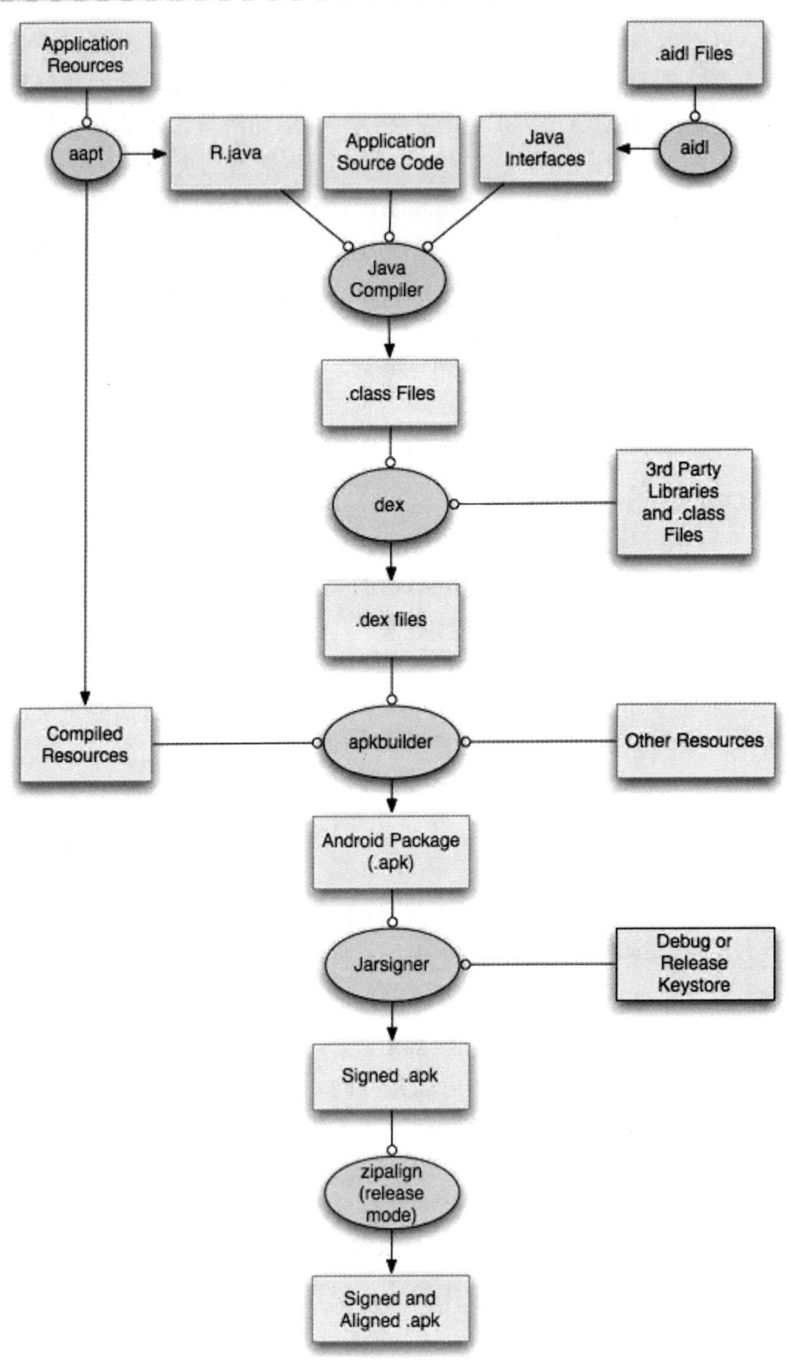

图 5-5　APK 打包流程

可以看出，APK 的签名在最后一步。再看一下签名和验证签名的原理图，如图 5-6 所示。

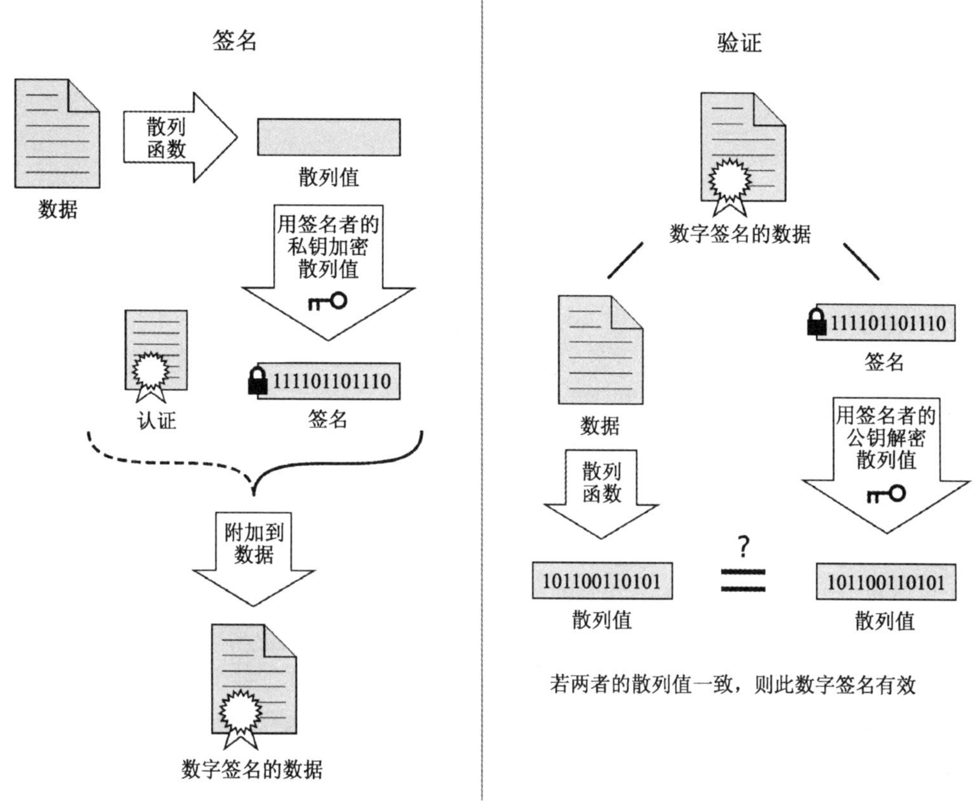

图 5-6　APK 签名和验证签名的原理图

Android 最早采用 APK Signature Scheme V1 签名方案，在 Android 7.0 中引入了新的应用签名方案 APK Signature Scheme V2，更加安全。APK Signature Scheme V2 是基于 APK 二进制文件的，即签名和安装校验都是基于 APK 二进制文件，只要二进制文件发生改变，就认为 APK 也被修改了。

APK Signature Scheme V2 签名前后 APK 文件内容如图 5-7 所示。

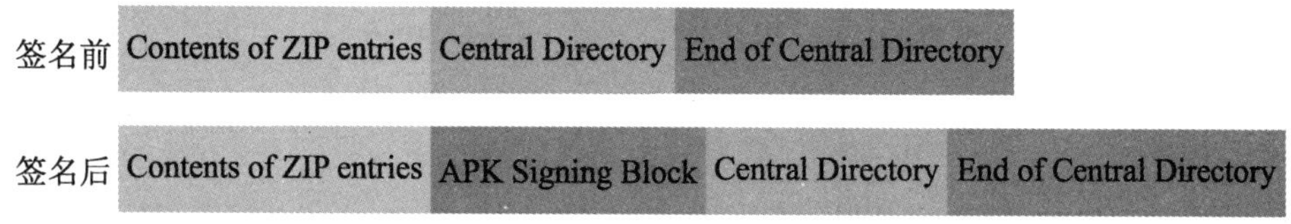

图 5-7　签名前后 APK 文件内容对比

APK 的签名主要有两种方式，一种是 jarsigner，另一种就是 apksigner。APK Signature Scheme V2 签名方式就是采用了 apksigner 方式。对一个 APK 文件签名之后，APK 文件根目录下会增加 META-INF 目录，在该目录下会增加 3 个文件：MANIFEST.MF、CERT.SF 和 CERT.RSA。

MANIFEST.MF 文件中包含了 APK 压缩后所有文件对应的摘要信息，即 SHA1 校验值的 Base64 编码，每个文件路径和对应的摘要信息都会被列举出来，一个文件对应一条记录，格式如下：

```
Name: lib/armeabi/libNativeCrashCollect.so
SHA-256-Digest: VAlz6QwJBoJ1mFMJTuzeA9sZ6m8e1QNGvE/KJ6iSa2c=

Name: res/drawable/upgrade_progress.xml
SHA-256-Digest: GGArxKNKxUIsTCFsjmcGbOvrXLn8l9VfUfha2M9Znho=
```

CERT.SF 文件里保存了 MANIFEST.MF 文件的 SHA1 校验值的 Base64 编码，同时还保存了 MANIFEST.MF 文件中每一条记录的 SHA1 检验值的 Base64 编码，格式如下：

```
SHA1-Digest-Manifest: ZRhh1HuaoEKMn6o21W1as0sMlaU=
Name: res/anim/abc_fade_in.xml
SHA1-Digest: wE1QEZhFkLBWMw4TRtxPdsiMRtA=
Name: res/anim/abc_fade_out.xml
SHA1-Digest: MfCV1efdxSKtesRMF81I08Zyvvo=
```

CERT.RSA 文件中包含了签名的公钥、签名所有者等信息。

由于 APK Signature Scheme V2 是在 Android 7.0（Nougat）中引入的，为了使 APK 可在 Android 6.0（Marshmallow）及更低版本的设备上安装，应先使用 JAR 签名功能对 APK 进行签名，然后再使用 APK Signature Scheme V2 方案对其进行签名。在 Android Studio 的 Gradle Plugin 2.2 及之上版本的插件中，默认是开启 APK Signature Scheme V2 签名方案的，开发者可以自定义开或关，格式如下：

```
signConfig {
    v1SigningEnabled false
    v2SigningEnabled false
}
```

目前在新版的 Android Studio 中基本都用 apksigner，速度更快，并且 APK Signature Scheme V2 签名方案更加安全。APK Signature Scheme V1 签名方案存在 APK 被二次签名打包的风险漏洞，所以推荐使用 APK Signature Scheme V2 签名方案。

5.4　Android 开发规范

前面小节中讲解了很多安全风险和漏洞的问题及解决策略。其实不规范的编码规则和开发习惯也会为应用引入风险和漏洞，所以了解和学习并且遵守开发规范对应用安全和开发效率来说也非常重要，好的开发规范可以达到事半功倍的效果。遵守开发规范有利于项目维护、增强代码可读性、提升效率及规范团队开发。推荐读者看看《阿里巴巴 Android 开发手册》和《阿里巴巴 Java 开发手册》，里面有阿里巴巴移动开发团队经过不断探索和优化及经验积累汇总而成的一套完善的开发规范，可以指导工程师开发出体验好、性能优、稳定性佳、安全性高的 App。

1. 开发工具规范

- 尽量使用最新的稳定版 IDE 进行开发；
- 编码格式统一为 UTF-8；
- 编辑完.java 和.xml 等文件后一定要格式化；
- 删除多余的 import，减少警告出现，可利用 Android Studio 的 Optimize Imports（Settings | Keymap | Optimize Imports）快捷键。

2. 命名规范

代码中的命名建议使用英文或拼音形式，要正确拼写或使用简称，可以根据实际情况和长度要求来选择用英文还是拼音或简称命名。正确的命名拼写和语法可以让阅读者易于理解，避免歧义。

Android 项目大致的目录结构如图 5-8 所示。

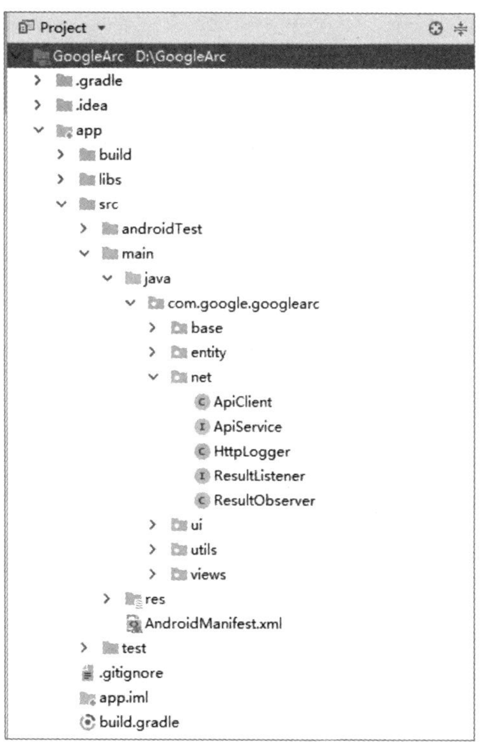

图 5-8 Android 项目目录结构

项目唯一的包名全部采用小写字母，建议采用三级命名规则，如 com.google.kotlin，不使用下划线，采用反域名命名规则，第三级为项目名称，其余项目内的功能层级分包，放在第四级。关于包名的划分，推荐采用 PBF（Package By Feature，按功能分包）方式划分，按照相关联的类和功能放在一个包内，包内的类是高内聚，包与包之间还是低耦合关系。

下面给出 Google 的 todo-mvp 示例项目的分包目录结构，仅供参考。不推荐这样做，因为层级太多，建议主路径采用三级目录，包放在第四层级。

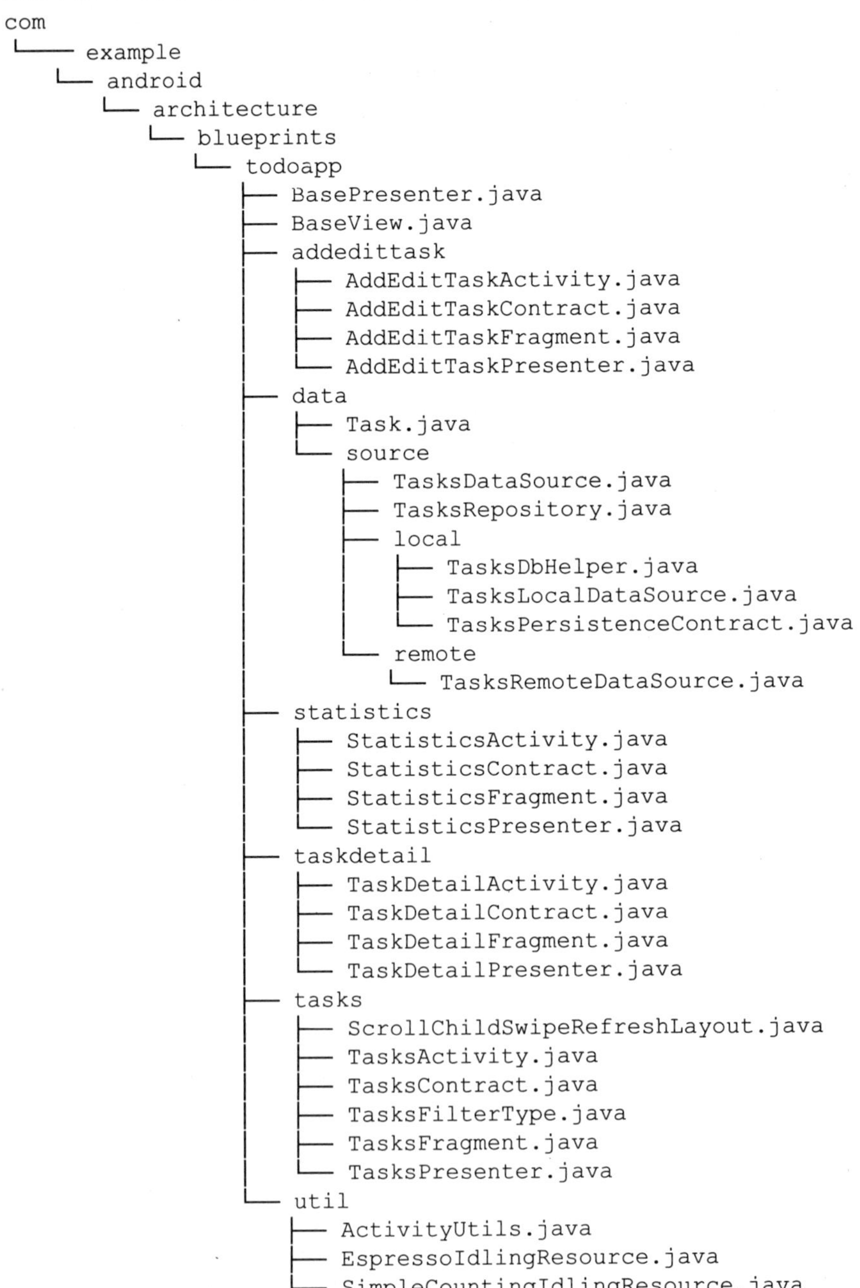

```
com
└── example
    └── android
        └── architecture
            └── blueprints
                └── todoapp
                    ├── BasePresenter.java
                    ├── BaseView.java
                    ├── addedittask
                    │   ├── AddEditTaskActivity.java
                    │   ├── AddEditTaskContract.java
                    │   ├── AddEditTaskFragment.java
                    │   └── AddEditTaskPresenter.java
                    ├── data
                    │   ├── Task.java
                    │   └── source
                    │       ├── TasksDataSource.java
                    │       ├── TasksRepository.java
                    │       ├── local
                    │       │   ├── TasksDbHelper.java
                    │       │   ├── TasksLocalDataSource.java
                    │       │   └── TasksPersistenceContract.java
                    │       └── remote
                    │           └── TasksRemoteDataSource.java
                    ├── statistics
                    │   ├── StatisticsActivity.java
                    │   ├── StatisticsContract.java
                    │   ├── StatisticsFragment.java
                    │   └── StatisticsPresenter.java
                    ├── taskdetail
                    │   ├── TaskDetailActivity.java
                    │   ├── TaskDetailContract.java
                    │   ├── TaskDetailFragment.java
                    │   └── TaskDetailPresenter.java
                    ├── tasks
                    │   ├── ScrollChildSwipeRefreshLayout.java
                    │   ├── TasksActivity.java
                    │   ├── TasksContract.java
                    │   ├── TasksFilterType.java
                    │   ├── TasksFragment.java
                    │   └── TasksPresenter.java
                    └── util
                        ├── ActivityUtils.java
                        ├── EspressoIdlingResource.java
                        └── SimpleCountingIdlingResource.java
```

类名建议采用 UpperCamelCase 风格编写，即大驼峰命名法，如表 5-5 所示。

表 5-5　类描述与举例

类	描　述	例　子
Activity类	一般以Activity为后缀	详情页类DetailActivity
Adapter类	一般以Adapter为后缀	列表适配器ListAdapter
Service类	一般以Service为后缀	下载服务DownloadService
ContentProvider类	一般以Provider为后缀	文件共享类FileProvider
Utils类	一般以Utils为后缀	日志工具类LogUtils
自定义View类	一般以View为后缀	加载中布局LoadingView
BroadCastReceiver类	一般以Receiver为后缀	推送接收器PushReceiver
基础类	一般以Base开头	如BaseActivity、BaseFragment
测试Test类	以Test为后缀结尾	列表测试用例ListTest

方法名一般都以 lowerCamelCase 风格编写，如 initView()、getData()、setList()、isValidate()和 resetPlay()等。

常量名命名模式一般为 XXX_XXX，字母全部大写，中间用下划线分隔单词。一般情况下，常量使用 static final 作为修饰符，不可修改；变量命名采用 lowerCamelCase 风格编写，如 arrayList、studentList 等。

控件命名一般采用控件类型缩写，如 TextView 可以写成 tv_XXX，EditText 可以写成 et_XXX，Button 可以写成 btn_XXX 等形式，可以让人一眼就知道这个是什么类型的控件。布局类名可以这样命名，如 LinearLayout 可以写成 ll_XXX，RelativeLayout 可以写成 rl_XXX 等。

参数名以 lowerCamelCase 风格编写，参数应该避免用单个字符命名。

临时变量通常被取名为 i、j、k、m 和 n，它们一般用于整型；c、d、e 一般用于字符型，如 for (int i = 0; i < len; i++)。

类型变量可用以下两种风格之一进行命名：

- 单个大写字母，后面可以跟一个数字，如 E、T、X、T2；
- 以类命名方式，后面加个大写的 T，如 RequestT、FooBarT。

3. 代码样式规范

左大括号不单独占一行，与其前面的代码位于同一行，代码如下：

```
class MyClass {
    int func() {
        if (something) {
            // ...
        } else if (somethingElse) {
            // ...
        } else {
```

```
            // ...
        }
    }
}
```

如果有条件语句，建议在周围添加大括号：

```
if (condition) {
    body();
}
```

在可行的情况下，尽量编写短小精炼的方法。一般代码越少，所占体积一般也越小，计算消耗的时间复杂度一般也越小。

如果类继承于 Android 组件（如 Activity 或 Fragment），那么把重写函数按照它们的生命周期进行排序是一个非常好的习惯。例如，Activity 实现了 onCreate()、onDestroy()、onPause()和 onResume()，其正确排序如下：

```
public class MainActivity extends Activity {
    //Order matches Activity lifecycle
    @Override
    public void onCreate() {}

    @Override
    public void onResume() {}

    @Override
    public void onPause() {}

    @Override
    public void onDestroy() {}
}
```

在方法的参数排序中，最好把 Context 作为第一个参数，如果有回调接口，则把回调接口作为最后一个参数。例如：

```
// Context always goes first
public User loadUser(Context context, int userId);

// Callbacks always go last
public void loadUserAsync(Context context, int userId, UserCallback
callback);
```

代码中每一行文本的长度都不应该超过 100 个字符。虽然关于此规则存在很多争论，但最终决定仍然是以 100 个字符为上限，如果行宽超过了 100（Android Studio 窗口右侧的竖线就是设置的行宽末尾 ），通常有两种方法来缩减行宽。

- 提取一个局部变量或方法（推荐）；
- 使用换行符将一行换成多行。

除赋值操作符之外，把换行符放在操作符之前，例如：

```
int longName = anotherVeryLongVariable + anEvenLongerOne - thisRidiculousLongOne
        + theFinalOne;
```

赋值操作符的换行放在其后，例如：

```
int longName =
        anotherVeryLongVariable + anEvenLongerOne - thisRidiculousLongOne
+ theFinalOne;
```

当同一行中调用多个函数时（比如使用构建器时），对每个函数的调用应该在新的一行中，把换行符插入在“.”之前，例如：

```
Picasso.with(context)
        .load("https://blankj.com/images/avatar.jpg")
        .into(ivAvatar);
```

当一个方法有很多参数或者参数很长的时候，应该在每个“,”后面进行换行，例如：

```
loadPicture(context,
        "https://blankj.com/images/avatar.jpg",
        ivAvatar,
        "Avatar of the user",
        clickListener);
```

4．资源文件规范

资源文件命名为全部小写，采用下划线命名法。如果是组件化开发，可以在组件和公共模块间创建一个 ui 模块来专门存放资源文件，然后让每个组件都依赖 ui 模块。这样做的好处是，如果老项目要实现组件化的话，只需要把资源文件都放入 ui 模块即可，而且还避免了多个模块间资源不能复用的问题。

如果是第三方库开发，其使用到的资源文件及相关的 name 都应该使用库名作为前缀，这样做可以避免第三方库资源和实际应用资源重名的冲突。

一般情况下，把.9.png 类型的图片放置在/res/drawable 文件夹下。资源图片命名格式推荐为类型{_模块名}_逻辑名称、类型{_模块名}_颜色，模块名可以选择写或不写，如 btn_login.png、btn_back.png 和 bg_blue.png 等。XML 形式的命名规则类似，如 btn_xx_normal.xml、btn_xx_pressed.xml 和 btn_xx_selector.xml；布局 layout 的命名规则类似，如 activity_main.xml、fragment_main.xml、item_list.xml、layout_inputview.xml 和 dialog_loading.xml 等。

对于 dimens.xml 资源文件命名，推荐如下：

```
<resources>

    <!-- font sizes -->
    <dimen name="font_22">22sp</dimen>
    <dimen name="font_18">18sp</dimen>
    <dimen name="font_15">15sp</dimen>
    <dimen name="font_12">12sp</dimen>

    <!-- typical spacing between two views -->
    <dimen name="spacing_40">40dp</dimen>
    <dimen name="spacing_24">24dp</dimen>
    <dimen name="spacing_14">14dp</dimen>
    <dimen name="spacing_10">10dp</dimen>
    <dimen name="spacing_4">4dp</dimen>
```

```
    <!-- typical sizes of views -->
    <dimen name="button_height_60">60dp</dimen>
    <dimen name="button_height_40">40dp</dimen>
    <dimen name="button_height_32">32dp</dimen>

</resources>
```

5. 版本统一规范

Android 开发存在着众多不同的版本，比如 compileSdkVersion、minSdkVersion、targetSdkVersion 及项目中依赖第三方库的版本。不同的 module 及不同的开发人员都有不同的版本，所以需要一个统一版本规范的文件。这里建议把所有版本号统一放在一个配置文件中，可以命名为 config.gradle，然后使项目 app 目录下的 build.gradle 配置文件里涉及的版本号都引用这个配置文件里的版本号即可。例如：

```
ext {
    // 用于编译的 SDK 版本
    COMPILE_SDK_VERSION = 28

    // 用于 Gradle 编译项目的工具版本
    BUILD_TOOLS_VERSION = "28.0.0"

    // 最低支持 Android 版本
    MIN_SDK_VERSION = 18

    // 目标版本
    TARGET_SDK_VERSION = 28

    // 设置是否使用混淆
    MINIFY_ENABLED = true
    MINIFY_DISABLED = false

    //版本信息
    VERSION_CODE = 2
    VERSION_NAME = '1.0.2'

    // 应用程序包名
    APPLICATION_ID = 'com.google.arc

    // Version of "com.android.support:appcompat-v7", refer it as folow:
    //  compile "com.android.support:appcompat-v7:${APPCOMPAT_VERSION}"
    APPCOMPAT_VERSION = '28.0.0'

}
```

如果是开发多个系统级别的应用，当多个应用同时用到相同的 So 库时，一定要确保 So 库的版本一致，否则可能会引发应用崩溃。共同开发时应该定时更新、上传及合并代码，以保持代码的最新及一致性。

6. 第三方库规范

在 Android 开发中，一般会使用一些比较稳定且大公司开源的框架或库。对开源库的选取，一般需要选择比较稳定的版本及开发者在维护的项目，要考虑开发者对项目问题的解决效率，以及开发者的知名度等各方面。选取之后，一定的封装是必要的。如果有必要，建议使用开源库比较新的稳定版本，如 Retrofit、OkHttp、RxJava、RxAndroid、Glide 和 Gson 等。

7. 注释规范

一般情况下，为了便于自己和团队的其他人员查看和熟悉代码及功能，建议在每个类或者方法名等前面加上必要的注释。

每个类完成后应该有作者姓名和联系方式的注释，对自己的代码负责。

```
/**
 *
 *     author : Blankj
 *     e-mail : xxx@xx
 *     time   : 2018/12/27
 *     desc   : xxxx 描述
 *     version: 1.0
 *
 */
public class MainActivity {
    ...
}
```

全局自动生成这样的署名注释可以在 Android Studio 中自己配制，选择 Settings | Editor | File and Code Templates | Includes | File Header 命令，然后在弹出的编辑窗口中输入如下代码：

```
/**
 * <pre>
 *     author : ${USER}
 *     e-mail : xxx@xx
 *     time   : ${YEAR}/${MONTH}/${DAY}
 *     desc   :
 *     version: 1.0
 * </pre>
 */
```

这样便可在每次新建类的时候自动加上该头注释。

方法注释，即每一个成员方法（包括自定义成员方法、覆盖方法、属性方法）的方法头都必须做方法头注释，在方法前一行输入/**并回车或者设置 Fix doc comment（Settings | Keymap | Fix doc comment）快捷键，Android Studio 便会帮你生成模板，开发人员只需要补全参数即可，例如：

```
/**
 * bitmap 转 byteArr
```

```
 *
 * @param bitmap bitmap 对象
 * @param format 格式
 * @return 字节数组
 */
public static byte[] bitmap2Bytes(Bitmap bitmap, CompressFormat format) {
    if (bitmap == null) return null;
    ByteArrayOutputStream baos = new ByteArrayOutputStream();
    bitmap.compress(format, 100, baos);
    return baos.toByteArray();
}
```

还有一些常用的注释模板，只需要直接使用即可。在代码中输入 todo 和 fixme 等这些注释模板，回车后便会出现如下注释：

```
// TODO: 18/12/27 需要实现，但目前还未实现的功能说明
// FIXME: 18/12/27 需要修正，甚至代码是错误的，不能工作，需要修复的说明
```

8．测试规范

测试类的名称应该是所测试类的名称加 Test 结尾，如创建 DatabaseHelper 的测试类，其名应该为 DatabaseHelperTest。

测试函数被@Test 所注解，函数名通常以被测试的方法为前缀，后面跟随的是前提条件和预期的结果，如 void signInWithEmptyEmailFails()。有时一个类可能包含大量的方法，同时需要对每个方法进行几次测试。在这种情况下，建议将测试类分成多个类。

测试时要选择合适的测试框架，如默认的 Espresso、Robotium、MonkeyRunner 和 UIAutomator 等。其中，Espresso 框架中的每个 Espresso 测试通常是针对 Activity，所以其测试名就是其被测的 Activity 名称加 Test，如 SignInActivityTest。

9．其他技术规范（重点）

- 大分辨率图片（单维度超过 1000）建议统一放在 xxhdpi 目录下管理，否则将导致占用内存成倍增加。为了支持多种屏幕尺寸和密度，Android 为多种屏幕提供了不同的资源目录进行适配，为不同屏幕密度提供不同的位图可绘制对象，可用于密度特定资源的配置限定符（在下面详述），包括 ldpi（低）、mdpi（中）、hdpi（高）、xhdpi（超高）、xxhdpi（超超高）和 xxxhdpi（超超超高）。例如，高密度屏幕的位图应使用 drawable-hdpi/。根据当前的设备屏幕尺寸和密度，寻找最匹配的资源，如果将高分辨率图片放入低密度目录下，将会造成低端机加载过大图片资源，有可能造成内存溢出，同时也浪费资源。
- Activity 间的数据通信对于数据量比较大时，避免使用 Intent+Parcelable 的方式，可以考虑 EventBus 等替代方案，以免造成 TransactionTooLargeException。
- 持久化存储应该在 Activity#onPause()/onStop()中实行。

Activity 间通过隐式 Intent 的跳转，在发出 Intent 之前必须通过 resolveActivity 检查，避免找不到合适的调用组件，造成 ActivityNotFoundException 异常。下面的代码就是正确

的隐式意图的使用示例。

```
public void viewUrl(String url, String mimeType) {
      Intent intent = new Intent(Intent.ACTION_VIEW);
      intent.setDataAndType(Uri.parse(url), mimeType);
      if  (getPackageManager().resolveActivity(intent,  PackageManager.
MATCH_DEFAULT_ONLY) != null) {
         try {
            startActivity(intent);
         } catch (ActivityNotFoundException e) {
            if (Config.LOGD) {
               Log.d(LOGTAG, "activity not found for " + mimeType + " over " +
                     Uri.parse(url).getScheme(), e);
            }
         }
      }
   }
```

- 避免在 Service#onStartCommand()/onBind()方法中执行耗时操作，如果确实有需求，应该用 IntentService 或采用其他异步机制完成。
- 避免在 BroadcastReceiver#onReceive()中执行耗时操作，如果有耗时工作，应该创建 IntentService 去完成，而不应该在 BroadcastReceiver 内创建子线程去做。
- 避免使用隐式 Intent 广播敏感信息，信息可能被其他注册了对应 BroadcastReceiver 的 App 接收。
- 添加 Fragment 时，确保 FragmentTransaction#commit()在 Activity#onPostResume()或者 FragmentActivity#onResumeFragments()内调用。不要随意使用 FragmentTransaction#commitAllowingStateLoss()来代替，任何 commitAllowingStateLoss()的使用必须经过代码审查，确保无负面影响。
- Activity 可能因为各种原因被销毁，Android 支持页面被销毁前通过 Activity#onSaveInstanceState()保存自己的状态。但如果 FragmentTransaction.commit()发生在 Activity 状态保存之后，就会导致 Activity 重建、恢复状态时无法还原页面状态，从而可能出错。为了避免给用户造成不好的体验，系统会抛出 IllegalStateExceptionStateLoss 异常。推荐的做法是在 Activity 的 onPostResume()或 onResumeFragments()（对 FragmentActivity）里执行 FragmentTransaction.commit()，如有必要，也可在 onCreate()里执行。不要随意改用 FragmentTransaction.commitAllowingStateLoss()或者直接使用 try-catch 避免 crash，这不是解决问题的根本之道，当且仅当你确认 Activity 重建、恢复状态时，本次 commit 丢失不会造成影响时才可这么做。
- 不要在 Activity#onDestroy()内执行释放资源的工作，例如一些工作线程的销毁和停止，因为 onDestroy()执行的时机可能较晚。可根据实际需要，在 Activity#onPause()/onStop()中结合 isFinishing()的判断来执行。
- 如非必须，避免使用嵌套的 Fragment。
- 总是使用显式 Intent 启动或者绑定 Service，并且不要为服务声明 Intent Filter，保证应用的安全性。如果确实需要使用隐式调用，则可为 Service 提供 Intent Filter 并从 Intent 中排除相应的组件名称，但必须搭配使用 Intent#setPackage()方法设置 Intent 的指定包名，这样可以充分消除目标服务的不确定性。

- Service 需要以多线程来并发处理多个启动请求，建议使用 IntentService，可避免各种复杂的设置。
- 对于只用于应用内的广播，优先使用 LocalBroadcastManager 进行注册和发送，因为 LocalBroadcastManager 的安全性更好，同时拥有更高的运行效率。
- 当前 Activity 的 onPause 方法执行结束后才会执行下一个 Activity 的 onCreate 方法，所以在 onPause 方法中不适合做耗时较长的工作，这会影响页面之间的跳转效率。
- 不要在 Android 的 Application 对象中缓存数据。基础组件之间的数据共享请使用 Intent 等机制，也可使用 SharedPreferences 等数据持久化机制。
- 使用 Toast 时，建议定义一个全局的 Toast 对象，这样可以避免连续显示 Toast 时不能取消上一次 Toast 消息的情况（如果有连续弹出 Toast 的情况，避免使用 Toast.makeText）。
- 使用 Adapter 的时候，如果使用了 ViewHolder 作为缓存，在 getView()的方法中无论这项 convertView 的每个子控件是否需要设置属性(比如某个 TextView 设置的文本可能为 null，某个按钮的背景色为透明，某控件的颜色为透明等），都需要为其显式设置属性(Textview 的文本为空也需要设置 setText(""),背景透明也需要设置),否则在滑动的过程中，因为 adapter item 复用的原因，会出现内容显示错乱。
- 布局中不得不使用 ViewGroup 多重嵌套时，不要使用 LinearLayout 嵌套，而改用 RelativeLayout，可以有效降低嵌套数。
- 在 Android 应用页面上，任何一个 View 都需要经过测量、布局、渲染绘制三个步骤才能被正确地渲染。从 xml layout 的顶部节点开始进行测量，每个子节点都需要向自己的父节点提供自己的尺寸来决定展示的位置，在此过程中可能还会重新测量（由此可能导致 measure（测量）的时间消耗为原来的 2～3 倍）。节点所处位置越深，套嵌带来的 measure 越多，计算就会越费时。这就是为什么扁平的 View 结构性能更好的原因。同时，页面上的 View 层级越多，测量、布局和渲染所花费的时间就越久。要缩短这个时间，关键是保持 View 的树形结构尽量扁平，而且要移除所有不需要渲染的 View。理想情况下，测量、布局和渲染的总和时间应该被控制在 16ms 以内，以保证滑动屏幕时 UI 的流畅。要找到那些多余的 View（增加渲染延迟的 View），可以用 Android Studio Monitor 里的 Hierarachy Viewer 工具，可视化地查看所有的 View。
- 在 Activity 中显示对话框或弹出浮层时，尽量使用 DialogFragment，而非 Dialog/AlertDialog，这样便于将对话框或弹出浮层的生命周期与 Activity 生命周期相关联，便于管理。
- 禁止在设计布局时多次设置子 View 和父 View 中为同样的背景而造成页面过度绘

制，推荐将不需要显示的布局进行及时隐藏。

- 灵活使用布局，推荐使用 Merge 和 ViewStub 来优化布局，尽可能减少 UI 布局层级，推荐使用 FrameLayout、LinearLayout 和 RelativeLayout。
- 在需要时刻刷新某一区域的组件时，建议通过以下方式避免引发全局 layout 刷新：
  - 设置固定 View 大小的高宽，如倒计时组件等。
  - 调用 View 的 layout 方式修改位置，如弹幕组件等。
  - 通过修改 canvas 位置并且采用调用 invalidate(int l, int t, int r, int b)等方式限定刷新区域。
  - 通过设置一个是否允许 requestLayout 的变量，然后重写控件的 requestlayout 和 onSizeChanged 方法，判断在控件的大小没有改变的情况下，当进入 requestLayout 的时候直接返回而不调用 super 的 requestLayout 方法。
- 不能在 Activity 没有完全显示时显示 PopupWindow 和 Dialog。
- 尽量不要使用 AnimationDrawable，因为它在初始化的时候就会将所有图片加载到内存中，特别占内存，并且还不能释放，释放之后下次进入再次加载时会报错。
- 不能使用 ScrollView 包裹 ListView、GridView 和 ExpandableListVIew，因为这样会把 ListView 的所有 Item 都加载到内存中，要消耗巨大的内存和 CPU 去绘制布局。
- ScrollView 中嵌套 List 或 RecyclerView 的做法官方明确禁止。除了开发过程中遇到的各种视觉和交互问题，这种做法对性能也有较大损耗。ListView 等 UI 组件自身有垂直滚动功能，因此没有必要再嵌套一层 ScrollView。目前为了有较好的 UI 体验和更贴近 Material Design 的设计，推荐使用 NestedScrollView。
- 不要通过 Intent 在 Android 基础组件之间传递大数据（binder transaction 缓存为 1MB），可能导致 OOM。
- 在 Application 的业务初始化代码中加入进程判断，确保只在自己需要的进程中进行初始化，特别是后台进程中，以减少不必要的业务初始化。代码如下：

```
public class MyApplication extends Application {
 @Override
 public void onCreate() {
 //在所有进程中初始化
 ....
 //仅在主进程中初始化
 if (mainProcess) {
 ...
 }
 //仅在后台进程中初始化
 if (bgProcess) {
 ...
 }
 }
}
```

- 新建线程时，必须通过线程池（AsyncTask、ThreadPoolExecutor 或者其他形式自定义的线程池）提供线程，不允许在应用中自行显式创建线程。

- 使用线程池的好处是减少了在创建和销毁线程上所花的时间及系统资源的开销，解决了资源不足的问题。如果不使用线程池，有可能会造成系统创建大量同类线程而导致消耗完内存或者“过度切换”的问题。另外，创建匿名线程不便于后续的资源使用分析，对性能分析等也会造成困扰。

```
int NUMBER_OF_CORES = Runtime.getRuntime().availableProcessors();
   int KEEP_ALIVE_TIME = 1;
   TimeUnit KEEP_ALIVE_TIME_UNIT = TimeUnit.SECONDS;
   BlockingQueue<Runnable> taskQueue = new LinkedBlockQueue<Runnable>();
   ExecutorService executorService = new ThreadPoolExecutor(NUMBER_OF_
CORES,
         NUMBER_OF_CORES * 2, KEEP_ALIVE_TIME, KEEP_ALIVE_TIME_UNIT,
taskQueue,
         new BackgroundThreadFactory(), new DefaultRejectedExecution
Handler());
   //执行任务
   executorService.execute(new

   Runnnable() {
      ...
   });
```

- 线程池不允许使用 Executors 创建，而是应该通过 ThreadPoolExecutor 的方式创建，这样的处理方式可以更加明确线程池的运行规则，规避出现资源耗尽的风险。
- 不要在非 UI 线程中初始化 ViewStub，否则会返回 null。
- 新建线程时，应定义能识别自己业务的线程名称，便于性能优化和问题排查。
- ThreadPoolExecutor 设置线程存活时间（setKeepAliveTime），确保空闲时线程能被释放。
- 禁止在多进程之间用 SharedPreferences 共享数据，虽然可以（MODE_MULTI_PROCESS），但官方已不推荐。
- 谨慎使用 Android 的多进程，它虽然能够降低主进程的内存压力，但会遇到如下问题：
  - 不能实现完全退出所有 Activity 的功能；
  - 首次进入新启动进程的页面时会有延时现象（有可能黑屏或白屏几秒钟，是白屏还是黑屏和新 Activity 的主题有关）；
  - 应用内多进程时，Application 实例化多次，需要考虑各个模块是否都需要在所有进程中初始化；
  - 多进程间通过 SharedPreferences 共享数据时不稳定。
- 任何时候都不要硬编码文件路径，请使用 Android 文件系统 API 访问。当使用外部存储时，必须检查外部存储的可用性。
- 应用间共享文件时，不要通过放宽文件系统权限的方式去实现，而应使用 FileProvider 实现。

- SharedPreference 中只能存储简单的数据类型（int、boolean、String 等），复杂的数据类型建议使用文件、数据库等其他方式存储。
- SharedPreference 提交数据时，尽量使用 Editor#apply()而非 Editor#commit()。一般来讲，仅当需要确定提交结果并据此有后续操作时才使用 Editor#commit()。SharedPreference 相关修改使用 apply 方法提交时会先写入内存，然后异步写入磁盘，而 commit 方法是直接写入磁盘。如果频繁操作的话，apply 的性能会优于 commit，apply 会将最后修改的内容写入磁盘。如果希望立刻获取存储操作的结果，并据此做相应的其他操作，应当使用 commit。
- 数据库 Cursor 使用完后必须关闭，以免引起内存泄漏。多线程操作写入数据库时，需要使用事务，以免出现同步问题。
- Android 通过 SQLiteOpenHelper 获取数据库 SQLiteDatabase 实例，Helper 中会自动缓存已经打开的 SQLiteDatabase 实例，单个 App 中应使用 SQLiteOpenHelper 的单例模式确保数据库连接唯一。由于 SQLite 自身是数据库级锁，单个数据库操作是保证线程安全的（不能同时写入），transaction 是一次原子操作，因此处于事务中的操作是线程安全的。若同时打开了多个数据库连接并通过多线程写入数据库，则会导致数据库异常，提示数据库已被锁住。
- 大数据写入数据库时，请使用事务或其他能够提高 I/O 效率的机制，以保证执行速度。
- 执行 SQL 语句时，应使用 SQLiteDatabase#insert()、update()和 delete()，不要使用 SQLiteDatabase#execSQL()，以免 SQL 注入风险。
- 如果 ContentProvider 管理的数据存储在 SQL 数据库中，应该避免将不受信任的外部数据直接拼接在原始 SQL 语句中，可使用一个用于将“?”作为可替换参数的选择子句及一个单独的选择参数数组，会避免 SQL 注入。
- 加载大图片或者一次性加载多张图片时，应该在异步线程中进行。图片的加载涉及 I/O 操作及 CPU 密集操作，很可能引起卡顿。PNG 图片使用 TinyPNG 或者类似工具进行压缩处理，以减少包体积。
- 应根据实际展示需要压缩图片，而不是直接显示原图。手机屏幕比较小，直接显示原图并不会增加视觉上的效果，反而会耗费大量宝贵的内存。使用完毕的图片，应该及时回收，释放内存。针对不同的屏幕密度，提供对应的图片资源，使内存占用和显示效果达到合理的平衡。如果为了节省包体积，可以在不影响 UI 效果的前提下省略低密度图片。
- 在 Activity.onPause()或 Activity.onStop()回调中，关闭当前 Activity 正在执行的动画。在动画或者其他异步任务结束时，应该考虑回调时刻的环境是否还支持业务处理。例如，Activity 的 onStop()函数已经执行，并且在该函数中主动释放了资源，此时回调中如果不做判断就会引发空指针崩溃。
- 使用 inBitmap 重复利用内存空间，避免重复开辟新内存。

- 使用 ARGB_565 代替 ARGB_888，在几乎不降低视觉效果的前提下可以减少内存占用。
- 尽量减少 Bitmap（BitmapDrawable）的使用，尽量使用纯色（ColorDrawable）、渐变色（GradientDrawable）、StateSelector（StateListDrawable）等与 Shape 结合的形式构建绘图。
- 谨慎使用 gif 图片，注意限制每个页面允许同时播放的 gif 图片数量，以及单个 gif 图片的大小。大图片资源不要直接打包到 apk，可以考虑通过文件仓库远程下载，以减小包体积。
- 根据设备性能，选择性开启复杂动画，以实现一个整体较优的性能和体验。在有强依赖 onAnimationEnd 回调的交互时，如动画播放完毕才能操作页面，onAnimationEnd 可能会因各种异常没被回调，建议加上超时保护或通过 postDelay 替代 onAnimationEnd。当 View Animation 执行结束时，调用 View.clearAnimation() 释放相关资源。
- 使用 PendingIntent 时，禁止使用空 intent，同时禁止使用隐式 Intent。
- 禁止使用常量初始化矢量参数构建 IvParameterSpec，建议通过随机方式产生。使用固定初始化向量，结果密码文本可预测性会高得多，容易受到字典式攻击。IvParameterSpec 的作用主要是产生密文的第一个 block，以使最终生成的密文产生差异（明文相同的情况下），使密码攻击变得更为困难。除此之外，IvParameterSpec 并无其他用途，因此通过随机方式产生 IvParameterSpec 是一种十分简便、有效的途径。代码如下：

```
byte[] rand = new byte[16];
SecureRandom r = new SecureRandom();
r.nextBytes(rand);
IvParameterSpec iv = new IvParameterSpec(rand);
```

- 在实现的 HostnameVerifier 子类中，需要使用 verify 函数校验服务器主机名的合法性，否则会导致恶意程序利用中间人攻击绕过主机名校验。在握手期间，如果 URL 的主机名和服务器的标识主机名不匹配，则验证机制可以回调此接口的实现程序来确定是否应该允许此连接。如果回调内实现不恰当，默认接受所有域名，则有安全风险。
- 利用 X509TrustManager 子类中的 checkServerTrusted 函数校验服务器端证书的合法性。在实现的 X509TrustManager 子类中未对服务端的证书做检验，这样会导致不被信任的证书绕过证书校验机制。
- META-INF 目录中不能包含如.apk、.odex 和.so 等敏感文件，该文件夹没有经过签名，容易被恶意替换。
- 数据存储在 Sqlite 或者轻量级存储需要对数据进行加密，取出来的时候进行解密。
- 阻止 WebView 通过 file:schema 方式访问本地敏感数据。
- 不要广播敏感信息，只能在本应用中使用 LocalBroadcast，避免被其他应用收到，或者对 setPackage 做限制。

- 不要把敏感信息打印到 log 中。在 App 开发过程中，为了方便调试，通常会使用 log 函数输出一些关键流程的信息，这些信息中通常会包含敏感内容，如执行流程、明文的用户名、密码等，这会让攻击者更加容易了解 App 内部结构，方便进行破解和攻击，甚至可以直接获取有价值的敏感信息。
- 使用 Intent Scheme URL 需要做过滤。如果浏览器支持 Intent Scheme Uri 语法，假如过滤不当，那么恶意用户可能会通过浏览器的 JS 代码进行一些恶意行为，如盗取 cookie 等。如果使用 Intent.parseUri 函数，获取的 intent 必须严格过滤，intent 至少包含 addCategory("android.intent.category.BROWSABLE")、setComponent(null) 和 setSelector(null)三个策略。
- 密钥加密存储或者经过变形处理后用于加解密运算，切勿硬编码到代码中。如果应用程序在加解密时使用了硬编码在程序中的密钥，攻击者可以通过反编译拿到密钥轻易地解密 App 通信数据。
- 将所需要动态加载的文件放置在 APK 内部，或应用于私有目录中。如果应用必须要把所加载的文件放置在可被其他应用读写的目录中（比如 sdcard），建议对不可信的加载源进行完整性校验和白名单处理，以保证不被恶意代码注入。
- 除非 min API level >=17，请注意 addJavascriptInterface 的使用。当 API level>=17 时，允许 JS 被调用的函数必须以@JavascriptInterface 进行注解，因此不受影响；当 API level < 17 时，尽量不要使用 addJavascriptInterface。如果一定要用，需要注意以下几点：
    - 使用 HTTPS 协议加载 URL，使用证书校验，以防止访问的页面被篡改。
    - 对加载 URL 做白名单过滤、完整性校验等，以防止访问的页面被篡改。
    - 如果加载本地 HTML，应该将 HTML 内置在 APK 中，以及对 HTML 页面进行完整性校验。
- 使用 Android 的 AES/DES/DESede 加密算法时，不要使用默认的加密模式 ECB，应显式指定使用 CBC 或 CFB 加密模式。在加密模式 ECB、CBC、CFB、OFB 中，ECB 的安全性较弱，会使相同的明文在不同的时候产生相同的密文，容易遇到字典攻击，建议使用 CBC 或 CFB 模式。
- 不要使用 loopback 通信敏感信息。对于不需要使用 File 协议的应用，应禁用 File 协议，代码中可以通过 webView.getSettings().setAllowFileAccess(false)进行设置；对于需要使用 File 协议的应用，应禁止 File 协议调用 JavaScript，代码中可以通过 webView.getSettings().setJavaScriptEnabled(false)进行设置。
- Android App 在 HTTPS 通信中的验证策略需要改成严格模式。

说明： Android App 在 HTTPS 通信中如果使用 ALLOW_ALL_HOSTNAME_VERIFIER 模式，则表示允许和所有的 HOST 建立 SSL 通信，这会存在中间人攻击风险，最终导致敏感信息可能会被劫持。当然也存在其他形式的攻击。ALLOW_ALL_HOSTNAME_VERIFIER 模式会关闭 HOST 验证，允许和所有的 HOST 建立 SSL 通信，而 STRICT_HOSTNAME_VERIFIER 模式严格匹配我们的 hostname，所以建议使用 STRICT_HOSTNAME_VERIFIER 严格模式。

- Android 5.0 以后安全性要求较高的应用应该使用 window.setFlag(LayoutParam.FLAG_SECURE)禁止录屏。
- zip 中不建议使用../../file 这样的路径，因为容易被篡改目录结构，造成攻击。

说明：当 zip 压缩包中允许存在"../"的字符串时，攻击者可以利用多个"../"在解压时改变 zip 文件存放的位置，当文件已经存在时就会进行覆盖，如果覆盖的文件是 So、dex 或者 odex 文件，有可能会造成严重的安全问题。例如：

```
//对重要的 Zip 压缩包文件进行数字签名校验，校验通过才进行解压
String entryName = entry.getName();
if (entryName.contains("..")){
 throw new Exception("unsecurity zipfile!");
}
```

- 加密算法：使用不安全的 Hash 算法（MD5/SHA-1）加密信息存在被破解的风险，建议使用 SHA-256 等安全性更高的 Hash 算法。
- Android WebView 组件加载网页发生证书认证错误时，采用默认的处理方法 handler.cancel()停止加载问题页面。Android WebView 组件加载网页发生证书认证错误时，会调用 WebViewClient 类的 onReceivedSslError 方法，如果该方法实现调用了 handler.proceed()来忽略该证书错误，则会受到中间人攻击的威胁，可能导致隐私泄露。
- 直接传递命令字符串或者间接处理敏感信息或操作时，避免使用 Socket 实现，应使用能够控制权限校验身份的方式通信。
- 不要通过 Msg 传递大容量的对象，会引发内存问题。

以上为总结的 Android 开发规范及推荐做法，尚有不完善的地方，请读者根据实际情况灵活运用。规范地进行 Android 开发，可以做到事半功倍的效果。

第 6 章　Android 应用测试

测试应用程序是应用程序开发过程中不可或缺的一个步骤。在完成应用开发或功能模块开发后，一般都需要进行应用测试（不管是人工测试还是编写测试用例代码进行自动测试）。测试通过后，应用才可以确保稳定发布上线。应用测试可以帮助开发者更早、更及时地发现问题，更好地优化和改进应用软件。所以建议开发完成一个功能模块后就可以进行测试了。开发者也可以重构应用程序的代码来优化性能，并改善软件的整体设计，因此迭代开发测试也是必要的。有了应用测试，应用开发的方式也逐渐由混乱无序的开发过程过渡到结构化的开发过程，其以结构化分析与设计、结构化评审、结构化程序设计及结构化测试为特征。人们还将“质量”的概念融入其中，使软件测试的定义发生了改变，测试不再单纯是一个发现错误的过程，而且将测试作为软件质量保证（SQA）的主要职能，其中包含软件质量评价的内容。

本章将重点讲解 Android 应用自动化测试方法及工具框架。

6.1　Android 测试方法和原则

首先来了解一下测试金字塔，如图 6-1 所示。

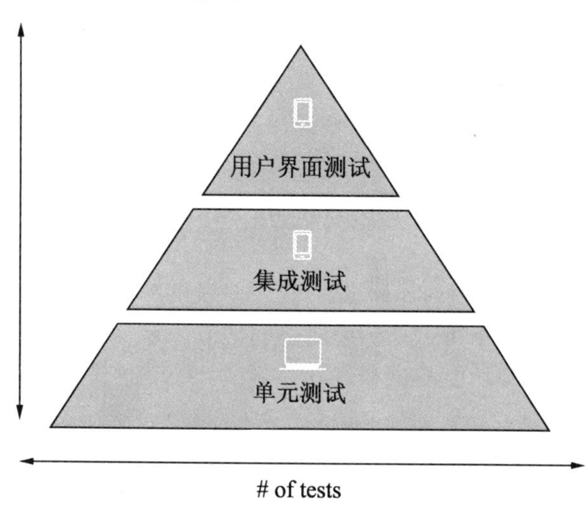

图 6-1　三类测试金字塔

测试按照规模分为小型、中型和大型测试。其中，小型测试是可以与生产系统隔离运行的单元测试，它们通常模拟每个主要组件，并且可以在机器上快速运行。

中等测试是在小型测试和大型测试之间进行的集成测试，它们集成了多个组件，并且可以在仿真器或真实设备上运行。

大型测试是通过完成 UI 工作流程运行的集成和 UI 测试，它们确保关键的最终用户任务能在仿真器或真实设备上按预期工作。

由于每种测试类别有不同特征，通常建议在类别中进行这样的划分：70%的小型单元测试，20%的中等集成测试，10%的大型集成和 UI 测试。当然，开发者也可以根据应用程序的实际情况进行划分。

在编写自动化测试时一般都要借助一些测试框架或测试工具。Google 官方推荐的测试框架有 Espresso、UI Automator 和 Robolectric，相对来说比较快捷。

6.1.1 Android 测试方法

测试一般分为这几个阶段：单元测试、集成测试、系统测试和验收测试。

单元测试（Unit Testing）是指对软件中的最小可测试单元进行检查和验证。对于单元测试中单元的含义，一般来说，要根据实际情况去判定其具体含义。在 Java 和 Android 里，单元指具体的一个类或方法，测试前要移除所有的外部依赖。总的来说，单元就是人为规定的最小的被测功能模块。单元测试是在软件开发过程中要进行的最基本的测试活动，软件的独立单元将在与程序的其他部分相隔离的情况下进行测试。

集成测试也叫组装测试或联合测试。在单元测试的基础上，将所有模块按照设计要求（如根据结构图）组装成为子系统或系统进行集成测试。实践表明，一些模块虽然能够单独地工作，但并不能保证连接起来也能正常工作。一些局部反映不出来的问题，在全局上很可能会暴露出来。集成测试是在单元测试的基础上，测试将所有的软件单元按照概要设计规格说明的要求组装成模块、子系统或系统的过程中，各部分工作是否达到或实现相应技术指标及要求的活动。也就是说，在集成测试之前，单元测试应该已经完成，集成测试中所使用的对象应该是已经经过单元测试的软件单元。这一点很重要，因为如果不经过单元测试，那么集成测试的效果将会受到很大影响，并且会大幅增加软件单元代码纠错的代价。

系统测试（System Testing）是对整个系统的测试，将硬件、软件和操作人员看作一个整体，检验它是否有不符合系统说明书的地方。这种测试可以发现系统分析和设计中的错误，主要测试内容为功能测试和健壮性测试。系统测试是在实际运行环境中进行的一系列严格、有效的测试。

验收测试也称交付测试，是针对用户需求、业务流程而进行的正式测试，以确定系统是否满足验收标准，由用户、客户或其他授权机构决定是否接受系统。验收测试包括 Alpha 测试和 Beta 测试。Alpha 测试是由开发者进行的软件测试；Beta 测试是由用户在脱离开发环境下进行的软件测试。它是部署软件之前的最后一个测试操作，是在软件产品完成了单元测试、集成测试和系统测试之后，在产品发布之前所进行的软件测试活动。验收测试的目的是确保软件准备就绪，并且可以让最终用户将其用于执行软件的既定功能和任务。常用实施验收测试策略有正式验收、非正式验收或 Alpha 测试、Beta 测试。

Android 中主要用的测试是单元测试，分为本地化单元测试（Local Unit Tests）和仪器化单元测试（Instrumented Unit Tests）。单元测试之前说过，Java 使用 JUnit 框架进行单元测试，Android 同样也用到了 JUnit API 的一部分来搭配其他更符合 Android 测试的框架来使用。

6.1.2　Android 测试原则

Android 的单元测试用例写在单独的一个测试文件夹里，并且测试代码不会被打包到 App 的应用安装包里。

默认新建项目后的测试用例类如下：

```
package com.google.instrumenttest;

import android.content.Context;
import android.support.test.InstrumentationRegistry;
import android.support.test.runner.AndroidJUnit4;
import org.junit.Test;
import org.junit.runner.RunWith;
import static org.junit.Assert.*;

/**
 * Instrumented test, which will execute on an Android device.
 *
 * @see <a href="http://d.android.com/tools/testing">Testing documentation</a>
 */
@RunWith(AndroidJUnit4.class)
public class ExampleInstrumentedTest {
    @Test
    public void useAppContext() {
        // Context of the app under test.
        Context appContext = InstrumentationRegistry.getTargetContext();

        assertEquals("com.google.instrumenttest", appContext.getPackageName());
    }
}
```

这就是一个单元测试类，这个类中一般包含一组测试用例，一个测试方法就是一个测试用例。

每一个测试类的名称都要以 Test 结尾，如 ExampleTest。每个类里的测试用例方法名用@Test 注解进行标识，@Test 注解为 JUnit 包里的 API，示例如下：

```
import android.content.Context;
import androidx.test.core.app.ApplicationProvider;
```

```
import org.junit.Test;
import static com.google.common.truth.Truth.assertThat;

public class UnitTest {
    private static final String FAKE_STRING = "HELLO_WORLD";
    private Context context = ApplicationProvider.getApplicationContext();

    @Test
    public void readStringFromContext_LocalizedString() {
        // Given a Context object retrieved from Robolectric...
        ClassUnderTest myObjectUnderTest = new ClassUnderTest(context);

        // ...when the string is returned from the object under test...
        String result = myObjectUnderTest.getHelloWorldString();

        // ...then the result should be the expected one.
        assertThat(result).isEqualTo(FAKE_STRING);
    }
}
```

也可以在初始化的方法上加上@Before 注解，在测试结束的方法上加上@After 注解。在 JUnit 里主要有 After、AfterClass、Before、BeforeClass、ClassRule、FixMethodOrder、Ignore、Rule 和 Test 等几个注解。

接下来对常用的几个 JUnit 注解进行讲解。

- @Test：在 JUnit 3 中是通过对测试类和测试方法的命名来确定是否是测试，并且所有的测试类必须继承 JUnit 的测试基类。在 JUnit 4 中定义一个测试方法变得简单很多，只需要在方法前加上@Test 就可以了。
- @Ignore：如果想暂时不运行某些测试方法或测试类，可以在方法前加上这个注解。在运行结果中，JUnit 会统计忽略的用例数来提醒你。但是不建议经常这么做，因为这样做的坏处是容易忘记去更新过这些测试方法，导致代码不够干净和用例遗漏。
- @BeforeClass：当运行几个有关联的用例时，可能会在数据准备或其他前期准备中执行一些相同的命令，这个时候为了让代码更清晰，减少冗余，可以将公用的部分提取出来放在一个方法里，并为这个方法注解@BeforeClass。意思是在测试类里的所有用例运行之前，运行一次这个方法，如创建数据库连接、读取文件等。
- @AfterClass：和@BeforeClass 对应，在测试类里所有用例运行之后运行一次，用于处理一些测试后续工作，如清理数据、恢复现场。注解的方法必须是 public static void，即公开、静态、无返回，这个方法只会运行一次。
- @Before：与@BeforeClass 的区别在于，@Before 不止运行一次，它会在每个用例运行之前都运行一次，主要用于一些独立于用例之外的准备工作。例如，两个用例都需要读取数据库里的用户 A 信息，但第一个用例会删除这个用户 A，而第二个用例需要修改用户 A，那么可以用@BeforeClass 创建数据库连接，用@Before 来插入一条用户 A 的信息。注意，注解的方法必须是 public void，不能为 static，因为这个方法不止运行一次，需要根据用例数而定。

- @After：结合@Before 进行理解。
- @RunWith：指定测试运行器，就是放在测试类名之前，用来确定这个类是怎么运行的。也可以不标注，这样会使用默认的测试运行器。例如@RunWith(JUnit4.class)就是指用 JUnit 4 来运行；@RunWith(SpringJUnit4ClassRunner.class)是指让测试运行于 Spring 测试环境；@RunWith(Suite.class)是一套测试集合；@RunWith(AndroidJUnit4.class)是指测试运行于 Android 测试环境。
- @ FixMethodOrder：指定测试方法的顺序。

一个 JUnit 4 的单元测试用例执行顺序如下：

@BeforeClass → @Before → @Test → @After → @AfterClass。

每一个测试方法的调用顺序如下：

@Before → @Test → @After。

测试一般分为两类，一个是本地测试，即仅在本地计算机上运行的单元测试。这些测试编译为在 Java 虚拟机（JVM）上本地运行，以最大限度地缩短执行时间。如果你的测试依赖于 Android 框架中的对象，建议使用 Robolectric。对于项目中的依赖项的测试，可以使用模拟对象来模拟依赖项的行为，或使用 mockito 库来模拟依赖项的行为。

另一种测试是仪器测试，即在 Android 设备或模拟器上运行的单元测试。这些测试可以访问检测信息，如被测应用程序的上下文。使用此方法运行具有复杂 Android 依赖关系的单元测试，这些依赖关系需要更强大的环境，如 Robolectric。由于代码中的一些方法通常依赖系统或者其他组件，所以需要在测试时隔离这些方法。可以使用模拟（mock）的对象来模拟依赖的对象。Android API 提供了一套可以提供测试使用的模拟类，可以使用 mockito 库来模拟依赖项行为。通常在 setup()方法中创建模拟对象，并在 teardown()方法中释放它们。

mock 库 mockito 的 Gradle 引入方式如下：

```
// Optional -- Mockito framework
testImplementation 'org.mockito:mockito-core:1.10.19'
androidTestImplementation "org.mockito:mockito-android:+"
```

其中，加号可以替换为具体的版本号。

应用测试中应注意的原则细节如下：

- 测试应该尽早进行，最好在需求阶段就开始介入，因为最严重的错误不外乎是系统不能满足用户的需求。
- 开发者应该避免检查自己的程序，软件测试应该由第三方来负责。
- 设计测试用例时应考虑到合法的输入和不合法的输入及各种边界条件，特殊情况下还要制造极端状态和意外状态，如网络异常中断、电源断电等。
- 应该充分注意测试中的群集现象。
- 对错误结果要进行一个确认过程。一般由 A 测试出来的错误，一定要由 B 来确认。

严重的错误可以召开评审会议进行讨论和分析，对测试结果要进行严格地确认评估是否真的存在这个问题及严重程度等。

- 制定严格的测试计划。一定要制定测试计划并且要有指导性，测试时间安排尽量宽松，不要希望在极短的时间内完成一个高水平的测试。
- 妥善保存测试计划、测试用例、出错统计和最终分析报告，为后期维护提供方便。

为了便于理解，下面列出一个基础的测试类结构：

```
package com.google.instrumenttest;

import org.junit.After;
import org.junit.Before;
import org.junit.Test;
import static org.junit.Assert.*;

public class MainActivityTest {

    @Before
    public void setUp() throws Exception {
    }

    @After
    public void tearDown() throws Exception {
    }

    @Test
    public void onCreate() {
    }
}
```

6.2　Android 应用测试内容

首先看一下开发流程和测试流程，了解一下它们的整个过程。开发流程如下：

需求分析→概要设计→详细设计→编写代码→单元测试→代码审查→集成测试→打包提交测试部→等待测试提交 BUG→修复 BUG→等待测试回归 BUG→N 轮之后符合需求→版本上线→面向用户使用。

测试流程如下：

需求分析→编写测试用例→评审测试用例→搭建测试环境→等待开发提交测试包→部署测试包→冒烟测试（主体功能预测）→执行测试用例→BUG 跟踪处理（提交及回归 BUG）→N 轮之后符合需求→版本上线→面向用户使用。

再看一下测试版本分类：Alpha 测试和 Beta 测试。

- Alpha 测试（Alpha Testing）：由一个用户在开发环境下进行的测试，也可以是公司内部的用户在模拟实际操作环境中进行的受控测试。Alpha 测试不能由该系统的开发者或测试员完成。在系统开发接近完成时对应用系统测试后仍然会有少量的设计变更，这种测试一般由最终用户或其他人员来完成，不能由开发者或测试员完成。

- Beta 测试（Beta Testing）：用户验收测试（UAT）。Beta 测试是软件的多个用户在一个或多个用户的实际使用环境中进行的测试。开发者通常不在测试现场，这种测试一般由最终用户或其他人员完成，不能由开发者或测试员完成。

测试内容从几个大的方面可分为：可移植性测试、UI 测试、冒烟测试、随机测试、本地化测试、基础化测试、国际化测试、安装测试、升级测试、稳定性测试、适配性测试、真机测试、单元测试、断电断网测试、耗电及内存占用测试、外网测试、自动化测试、回归测试、验收测试、静态测试、动态测试、性能测试、负载测试、压力测试、安全测试和文档测试等。

下面挑几个典型的测试内容讲解一下。

- 可移植性测试（Portability Testing）：又称兼容性测试。顾名思义，可移植性测试就是指测试软件是否可以被成功移植到指定的硬件或软件平台上。例如同样的软件若安装到不同性能、配置的硬件上是否可以正常使用，安装到不同的定制系统环境里是否可以正常使用。
- UI 测试：也叫用户界面测试，是指测试用户界面的风格是否满足客户要求，文字是否正确，页面是否美观，文字、图片组合是否完美，操作是否友好，UI 和设计图是否一致等。UI 测试的目标是确保用户界面会通过测试对象的功能为用户提供相应的访问或浏览功能，并与设计图保持一致，符合用户体验，确保用户界面符合公司或行业的标准，包括用户友好性、人性化、易操作性测试，用户界面测试分析软件用户界面的设计是否符合用户的期望或要求。UI 测试一般包括菜单、对话框及对话框上所有按钮、文字、出错提示和帮助信息（Menu 和 Help content）等方面的测试。比如，测试 Microsoft Excel 中插入符号功能所用的对话框的大小、所有按钮是否对齐、字符串字体大小、出错信息内容和字体大小、工具栏位置和图标等。
- 冒烟测试（Smoke Testing）：其名称可以理解为该种测试耗时短，仅用一袋烟功夫足够了。也有人认为是形象地类比新电路板基本功能检查：任何新电路板焊好后，先通电检查，如果存在设计缺陷，电路板可能会短路，板子冒烟。冒烟测试的对象是新编译的每一个需要正式测试的软件版本，目的是确认软件基本功能正常，可以进行后续的正式测试工作。冒烟测试的执行者是版本编译人员。
- 随机测试（Ad-hoc Testing）：不用编写书面测试用例，也不会记录期望结果、检查列表、脚本或指令，主要是根据测试者的经验对软件进行功能和性能抽查。随机测试是根据测试说明书执行用例测试的重要补充手段，是保证测试覆盖完整性的有效方式和过程。随机测试主要是对被测软件的一些重要功能进行复测，也包括测试那些当前的测试样例（TestCase）没有覆盖到的部分。另外，对于软件更新和新增加的功能要重点测试，重点对一些特殊点情况点、特殊的使用环境及并发性进行检查，尤其要对以前测试时发现的重大 Bug 进行再次测试，可以结合回归测试一起进行。

- 本地化测试（Localization Testing）：指将软件版本语言进行更改，比如将英文的windows 改成中文的 windows。本地化测试的对象是软件的本地化版本，测试目的是测试特定目标区域设置的软件本地化质量。从测试方法上分，本地化测试可以分为基本功能测试、安装和卸载测试、当地区域的软硬件兼容性测试。测试的内容主要包括软件本地化后的界面布局和软件翻译的语言质量，包含软件、文档和联机帮助等部分。本地化能力测试不需要重新设计或修改代码，或将程序的用户界面翻译成任何目标语言的能力。为了降低本地化能力测试的成本，提高测试效率，本地化能力测试通常在软件的伪本地化版本上进行。本地化能力测试中发现的典型错误包括字符的硬编码（即软件中需要本地化的字符写在了代码内部），对需要本地化的字符长度设置固定值，在软件运行时以控件位置定位，图标和位图中包含了需要本地化的文本，软件的用户界面与文档术语不一致等。
- 国际化测试（International Testing）：又称为国际化支持测试，测试的目的是测试软件的国际化支持能力，发现软件的国际化潜在问题，保证软件在世界不同区域都能正常运行。国际化测试使用每种可能的国际输入类型，针对任何区域性或区域设置检查产品的功能是否正常，测试的重点在于执行国际字符串的输入/输出功能。国际化测试数据必须包含东亚语言、德语、复杂脚本字符和英语（可选）的混合字符，验证软件程序在不同国家或区域的平台上是否能够如预期那样运行，而且还可以按照原设计尊重和支持使用当地常用的日期、字体、文字表示和特殊格式等。比如，用英文版的 Windows XP 和 Microsoft Word 能否展示阿拉伯字符串？用阿拉伯版的 Windows XP 和 Microsoft Word 能否展示阿拉伯字符串？又比如，日文版的Microsoft Excel 对话框是否能显示正确翻译的日语？一般来说，执行国际化支持测试的测试人员往往需要了解这些国家或地区的语言要求和期望行为是什么。
- 安装测试（Installing Testing）：指确保软件在正常情况和异常情况下，如首次安装、升级、完整安装或自定义安装都能顺利安装的测试。异常情况包括磁盘空间不足、缺少目录创建权限等场景。核实软件安装后可立即正常运行。安装测试包括测试安装代码及安装手册。安装手册提供如何进行安装，安装代码提供安装程序能够运行的基础数据。
- 升级测试：指测试应用在升级时是否可以正常升级安装或跨版本升级安装。
- 适配性测试：指测试应用在不同分辨率设备、屏幕尺寸、系统、厂商定制版本下运行是否正常。
- 自动化测试（Automated Testing）：使用自动化测试工具进行测试，这类测试一般不需要人干预，通常在 GUI、性能等测试和功能测试中用得较多。自动化测试通过录制测试脚本，然后执行这个测试脚本来实现测试过程的自动化。
- 回归测试（Regression Testing）：指在软件发生修改之后重新测试之前的测试以保证修改的正确性。理论上，软件产生新版本，都需要进行回归测试，验证以前发现和修复的错误是否在新软件版本上再次出现。根据修复好的缺陷再重新进行测试。

回归测试的目的在于验证以前出现过但已经修复好的缺陷不再重新出现，一般指对某已知修正的缺陷再次围绕它原来出现时的步骤重新测试。通常确定所需的再测试范围是比较困难的，特别是当临近产品发布日期时。因为为了修正某缺陷，必需更改源代码，因而就有可能影响这部分源代码所控制的功能。所以在验证修好的缺陷时不仅要从缺陷原来出现时的步骤开始重新测试，而且还要测试有可能受影响的所有功能。因此应当鼓励对所有回归测试用例进行自动化测试。

- 验收测试（Acceptance Testing）：指系统开发生命周期方法论的一个阶段，这时相关的用户或独立测试人员根据测试计划和结果对系统进行测试和接收。它让系统用户决定是否接收系统。它是一项确定产品是否能够满足合同或用户需求的测试。验收测试一般有 3 种策略：正式验收、非正式验收或 Alpha 测试、Beta 测试。
- 静态测试（Static Testing）：指不运行被测程序本身，仅通过分析或检查源程序的文法、结构、过程和接口等来检查程序的正确性，如测试产品说明书，对此进行检查和审阅。静态方法通过对程序静态特性的分析，找出欠缺和可疑之处，如不匹配的参数、不适当的循环嵌套和分支嵌套、不允许的递归、未使用过的变量、空指针的引用和可疑的计算等。静态测试结果可用于进一步的查错，并为测试用例选取提供指导。
- 动态测试（Dynamic Testing）：指通过运行软件来检验软件的动态行为和运行结果的正确性。根据动态测试在软件开发过程中所处的阶段和作用，动态测试可分为单元测试、集成测试、系统测试、验收测试和回归测试几个步骤。
- 性能测试（Performance Testing）：指在交替进行负荷和强迫测试时常用的术语。理想的“性能测试”（和其他类型的测试）应在需求文档或质量保证、测试计划中定义。性能测试一般包括负载测试和压力测试，通常验证软件的性能在正常环境和系统条件下重复使用是否还能满足性能指标，或者执行同样任务时新版本并不会比旧版本慢。一般还检查系统记忆容量在运行程序时会不会出现内存泄漏（Memory Leak）。比如，验证程序保存一个巨大的文件新版本并不会比旧版本慢。
- 负载测试（Load Testing）：指测试一个应用在重负荷下的表现。例如测试一个 Web 站点在大量的负荷下，系统的响应何时会退化或失败，以发现设计上的错误或验证系统的负载能力。在这种测试中，将使测试对象承担不同的工作量，以评测和评估测试对象在不同工作量条件下的性能行为，以及持续正常运行的能力。负载测试的目标是确定并确保系统在超出最大预期工作量的情况下仍能正常运行。此外，负载测试还要评估性能特征，如响应时间、事务处理速率和其他与时间相关的方面。
- 压力测试（Stress Testing）：和负载测试差不多，是一种基本的质量保证行为，它是每个重要软件测试工作的一部分。压力测试的基本思路很简单，它不是在常规条件下运行手动或自动测试，而是在计算机数量较少或系统资源匮乏的条件下运行测试。通常要进行压力测试的资源包括内部内存、CPU 可用性、磁盘空间和网络带宽等。一般用并发来做压力测试。

- 安全测试（Security Testing）：指测试系统在防止非授权的内部或外部用户的访问或故意破坏等情况时怎么样。这可能需要复杂的测试技术，安全测试检查系统对非法侵入的防范能力。安全测试期间，测试人员假扮非法入侵者，采用各种办法试图突破防线。理论上讲，只要有足够的时间和资源，没有不可进入的系统。因此系统安全设计的准则是，使非法侵入的代价超过被保护信息的价值，这样使非法侵入者认为已无利可图，从而放弃入侵。
- 文档测试（Documentation Testing）：关注于文档的正确性。文档测试有三大类，分别是开发文件、用户文件和管理文件。开发文件包括可行性研究报告、软件需求说明书、数据要求说明书、概要设计说明书、详细设计说明书、数据库设计说明书和模块开发卷宗。用户文件包括用户手册和操作手册。管理文件包括项目开发计划、测试计划、测试分析报告、开发进度月报和项目开发总结报告。软件测试中的文档测试主要是对相关的设计报告和用户使用说明进行测试，对于设计报告主要是测试程序与设计报告中的设计思想是否一致；对于用户使用说明进行测试时，主要是测试用户使用说明书中对程序操作方法的描述是否正确，重点是对用户使用说明中提到的操作例子要进行测试，保证采用的例子能够在程序中正确完成操作。一般来说，文档是软件的重要组成部分，因此文档测试也是软件测试的主要内容。在软件的整个生命周期中会出现很多文档，通常可以把文档粗略地分为 3 类：开发文档、管理文档和用户文档。由于文档与代码不同，不能直接运行，对于文档的测试通常只能以文档审查的方式进行。对于管理文档和审查通常归属于管理范畴，而不是软件测试范畴，因为对于管理文档审查的目的不是为了发现和消除用户所看到的软件中的缺陷，而是为了更好地管理软件开发的过程。对于开发文档，由于其本身体现了所在开发阶段的软件实际形态，因此对于这些文档的测试实际上是早期软件测试的主要活动。用户文档是那些随程序一起交付给用户的文档，它们实际上是交付给用户的软件的重要组成部分。对于这些文档的测试是对最终软件产品测试的一部分。

6.3　编写 Android 应用测试用例

这里选择两个类别的应用测试用例来讲解，一种是本地测试，就是运行在计算机 JVM 上的测试用例；另一种是仪器化测试，就是安装运行在真机或者模拟器设备上的测试用例。测试框架选择 Espresso 和 UI Automator，其余需要的辅助库有 JUnit 4、AndroidJUnitRunner 和 Mockito 等。

首先来看一下 Android 测试存储类目录结构，如图 6-2 所示。

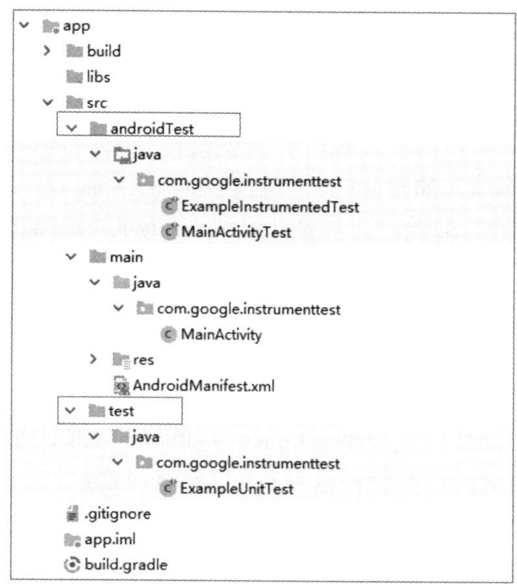

图 6-2　Android 测试类存储目录结构

```
app/src
    ├── androidTestjava (仪器化单元测试、UI 测试)
    ├── main/java (业务代码)
    └── test/java  (本地单元测试)
```

其实 Android Studio 新建完项目后，会自动创建好测试类存储的包和路径。其中，androidTest 目录下存储的是仪器化测试（Instrumented tests）用例，也就是在真机上运行测试用例的类写在这个目录下；而 test 目录下存储的是本地测试（Local tests）用例，即运行在计算机上的 JVM 测试用例的类都写在这个目录下。因此可以根据测试需求分别在这两个测试类目录下创建对应类型的测试用例即可。

6.3.1　编写 Android 本地测试用例

先来看一下本地测试用例的编写。

首先配置环境，引入相关的类库。在 build.gradle 的 defaultConfig 下加入如下配置：

```
defaultConfig {
        …
        testInstrumentationRunner "android.support.test.runner.AndroidJUnitRunner"
    }
```

然后引入相关类库：

```
dependencies {
    // Required -- JUnit 4 framework
    testImplementation 'junit:junit:4.12'
    // Optional -- Mockito framework
```

```
    testImplementation 'org.mockito:mockito-core:2.19.0'
}
```

JUnit 4 是必须引入的，下面的 Mockito 库建议引入，可以用于本地测试用例进行模拟依赖方法或者对象返回数据，以达到隔离依赖的效果。可能有的开发者对 dependencies 里的依赖方式不太明白，那么先简单介绍一下它们之间的区别。

- implementation：参与编译，并且会打包到 debug/release apk 中；
- testImplementation：只参与单元测试编译，不会打包到 debug/release apk 包中，不需要设备支持；
- androidTestImplementation：只参与 UI 测试编译，不会打包到 debug/release apk 包中，需要设备支持。

除此之外，还有 provided、apk、debugImplementation 和 releaseImplementation 依赖方式。

- provided：只参与编译，不会打包到 debug/release apk 中；
- apk：不参与编译，只会打包到 debug/release apk 中；
- debugImplementation：只参与 debug 编译，只会打包到 debug apk 中；
- releaseImplementation：只参与 release 编译，只会打包到 release apk 中。

编写一个类如下：

```
package com.google.instrumenttest;

import android.text.TextUtils;
import java.util.regex.Pattern;

public class EmailValidator {
   public static final Pattern EMAIL_PATTERN = Pattern.compile(
         "[a-zA-Z0-9\\+\\.\\_\\%\\-\\+]{1,256}" +
               "\\@" +
               "[a-zA-Z0-9][a-zA-Z0-9\\-]{0,64}" +
               "(" +
               "\\." +
               "[a-zA-Z0-9][a-zA-Z0-9\\-]{0,25}" +
               ")+"
   );

   public static boolean isValidEmail(CharSequence email) {
      if (email == null) {
         return false;
      }
      if (email.toString().trim().length()==0) {
         return false;
      }
      return EMAIL_PATTERN.matcher(email).matches();
   }
}
```

接着创建这个类的测试类。可以自己手动在相应目录下创建测试类，也可以通过 Android Studio 提供的快捷方式：选择对应的类，将光标停留在类名上，按 Alt+Enter 键，弹出 Create Test 对话框，如图 6-3 所示。

如果选中 setUp/@Before 复选框，会生成一个带@Before 注解的 setUp()空方法；如选中 tearDown/@After 复选框，则会生成一个带@After 的空方法。建议这两个方法都勾选。

接着会弹出一个对话框让选择测试类创建位置，由于是创建本地测试用例，所以选择第二个 test 目录位置即可，如图 6-4 所示。

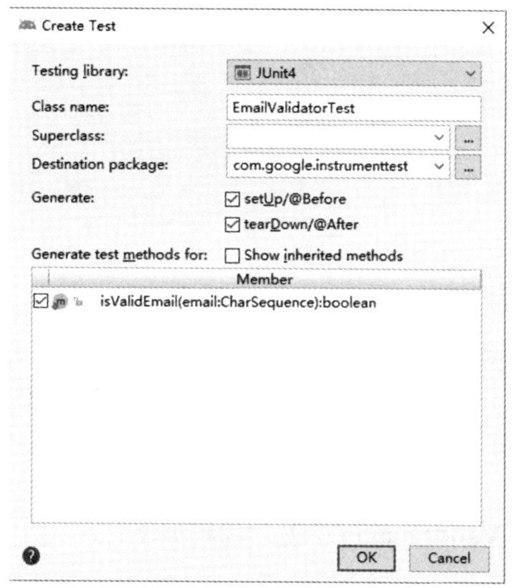

图 6-3　创建测试用例类

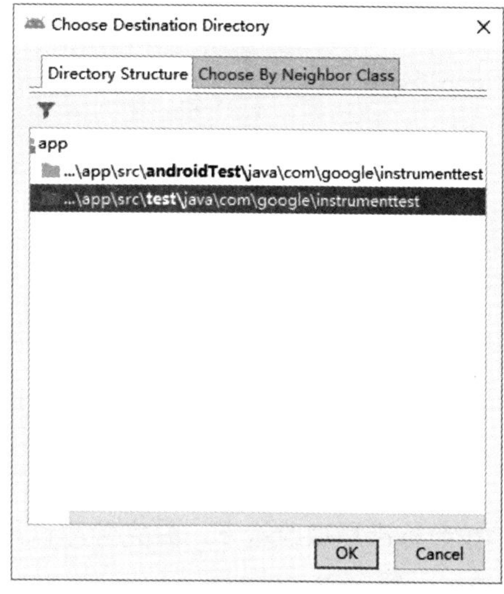

图 6-4　选择测试类创建位置

这样就生成了对应类的测试用例类，如图 6-5 所示。

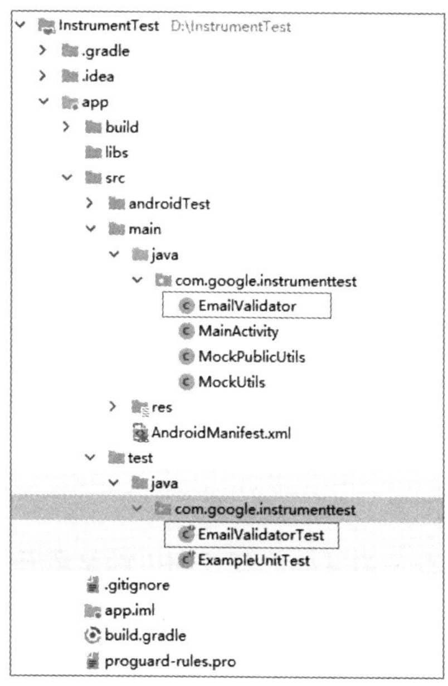

图 6-5　创建好的本地测试用例类

自动创建的 EmailValidatorTest 类代码如下：

```
package com.google.instrumenttest;

import org.junit.After;
import org.junit.Before;
import org.junit.Test;
import static org.junit.Assert.*;

public class EmailValidatorTest {

    @Before
    public void setUp() throws Exception {
    }

    @After
    public void tearDown() throws Exception {
    }

    @Test
    public void isValidEmail() {
    }
}
```

按照标准稍微改造下，并完善测试用例类 isValidEmail()方法。代码如下：

```
package com.google.instrumenttest;

import org.junit.After;
import org.junit.Before;
import org.junit.Test;
import static org.hamcrest.core.Is.is;
import static org.junit.Assert.*;

public class EmailValidatorTest {

    @Before
    public void setUp() throws Exception {
    }

    @After
    public void tearDown() throws Exception {
    }

    @Test
    public void emailValidator_CorrectEmailSimple_ReturnsTrue() {
        assertThat(EmailValidator.isValidEmail("name@email.com"), is(true));
    }
}
```

测试用例命名要以能够表示测试内容和返回值的名称作为测试用例名称。考虑可读性，对于方法名使用表达能力强的方法名，对于测试范式可以考虑使用一种规范，如 RSpec-style。方法名可以采用一种格式，如[测试的方法][测试的条件][符合预期的结果]。

接下来就可以运行这个测试用例了。

- 运行单个测试方法：选中@Test 注解或者方法名，右击选择 Run 命令；
- 运行一个测试类中的所有测试方法：打开类文件，在类的范围内右击选择 Run 命令，或者直接选择类文件右击选择 Run 命令；
- 运行一个目录下的所有测试类：选择这个目录，右击选择 Run 命令。

运行前面测试验证邮箱格式的例子，测试结果会在 Run 窗口展示，如图 6-6 所示。

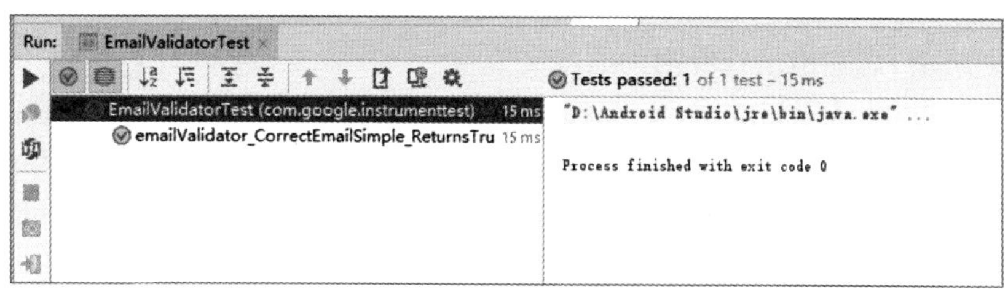

图 6-6　运行测试用例 1

从结果中可以清晰地看出，测试的方法为 EmailValidatorTest 类中的 emailValidator_CorrectEmailSimple_ReturnsTrue ()方法，测试状态为 passed，耗时 15 毫秒。

修改邮箱格式为非法的格式后看一下输出，代码如下：

```
@Test
    public void emailValidator_CorrectEmailSimple_ReturnsTrue() {
        assertThat(EmailValidator.isValidEmail("name@emailcom"), is(true));
    }
```

运行测试用例，结果如图 6-7 所示。

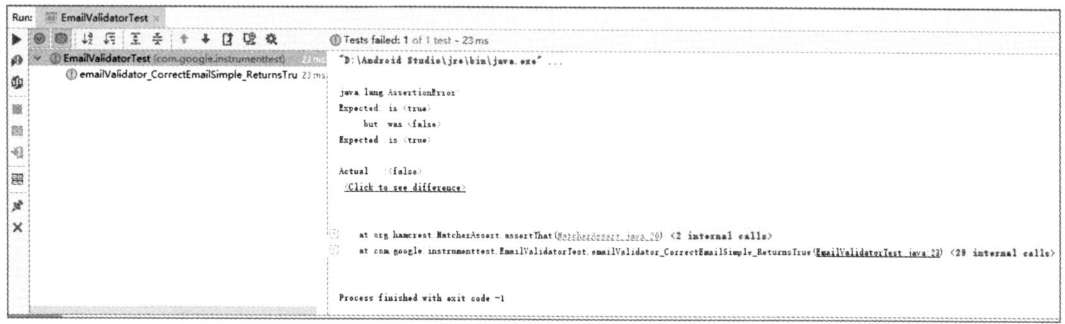

图 6-7　运行测试用例 2

测试状态为 failed，耗时 23 毫秒，同时也给出了详细的错误信息：在 23 行出现了断言错误，错误原因是期望值（Expected）为 true，但实际（Actual）结果为 false。

也可以通过命令 gradlew test 运行所有的测试用例，这种方式可以添加如下配置，输出单元测试过程中的各类测试信息。

```
android {
    ...
    testOptions.unitTests.all {
```

```
        testLogging {
            events 'passed', 'skipped', 'failed', 'standardOut', 'standardError'
            outputs.upToDateWhen { false }
            showStandardStreams = true
        }
    }
}
```

在单元测试中，通过 System.out 或者 System.err 打印的日志也会在控制台输出，有的时候也可以借助日志输出来查看测试的相关信息。

接下来再看一下 Mockito 库，这个模拟库主要用来辅助模拟类或对象方法的内部返回数据或处理逻辑来达到隔离依赖效果。例如有一个很复杂的方法，这个方法存在于依赖库中，但是测试的时候需要模拟这个方法来产生返回数据，那么就可以通过 Mockito 来实现模拟，这个库模拟的方法不用实现任何逻辑，直接模拟产生结果。

创建一个测试类，代码如下：

```
package com.google.instrumenttest;

import android.content.Context;

public class ClassUnderTest {
    private Context context;

    public ClassUnderTest(Context context) {
        this.context = context;
    }

    public String getHelloWorldString() {
        return context.getString(R.string.hello_world);
    }
}
```

R.string.hello_world 内容为 hello_word 字符串，接下来编写测试用例类，代码如下：

```
package com.google.instrumenttest;

import android.content.Context;
import org.junit.Test;
import org.junit.runner.RunWith;
import org.mockito.Mock;
import org.mockito.junit.MockitoJUnitRunner;
import static org.hamcrest.core.Is.is;
import static org.junit.Assert.assertThat;
import static org.mockito.Mockito.when;

@RunWith(MockitoJUnitRunner.class)
public class UnitTestSample {

    private static final String FAKE_STRING = "HELLO WORLD";

    @Mock
    Context mMockContext;
```

```
    @Test
    public void readStringFromContext_LocalizedString() {
        // Given a mocked Context injected into the object under test...
        when(mMockContext.getString(R.string.hello_world))
                .thenReturn(FAKE_STRING);
        ClassUnderTest myObjectUnderTest = new ClassUnderTest(mMockContext);

        // ...when the string is returned from the object under test...
        String result = myObjectUnderTest.getHelloWorldString();

        // ...then the result should be the expected one.
        assertThat(result, is(FAKE_STRING));
        System.out.print("mock:" + result);
    }
}
```

运行测试用例，查看输出结果，如图 6-8 所示。

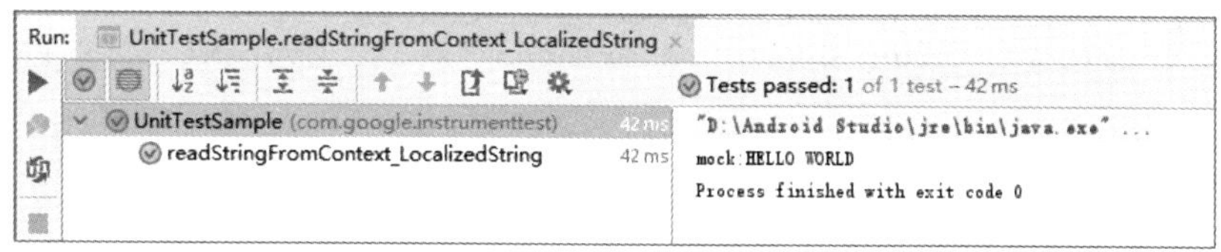

图 6-8　运行测试用例 3

可以看出，经过 Mock 后，方法输出结果变为了 HELLO WORLD，也就是 Mock 模拟的数据修改成功。通过模拟框架 Mockito，指定调用 context.getString(int)方法的返回值，达到了隔离依赖的目的，其中 Mockito 使用的是 cglib 动态代理技术。

注意，Mockito 只能模拟 public 的非 static 方法，如果想要模拟 static 方法，那么就需要使用 PowerMock 来实现。

```
testImplementation 'org.powermock:powermock-api-mockito2:1.7.4'
testImplementation 'org.powermock:powermock-module-junit4:1.7.4'
```

6.3.2　编写 Android 仪器化测试用例

仪器化测试（Instrumented Tests）用例编写在 androidTest 目录下，测试用例是运行在真机或者模拟器上。例如当需要测试 UI、单击、数据、数据库等真实信息的真实环境的话，就需要编写仪器化测试用例。先引入相关库：

```
dependencies {
    implementation fileTree(dir: 'libs', include: ['*.jar'])
    testImplementation 'junit:junit:4.12'
    androidTestImplementation 'com.android.support:support-annotations:27.1.1'
    androidTestImplementation 'com.android.support.test:runner:1.0.2'
    androidTestImplementation 'com.android.support.test:rules:1.0.2'
}

android {
```

```
    ...
    defaultConfig {
        ...
        testInstrumentationRunner "android.support.test.runner.AndroidJUnitRunner"
    }
}
```

这里以读取 SharedPreference 为例创建工具类：

```
import android.content.SharedPreferences;

public class SharedPreferenceUtils {
    private SharedPreferences sp;

    public SharedPreferenceUtils(SharedPreferences sp) {
        this.sp = sp;
    }

    public SharedPreferenceUtils(Context context) {
        this(context.getSharedPreferences("set", Context.MODE_PRIVATE));
    }

    public void put(String key, String value) {
        SharedPreferences.Editor editor = sp.edit();
        editor.putString(key, value);
        editor.apply();
    }

    public String get(String key) {
        return sp.getString(key, null);
    }
}
```

接下来创建仪器化测试类，如图 6-9 所示。

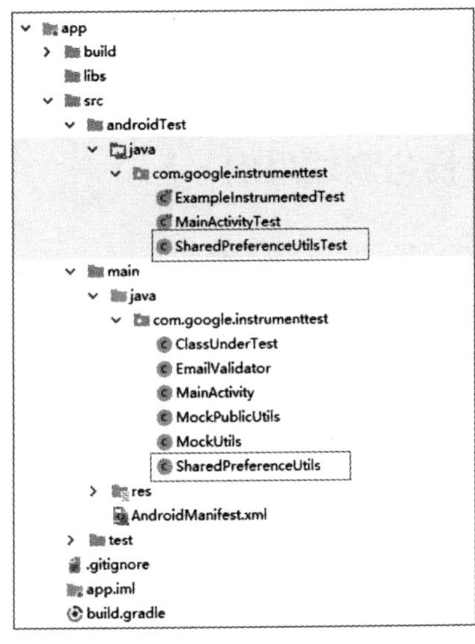

图 6-9　创建仪器化测试用例类

编写测试用例类，代码如下：

```
package com.google.instrumenttest;

import android.support.test.runner.AndroidJUnit4;
import org.junit.After;
import org.junit.Assert;
import org.junit.Before;
import org.junit.Test;
import org.junit.runner.RunWith;
import static org.junit.Assert.*;

@RunWith(AndroidJUnit4.class)
public class SharedPreferenceUtilsTest {
   public static final String TEST_KEY = "instrumentedTest";
   public static final String TEST_STRING = "TestString";
   private SharedPreferenceUtils sharedPreferenceUtils;

   @Before
   public void setUp() throws Exception {
      sharedPreferenceUtils = new SharedPreferenceUtils(BaseApplication.
getContext());
   }

   @After
   public void tearDown() throws Exception {
   }

   @Test
   public void sharedPreferenceDaoWriteRead() {
      sharedPreferenceUtils.put(TEST_KEY, TEST_STRING);
      Assert.assertEquals(TEST_STRING, sharedPreferenceUtils.get(TEST_KEY));
   }
}
```

编写引入的 BaseApplication 类，代码如下：

```
package com.google.instrumenttest;

import android.app.Application;
import android.content.Context;

public class BaseApplication extends Application {
   private static Context context;

   @Override
   public void onCreate() {
      super.onCreate();
      context = this;
   }

   public static Context getContext() {
      return context;
   }
}
```

运行测试用例，运行方式和本地测试一样，只不过会弹出设备安装对话框，因为要将应用安装到设备上，如图 6-10 所示。

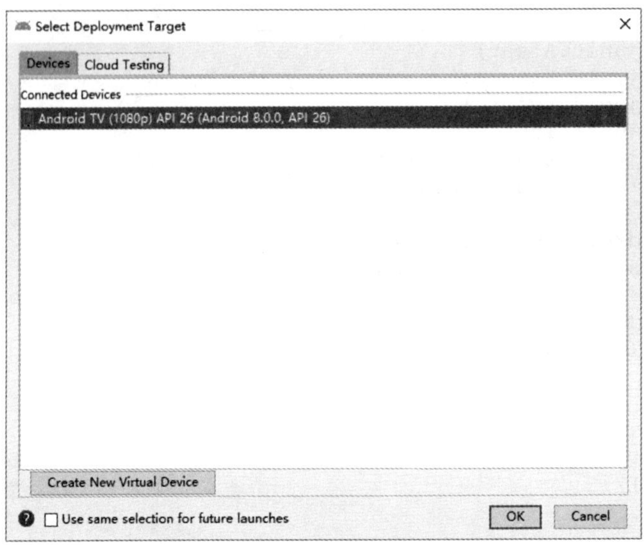

图 6-10 选择运行设备

这个过程会向连接的设备安装 APK，测试结果将在 Run 窗口中展示，如图 6-11 所示。

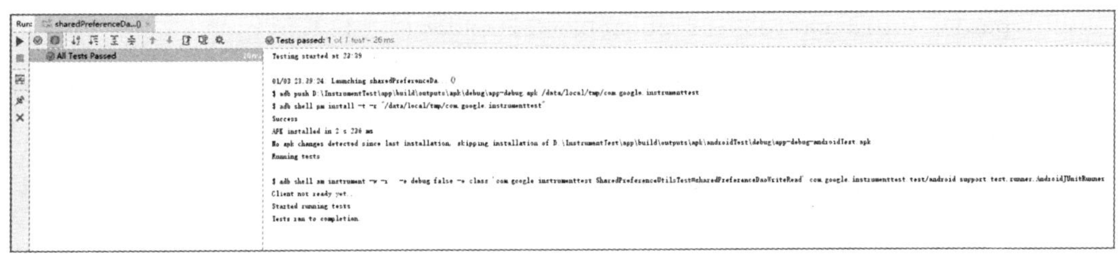

图 6-11 测试用例运行结果

通过测试结果可以清晰地看到状态 passed，仔细看打印的 Log 可以发现，这个过程向模拟器安装了两个 APK 文件，分别是 app-debug.apk 和 app-debug-androidTest.apk，Instrumented 测试相关的逻辑在 app-debug-androidTest.apk 中。安装过程的日志如下：

```
Testing started at 23:39 ...

01/03 23:39:24: Launching sharedPreferenceDa...()
$ adb push D:\InstrumentTest\app\build\outputs\apk\debug\app-debug.apk
/data/local/tmp/com.google.instrumenttest
$ adb shell pm install -t -r "/data/local/tmp/com.google.instrumenttest"
Success
APK installed in 2 s 236 ms
No apk changes detected since last installation, skipping installation of
D:\InstrumentTest\app\build\outputs\apk\androidTest\debug\app-debug-and
```

```
roidTest.apk
Running tests

$ adb shell am instrument -w -r   -e debug false -e class 'com.google.
instrumenttest.SharedPreferenceUtilsTest#sharedPreferenceDaoWriteRead'
com.google.instrumenttest.test/android.support.test.runner.AndroidJUnit
Runner
Client not ready yet..
Started running tests
Tests ran to completion.
```

其中最主要的一条命令如下：

```
adb shell am instrument -w -r   -e debug false -e class 'com.google.
instrumenttest.SharedPreferenceUtilsTest#sharedPreferenceDaoWriteRead'
com.google.instrumenttest.test/android.support.test.runner.AndroidJUnit
Runner
```

如果开发者无法忍受 Instrumented Test 的耗时问题，官方也提供了一个现成的方案 Robolectric 库供参考。

6.4　Android 应用测试主流框架

本节将学习几个 Android 测试比较优秀的常用测试框架，包括 Espresso、UI Automator 和 Robolectric。在学习这几个框架前，先介绍一个使用 JUnit 4 后默认引入的框架：Hamcrest 框架。Hamcrest 是 JUnit 4 框架新引入的断言框架，提供了一套匹配符 Matcher，这些匹配符更接近自然语言，可读性高，更加灵活。Hamcrest 提供了大量被称为"匹配器"的方法，其中每个匹配器都设计用于执行特定的比较操作。Hamcrest 的可扩展性很好，可以让开发者能够创建自定义的匹配器。最重要的是，JUnit 也包含了 Hamcrest 的核心，提供了对 Hamcrest 的原生支持，可以直接使用 Hamcrest。当然，要使用功能齐备的 Hamcrest，还是要引入对它的依赖。Hamcrest 可以配合其他测试框架完成一些测试工作，所以在需要的时候，可以使用 Hamcrest 框架作为辅助测试框架完成测试。

6.4.1　Espresso 测试框架

Espresso 是 Google 官方在 2013 年 10 月推出的开源 Android UI 测试框架，目前最新版本已更新到 3.X 版本。目前 Android Studio 新建项目默认集成的就是 Espresso 测试库。

先给一段 Espresso 测试示例：

```
@Test
public void greeterSaysHello() {
    onView(withId(R.id.name_field)).perform(typeText("Steve"));
    onView(withId(R.id.greet_button)).perform(click());
    onView(withText("Hello Steve!")).check(matches(isDisplayed()));
}
```

Espresso 的核心 API 小巧、容易学习和使用，并且测试运行速度相对来说比较快。接下来看一下 Espresso 库的组成，根据功能其分成了几个库包，如果不需要这些额外功能，则只引入 espress-core 包即可。这里给出两个版本的依赖库引入代码，一个是传统的 support 版本，代码如下：

```
dependencies {
    ...
    // Core library
    androidTestImplementation 'com.android.support.test:core:1.0.0'

    // AndroidJUnitRunner and JUnit Rules
    androidTestImplementation 'com.android.support.test:runner:1.1.0'
    androidTestImplementation 'com.android.support.test:rules:1.1.0'

    // Assertions
    androidTestImplementation 'com.android.support.test.ext:junit:1.0.0'
    androidTestImplementation 'com.android.support.test.ext:truth:1.0.0'
    androidTestImplementation 'com.google.truth:truth:0.42'

    // Espresso dependencies
    //包含核心和基本视图匹配器，以及操作和断言
    androidTestImplementation 'com.android.support.test.espresso:espresso-
core:3.1.0'
    //包含 DatePicker、RecyclerView 和 Drawer 操作，辅助功能检查和 CountingIdling
Resource 的外部贡献
    androidTestImplementation 'com.android.support.test.espresso:espresso-
contrib:3.1.0'
    //包含用于 Intent 意图测试的 API 资源
    androidTestImplementation 'com.android.support.test.espresso:espresso-
intents:3.1.0'
    //包含用于 Accessibility 测试的 API 资源
    androidTestImplementation 'com.android.support.test.espresso:espresso-
accessibility:3.1.0'
    //包含用于 WebView 支持的测试 API 资源
    androidTestImplementation 'com.android.support.test.espresso:espresso-
web:3.1.0'
    androidTestImplementation 'com.android.support.test.espresso.idling:
idling-concurrent:3.1.0'
    //包含用于跨进程、多进程测试的 API 资源
    androidTestImplementation 'com.android.support.test.espresso:espresso-
remote:3.1.0'

    //Espresso 与后台作业同步机制
    androidTestImplementation 'com.android.support.test.espresso:espresso-
idling-resource:3.1.0'
    implementation 'com.android.support.test.espresso:espresso-idling-
resource:3.1.0'
}
```

另一个是 AndroidX 版本，代码如下：

```
dependencies {
    ...
```

```
    // Core library
    androidTestImplementation 'androidx.test:core:1.0.0'

    // AndroidJUnitRunner and JUnit Rules
    androidTestImplementation 'androidx.test:runner:1.1.0'
    androidTestImplementation 'androidx.test:rules:1.1.0'

    // Assertions
    androidTestImplementation 'androidx.test.ext:junit:1.0.0'
    androidTestImplementation 'androidx.test.ext:truth:1.0.0'
    androidTestImplementation 'com.google.truth:truth:0.42'

    // Espresso dependencies
    //包含核心和基本视图匹配器，以及操作和断言
    androidTestImplementation 'androidx.test.espresso:espresso-core:3.1.0'
    //包含 DatePicker、RecyclerView 和 Drawer 操作，以及辅助功能检查和 Counting
IdlingResource 的外部贡献
    androidTestImplementation 'androidx.test.espresso:espresso-contrib:3.1.0'
    //包含用于 Intent 意图测试的 API 资源
    androidTestImplementation 'androidx.test.espresso:espresso-intents:3.1.0'
    //包含用于 Accessibility 测试的 API 资源
    androidTestImplementation 'androidx.test.espresso:espresso-accessibility:
3.1.0'
    //包含用于 WebView 支持的测试 API 资源
    androidTestImplementation 'androidx.test.espresso:espresso-web:3.1.0'
    androidTestImplementation 'androidx.test.espresso.idling:idling-concurrent:
3.1.0'
    //包含用于跨进程、多进程测试的 API 资源
    androidTestImplementation 'androidx.test.espresso:espresso-remote:3.1.0'

    //Espresso 与后台作业同步机制
    androidTestImplementation  'androidx.test.espresso:espresso-idling-
resource:3.1.0'
    implementation 'androidx.test.espresso:espresso-idling-resource:3.1.0'
}
```

如果测试不需要这些功能，那么依赖只引入 espress-core 这个核心库即可。

给出一个 Espress 的测试示例如下：

```
@RunWith(AndroidJUnit4.class)
@LargeTest
public class HelloWorldEspressoTest {

    @Rule
    public ActivityTestRule<MainActivity> mActivityRule =
            new ActivityTestRule<>(MainActivity.class);

    @Test
    public void listGoesOverTheFold() {
        onView(withText("Hello world!")).check(matches(isDisplayed()));
    }
}
```

接下来学习 Espress 的常用的 API 到底怎么用。Espresso 的主要组成如下：

- Espresso：与视图交互的入口点 onView()和 onData()，以及按键操作，例如 pressBack()。
- ViewMatcher：寻找用来测试的 View。例如，实现 Matcher<? super View>接口，可以将其中的一个或多个 View 传递给 on View()方法，以在当前视图层次结构中查找视图。
- ViewActions：发送交互事件，是 ViewAction 交互事件对象的集合，这个集合会发送传递给 ViewInteraction.perform()方法，如 click()。
- ViewAssertions：检验测试结果，是 ViewAssertion 断言检测对象的集合，这个集合会发送传递给 ViewInteraction.check()方法。大多数情况下将使用匹配断言，使用 View 匹配器来断言当前所选视图的状态。

由此可以看出使用 Espresso 包括这几个步骤：使用 Espresso 类调用→寻找用来测试的 View→发送交互事件给 View→检测测试结果。下面看一下官方给出的示例，代码如下：

```
// withId(R.id.my_view) is a ViewMatcher
// click() is a ViewAction
// matches(isDisplayed()) is a ViewAssertion
onView(withId(R.id.my_view))
    .perform(click())
    .check(matches(isDisplayed()));
```

其中，onView()是用来定位 View 控件的，perform()是操作控件的，check()是校验 View 控件的状态。它们各自都需要再传入对应的参数：ViewMatcher 由 withId、withText 和 withClassName 等方法来定位 View 控件；ViewAction 由 click()、longClick()、pressBack()和 swipeLeft()等方法来操作 View 控件；ViewAssertion 由 isEnabled()、isLeftOf()和 isChecked()等方法来校验 View 控件状态。

在测试时应注意：避免 Activity 的层级跳转，测试用例尽量只在单个 Activity 内完成。Activity 层级跳转越多，越容易出错。推荐统一使用 Espresso 提供的方法测试用例，特别是 UI 自动化测试用例，应该尽量保持逻辑简单，覆盖关键路径即可。因为 UI 变动是很频繁的，越复杂维护成本就越高，投入产出比自然就越低。

介绍完了 onView()的用法后，再来介绍一下 onData()的基本用法。

onData()主要是针对 ListView 和 RecyclerView 这种列表形式进行测试操作。其基本调用方法如下：

```
onData(ObjectMatcher)
  .DataOptions
  .perform(ViewAction)
  .check(ViewAssertion);
```

一起来看一下实现在 id 是 R.id.list 的 AdapterView 中找到数据项是 30 后执行 click()操作的代码示例：

```
@Test
public void clickItem() {
    onData(withValue(30))
```

```
            .inAdapterView(withId(R.id.list))
            .perform(click());
    //Do the assertion here.
}
```

如果测试 RecyclerView，则 Espresso 提供了 RecyclerViewActions 供开发者使用：

```
@Test
public void clickItem() {
    onView(withId(R.id.recycler_view))
            .perform(
                    RecyclerViewActions.actionOnItemAtPosition(30, click()));
}
```

最后再看一下 IdlingResource 的使用。Espresso 的 IdlingResource 主要针对的是异步操作处理的这种测试场景，如一个耗时网络数据异步加载过程，加载完毕后再更新处理接下来的操作。Espresso 提供了 IdlingResource 来保证数据加载完成后才开始执行测试用例代码。首先需要实现 IdlingResource 接口，代码如下：

```
package com.google.instrumenttest;

import android.support.annotation.Nullable;
import android.support.test.espresso.IdlingResource;
import java.util.concurrent.atomic.AtomicBoolean;

public class SimpleIdlingResource implements IdlingResource {

    @Nullable
    private volatile ResourceCallback mCallback;

    // Idleness is controlled with this boolean.
    private AtomicBoolean mIsIdleNow = new AtomicBoolean(true);

    @Override
    public String getName() {
        return this.getClass().getName();
    }

    @Override
    public boolean isIdleNow() {
        return mIsIdleNow.get();
    }

    @Override
    public void registerIdleTransitionCallback(ResourceCallback callback) {
        mCallback = callback;
    }

    /**
     * Sets the new idle state, if isIdleNow is true, it pings the {@link
ResourceCallback}.
     *
     * @param isIdleNow false if there are pending operations, true if idle.
     */
    public void setIdleState(boolean isIdleNow) {
```

```
        mIsIdleNow.set(isIdleNow);
        if (isIdleNow && mCallback != null) {
            mCallback.onTransitionToIdle();
        }
    }
}
```

其实就是类似于设置一个状态标识符，手动更改状态即可。

其中 getName()方法返回的 String 作为注册回调 Key，所以要确保唯一性。registerIdleTransitionCallback()的参数 ResourceCallback 会作为 isIdleNow()时的回调。isIdleNow()判断是否已经处于空闲状态。

IdlingResource 在使用的时候要在测试用例类里进行注册和取消注册操作，一般在@Before 注解的方法里注册，在@After 注解的方法里取消注册。注册和和取消注册调用的方法如下：

```
//注册
Espresso.registerIdlingResources(idlingResource);
//取消注册
Espresso.unregisterIdlingResources(idlingResource);
```

学会了基本步骤后来实践一下。写一个简单的测试用例，实现 EditText 输入一串网址后关闭输入法，单击 Button 延时 3 秒跳转到另个一 Activity 打开网页。先画布局，代码如下：

```
<?xml version="1.0" encoding="utf-8"?>
<LinearLayout xmlns:android="http://schemas.android.com/apk/res/android"
    android:layout_width="match_parent"
    android:layout_height="match_parent"
    android:orientation="vertical">

    <EditText
        android:id="@+id/et_text"
        android:layout_width="match_parent"
        android:layout_height="wrap_content"
        android:padding="10dp" />

    <Button
        android:id="@+id/btn"
        android:text="Click"
        android:layout_width="match_parent"
        android:layout_height="wrap_content" />

    <TextView
        android:id="@+id/tv_text"
        android:layout_width="match_parent"
        android:layout_height="wrap_content"
        android:padding="10dp"
        android:text="TextViewText" />

</LinearLayout>
```

编写 Activity 内容，代码如下：

```
package com.google.instrumenttest;

import android.content.Intent;
import android.os.Bundle;
import android.os.CountDownTimer;
import android.support.annotation.VisibleForTesting;
import android.support.test.espresso.IdlingResource;
import android.support.v7.app.AppCompatActivity;
import android.view.View;
import android.widget.Button;
import android.widget.EditText;
import android.widget.Toast;

public class EspActivity extends AppCompatActivity {
    private EditText et_text;
    private Button btn;
    private SimpleIdlingResource mIdlingResource;

    @Override
    protected void onCreate(Bundle savedInstanceState) {
        super.onCreate(savedInstanceState);
        setContentView(R.layout.activity_esp);
        et_text = findViewById(R.id.et_text);
        btn = findViewById(R.id.btn);
        btn.setOnClickListener(new View.OnClickListener() {
            @Override
            public void onClick(View v) {
                Toast.makeText(EspActivity.this, "espresso", Toast.LENGTH_
SHORT).show();
                mIdlingResource.setIdleState(false);
                delay();
            }
        });
    }

    private void delay() {
        CountDownTimer countDownTimer = new CountDownTimer(3000, 1000) {
            @Override
            public void onTick(long millisUntilFinished) {

            }

            @Override
            public void onFinish() {
                mIdlingResource.setIdleState(true);
                Intent intent = new Intent(EspActivity.this, WebActivity.
class);
                intent.putExtra("url", et_text.getText().toString());
                startActivity(intent);
            }
        }.start();
    }
```

```
    @VisibleForTesting
    public IdlingResource getIdlingResource() {
        if (mIdlingResource == null) {
            mIdlingResource = new SimpleIdlingResource();
        }
        return mIdlingResource;
    }
}
```

编写测试用例类，代码如下：

```
package com.google.instrumenttest;

import android.support.test.espresso.Espresso;
import android.support.test.espresso.IdlingRegistry;
import android.support.test.espresso.IdlingResource;
import android.support.test.espresso.action.ViewActions;
import android.support.test.rule.ActivityTestRule;
import android.support.test.runner.AndroidJUnit4;

import org.junit.After;
import org.junit.Before;
import org.junit.Rule;
import org.junit.Test;
import org.junit.runner.RunWith;

import static android.support.test.espresso.action.ViewActions.closeSoft
Keyboard;
import static android.support.test.espresso.action.ViewActions.typeText;
import static android.support.test.espresso.assertion.ViewAssertions.matches;
import static android.support.test.espresso.matcher.ViewMatchers.withId;
import static android.support.test.espresso.matcher.ViewMatchers.withText;

@RunWith(AndroidJUnit4.class)
public class EspActivityTest {
    @Rule
    public ActivityTestRule<EspActivity> rule = new ActivityTestRule<>
(EspActivity.class);
    private IdlingResource idlingResource;

    @Before
    public void setUp() throws Exception {
        idlingResource = rule.getActivity().getIdlingResource();
        IdlingRegistry.getInstance().register(idlingResource);
    }

    @After
    public void tearDown() throws Exception {
        if (idlingResource != null) {
            IdlingRegistry.getInstance().unregister(idlingResource);
        }
    }

    @Test
    public void testClick() {
```

```
Espresso.onView(withId(R.id.tv_text)).check(matches(withText("TextViewT
ext")));
        Espresso.onView(withId(R.id.et_text)).perform
                (typeText("https://www.baidu.com"), closeSoftKeyboard());
        Espresso.onView(withId(R.id.btn)).perform(ViewActions.click());
    }

}
```

测试用例模拟 UI 测试单击的整个过程：测试 id 为 tv_text 的控件显示文字是否是 TextViewText，然后在 id 为 et_text 的控件里输入 https://www.baidu.com 网址，并关闭输入法键盘，最后单击 id 为 btn 的控件。

可能有的读者会对 SimpleIdlingResource 类有疑问：它的作用是什么？SimpleIdling-Resource 类主要用来实现异步任务执行，如延迟执行等操作。比如网络请求操作，测试框架并不知道这个网络请求什么时候能回调结果，所以可以在开始请求时设置一个状态，请求完毕后设置一个状态，那么框架就会知道这个异步请求的过程状态了，也就可以执行对应的测试命令了。

运行测试用例，可以在真机或者模拟器上看到模拟的测试单击及输入操作，控制台的输出日志如图 6-12 所示。

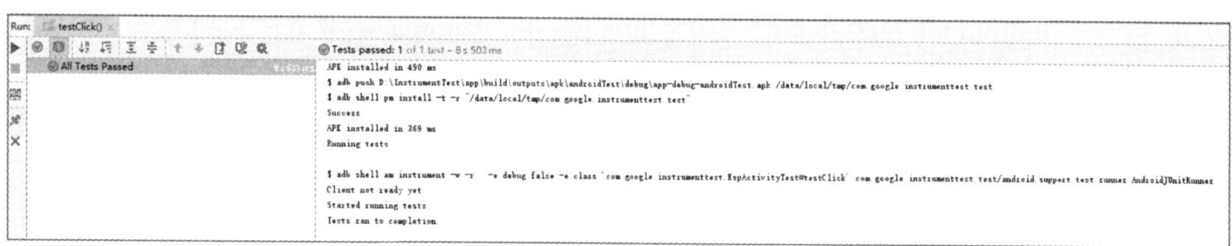

图 6-12　测试用例运行结果

这里再拓展一下 Espresso 的 Intent 意图及 WebView 测试的简单用法，直接给出实例代码如下：

```
@Test
public void testIntent() {
   //传递数据到 WebViewActivity
   Intent intent = new Intent();
   intent.putExtra("url", "https://m.baidu.com");
   rule.launchActivity(intent);
   Espresso.onView(withId(R.id.wv)).perform(ViewActions.click());
   //通过名称查找的方式为"word"找到搜索输入框
   onWebView().withElement(findElement(Locator.NAME, "word"))
         //往输入框中输入字符串"android"
         perform(DriverAtoms.webKeys("android"))
         //通过 id 查找的方式为"index-bn"找到"百度一下"按钮
         withElement(findElement(Locator.ID, "index-bn"))
         //执行单击事件
         perform(webClick())
         //通过 id 查找的方式为"results"找到结果 div
```

```
        .withElement(findElement(Locator.ID, "results"))
        //检查 div 中是否包含字符串"android"
        .check(WebViewAssertions.webMatches(DriverAtoms.getText(),
            Matchers.containsString("android")));
}
```

关于 Espresso 的 Multiprocess 和 Accessibility checking 的使用方法，读者可以自行查阅 Google 官方文档 https://developer.android.google.cn/training/testing/espresso。

6.4.2　UI Automator 测试框架

UI Automator 是 Google 推出的一个 UI 测试框架，适用于跨系统和已安装应用程序的跨应用程序功能 UI 测试。Google 对 UI 测试的定义：确保用户在一系列操作过程中（如键盘输入、单击菜单、弹出对话框、图像显示及其他 UI 控件的改变），应用程序做出正确的 UI 响应。UI 测试是功能测试和黑盒测试，它的好处是不需要测试者了解应用程序的内部实现细节，而只需要知道当执行了某些特定动作后是否会得到预期的输出。

UI Automator 是一个从 Android 4.3（API level 18）引入的测试框架，它提供了一套丰富的 API，可以在不依赖于目标 App 内部实现机制的基础上，方便地创建自动化测试用例，实现用户对 Android UI 各种界面交互操作的模拟。UI Automator 测试框架提供了一组 API 来构建用于在用户应用程序和系统应用程序上执行交互的 UI 测试。可以执行一些操作，如打开测试设备中的“设置”菜单或应用程序启动器。UI Automator 测试框架非常适合编写黑盒式自动化测试，其中测试代码不依赖于目标应用程序的内部实现细节。

UI Automator 还提供了一个检查布局层次结构的查看器 UI Automator Viewer，如果需要使用布局分析与优化，可以使用此工具。UI Automator Viewer 工具提供了一个 GUI 来扫描和分析当前在 Android 设备上显示的 UI 组件，可以使用此工具检查布局层次结构，并查看在当前设备可见的 UI 组件属性。辅助工具可以辅助测试人员使用 UI Automator 创建更细粒度的测试，例如创建与特定可见属性匹配的 UI 选择器。UI Automator Viewer 工具位于<android-sdk> / tools / bin 目录下。

UI Automator 测试框架提供了一个 UiDevice 类，用于在运行目标应用程序的设备上访问和执行操作。可以调用其方法来访问设备属性，例如当前方向或显示大小。UiDevice 类还允许执行更改设备旋转、模拟按实体按钮键（如音量增大、后退、主页和菜单按钮）、打开通知栏、截取当前窗口的屏幕截图等操作。例如，要模拟 Home 按钮被按下，可以调用 UiDevice.pressHome()方法。

接下来看一下 UI Automator 几个常用的测试 API。

- UiObject：在设备上可见的一个 UI 元素。
- UiCollection：UI 元素对象的集合，以便通过其可见文本或内容描述属性对子元素进行计数或定位。
- UiScrollable：用来在可滚动 UI 容器中查找元素，因为有的元素要滚动后才可以看到，所以可模拟滚动。

- UiSelector：主要用于设备上一个或多个目标 UI 元素的查询。
- UiDevices：通过 getUiDevices 方法获得一个单例对象，通过该对象可以进行一些与设备相关的操作

下面来看一个官方的例子。该例子展示了模拟单击 Home 键并寻找 Apps 这个元素控件，然后单击测试操作。代码如下：

```
mDevice = UiDevice.getInstance(getInstrumentation());
mDevice.pressHome();

// Bring up the default launcher by searching for a UI component
// that matches the content description for the launcher button.
UiObject allAppsButton = mDevice
        .findObject(new UiSelector().description("Apps"));

// Perform a click on the button to load the launcher.
allAppsButton.clickAndWaitForNewWindow();
```

下面给出一个比较完整的测试用例，其中用到了 UI Automator 常用的测试 API。实现的流程是按 Home 键，打开设置应用，将页面滑动到设置列表的最底部找到系统项，单击系统项进入，再执行返回操作，最后回到 Home 页。代码如下：

```
@RunWith(AndroidJUnit4.class)
public class UIActivityTest {
    private static final String PACKAGE_SETTING = "com.android.settings";
    @Test
    public void testSettingApp() throws Exception {
        //初始化一个 UiDevice 对象
        Context context = InstrumentationRegistry.getContext();
        UiDevice mDevice = UiDevice.getInstance(getInstrumentation());
        //回到 Home 界面
        mDevice.pressHome();
        // 启动设置
        Intent intent = context.getPackageManager().getLaunchIntentForPackage
(PACKAGE_SETTING);
        //清除以前的实例
        intent.addFlags(Intent.FLAG_ACTIVITY_CLEAR_TASK);
        context.startActivity(intent);
        //通过 id 找到 scrollview
        UiScrollable scrollview = new UiScrollable(new UiSelector().class
Name(RecyclerView.class).resourceId("com.android.settings:id/dashboard_
container"));
        //滑动到底部
        scrollview.flingToEnd(10);
        //通过文本找到系统
        UiObject systemPhone = scrollview.getChild(new UiSelector().text
("系统"));
        //单击跳转到手机信息界面
        systemPhone.click();
```

```
        //通过 description 找到向上返回的 ImageButton
        UiObject ibtnBack = mDevice.findObject(new UiSelector().className
    (ImageButton.class).description("向上导航"));
        //单击返回
        ibtnBack.click();
        //单击 Home 键
        mDevice.pressHome();
        //单击最近使用的 App 按键
        mDevice.pressRecentApps();
        //通过类名找到可以执行最近使用的 App 按钮控件 TaskStackView
        UiScrollable taskStackView = new UiScrollable(new UiSelector().
    className("com.android.systemui.recents.views" +
                ".TaskStackView"));
        //返回
        mDevice.pressBack();
    }
}
```

如果不知道某个控件的 ID 和类信息，可以配合使用 UI Automator Viewer 进行辅助查找。

更多关于 UI Automator 的用法，可以查看 Google 官方文档：网址如下：

https://developer.android.google.cn/training/testing/ui-automator。

6.4.3 Robolectric 测试框架

之前介绍过 Android 的单元测试分为本地化测试和仪器化测试。本地化测试也就是在计算机上用 JVM 环境运行的测试；仪器化测试也就是在真机或模拟器上进行的测试。当使用本地化测试时，必须要保证测试过程中不会调用 Android 系统的 API，否则会抛出 RuntimeException 异常。由于本地化测试是直接在计算机上进行的，所以调用这些 Android 系统的 API 便会出错。那么问题来了，既要使用本地化测试，但测试过程中又难免会遇到调用 Android 系统的 API，那应该怎么办？其中一个方法就是模拟对象，可以借助 Mockito 框架；第二种方式就是使用 Robolectric 测试框架。Robolectric 就是为解决类似这种问题而生的，它实现了一套 JVM 能执行的 Android 代码，主要原理就是在单元测试执行的时候去截取 Android 相关的代码调用，然后转到它自身实现的 Shadow 代码去执行这个调用的过程。所以 Robolectric 的 Shadow 库和调用是其核心。

注意： Robolectric 主要是进行本地单元测试，所以新建的测试用例要创建在 test 测试目录下，而不是 androidTest 目录下。

Robolectric 框架中也包含多个相关库，比较常用的是 robolectric 和 shadows-support-v4，如果测试中需要用到其他几个库，可以根据需求进行引入即可。代码如下：

```
testImplementation "org.robolectric:robolectric:4.1"
testImplementation 'org.robolectric:shadows-support-v4:3.4-rc2'
```

```
testImplementation 'org.robolectric:shadows-multidex:3.4-rc2'
testImplementation 'org.robolectric:shadows-play-services:3.4-rc2'
testImplementation 'org.robolectric:shadows-maps:3.4-rc2'
testImplementation 'org.robolectric:shadows-httpclient:3.4-rc2'
```

被分拆的几个 Shadow 包根据名字也可以看出是用来复制模拟哪些 Android API 包的，读者可以根据需要来引入对应的 Shadow 包。

这里给出一个 Robolectric 官方的示例，代码如下：

```
package com.google.instrumenttest;

import android.app.Activity;
import android.widget.Button;
import android.widget.TextView;

import org.junit.Before;
import org.junit.Test;
import org.junit.runner.RunWith;
import org.robolectric.Robolectric;
import org.robolectric.RobolectricTestRunner;
import org.robolectric.annotation.Config;
import org.robolectric.shadows.ShadowLog;

import static org.hamcrest.MatcherAssert.assertThat;
import static org.hamcrest.Matchers.equalTo;

@RunWith(RobolectricTestRunner.class)
@Config(manifest = Config.NONE)
public class RbcActivityTest {

    @Before
    public void setUp(){
        //输出日志
        ShadowLog.stream = System.out;
    }

    @Test
    public void clickingButton_shouldChangeResultsViewText() throws Exception {
        Activity activity = Robolectric.setupActivity(RbcActivity.class);

        Button button = (Button) activity.findViewById(R.id.press_me_button);
        TextView results = (TextView) activity.findViewById(R.id.results_
text_view);

        button.performClick();
        assertThat(results.getText().toString(), equalTo("Testing Android
Rocks!"));
    }
}
```

大家应该注意到了@Config 注解，这个是对 Robolectric 的配置注解。可以使用@Config 注解进行配置，这个是针对类的一个单独配置。如果想要进行全局配置的话，可以在 src/test/resources 下新建一个 robolectric.properties 配置文件，格式类似，具体如下：

```
# src/test/resources/com/mycompany/app/robolectric.properties
sdk=18
manifest=some/build/path/AndroidManifest.xml
shadows=my.package.ShadowFoo,my.package.ShadowBar
```

Robolectric 的配置文件可以配置很多个性化参数，下面列举一些常见的@Config 注解配置。

配置 SDK Level。默认情况下，Robolectric 将针对清单中指定的 targetSdkVersion 运行代码。如果要在不同的 SDK 下测试代码，可以使用 sdk、minSdk 和 maxSdk 配置属性指定 SDK，代码如下：

```
@Config(sdk = { JELLY_BEAN, JELLY_BEAN_MR1 })
public class SandwichTest {

    public void getSandwich_shouldReturnHamSandwich() {
      // will run on JELLY_BEAN and JELLY_BEAN_MR1
    }

    @Config(sdk = KITKAT)
    public void onKitKat_getSandwich_shouldReturnChocolateWaferSandwich() {
      // will run on KITKAT
    }

    @Config(minSdk=LOLLIPOP)
    public void fromLollipopOn_getSandwich_shouldReturnTunaSandwich() {
      // will run on LOLLIPOP, M, etc.
    }
}
```

配置 Application 类。Robolectric 将尝试创建清单中指定 Application 类的实例。如果要提供自定义实现，可以通过设置来指定，代码如下：

```
@Config(application = CustomApplication.class)
public class SandwichTest {

    @Config(application = CustomApplicationOverride.class)
    public void getSandwich_shouldReturnHamSandwich() {
    }
}
```

配置 Resource 和 Asset 路径。Robolectric 默认使用 Gradle 或 Maven 的默认配置路径，但也允许进行自定义 Resource 目录和 Asset 目录的路径。可以通过设置指定这些值，代码如下：

```
@Config(resourceDir = "some/build/path/res")
public class SandwichTest {

    @Config(resourceDir = "other/build/path/ham-sandwich/res")
    public void getSandwich_shouldReturnHamSandwich() {
    }
}
```

Robolectric 默认配置是 Resource 和 Asset，分别位于名为 res 和 assets 的目录中。

配置 Qualifiers。可以配置资源限定符集，代码如下：

```
public class SandwichTest {

    @Config(qualifiers = "fr-xlarge")
    public void getSandwichName() {
      assertThat(sandwich.getName()).isEqualTo("Grande Croque Monégasque");
    }
}
```

系统属性的配置。可以在 build.gradle 里全局配置一些额外的属性，例如：

- robolectric.enabledSdks：为此进程启用的以逗号分隔的 SDK API Level 或名称列表（如 19,21 或 KITKAT，LOLLIPOP）。仅运行列出的 SDK 目标测试。默认情况下，所有的 SDK 均已启用。
- robolectric.offline：设置为 true 以禁用运行时获取 jar。
- robolectric.dependency.dir：处于脱机模式时，指定包含运行时依赖项的文件夹。
- robolectric.dependency.repo.id：设置用于运行时依赖项的 Maven 存储库的 ID（默认的 sonatype）。
- robolectric.dependency.repo.url：设置用于运行时依赖项的 Maven 存储库的 URL（默认为 https://oss.sonatype.org/content/groups/public/）。
- robolectric.logging.enabled：设置为 true 以启用调试日志记录。

下面给出一个简单的配置示例。

```
android {
  testOptions {
    unitTests.all {
      systemProperty  'robolectric.dependency.repo.url',  'https://local-
mirror/repo'
      systemProperty 'robolectric.dependency.repo.id', 'local'
    }
  }
}
```

引入示例：

```
android {
  testOptions {
    unitTests {
      includeAndroidResources = true
    }
  }
}

dependencies {
  testImplementation 'org.robolectric:robolectric:4.1'
}
```

下面的示例主要功能是测试单击 Button 按钮，跳转到另一个 Activity，用测试用例测试跳转的 Activity 是否正确。

创建布局文件，代码如下：

```
<?xml version="1.0" encoding="utf-8"?>
<LinearLayout xmlns:android="http://schemas.android.com/apk/res/android"
    android:layout_width="match_parent"
    android:layout_height="match_parent">

    <Button
        android:id="@+id/login"
        android:layout_width="wrap_content"
        android:layout_height="wrap_content"
        android:text="Login" />

</LinearLayout>
```

创建 Activity 类，代码如下：

```
package com.google.instrumenttest;

import android.app.Activity;
import android.content.Intent;
import android.os.Bundle;
import android.view.View;

public class WelcomeActivity extends Activity {

    @Override
    protected void onCreate(Bundle savedInstanceState) {
        super.onCreate(savedInstanceState);
        setContentView(R.layout.welcome_activity);

        final View button = findViewById(R.id.login);
        button.setOnClickListener(new View.OnClickListener() {
            @Override
            public void onClick(View view) {
                startActivity(new Intent(WelcomeActivity.this, EspActivity.
class));
            }
        });
    }
}
```

创建测试用例类，代码如下：

```
package com.google.instrumenttest;

import android.content.Intent;

import org.junit.Test;
import org.junit.runner.RunWith;
import org.robolectric.Robolectric;
import org.robolectric.RobolectricTestRunner;
import org.robolectric.RuntimeEnvironment;

import static org.junit.Assert.assertEquals;
import static org.robolectric.Shadows.shadowOf;
```

```
@RunWith(RobolectricTestRunner.class)
public class WelcomeActivityTest {

    @Test
    public void clickingLogin_shouldStartLoginActivity() {
        WelcomeActivity activity = Robolectric.setupActivity(WelcomeActivity.
class);
        activity.findViewById(R.id.login).performClick();

        Intent expectedIntent = new Intent(activity, EspActivity.class);
        Intent actual = shadowOf(RuntimeEnvironment.application).getNext
StartedActivity();
        assertEquals(expectedIntent.getComponent(),
actual.getComponent());
    }
}
```

最后给出几个常用的测试示例。

日志输出，代码如下：

```
@Before
    public void setUp(){
        //输出日志
        ShadowLog.stream = System.out;
    }
```

这样，Log 日志都将输出在控制面板中。

创建 Activity 测试，代码如下：

```
@RunWith(RobolectricTestRunner.class)
public class MainActivityTest {

    private MainActivity mainActivity;

    @Before
    public void setUp(){
        mainActivity = Robolectric.setupActivity(MainActivity.class);
    }

    /**
     * 创建 Activity 测试
     */
    @Test
    public void testMainActivity() {
        assertNotNull(mainActivity);
    }
```

当 Robolectric.setupActivity 返回的时候，默认会调用 Activity 的生命周期：onCreate→onStart→onResume。

Activity 跳转验证，代码如下：

```
@Test
    public void testJump() throws Exception {

        // 触发单击按钮事件
```

```
        mJumpBtn.performClick();

        // 获取对应的 Shadow 类
        ShadowActivity shadowActivity = Shadows.shadowOf(mainActivity);
        // 借助 Shadow 类获取启动下一个 Activity 的 Intent
        Intent nextIntent = shadowActivity.getNextStartedActivity();
        // 校验 Intent 的正确性
        assertEquals(nextIntent.getComponent().getClassName(), LoginActivity.
class.getName());
    }
```

验证 Toast，代码如下：

```
@Test
    public void testToast() throws Exception {
        Toast toast = ShadowToast.getLatestToast();
        // 判断 Toast 尚未弹出
        assertNull(toast);

        mToastBtn.performClick();
        toast = ShadowToast.getLatestToast();
        // 判断 Toast 已经弹出
        assertNotNull(toast);
        // 获取 Shadow 类进行验证
        ShadowToast shadowToast = Shadows.shadowOf(toast);
        assertEquals(Toast.LENGTH_LONG, shadowToast.getDuration());
        assertEquals("Hello World!", ShadowToast.getTextOfLatestToast());
    }
```

验证 Dialog，代码如下：

```
@Test
    public void testDialog() throws Exception {
        AlertDialog dialog = ShadowAlertDialog.getLatestAlertDialog();
        // 判断 Dialog 尚未弹出
        assertNull(dialog);

        mDialogBtn.performClick();
        dialog = ShadowAlertDialog.getLatestAlertDialog();
        // 判断 Dialog 已经弹出
        assertNotNull(dialog);
        // 获取 Shadow 类进行验证
        ShadowAlertDialog shadowDialog = Shadows.shadowOf(dialog);
        assertEquals("Hello World! ", shadowDialog.getMessage());
    }
```

UI 组件状态验证，代码如下：

```
@Test
    public void testCheckBoxState() throws Exception {

        // 验证 CheckBox 初始状态
        assertFalse(checkBox.isChecked());

        // 单击按钮反转 CheckBox 状态
```

```
        mInverseBtn.performClick();
        // 验证状态是否正确
        assertTrue(checkBox.isChecked());

        // 单击按钮反转 CheckBox 状态
        mInverseBtn.performClick();
        // 验证状态是否正确
        assertFalse(checkBox.isChecked());
    }
```

验证 Fragment，代码如下：

```
@Test
    public void testFragment() {
        SampleFragment sampleFragment = new SampleFragment();
        //添加 Fragment 到 Activity 中，会触发 Fragment 的 onCreateView()
        SupportFragmentTestUtil.startFragment(sampleFragment);
        assertNotNull(sampleFragment.getView());
    }
```

访问资源文件，代码如下：

```
@Test
    public void testResources() {
        Application application = RuntimeEnvironment.application;
        String appName = application.getString(R.string.app_name);
        assertEquals("AndroidUT", appName);
    }
```

调用 Activity 生命周期。利用 ActivityController 可以让 Activity 执行相应的生命周期方法，代码如下：

```
@Test
    public void testLifecycle() throws Exception {
        // 创建 Activity 控制器
        ActivityController<MainActivity> controller = Robolectric.build
Activity(MainActivity.class);
        MainActivity activity = controller.get();
        assertNull(activity.getLifecycleState());

        // 调用 Activity 的 performCreate 方法
        controller.create();
        assertEquals("onCreate", activity.getLifecycleState());

        // 调用 Activity 的 performStart 方法
        controller.start();
        assertEquals("onStart", activity.getLifecycleState());

        // 调用 Activity 的 performResume 方法
        controller.resume();
        assertEquals("onResume", activity.getLifecycleState());

        // 调用 Activity 的 performPause 方法
        controller.pause();
        assertEquals("onPause", activity.getLifecycleState());
```

```
        // 调用 Activity 的 performStop 方法
        controller.stop();
        assertEquals("onStop", activity.getLifecycleState());

        // 调用 Activity 的 performRestart 方法
        controller.restart();
        // 注意此处应该是 onStart，因为 performRestart 不仅会调用 restart，还会调
用 onStart
        assertEquals("onStart", activity.getLifecycleState());

        // 调用 Activity 的 performDestroy 方法
        controller.destroy();
        assertEquals("onDestroy", activity.getLifecycleState());
    }
```

验证 BroadcastReceiver，代码如下：

```
@RunWith(RobolectricTestRunner.class)
public class MyReceiverTest{
    private final String action = "com.google.arc. AndroidWorld ";

    @Test
    public void testRegister() throws Exception {
        ShadowApplication shadowApplication = ShadowApplication.getInstance();
        Intent intent = new Intent(action);
        // 验证是否注册了相应的 Receiver
        assertTrue(shadowApplication.hasReceiverForIntent(intent));
    }

    @Test
    public void testReceive() throws Exception {
        //发送广播
        Intent intent = new Intent(action);
        intent.putExtra(MyReceiver.NAME, " AndroidWorld");
        MyReceiver myReceiver = new MyReceiver();
        myReceiver.onReceive(RuntimeEnvironment.application, intent);
        //验证广播的处理逻辑是否正确
        SharedPreferences preferences = PreferenceManager.
                getDefaultSharedPreferences(RuntimeEnvironment.application);
        assertEquals( "AndroidWorld", preferences.getString(MyReceiver.
NAME, ""));
    }
}
```

Service 验证，代码如下：

```
@RunWith(RobolectricTestRunner.class)
public class MyServiceTest {

    private ServiceController<MyService> controller;
    private MyService mService;

    @Before
    public void setUp() throws Exception {
```

```
        ShadowLog.stream = System.out;
        controller = Robolectric.buildService(MyService.class);
        mService = controller.get();
    }

    /**
     * 控制 Service 生命周期进行验证
     *
     * @throws Exception
     */
    @Test
    public void testServiceLifecycle() throws Exception {
        controller.create();
        controller.startCommand(0, 0);
        controller.bind();
        controller.unbind();
        controller.destroy();
    }
}
```

最后再看一下 Shadow 的基本用法。我们前面介绍过，Robolectric 通过实现一套 JVM 能运行的 Android 代码，从而做到脱离 Android 运行环境进行测试。实际上 Robolectric 使用的就是 Shadow，如之前例子中的 ShadowActivity、ShadowLog 和 ShadowAlertDialog 等。Shadow 在实现的同时帮助我们拓展了原本的 Android 代码，实现了许多便于测试的功能，如例子中用到的 getNextStartedActivity()、ShadowToast.getTextOfLatestToast()和 ShadowAlertDialog.getLatestAlertDialog()。当然，实际上不止这些，Robolectric 还提供了大量的 Shadow 供开发者使用。

例如，创建一个 Person 对象，代码如下：

```
public class Person {

    private String name;
    private int sex;

    public String getName() {
        return name;
    }

    public void setName(String name) {
        this.name = name;
    }

    public int getSex() {
        return sex;
    }

    public void setSex(int sex) {
        this.sex = sex;
    }

    public int getAge(){
        return 10;
```

```
    }

    public String eat(String food){
        return food;
    }
}
```

创建 Person 的 Shadow 对象 ShadowPerson，实现与原始类方法名一致的方法，Shadow 方法需用@Implementation 进行注解。代码如下：

```
@Implements(Person.class)
public class ShadowPerson {

    @Implementation
    public String getName() {
        return "AndroidWorld";
    }

    @Implementation
    public int getSex() {
        return 0;
    }

    @Implementation
    public int getAge(){
        return 18;
    }
}
```

在@Config 注解中添加 shadows 参数，指定对应的 Shadow。

```
@RunWith(RobolectricTestRunner.class)
@Config(shadows = {ShadowPerson.class})
public class ShadowTest {

    @Before
    public void setUp() {
        ShadowLog.stream = System.out;
    }

    @Test
    public void testShadowShadow(){
        Person person = new Person();
        //实际上调用的是 ShadowPerson 的方法
        Log.d("test", person.getName());
        Log.d("test", String.valueOf(person.getAge()));
        Log.d("test", String.valueOf(person.getSex()));

        //获取 Person 对象对应的 Shadow 对象
        ShadowPerson shadowPerson = extract(person);
        assertEquals("AndroidWorld", shadowPerson.getName());
        assertEquals(18, shadowPerson.getAge());
        assertEquals(0, person.getSex());
    }
}
```

更多关于 Robolectric 及 Shadow 的用法可以查看官方文档 http://robolectric.org。

第 7 章　定制与适配

Android 中的定制开发是为了满足应用中的特殊需求，如绝大多数应用软件的菜单都与 Android 系统自带的菜单不同，这些菜单都是专门定制开发的。

定制开发使应用软件在用户体验上具有与众不同的风格，能够提高用户的认可度。在 Web 2.0 之前的软件大多数是以功能区分彼此的不同。Web 2.0 之后，软件功能的同质化现象越来越严重，竞争领域更多的是服务和用户体验，这就需要在开发中更多地使用定制技术。例如手机开发中比较有名的定制案例：小米手机在很多方面都做了定制，甚至是深度定制，绝大多数的手机解锁应用都是定制的。

关于适配，由于 Android 手机尺寸和分辨率非常多，并且系统版本也有差异，因此需要进行相应的适配和测试处理。所以，做出来的应用布局和体验应尽可能地兼容和适配绝大多数手机。本章将给大家讲解一下 Android 平台的定制与应用适配。

7.1　定制主题与样式

我们经常会听说自定义主题和自定义样式，那么它们有什么区别呢？主题主要是设置 Application 和 Activity 的显示风格。样式主要是设置 View 的显示风格。一般情况下，主题的范围更大。先来看一下它们的相同点和不同点。

相同点：

- 类对象的样式；
- 消除代码重复；
- 定义的方式都是继承。

不同点：

- 范围：Style—>View，Theme—>Application 或 Activity；
- 优先级：View > Style > Theme；
- 作用范围：Theme－>Style－>View。

主题常用来设置窗口的显示样式，如设置窗口是否带标题、边框、背景色或背景图。

7.1.1　定义原则

主题和样式通常定义在 res/values 文件夹下，文件扩展名是 xml，一般叫作 styles.xml。

主题文件的根标签是<resources>，其中可以包含若干个<style>标签，每个<style>标签都定义了一个主题。<style>标签内可包含若干个<item>标签，每个<item>标签设置当前主题的一个属性，如背景图。新建 Android 项目时默认会有一个主题。注意，样式与主题冲突的时候，样式的优先级高；其次，主题可以改变程序中所有控件的属性。系统的主题定义格式为 android:theme="@android:style/Theme"。

下面介绍常用的系统主题。

- android:theme="@android:style/Theme.Dialog"，用来设置 Activity 为对话框风格；
- android:theme="@android:style/Theme.Translucent"，用来设置 Activity 背景为透明；
- < item name="android:windowNoTitle">true</item>，用来设置 Activity 为无标题；
- <item name="android:windowFullscreen">true</item>，用来设置 Activity 为全屏幕显示。

自定义好的主题需要在 Android 项目注册清单文件中配置 android:theme。如果在 Application 标签里设置，则会对全部 Activity 起作用；如果在 Activity 标签里设置，则只对当前 Activity 起作用。

7.1.2　自定义主题

主题可以自定义的属性非常多，图 7-1 中仅列出了其中的一小部分。

```
<item name="listDividerAlertDialog">@drawable/list_divider_holo_light</item>
<item name="findOnPageNextDrawable">@drawable/ic_find_next_holo_light</item>
<item name="findOnPagePreviousDrawable">@drawable/ic_find_previous_holo_light</item>

<!-- Gallery attributes -->
<item name="galleryItemBackground">@drawable/gallery_item_background</item>

<!-- Window attributes -->
<item name="windowFrame">@null</item>
<item name="windowNoTitle">false</item>
<item name="windowFullscreen">false</item>
<item name="windowOverscan">false</item>
<item name="windowIsFloating">false</item>
<item name="windowContentOverlay">@drawable/ab_solid_shadow_holo</item>
<item name="windowShowWallpaper">false</item>
<item name="windowTitleStyle">@style/WindowTitle.Holo</item>
<item name="windowTitleSize">25dip</item>
<item name="windowTitleBackgroundStyle">@style/WindowTitleBackground.Holo</item>
<item name="windowAnimationStyle">@style/Animation.Holo.Activity</item>
<item name="windowSoftInputMode">stateUnspecified|adjustUnspecified</item>
<item name="windowActionBar">true</item>
<item name="windowActionModeOverlay">false</item>

<!-- Dialog attributes -->
<item name="dialogTheme">@style/Theme.Holo.Light.Dialog</item>
<item name="dialogTitleIconsDecorLayout">@layout/dialog_title_icons_holo</item>
<item name="dialogCustomTitleDecorLayout">@layout/dialog_custom_title_holo</item>
<item name="dialogTitleDecorLayout">@layout/dialog_title_holo</item>

<!-- AlertDialog attributes -->
<item name="alertDialogTheme">@style/Theme.Holo.Light.Dialog.Alert</item>
<item name="alertDialogStyle">@style/AlertDialog.Holo.Light</item>
<item name="alertDialogCenterButtons">false</item>
<item name="alertDialogIcon">@drawable/ic_dialog_alert_holo_light</item>
```

图 7-1　Android 自定义主题的部分属性

针对各种样式都有相关的主题属性，例如 Activity、Window、Dialog 和 AlertDialog 等。接下来用代码讲解一下一些常用的自定义主题属性配置及其含义。

```
<resources>

    <!-- Base application theme. -->
    <style name="AppTheme" parent="Theme.AppCompat.Light.DarkActionBar">
        <!-- Customize your theme here. -->
        <item name="colorPrimary">@color/colorPrimary</item>
        <item name="colorPrimaryDark">@color/colorPrimaryDark</item>
        <item name="colorAccent">@color/colorAccent</item>
    </style>

    <!-- 自定义主题 -->
    <style name="MyAppTheme" parent="AppTheme">
        <!-- Customize your theme here. -->
        <item name="colorPrimary">@color/colorPrimary</item>
        <item name="colorPrimaryDark">@color/colorPrimaryDark</item>
        <item name="colorAccent">@color/colorAccent</item>
        <!--窗体的背景色-->
        <item name="android:windowBackground">@android:color/white</item>
        <!--窗体无标题栏-->
        <item name="windowNoTitle">true</item>
        <!--无 ActionBar-->
        <item name="windowActionBar">false</item>
        <!--取消状态栏,也就是全屏显示-->
        <item name="android:windowFullscreen">true</item>
        <!--背景是否模糊-->
        <item name="android:backgroundDimEnabled">true</item>
        <!--背景模糊程度-->
        <item name="android:backgroundDimAmount">0.0</item>
        <!--Dialog 的 windowFrame 框为无 -->
        <item name="android:windowFrame">@null</item>
        <!--是否浮现在 Activity 之上-->
        <item name="android:windowIsFloating">true</item>
        <!--是否半透明-->
        <item name="android:windowIsTranslucent">true</item>
    </style>
</resources>
```

最后可以在项目清单里进行设置引用。

```
<application
    android:allowBackup="true"
    android:icon="@mipmap/ic_launcher"
    android:label="@string/app_name"
    android:roundIcon="@mipmap/ic_launcher_round"
    android:supportsRtl="true"
    android:theme="@style/MyAppTheme">
    <activity android:name=".MainActivity">
        <intent-filter>
            <action android:name="android.intent.action.MAIN" />

            <category android:name="android.intent.category.LAUNCHER" />
```

```
        </intent-filter>
    </activity>
</application>
```

7.1.3　自定义样式

自定义样式的功能主要是让同类组件显示风格统一，可以消除代码重复。自定义样式的应用范围一般是 View 类的控件。样式文件的根标签为<resources>，每个样式都用<style>标签设置，该标签内可以包含若干个<item>标签。每个<item>标签定义一种属性，如宽度、背景等。

自定义样式的示例代码如下：

```
<!--自定义样式-->

<!-- 宽、高均为填充父容器 -->
<style name="style_fill_parent">
    <item name="android:layout_width">fill_parent</item>
    <item name="android:layout_height">fill_parent</item>
</style>

<!-- 宽、高均为随内容变化 -->
<style name="style_wrap_content">
    <item name="android:layout_width">wrap_content</item>
    <item name="android:layout_height">wrap_content</item>
</style>

<!-- 设置 EditText 文字标签的 style -->
<style name="style_et" parent="Widget.AppCompat.EditText">
    <item name="android:editable">false</item>
    <item name="android:cursorVisible">false</item>
    <item name="android:textSize">14sp</item>
</style>
```

一般情况下，系统控件的风格定义路径如下：

\android-sdk_rXX-windows\platforms\android-XX\data\res\values\attrs.xml

风格的实际值路径如下：

\android-sdk_rXX-windows\platforms\android-XX\data\res\values\styles.xml

控件本身定义的属性优先级高于自定义样式定义的属性优先级。

7.2　定制 Dialog

我们在一些 App 中看到过各式各样的对话框，体验各不相同，其实这些都可以根据自己的需求进行个性化定制。接下来我们将学习如何自定义 Dialog。

首先需要自己定义一个对话框显示的布局。代码如下：

```
<?xml version="1.0" encoding="utf-8"?>
<LinearLayout xmlns:android="http://schemas.android.com/apk/res/android"
    android:layout_width="match_parent"
    android:layout_height="match_parent"
    android:background="@drawable/bg_round_white"
    android:orientation="vertical">

    <TextView
        android:id="@+id/title"
        android:layout_width="match_parent"
        android:layout_height="wrap_content"
        android:layout_marginTop="12dp"
        android:gravity="center_horizontal"
        android:padding="12dp"
        android:text="提示"
        android:textColor="@color/black"
        android:textSize="16sp" />

    <TextView
        android:id="@+id/content"
        android:layout_width="match_parent"
        android:layout_height="wrap_content"
        android:layout_gravity="center_horizontal"
        android:layout_marginBottom="30dp"
        android:layout_marginLeft="40dp"
        android:layout_marginRight="40dp"
        android:layout_marginTop="20dp"
        android:gravity="center"
        android:lineSpacingExtra="3dp"
        android:text="签到成功，获得 200 积分"
        android:textColor="@color/font_common_1"
        android:textSize="12sp" />

    <View
        android:layout_width="match_parent"
        android:layout_height="1dp"
        android:background="@color/commom_background" />

    <LinearLayout
        android:layout_width="match_parent"
        android:layout_height="50dp"
        android:orientation="horizontal">

        <TextView
            android:id="@+id/cancel"
            android:layout_width="match_parent"
            android:layout_height="match_parent"
            android:layout_weight="1.0"
            android:background="@drawable/bg_dialog_left_white"
            android:gravity="center"
            android:text="取消"
            android:textColor="@color/font_common_2"
            android:textSize="12sp" />

        <View
```

```
            android:layout_width="1dp"
            android:layout_height="match_parent"
            android:background="@color/commom_background" />

        <TextView
            android:id="@+id/submit"
            android:layout_width="match_parent"
            android:layout_height="match_parent"
            android:layout_weight="1.0"
            android:background="@drawable/bg_dialog_right_white"
            android:gravity="center"
            android:text="提交"
            android:textColor="@color/font_blue"
            android:textSize="12sp" />

    </LinearLayout>

</LinearLayout>
```

Dialog 的整个背景使用了圆角背景，这样显得不生硬。圆角背景文件 bg_round_white.xml 的内容如下：

```
<?xml version="1.0" encoding="utf-8"?>
<shape xmlns:android="http://schemas.android.com/apk/res/android" android:
shape="rectangle">
    <solid android:color="@color/white" />
    <corners android:radius="8dp" />
</shape>
```

同样，底部两个按钮也要做相应的圆角处理。

左下按钮背景设置 android:background="@drawable/bg_dialog_left_white"，bg_dialog_left_white.xml 文件的内容如下：

```
<?xml version="1.0" encoding="utf-8"?>
<shape xmlns:android="http://schemas.android.com/apk/res/android" android:
shape="rectangle">
    <solid android:color="@color/white" />
    <corners android:bottomLeftRadius="8dp" />
</shape>
```

右下按钮背景设置 android:background="@drawable/bg_dialog_right_white"，bg_dialog_right_white.xml 文件的内容如下：

```
<?xml version="1.0" encoding="utf-8"?>
<shape xmlns:android="http://schemas.android.com/apk/res/android" android:
shape="rectangle">
    <solid android:color="@color/white" />
    <corners android:bottomRightRadius="8dp" />
</shape>
```

自定义 Dialog 的 Style，其文件内容如下：

```
<style name="dialog" parent="@android:style/Theme.Dialog">
    <item name="android:windowFrame">@null</item>
    <!--边框-->
```

```
    <item name="android:windowIsFloating">true</item>
    <!--是否浮现在 Activity 之上-->
    <item name="android:windowIsTranslucent">false</item>
    <!--半透明-->
    <item name="android:windowNoTitle">true</item>
    <!--无标题-->
    <item name="android:windowBackground">@android:color/transparent</item>
    <!--背景透明-->
    <item name="android:backgroundDimEnabled">true</item>
    <!--模糊-->
</style>
```

布局预览效果如图 7-2 所示。

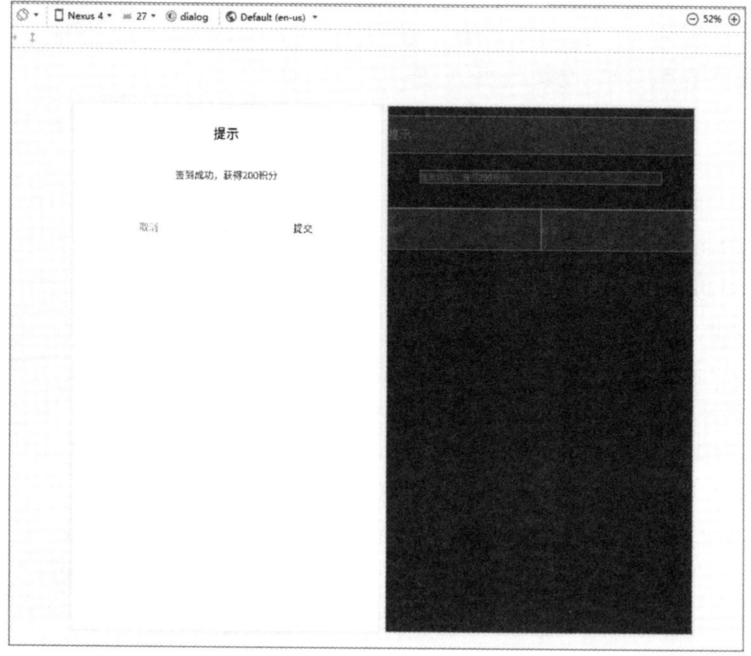

图 7-2　对话框布局预览

接下来就可以编写 Dialog 的显示逻辑了。自定义一个类继承自 Dialog，这里为了便于理解，直接写一个简单的例子：

```
Dialog dialog = new Dialog(context);
//设置布局
dialog.setContentView(R.layout.layout_dialog);
//触摸周围是否消失
dialog.setCanceledOnTouchOutside(false);
dialog.show();
//放在 show()之后，否则有些属性没有效果，如 height 和 width。这行代码也可以不加，默认在屏幕中间
Window dialogWindow = dialog.getWindow();
WindowManager.LayoutParams p = dialogWindow.getAttributes();
```

```
p.gravity = Gravity.CENTER;
dialogWindow.setAttributes(p);
```

这样自定义的 Dialog 就完成了，也可以补充一些动画在里面。

7.3　定制 Notification

我们经常会在手机的通知栏收到各种各样的通知，如新闻通知、音乐播放器通知和小工具通知等。这些通知都是可以自定义的，Android 提供了对通知的定制，如设置通知的振动、声音，设置通知的显示样式，设置在通知中更新进度条等，如图 7-3 所示。

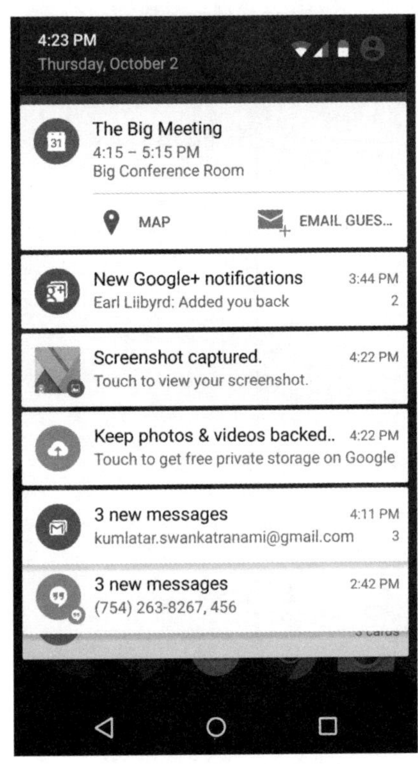

图 7-3　通知栏样式

自定义通知栏涉及 Notification.Builder、Notification 和 NotificationManager。

- Notification.Builer：使用建造者模式构建 Notification 对象。由于 Notification.Builder 仅支持 Android 4.1 及之后的版本，为了解决兼容性问题，Google 在 Android Support v4 中加入了 NotificationCompat.Builder 类。对于某些在 Android 4.1 之后才有的特性，即使 NotificationCompat.Builder 支持该方法，在之前的版本中也不能运行。本节中使用的都是 NotificationCompat。
- Notification：通知对应类，保存通知相关的数据。NotificationManager 向系统发送通知时会用到。
- NotificationManager：通知管理类，它是一个系统服务。调用 NotificationManager 的 notify()方法可以向系统发送通知。

想要创建一个简单的 Notification，需要以下 3 步：

（1）获取 NotificationManager 实例。

（2）实例化 NotificationCompat.Builder 并设置相关属性。

（3）通过 builder.build()方法生成 Notification 对象，并发送通知。

设置通知的最基本的代码如下：

```
public void setNotification(Context context) {
    //获取 NotificationManager 实例
    NotificationManager notifyManager = (NotificationManager) context.
```

```
getSystemService(Context.NOTIFICATION_SERVICE);
    //实例化 NotificationCompat.Builder 并设置相关属性
    NotificationCompat.Builder builder = new NotificationCompat.Builder
(context, "1")
            //设置小图标
            .setSmallIcon(R.mipmap.ic_launcher_round)
            //设置通知标题
            .setContentTitle("最简单的 Notification")
            //设置通知内容
            .setContentText("只有小图标、标题、内容");
    //设置通知时间，默认为系统发出通知的时间，通常不用设置
    //.setWhen(System.currentTimeMillis());
    //通过 builder.build()方法生成 Notification 对象并发送通知，id=1
    notifyManager.notify(1, builder.build());
}
```

如果想给 Notification 加一个单击跳转，应该怎么设置呢？答案是使用 PendingIntent。代码如下：

```
NotificationManager notifyManager = (NotificationManager) context.get
SystemService(Context.NOTIFICATION_SERVICE);
//获取 PendingIntent
Intent mainIntent = new Intent(context, MainActivity.class);
PendingIntent mainPendingIntent = PendingIntent.getActivity(context, 0,
mainIntent, PendingIntent.FLAG_UPDATE_CURRENT);
//创建 Notification.Builder 对象
NotificationCompat.Builder builder = new NotificationCompat.Builder
(context, "3")
        .setSmallIcon(R.mipmap.ic_launcher)
        //单击通知后自动清除
        .setAutoCancel(true)
        .setContentTitle("我是带 Action 的 Notification")
        .setContentText("点我会打开 MainActivity")
        .setContentIntent(mainPendingIntent);
//发送通知
notifyManager.notify(3, builder.build());
```

PendingIntent 是一种特殊的 Intent，根据字面意思可以解释为延迟的 Intent，用于在某个事件结束后执行特定的 Action。从上面带 Action 的通知也能验证这一点，当用户单击通知时才会执行。PendingIntent 是 Android 系统管理并持有的用于描述和获取原始数据的对象标志(引用)。也就是说，即便创建该 PendingIntent 对象的进程被杀死了，这个 PendingItent 对象在其他进程中也是可用的。例如人们日常使用的短信和闹钟等都用到了 PendingIntent。

PendingIntent 具有以下几种 FLAG：

- FLAG_CANCEL_CURREN：如果当前系统中已经存在一个相同的 PendingIntent 对象，那么就先将已有的 PendingIntent 取消，然后重新生成一个 PendingIntent 对象。
- FLAG_NO_CREATE：如果当前系统中不存在相同的 PendingIntent 对象，系统将不会创建该 PendingIntent 对象而是直接返回 Null。

- FLAG_ONE_SHOT：该 PendingIntent 只作用一次。
- FLAG_UPDATE_CURRENT：如果系统中已存在该 PendingIntent 对象，那么系统将保留该 PendingIntent 对象，但是会使用新的 Intent 来更新之前 PendingIntent 中的 Intent 对象数据，例如更新 Intent 中的 Extras。

接下来看一下如何设置 Notification 的通知效果。Notification 有振动、响铃和呼吸灯 3 种响铃效果，可以通过 setDefaults(int defualts)方法来设置。Default 属性有以下 4 种，一旦设置了 Default 效果，自定义的效果就会失效。代码如下：

```
//设置系统默认提醒效果，一旦设置默认提醒效果，则自定义的提醒效果会全部失效。具体可看源码
//添加默认振动效果，需要申请振动权限
//<uses-permission android:name="android.permission.VIBRATE" />
Notification.DEFAULT_VIBRATE

//添加系统默认声音效果，设置此值后，调用 setSound()设置自定义声音无效
Notification.DEFAULT_SOUND

//添加默认呼吸灯效果，使用时须与 Notification.FLAG_SHOW_LIGHTS 结合使用，否则无效
Notification.DEFAULT_LIGHTS

//添加上述 3 种默认提醒效果
Notification.DEFAULT_ALL
```

除了以上几种设置 Notification 的默认通知效果之外，还可以通过以下几种 FLAG 来设置通知效果。代码如下：

```
//提醒效果常用 FLAG
//三色灯提醒，在使用三色灯提醒时必须加该标志符
Notification.FLAG_SHOW_LIGHTS

//发起正在运行的事件（活动中）
Notification.FLAG_ONGOING_EVENT

//让声音、振动无限循环，直到用户响应（取消或者打开）
Notification.FLAG_INSISTENT

//发起 Notification 后，铃声和振动均只执行一次
Notification.FLAG_ONLY_ALERT_ONCE

//用户单击通知后自动消失
Notification.FLAG_AUTO_CANCEL

//只有调用 NotificationManager.cancel()时才会清除
Notification.FLAG_NO_CLEAR

//表示正在运行的服务
Notification.FLAG_FOREGROUND_SERVICE
```

如何自定义振动强度呢？

（1）创建一个 long 类型的数组，该数组的相邻元素表示振动的开始和结束时间（单

位：毫秒），示例代码如下：

```
long[] vibrates = new long[]{0, 100, 200, 300};
```

（2）设置 Notification.vibrate 的属性值为第（1）步中定义的数组，示例代码如下：

```
notify.vibrate = vibrates;
```

自定义铃声的示例代码如下：

```
NotificationCompat.Builder  builder  =  new  NotificationCompat.Builder
(context,"2")
        .setSmallIcon(R.mipmap.ic_launcher)
        .setContentTitle("我是伴有铃声效果的通知")
        .setContentText("美妙吗?安静听~")
        //调用系统默认响铃，设置此属性后 setSound()会无效
        //.setDefaults(Notification.DEFAULT_SOUND)
        //调用系统多媒体库内的铃声
//.setSound(Uri.withAppendedPath(MediaStore.Audio.Media.INTERNAL_CONTENT
_URI,"2"));
        //调用自己提供的铃声，位于 /res/values/raw 目录下
        .setSound(Uri.parse("android.resource://com.littlejie.notification/"
+ R.raw.sound));
//另一种设置铃声的方法
//Notification notify = builder.build();
//调用系统默认铃声
//notify.defaults = Notification.DEFAULT_SOUND;
//调用自己提供的铃声
//notify.sound = Uri.parse("android.resource://com.littlejie.notification/"
+R.raw.sound);
//调用系统自带的铃声
//notify.sound  =  Uri.withAppendedPath(MediaStore.Audio.Media.INTERNAL_
CONTENT_URI,"2");
//notifyManager.notify(2,notify);
notifyManager.notify(2, builder.build());
```

自定义振动的示例代码如下：

```
//振动也有两种设置方法，与设置铃声一样，在此不再赘述
long[] vibrate = new long[]{0, 500, 1000, 1500};
NotificationCompat.Builder  builder  =  new  NotificationCompat.Builder
(context, "3")
        .setSmallIcon(R.mipmap.ic_launcher)
        .setContentTitle("我是伴有振动效果的通知")
        .setContentText("颤抖吧,凡人~")
        //使用系统默认的振动参数，会与自定义的冲突
        //.setDefaults(Notification.DEFAULT_VIBRATE)
        //自定义振动效果
        .setVibrate(vibrate);
//另一种设置振动的方法
//Notification notify = builder.build();
//调用系统默认振动
//notify.defaults = Notification.DEFAULT_VIBRATE;
//调用自己设置的振动
//notify.vibrate = vibrate;
```

```
//notifyManager.notify(3,notify);
notifyManager.notify(3, builder.build());
```

自定义呼吸灯的示例代码如下：

```
final NotificationCompat.Builder builder = new NotificationCompat.Builder
(context, "5")
        .setSmallIcon(R.mipmap.ic_launcher)
        .setContentTitle("我是带有呼吸灯效果的通知")
        .setContentText("一闪一闪亮晶晶~")
        //ledARGB 表示灯光颜色，ledOnMS 表示亮持续的时间，ledOffMS 表示暗的时间
        .setLights(0xFF0000, 3000, 3000);
Notification notify = builder.build();
//只有在设置了标志符为 Notification.FLAG_SHOW_LIGHTS 的时候，才支持呼吸灯提醒
notify.flags = Notification.FLAG_SHOW_LIGHTS;
//设置 lights 参数的另一种方式
//notify.ledARGB = 0xFF0000;
//notify.ledOnMS = 500;
//notify.ledOffMS = 5000;
//使用 handler 延迟发送通知，因为连接 USB 时呼吸灯会一直亮着
Handler handler = new Handler();
handler.postDelayed(new Runnable() {
    @Override
    public void run() {
        notifyManager.notify(5, builder.build());
    }
}, 10000);
```

自定义 Notification 的相关内容就讲解到这里，更多的用法读者可以自行研究。

7.4　自定义 View

在 Android 中，由于一些特殊的效果和需求，导致 Android 自身的控件无法满足用户要求，此时就需要自定义 View。一般情况下，自定义 View 有两种方式：第一种，直接继承 View 或 ViewGroup 进行绘制，稍微复杂；第二种，通过继承 LinearLayout 或 FrameLayout 布局方式实现，相对简单。这里着重看看第一种稍微复杂的自定义 View 的方式。

Android 中自定义 View / ViewGroup 的步骤大致如下：

（1）自定义属性。

（2）选择和设置构造方法。

（3）重写 onMeasure()方法。

（4）重写 onDraw()方法。

（5）重写 onLayout()方法。

（6）重写其他事件的方法，如滑动监听等。

我们先看一下自定义属性。Android 中自定义属性主要有定义、使用和获取 3 个步骤。

通常将自定义属性定义在/values/attr.xml 文件中（attr.xml 文件需要自己创建）。示例代码如下：

```
<?xml version="1.0" encoding="utf-8"?><resources>
    <attr name="rightPadding" format="dimension" />

    <declare-styleable name="CustomView">
        <attr name="rightPadding" />
    </declare-styleable></resources>
```

其中涉及 format 类型。常用的 format 类型如下：

- string：字符串类型；
- integer：整数类型；
- float：浮点型；
- dimension：尺寸，后面必须跟 dp、dip、px 或 sp 等单位；
- Boolean：布尔值；
- reference：引用类型，传入的是某一资源的 ID，必须以“@”符号开头；
- color：颜色，必须以“#”符号开头；
- fraction：百分比，必须以“%”符号结尾；
- enum：枚举类型。

format 中可以写多种类型，中间使用“|”符号分隔开，表示这几种类型都可以传入这个属性。枚举类型可能不太好理解，enum 枚举类型的定义示例如下：

```
<resources>
    <attr name="orientation">
        <enum name="horizontal" value="0" />
        <enum name="vertical" value="1" />
    </attr>

    <declare-styleable name="CustomView">
        <attr name="orientation" />
    </declare-styleable>
</resources>
```

上面的代码使用时可以通过 getInt()方法获取 value 并判断，根据不同的 value 进行不同的操作即可。

定义完自定义属性后，来看一下如何使用自定义属性。在 XML 布局文件中使用自定义的属性时，需要先定义一个命名空间。Android 中默认的命名空间是 android，因此通常使用 android:xxx 的格式去设置一个控件的某个属性，android 这个命名空间是在 XML 文件的头标签中定义的，通常如下：

```
xmlns:android="http://schemas.android.com/apk/res/android"
```

自定义的属性一般不在这个命名空间下，因此需要添加一个命名空间。自定义属性的命名空间如下：

```
xmlns:app="http://schemas.android.com/apk/res-auto"
```

这样就可以在布局里使用自定义控件的自定义属性了。

接下来看一下如何获取自定义属性。在自定义 View / ViewGroup 中，可以通过 TypedArray 获取自定义的属性。示例代码如下：

```
public CustomView(Context context, AttributeSet attrs, int defStyleAttr) {
    super(context, attrs, defStyleAttr);
    TypedArray a = context.getTheme().obtainStyledAttributes(attrs, R.
styleable.CustomView, defStyleAttr, 0);
    int indexCount = a.getIndexCount();
    for (int i = 0; i < indexCount; i++) {
        int attr = a.getIndex(i);
        switch (attr) {
            case R.styleable.CustomView_rightPadding:
                mMenuRightPadding = a.getDimensionPixelSize(attr, 0);
                break;
        }
    }
    a.recycle();
}
```

获取自定义属性的代码通常是在 3 个参数的构造方法中编写的。在获取 TypedArray 对象时就为其绑定了该自定义 View 的自定义属性集（CustomMenu），通过 getIndexCount()方法获取自定义属性的数量，通过 getIndex()方法获取某一个属性，最后通过 switch 语句判断属性并进行相应的操作。在 TypedArray 使用结束后，需要调用 recycle()方法回收它。

一般情况下，当定义一个新的类继承了 View 或 ViewGroup 时，系统都会提示重写它的构造方法。View / ViewGroup 中有 4 个构造方法可以重写，它们分别有 1、2、3、4 个参数。4 个参数的构造方法通常用不到，因此本节中主要介绍 1、2 和 3 个参数的构造方法。一般情况下，会将这 3 个构造方法串联起来，即层层调用，让最终的业务处理都集中在 3 个参数的构造方法中，让 1 个参数的构造方法引用 2 个参数的构造方法，2 个参数的构造方法引用 3 个参数的构造方法。示例代码如下：

```
public CustomView(Context context) {
    this(context, null);
}

public CustomView(Context context, AttributeSet attrs) {
    this(context, attrs, 0);
}

public CustomView(Context context, AttributeSet attrs, int defStyleAttr) {
    super(context, attrs, defStyleAttr);
    // 逻辑代码
}
```

自定义 View 里会涉及宽高的测量，因此就会涉及 onMeasure()方法。onMeasure()方法主要负责测量，决定控件本身或其子控件所占的宽高。可以通过 onMeasure()方法提供的参数 widthMeasureSpec 和 heightMeasureSpec 来分别获取控件宽度和高度的测量模式和测量值（测量=测量模式+测量值）。widthMeasureSpec 和 heightMeasureSpec 虽然只是 int 类型的值，但它们是通过 MeasureSpec 类进行了编码处理的，其中封装了测量模式和测量值，因此可以分别通过 MeasureSpec.getMode(xMeasureSpec)和 MeasureSpec.getSize(xMeasureSpec)来获取控件或其子 View 的测量模式和测量值。

测量模式分为以下 3 种情况：

- EXACTLY：当宽高值设置为具体值时使用，如 100dp 和 match_parent 等，此时取出的 size 是精确的尺寸；
- AT_MOST：当宽高值设置为 wrap_content 时使用，此时取出的 size 是控件最大可获得的空间；
- UNSPECIFIED：当没有指定宽高值时使用（很少用）。

onMeasure()方法中的常用方法如下：

- getChildCount()：获取子 View 的数量；
- getChildAt(i)：获取第 i 个子控件；
- subView.getLayoutParams().width/height：设置或获取子控件的宽或高；
- measureChild(child, widthMeasureSpec, heightMeasureSpec)：测量子 View 的宽高；
- child.getMeasuredHeight/width()：执行完 measureChild()方法后就可以通过这种方式获取子 View 的宽高值；
- getPaddingLeft/Right/Top/Bottom()：获取控件的四周内边距；
- setMeasuredDimension(width, height)：重新设置控件的宽高，如果写了这句代码，就需要删除“super. onMeasure(widthMeasureSpec, heightMeasureSpec);”这行代码。

onMeasure()方法可能被调用多次，这是因为控件中的内容或子 View 可能对分配给自己的空间“不满意”，因此向父空间申请重新分配空间。

再来看一下 onDraw()方法。onDraw()方法负责绘制，即如果希望得到的效果在 Android 原生控件中没有现成的支持，那么就需要自己绘制自定义控件的显示效果。

要学习 onDraw()方法，就需要学习在 onDraw()方法中使用最多的两个类：Paint 和 Canvas。每次触摸了自定义 View/ViewGroup 时都会触发 onDraw()方法。

接下来就是具体的绘制了，会涉及 Paint（画笔）和 Canvas（画布）。

Paint 对象类中包含了如何绘制几何图形、文字和位图的样式和颜色信息，指定了如何绘制文本和图形。画笔对象有很多设置方法，基本上可以分为两类：一类与图形绘制有关，一类与文本绘制有关。

图形绘制的相关方法如下：

- setArgb(int a, int r, int g, int b)：设置绘制的颜色，a 表示透明度，r、g、b 表示颜色值；
- setAlpha(int a)：设置绘制的图形的透明度；
- setColor(int color)：设置绘制的颜色；
- setAntiAlias(boolean a)：设置是否使用抗锯齿功能（抗锯齿功能会消耗较大资源，绘制图形的速度会减慢）；
- setDither(boolean b)：设置是否使用图像抖动处理，会使图像颜色更加平滑饱满和清晰；

- setFilterBitmap(Boolean b)：设置是否在动画中滤掉 Bitmap 的优化，可以加快显示速度；
- setMaskFilter(MaskFilter mf)：设置通过 MaskFilter 来实现滤镜的效果；
- setColorFilter(ColorFilter cf)：设置颜色过滤器，可以在绘制颜色时实现不同颜色的变换效果；
- setPathEffect(PathEffect pe)：设置绘制路径的效果；
- setShader(Shader s)：设置通过 Shader 绘制各种渐变效果；
- setShadowLayer(float r, int x, int y, int c)：在图形下面设置阴影层，其中，r 为阴影角度，x 和 y 分别为阴影在 *X* 轴和 *Y* 轴上的距离，c 为阴影的颜色；
- setStyle(Paint.Style s)：设置画笔的样式，其中 FILL 为填充，STROKE 为描边，FILL_AND_STROKE 为填充与描边；
- setStrokeCap(Paint.Cap c)：当设置画笔样式为 STROKE 或 FILL_OR_STROKE 时，设置笔刷的图形样式；
- setStrokeJoin(Paint.Join j)：设置绘制时各图形的结合方式；
- setStrokeWidth(float w)：当画笔样式为 STROKE 或 FILL_OR_STROKE 时，设置笔刷的粗细度；
- setXfermode(Xfermode m)：设置图形重叠时的处理方式。

文本绘制的相关方法如下：

- setTextAlign(Path.Align a)：设置绘制的文本的对齐方式；
- setTextScaleX(float s)：设置文本在 x 轴的缩放比例，可以实现文字的拉伸效果；
- setTextSize(float s)：设置字号；
- setTextSkewX(float s)：设置斜体文字，s 表示文字倾斜度；
- setTypeFace(TypeFace tf)：设置字体风格，包括粗体和斜体等；
- setUnderlineText(boolean b)：设置绘制的文本是否带有下划线效果；
- setStrikeThruText(boolean b)：设置绘制的文本是否带有删除线效果；
- setFakeBoldText(boolean b)：模拟实现粗体文字，如果设置在小字体上，效果会非常差；
- setSubpixelText(boolean b)：如果设置为 true 则有助于文本在 LCD 屏幕上显示效果。

其他方法如下：

- getTextBounds(String t, int s, int e, Rect b)：将页面 t 文本中从 s 下标开始到 e 下标结束的所有字符所占的区域宽高封装到 b 这个矩形中；
- clearShadowLayer()：清除阴影层；
- measureText(String t, int s, int e)：返回 t 文本中从 s 下标开始到 e 下标结束的所有字符所占的宽度；
- reset()：重置画笔为默认值。

这里需要解释的几个方法如下：

setPathEffect(PathEffect pe)的作用为设置绘制的路径效果。有以下几种常见的可选方案：

- CornerPathEffect：可以用圆角来代替尖锐的角；
- DathPathEffect：虚线，由短线和点组成；
- DiscretePathEffect：荆棘状的线条；
- PathDashPathEffect：定义一种新的形状并将其作为原始路径的轮廓标记；
- SumPathEffect：在一条路径中顺序添加参数的效果；
- ComposePathEffect：将两种效果组合起来，先使用第一种效果，在此基础上应用第二种效果。

setXfermode(Xfermode m)的作用为设置图形重叠时的处理方式。关于 Xfermode 的多种效果，可以参考图 7-4。

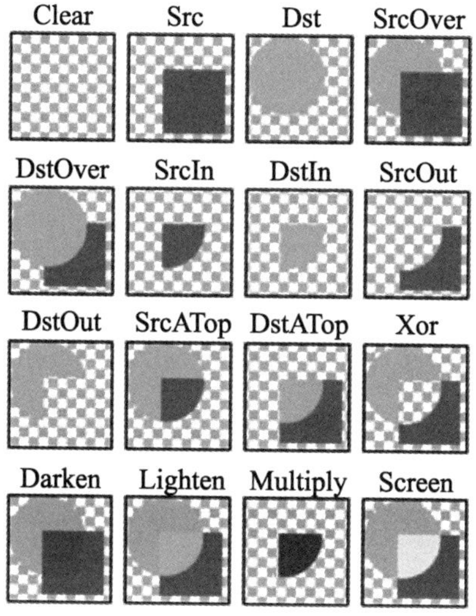

图 7-4　图形重叠模式

在使用的时候需要通过 paint.setXfermode(new PorterDuffXfermode(PorterDuff.Mode.XXX))来设置，其中，XXX 是图 7-4 中的某种模式对应的常量参数，如 DST_OUT。

- PorterDuff.Mode.CLEAR：所绘制的图片不会提交到画布上；
- PorterDuff.Mode.SRC：显示上层绘制的图片；
- PorterDuff.Mode.DST：显示下层绘制的图片；
- PorterDuff.Mode.SRC_OVER：正常绘制显示，上下层绘制叠盖；
- PorterDuff.Mode.DST_OVER：上下层都显示，下层居上显示；
- PorterDuff.Mode.SRC_IN：取两层绘制交集，显示上层；
- PorterDuff.Mode.DST_IN：取两层绘制交集，显示下层；
- PorterDuff.Mode.SRC_OUT：取上层绘制非交集部分；
- PorterDuff.Mode.DST_OUT：取下层绘制非交集部分；
- PorterDuff.Mode.SRC_ATOP：取下层非交集部分与上层交集部分；

- PorterDuff.Mode.DST_ATOP：取上层非交集部分与下层交集部分；
- PorterDuff.Mode.XOR：异或，去除两图层交集部分；
- PorterDuff.Mode.DARKEN：取两图层全部区域，交集部分颜色加深；
- PorterDuff.Mode.LIGHTEN：取两图层全部，点亮交集部分颜色；
- PorterDuff.Mode.MULTIPLY：取两图层交集部分叠加后颜色；
- PorterDuff.Mode.SCREEN：取两图层全部区域，交集部分变为透明色。

接下来看一下 Canvas（画布）。画布上可以使用 Paint 对象绘制很多东西。在 Canvas 对象中的绘图方法如下：

- drawArc()：绘制圆弧；
- drawBitmap()：绘制 Bitmap 图像；
- drawCircle()：绘制圆；
- drawLine()：绘制线条；
- drawOval()：绘制椭圆；
- drawPath()：绘制 Path 路径；
- drawPicture()：绘制 Picture 图片；
- drawRect()：绘制矩形；
- drawRoundRect()：绘制圆角矩形；
- drawText()：绘制文本；
- drawVertices()：绘制顶点。

Canvas 对象的其他方法包括：

- canvas.save()：把当前绘制的图像保存起来，让后续的操作相当于在一个新图层上绘制；
- canvas.restore()：把当前画布调整到上一个 save()之前的状态；
- canvas.translate(dx, dy)：把当前画布的原点移到(dx, dy)，后续操作都以(dx, dy)作为参照；
- canvas.scale(x, y)：将当前画布在水平方向上缩放 x 倍，竖直方向上缩放 y 倍；
- canvas.rotate(angle)：将当前画布顺时针旋转 angle 度。

接下来看一下 onLayout()方法。onLayout()方法负责布局，大多数情况是在自定义 ViewGroup 中才会重写，主要用来确定子 View 在这个布局空间中的摆放位置。onLayout (boolean changed, int l, int t, int r, int b)方法有 5 个参数，其中 changed 表示这个控件是否有了新的尺寸或位置，l、t、r、b 分别表示这个 View 相对于父布局的左、上、右、下方的位置。

以下是 onLayout()方法中常用的方法：

- getChildCount()：获取子 View 的数量；
- getChildAt(i)：获取第 i 个子 View；
- getWidth/Height()：获取 onMeasure()中返回的宽度和高度的测量值；

- child.getLayoutParams()：获取子 View 的 LayoutParams 对象；
- child.getMeasuredWidth/Height()：获取 onMeasure()方法中测量的子 View 的宽度和高度值；
- getPaddingLeft/Right/Top/Bottom()：获取控件的四周内边距；
- child.layout(l, t, r, b)：设置子 View 布局的上、下、左、右边界的坐标。

自定义 View 中其他需要了解的方法如下：

- generateLayoutParams()：该方法用在自定义 ViewGroup 中，用来指明子控件之间的关系，即与当前的 ViewGroup 对应的 LayoutParams。只需要在方法中返回一个我们想要使用的 LayoutParams 类型的对象即可。在 generateLayoutParams()方法中需要传入一个 AttributeSet 对象作为参数，这个对象是 ViewGroup 的属性集，系统根据 ViewGroup 的属性集来定义子 View 的布局规则，供子 View 使用。例如，在自定义流式布局中，只需要关心子控件之间的间隔关系，因此需要在 generateLayoutParams()方法中返回一个 new MarginLayoutParams()。
- onTouchEvent()：该方法用来监测用户手指操作。通过方法中 MotionEvent 参数对象的 getAction()方法来实时获取用户的手势，有 UP、DOWN 和 MOVE 3 个枚举值，分别表示用于手指抬起、按下和滑动的动作。每当用户有操作时，就会回调 onTouchEvent()方法。
- onScrollChanged()：如果自定义 View / ViewGroup 是继承自 ScrollView / HorizontalScrollView 等可以滚动的控件，就可以通过重写 onScrollChanged()方法来监听控件的滚动事件。这个方法中有 4 个参数：l 和 t 分别表示当前滑动到的点在水平和竖直方向上的坐标；oldl 和 oldt 分别表示上次滑动到的点在水平和竖直方向上的坐标。可以通过这 4 个值对滑动进行处理，如添加属性动画等。
- invalidate()：该方法的作用是请求 View 树进行重绘，即 draw()方法，如果视图的大小发生了变化，还会调用 layout()方法。一般会引起 invalidate()操作的函数如下：
  - 直接调用 invalidate()方法，请求重新 draw()，但只会绘制调用者本身；
  - 调用 setSelection()方法，请求重新 draw()，但只会绘制调用者本身；
  - 调用 setVisibility()方法，会间接调用 invalidate()方法，继而绘制该 View；
  - 调用 setEnabled()方法，请求重新 draw()，但不会重新绘制任何视图，包括调用者本身。
- postInvalidate()：功能与 invalidate()方法相同，只是 postInvalidate()方法是异步请求重绘视图。
- requestLayout()：该方法只是对 View 树进行重新布局的 layout()过程（包括 measure()过程和 layout()过程），不会调用 draw()过程，即不会重新绘制任何视图，包括该调用者本身。
- requestFocus()：请求 View 树的 draw()过程，但只会绘制需要重绘的视图，即哪个 View 或 ViewGroup 调用了这个方法，就重绘哪个视图。

自定义 View 调用的各种函数的顺序流程图如图 7-5 所示。

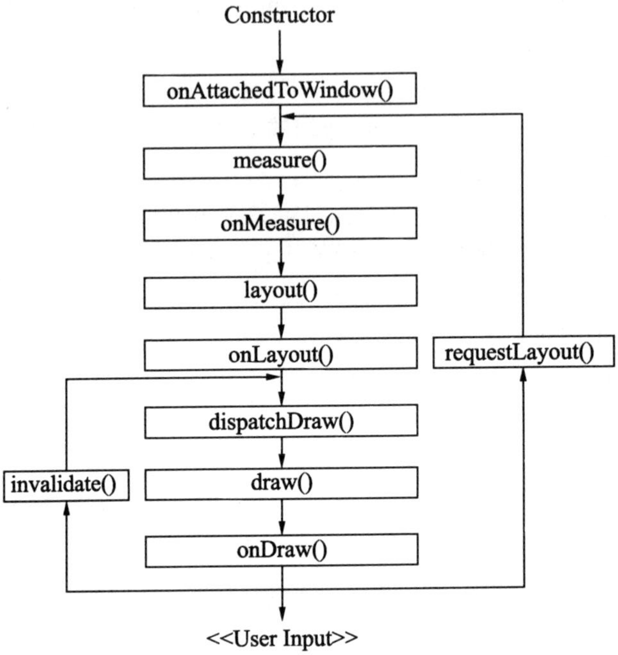

图 7-5　自定义 View 函数调用顺序流程图

需要说明的是，在这些方法中：

- onMeasure()方法会在初始化之后调用一到多次来测量控件或其中的子控件的宽高；
- onLayout()方法会在 onMeasure()方法之后被调用一次，将控件或其子控件进行布局；
- onDraw()方法会在 onLayout()方法之后调用一次，也会在用户手指触摸屏幕时被调用多次来绘制控件。

7.5　Android 适配与国际化处理

Android 的适配在开发中非常重要，主要从屏幕尺寸、密度、分辨率和 Android 版本等方面进行适配。Android 从 4.4 开始基本上每个大的版本都需要进行适配，所以对于 Android 版本的适配也需要重视，需要了解 Android 各个版本间 API 及系统相关的变化和差异。语言的国际化处理一般是针对应用运行在不同的国家时，需要进行国际化语言适配处理。

7.5.1　Android 适配

先看一下 Android 版本的适配。首先看一下 Android 4.4 版本。Android 4.4 系统还是采用 Dalvik 虚拟机，主要更新的特性就是开始支持沉浸式状态栏，所以从 Android 4.4 开始，就可以添加沉浸式状态栏的适配了。

再看一下 Android 5.0。Android 5.0 版本改动比较大，虚拟机更换为 ART（Android Runtime）。ART 的优点如下：

- 应用运行更快，因为 DEX 字节码的翻译在应用安装时就已经完成；
- 减少应用的启动时间，因为直接执行的是 Native 代码；
- 提高设备的续航能力，因为节约了用于一行一行解释字节码所需要的电量；
- 优化改善了 GC 垃圾回收机制；
- 开发者工具也同步优化改进了。

Android 5.0 引入了 Material Design 设计，其设计风格有很大的改变和优化，并在 v7 包中引入了 CardView 和 RecycleView 等新 Material Design 控件，同时开始支持 64 位系统，也提供了更好的沉浸式状态栏的 API 支持。

Android 6.0 的改动也比较大，新增了运行时权限申请概念，将应用权限分为危险权限（需要应用申请，用户同意才可以使用）和正常权限（无须申请，默认授权）。所以在开发时，针对 6.0 及以上的系统应当进行权限的申请适配工作。Android 6.0 的 API 也提供了权限申请的相关支持，同时新增了瞌睡模式、待机模式和 Doze 电量管理，并移除了对 Apache HttpClient 的支持，建议使用 HttpURLConnection。

Android 7.0 对文件的权限进行了更严格的控制，把原来文件共享的 file://uri 换成了 content://uri，并需要通过 FileProvider 来申请临时访问。FileProvider 是 ContentProvider 的子类。一个 URI 允许获取临时权限去读写文件，当使用含有 URI 的 Intent 时，可以使用 Intent.setFlags 来添加临时权限。首先需要在项目注册清单中加入 Provider，代码如下：

```
<provider
    android:name="android.support.v4.content.FileProvider"
    android:authorities="com.test.demo.fileprovider"
    android:exported="false"
    android:grantUriPermissions="true">
    <meta-data
        android:name="android.support.FILE_PROVIDER_PATHS"
        android:resource="@xml/file_demo" />
</provider>
```

然后在 res 下新建一个 xml 文件夹，创建 xml 文件，代码如下：

```
<paths xmlns:android="http://schemas.android.com/apk/res/android">
    <files-path name="cacheImages " path="images/"/>
    ...
</paths>
```

路径说明：

```
<files-path name="name" path="path/" />
   <!--等同于 Context.getFilesDir()下面的 path 文件夹的所有文件-->

<cache-path name="name" path="path/" />
```

```
    <!--等同于 Context.getCacheDir()下面的 path 文件夹-->

<external-path name="name" path="path/" />
    <!--等同于 Environment.getExternalStorageDirectory()下面的 path 文件夹-->

<external-files-path name="name" path="path/" />
    <!--等同于 Context.getExternalFilesDir(String)下面的 path 文件夹-->

<external-cache-path name="name" path="path/" />
    <!–等同于 Context.getExternalCacheDir()下面的 path 文件夹-->
```

使用的时候文件 URI 应该这样获取：

```
Uri uri=FileProvider.getUriForFile(DemoActivity.this,"com.test.demo.fileprovider",
imgFile);
```

Android 7.0 同时关闭了网络状态变更广播、拍照广播和录像广播。只有通过动态注册的方式才能收到网络变化的广播，在 AndroidManifest.xml 中静态注册的方式无法收到，并且 Android 7.0 开始支持分屏多任务操作。

Android 8.0 对通知进行了修改，在 Android 8.0 中所有的通知都需要提供通知渠道，否则所有通知在 8.0 系统上都不能正常显示，需要适配。例如：

```
NotificationManager manager = (NotificationManager) getSystemService
(Context.NOTIFICATION_SERVICE);
        if (Build.VERSION.SDK_INT >= Build.VERSION_CODES.O) {
            NotificationChannel channel = new NotificationChannel(
                    CHANNEL_ID,
                    CHANNEL_NAME,
                    NotificationManager.IMPORTANCE_HIGH);
            manager.createNotificationChannel(channel);
        }
```

Android 8.0 中新增了一种悬浮窗的窗口类型：TYPE_APPLICATION_OVERLAY。这种悬浮窗级别最高，会悬浮在顶层。并且，限制了透明窗口不允许锁定屏幕旋转，也就是说，如果是透明窗口的话，必须允许屏幕自动旋转。

Android 9.0 中限制了非 HTTPS 的网络请求，默认无法使用。如果想申请使用，需要进行配置。在 res/xml 文件夹下新建 network_security_config.xml，代码如下：

```
<?xml version="1.0" encoding="utf-8"?>
<network-security-config>
    <base-config cleartextTrafficPermitted="true" />
</network-security-config>
```

接着在 AndroidManifest.xml 的<application>标签下进行配置，代码如下：

```
<application
    android:networkSecurityConfig="@xml/network_security_config">
</application>
```

这样就可以使用非 HTTPS 的网络请求了。同时 Android 9.0 支持凹凸屏适配及通知栏回复功能和神经网络 API。

Android Q 版本中的变化也比较多，包括折叠屏增强、新网络连接 API、全新的媒体解码器和摄像头新功能等。设备唯一标识符进行了变更，不再允许非系统应用使用 IMEI、Serial Number。可以使用 UUID 或 API 提供的 Android ID：

```
Settings.System.getString(getContentResolver(), Settings.Secure.ANDROID_ID);
```

Android Q 版本中的 Mac 地址也进行了随机化处理，目的是进一步保护用户的隐私。Android Q 在连接 Wi-Fi 时默认启用了 Mac 地址随机化的特性，如果 App 不进行适配，使用原来方式获取的 Mac 地址可能是随机生成的，并不是真实的 Mac 地址。同时 Android Q 版本限制了应用后台启动 Activity，该变更的目的是最大限度减少后台应用弹出界面对用户的打扰。Android Q 版本中针对位置信息新增了 ACCESS_BACKGROUND_LOCATION 权限，以管控应用是否可以在后台访问位置信息。原有的 ACCESS_COARSE_LOCATION 和 ACCESS_FINE_LOCATION 权限用于管控应用在前台是否可以获取位置信息。

Android Q 版本中对于非 SDK 接口也进行了严格的控制，Google 认为非公开接口可能在不同版本之间进行变动从而导致出现应用兼容性问题，因此从 Android P 版本开始强制约定第三方应用只能使用 Android SDK 公开的类和接口，对于非公开的 API，Google 按照不同名单类型进行不同程度的限制使用。

Android Q 版本中 TelephonyManager.java 的 endCall()、answerRingingCall()和 silenceRinger()方法已失效，替代的方法为 android.telecom.TelecomManager#endCall()、android.telecom. TelecomManager#acceptRingingCall()和 android.telecom.TelecomManager#silenceRinger()。

为了让用户更好地控制自己的文件，并限制文件混乱的情况，Android Q 中修改了 App 访问外部存储文件的方法。外部存储的新特性被称为 Scoped Storage。Android Q 版本中仍然使用 READ_EXTERNAL_STORAGE 和 WRITE_EXTERNAL_STORAGE 作为面向用户存储的相关运行时权限，但现在即使获取了这些权限，访问外部存储也受到了限制，因为 App 需要这些运行时权限的情景发生了变化，并且外部存储对 App 的可见性也发生了变化。在 Scoped Storage 新特性中，外部存储空间被分为两部分：

- 公共目录：Downloads、Documents、Pictures、DCIM、Movies、Music 和 Ringtones 等公共目录下的文件在 App 卸载后不会删除。App 可以通过 SAF（System Access Framework）和 MediaStore 接口访问其中的文件。
- App-specific 目录：App 卸载后，数据会被清除。该目录是 App 的私密目录，App 访问自己的 App-specific 目录时无须任何权限。

如图 7-6 所示为 Android Q 版本中的文件权限说明。

Android Q 版本中规定了 App 有两种外部存储空间视图模式：Legacy View 和 Filtered View。

- Filtered View：App 可以直接访问 App-specific 目录，但不能直接访问 App-specific 外的文件。访问公共目录或其他 App 的 App-specific 目录时，只能通过 MediaStore、SAF 或者其他 App 提供的 ContentProvider、FileProvider 等访问。
- Legacy View：兼容模式。与 Android Q 以前的版本一样，申请权限后 App 可访问外部存储，拥有完整的访问权限。

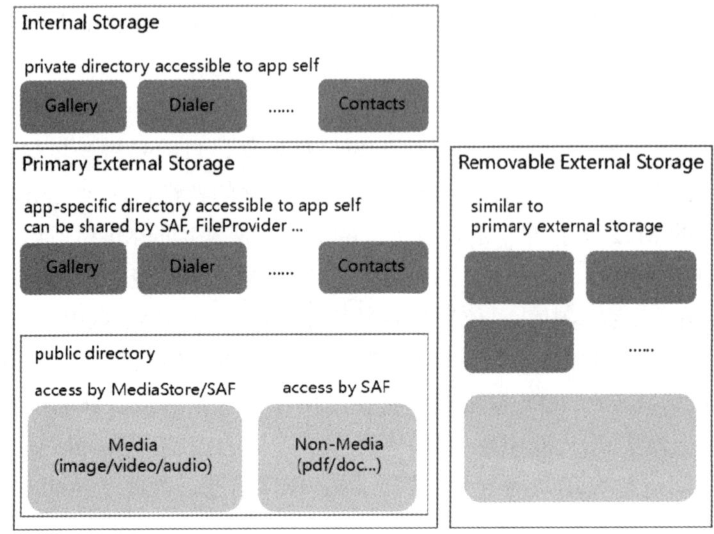

图 7-6　Android Q 版本中的文件权限

在 Android Q 版本中，targetSdk 大于或等于 29 的 App 默认被赋予 Filtered View，反之则默认被赋予 Legacy View。App 可以在 AndroidManifest.xml 中设置新属性 requestLegacyExternalStorage 来修改外部存储空间的视图模式，true 为 Legacy View，false 为 Filtered View。可以使用 Environment.isExternalStorageLegacy()这个 API 来检查 App 的运行模式。App 开启 Filtered View 后，Scoped Storage 新特性对 App 生效。Android Q 版本中除了划分外部存储和定义 Filtered View 之外，还在查询、读写文件的一些细节上做了改进和限制。例如，图片文件中的地理位置信息将不再默认提供，查询 MediaProvider 获得的 DATA 字段不再可靠，新增了文件的 Pending 状态等。

接下来看一下 Android 屏幕、分辨率和尺寸的适配。

Android 由于屏幕尺寸过多，分辨率及 Android 版本也很多，所以导致需要对不同型号、不同屏幕的手机进行适配处理，以保证应用在不同的手机间具有大致相同的显示效果。现在出现了很多厂家或公司定制的系统，例如 MIUI、FlyMe 等，它们都进行了比较大的修改。这些因素都要考虑进去，开发的 App 要保证可以适配大部分的主流机型。

经过长期实践，合理、高效的适配主要可以从以下几个角度去做。

（1）合理使用布局方式。合理使用布局方式及绘制布局，可以解决大部分的适配问题。当你选择布局方式和控件，以及进行布局规划的时候，基本上就能知道它能不能很好地适配手机屏幕了。在布局方式的选择上，可以根据实际情况使用 LinearLayout、RelativeLayout 或 FrameLayout，根据它们的特点进行合理的使用和搭配。在绘制布局的时候，如果合理地使用这几种布局，大部分适配问题基本上就可以解决了。这是因为线性布局、相对布局和帧布局是可伸缩、非固定值、相对的，类似于百分比一样，是根据屏幕尺寸、分辨率进行按比例缩放的，并且会合理地使用"wrap_content"、"match_parent"和"weight"来控制视图组件的宽度和高度。

- "wrap_content"：相应视图的宽和高会被设定成所需的最小尺寸以适应视图中的内容。
- "match_parent"（在 Android API 8 之前叫作"fill_parent"）：视图的宽和高延伸至充满整个父布局。
- "weight"：是线性布局（LinearLayout）的一个独特比例分配属性。使用此属性设置权重，然后按照比例对界面进行空间分配。计算公式：控件宽度=控件设置宽度+剩余空间所占百分比宽度。

（2）合理使用尺寸单位。由于各种屏幕的像素密度有所不同，因此相同数量的像素在不同设备上的实际大小也有所差异，如果使用像素（px）定义布局尺寸就会产生问题。因此，建议使用密度无关像素（dp）或独立比例像素（sp）来指定尺寸。

dp（density-independent pixel）也叫 dip，与终端上的实际物理像素点无关，可以保证在不同屏幕像素密度的设备上显示相同的效果。在实际开发中，设计人员给的一般都是以 px 为单位的设计图。如果方便的话，也可以转换为 dp 后再设置布局的尺寸，也就是需要将 px 和 dp 转换一下。在 Android 中规定以 160dpi（即屏幕分辨率为 320×480）为基准：1dp=1px。它们之间的转换关系如表 7-1 所示。

表 7-1　px和dp转换比例

密 度 类 型	代表的分辨率（px）	屏幕密度（dpi）	换算（px/dp）	比　　例
低密度（ldpi）	240×320	120	1dp=0.75px	3
中密度（mdpi）	320×480	160	1dp=1px	4
高密度（hdpi）	480×800	240	1dp=1.5px	6
超高密度（xhdpi）	720×1280	320	1dp=2px	8
超超高密度（xxhdpi）	1080×1920	480	1dp=3px	12

还有一个常用的单位叫作 sp（scale-independent pixel），也叫 sip。Android 开发时用此单位来设置文字大小，可以根据用户的偏好对文字大小、字体大小首选项进行缩放。开发过程中推荐使用 12sp、14sp、18sp 和 22sp 等偶数大小作为字体设置的大小，不推荐使用奇数和小数，容易造成精度的丢失问题，小于 12sp 的字体太小会导致用户看不清。

为了能够进行不同屏幕像素密度的匹配，推荐使用 dp 代替 px 作为控件长度的统一度量单位，使用 sp 作为文字的统一度量单位。

但是 dp 真的是完美适配吗？来看一下这种情况：

Nexus5 的总宽度为 360dp，现在在水平方向上放置两个按钮，一个是 150dp 左对齐，另外一个是 200dp 右对齐，中间留有 10dp 间隔。假如同样的设置用在 Nexus S（屏幕宽度是 320dp）上，此时会发现两个按钮重叠，因为 320dp<200+150dp。

从上面可以看出，由于 Android 屏幕设备的多样性，如果使用 dp 作为度量单位，并不是所有的屏幕宽度都具备相同的 dp 长度。所以说，dp 解决了同一数值在不同分辨率中展示相同尺寸大小的问题（即屏幕像素密度匹配问题），但却没有解决设备尺寸大小匹配的问题（即屏幕尺寸匹配问题）。当然，我们一开始讨论的就是屏幕尺寸匹配问题，尽量使用 match_parent、wrap_content 和 weight，尽可能少用 dp 来指定控件的具体长宽，在大部分情况下都是可以做到适配的。

（3）图片资源合理放置，切图尺寸也要合理。Android 文件夹的大体分类如表 7-2 所示。

表 7-2　图片资源文件夹大体分类

密 度 类 型	代表的分辨率（px）	系统密度（dpi）
低密度（ldpi）	240×320	120
中密度（mdpi）	320×480	160
高密度（hdpi）	480×800	240
超高密度（xhdpi）	720×1280	320
超超高密度（xxhdpi）	1080×1920	480

有了表 7-2 的参考后，就可以在最主流的分辨率所在文件夹下放一套图或者切多套尺寸的图，系统会根据运行应用的设备的屏幕密度自动到临近的文件夹中选择合适的图片。当然，现在一般都是按照主流的分辨率切一套图，放在对应的文件夹下，如 xhdpi 文件夹下。这样就会按照手机的屏幕去寻找，不过屏幕小的手机图片会稍微被压缩，屏幕大的手机图片会稍微被放大。当然，对于一些可以处理成.9 的图片，优先处理成.9 的图片，这样缩放时就不会失真了。可以将.9 图片或者不需要多个分辨率适配的图片直接放在 drawable 文件夹下。

（4）把布局文件夹命名进行限定词适配。例如进行横竖屏适配，横屏使用横屏布局，竖屏使用竖屏布局，然后将它们放在各自的文件夹中。限定词分类如图 7-7 所示。

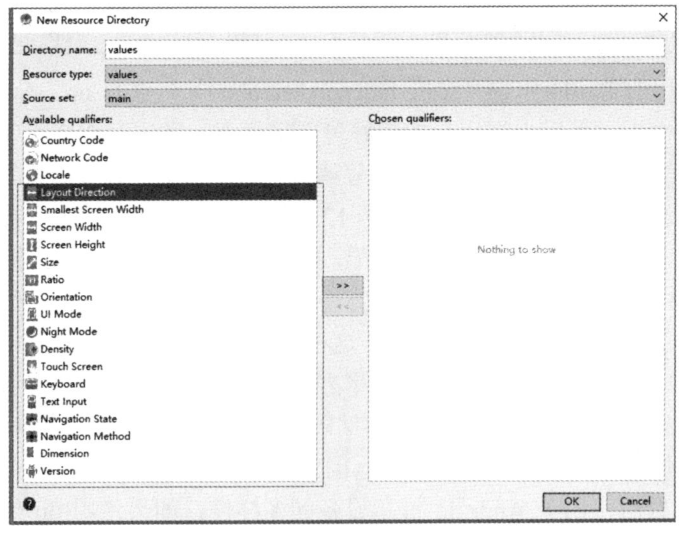

图 7-7　布局文件夹限定词分类 1

如果想适配横竖屏，则选中 Orientation，单击>>按钮即可。

注意：如果想针对 layout 进行横竖屏适配的话，在 Resource type 下拉列表框里选择 layout 即可，默认选项为 values，如图 7-8 所示。

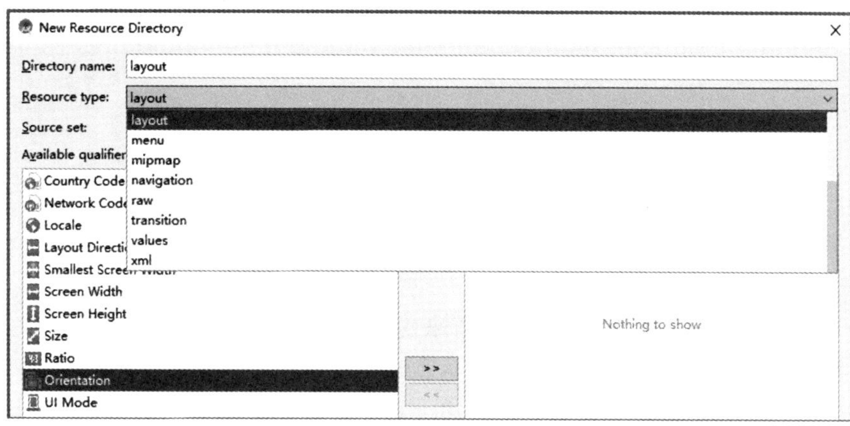

图 7-8　布局文件夹限定词分类 2

这样就会出现横竖屏的选项，如图 7-9 所示。

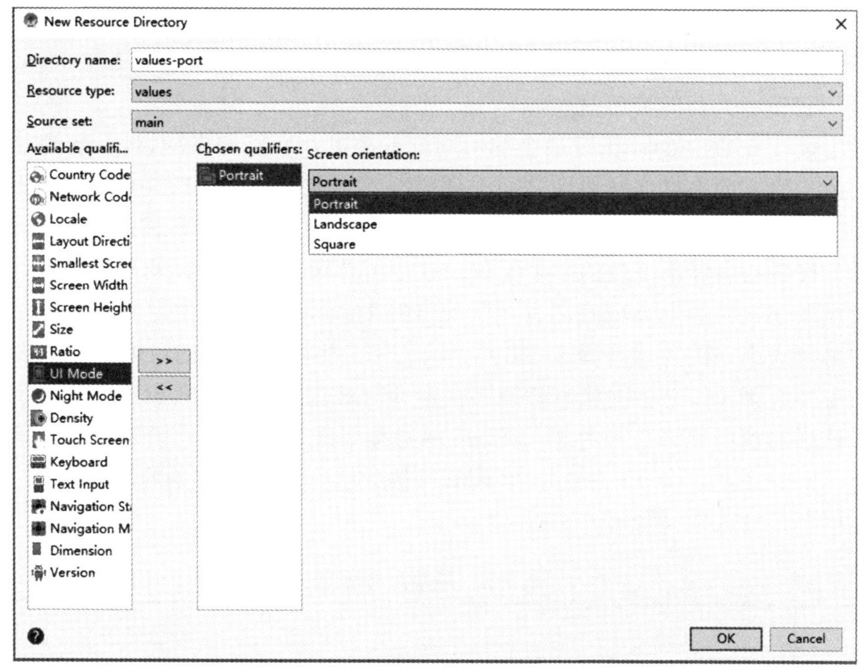

图 7-9　布局文件夹限定词分类 3

然后在对应的适配文件夹里放入需要处理的资源和参数即可，如图 7-10 所示。

接下来看一下有哪些限定词。

（1）语言国际化

语言是用两个字母的 ISO 639-1 语言代码定义的，紧跟其后的是可选的两个 ISO-3166-1-alpha-2 地区代码字母（前面是小写的 r）。这个编码不区分大小写，r 前缀被用于区分地区部分，不能单独指定地区。如果用户改变了系统中的语言设置，那么在应用程序的运行期间也能改变为对应的语言。

（2）宽高限定

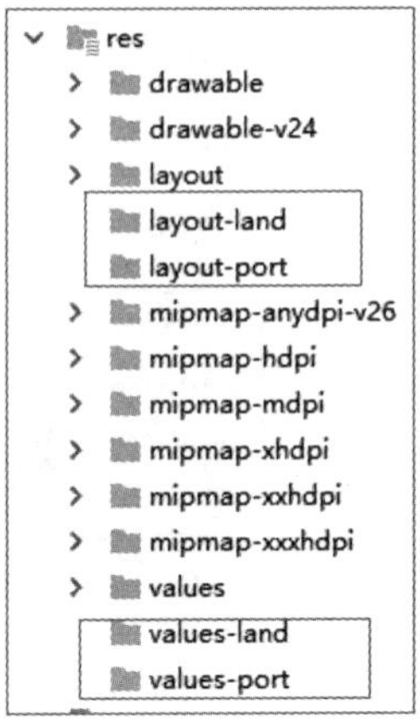

- 最小宽度 sw<N>dp：屏幕的基本尺寸，是指最短的可用屏幕区域。具体说就是设备的最小宽度是屏幕可用的宽度和高度中最短的那个（也可以把它看作屏幕的最小可能的宽度）。这样就可以使用这个限定符来确保应用程序至少有所设置 dp 的宽度可用于 UI，而不管屏幕的当前方向。

res
drawable
drawable-v24
layout
layout-land
layout-port
mipmap-anydpi-v26
mipmap-hdpi
mipmap-mdpi
mipmap-xhdpi
mipmap-xxhdpi
mipmap-xxxhdpi
values
values-land
values-port

图 7-10　限定词布局文件夹

- 可用宽度 w<N>dp：指定最小的可用屏幕宽度，在资源中应该以 dp 为单位来定义的值。当方向在横向和纵向之间改变时，这个配置值会跟当前的实际宽度相匹配。

当应用程序给这个配置提供了多个不同值的资源目录时，系统会使用最接近（不超过）设备当前屏幕宽度的那个配置。这个值需要考虑屏幕装饰占据的空间，因此，如果设备在显示的左边或右边有一些固定的 UI 元素，那么使用的宽度值就要比实际的屏幕尺寸小，因为这些固定 UI 元素的占用使得应用程序的可用空间减少。此外还要看 screenWidthDp 配置字段，它指示当前的屏幕宽度。

- 可用高度 h< N >dp：指定最小的可用屏幕高度，在资源中应该以 dp 为单位来定义的值。当方向在横向和纵向之间改变时，这个配置值应该跟当前的实际高度匹配。当应用程序给这个配置提供了不同值的多个资源目录时，系统会使用最接近（不超过）设备当前屏幕高度的那个配置。这个值要考虑屏幕装饰的占用情况，因此，如果设备在显示的上方或底部有一些固定的 UI 元素，那么使用的高度值要比实际的屏幕尺寸小，因为这些固定 UI 元素的占用会使应用程序的可用空间减少。不固定的屏幕装饰（如电话的状态栏能够在全屏时被隐藏）是不考虑的，像标题栏或操作栏这样的窗口装饰也不考虑，因此应用必须要准备处理比它们指定的空间要小的情况。此外还要看 screenHeightDp 配置字段，它指示当前屏幕的高度。

（3）屏幕尺寸限定（如表 7-3 所示）

表 7-3　屏幕尺寸限定

限　定　符	含　　义
small	这种屏类似于低分辨率的QVGA屏幕。对于小屏的最小布局尺寸大约是320×426dp。例如QVGA低分辨率屏和VGA高分辨率屏
normal	这种屏类似于中等分辨率的HVGA屏幕。对于普通屏幕的最小布局尺寸大约是320×470dp。例如，WQVGA低分辨率屏、HVGA中等分辨率屏和WVGA高分辨率屏

（续）

限　定　符	含　　义
large	这种屏类似于中等分辨率的VGA屏幕。对于大屏幕的最小布局尺寸大约是480×640dp。例如，VGA和WVGA的中等分辨率屏
xlarge	这种屏被认为比传统的中等分辨率的HVGA屏幕大。针对xlarge屏的最小布局尺寸大约是720×960dp。在大多数情况下，这种超大屏幕的设备因为太大而要放到背包中携带，而且最有可能是平板样式的设备

使用尺寸限定符并不意味着资源仅用于这个尺寸的屏幕。如果没有用限定符提供与当前设备配置相匹配的可选资源，那么系统会使用与配置最接近的资源。如果所有使用尺寸限定符的资源都比当前屏幕大，那么系统将不会使用它们，并且应用程序会在运行时崩溃（例如，所有的布局都被标记了 xlarge 限定符，而设备却是一个普通尺寸的屏幕情况）。

（4）屏幕方向限定符（如表 7-4 所示）

表 7-4　屏幕方向

限　定　符	含　　义
port	纵向设备
land	横向设备

如果用户旋转屏幕，这个限定能够在应用运行期间改变。

（5）屏幕外观限定符（如表 7-5 所示）

表 7-5　屏幕外观

限　定　符	含　　义
long	长屏幕，如WQVGA、WVGA和FWVGA
notlong	非长屏幕，如QVGA、HVGA和VGA

以上限定符完全是基于屏幕的外观比率，不针对屏幕的方向。此外还要看 screenLayout 配置字段，它指示了屏幕是否是长屏。

（6）屏幕像素密度（dpi）限定符（如表 7-6 所示）

表 7-6　屏幕像素密度

名　　称	像素密度范围
mdpi	120～160dpi
hdpi	160～240dpi
xhdpi	240～320dpi
xxhdpi	320～480dpi
xxxhdpi	480～640dpi

mdpi、hdpi、xhdpi 和 xxhdpi 用来修饰 drawable 文件夹及 values 文件夹，用以区分不同像素密度下的图片和 dimen 值。

（7）泊位模式限定符（如表 7-7 所示）

表 7-7　泊位模式

限　定　符	含　　义
car	设备在汽车模式中
desk	设备在桌面应用模式中

如果用户想改变设备的泊位模式，那么可以在应用程序的运行期间改变这个限定。可以使用 UiModeManager 对象来启用或禁止这种模式。

（8）夜间模式（如表 7-8 所示）

表 7-8　夜间模式

限　定　符	含　　义
night	夜间
notnight	白天

如果夜间模式被保留在自动模式（默认）中，那么在应用程序运行期间会基于白天的时间进行模式的改变。可以使用 UiModeManager 对象启用或禁止这种模式。

（9）触屏类型限定符（如表 7-9 所示）

表 7-9　触屏类型

限　定　符	含　　义
notouch	非触屏设备
stylus	有适用手写笔的电阻屏设备
finger	触屏设备

touchscreen 配置字段指示设备上的触屏类型。

（10）键盘可用性限定符（如表 7-10 所示）

表 7-10　键盘可用性

限　定　符	含　　义
keysexposed	设备有可用的键盘。如果设备启用了软键盘，那么即使在硬键盘没有暴露给用户时也可以使用这个限定符。如果没有提供软键盘或者软键盘被禁用，那么只有在硬键盘被暴露给用户时才能够使用这个限定符
keyshidden	设备有可用的硬键盘，但是被隐藏了，并且设备没有可用的软键盘
keysoft	设备有可用的软键盘，而不管它是否可见

如果提供了 keysexposed 资源，但没有 keysoft 资源，那么只要系统有可用的软键盘，系统就会使用 keysexposed 资源而不管键盘是否可见。如果用户打开了硬键盘，就可以在应用程序运行期间改变这个限定。hardKeyboardHidden 和 keyboardHidden 配置字段分别指明硬键盘的可见性及可见的键盘类型（包括软键盘）。

（11）主要的文本输入法限定符（如表 7-11 所示）

表 7-11　主要的文本输入法

限　定　符	含　　义
nokeys	设备没有用于文本输入的硬键盘
querty	设备具有标准硬键盘（无论是否对用户可见）
12keys	设备具有12键键盘（无论是否对用户可见）

keyboard 配置字段指明可用的主要的文本输入方法。

（12）导航键的有效性限定符（如表 7-12 所示）

表 7-12　导航键的有效性

限　定　符	含　　义
navexposed	导航键对用户可用
navhidden	导航键不可用

如果用户能够看到导航键，那么在应用程序运行时就能够改变这个限定。navigation-Hidden 配置字段指示导航键是否被隐藏。

主要的非触屏导航方法限定符（如表 7-13 所示）

表 7-13　非触屏导航方法

限　定　符	含　　义
nonav	除了使用触屏以外，设备没有其他导航设施
dpad	设备有用于导航的定向板（d-pad）
trackball	设备有用于导航的轨迹球
wheel	设备有用于导航的定向滚轮（不常见）

navigation 配置字段指明可用的导航方法类型。

（13）平台版本（API 级别）限定符

v3、v4 和 v7 等是指设备支持的 API 级别。如 v1 代表的 API 级别为 1（带有 Android 1.0 或更高版本的设备），v7 代表的 API 级别为 7。

还可以建立多个需要特别适配的分辨率文件夹 values，在里面放置计算好的对应的 dimens.xml 文件夹，如图 7-11 所示。

名称	修改日期	类型
values-480x320	2015/11/9 0:16	文件夹
values-800x480	2015/11/9 0:16	文件夹
values-854x480	2015/11/9 0:16	文件夹
values-960x540	2015/11/9 0:16	文件夹
values-1024x600	2015/11/9 0:16	文件夹
values-1024x768	2015/11/9 0:16	文件夹
values-1184x720	2015/11/9 0:16	文件夹
values-1196x720	2015/11/9 0:16	文件夹
values-1280x720	2015/11/9 0:16	文件夹
values-1280x800	2015/11/9 0:16	文件夹
values-1812x1080	2015/11/9 0:16	文件夹
values-1920x1080	2015/11/9 0:16	文件夹
values-2560x1440	2015/11/9 0:16	文件夹

图 7-11　特别适配的分辨率文件夹

在生成分辨率适配对话框中只需要选中左侧的 Dimension，然后输入想适配的分辨率，即可生成对应的文件夹，如图 7-12 所示。

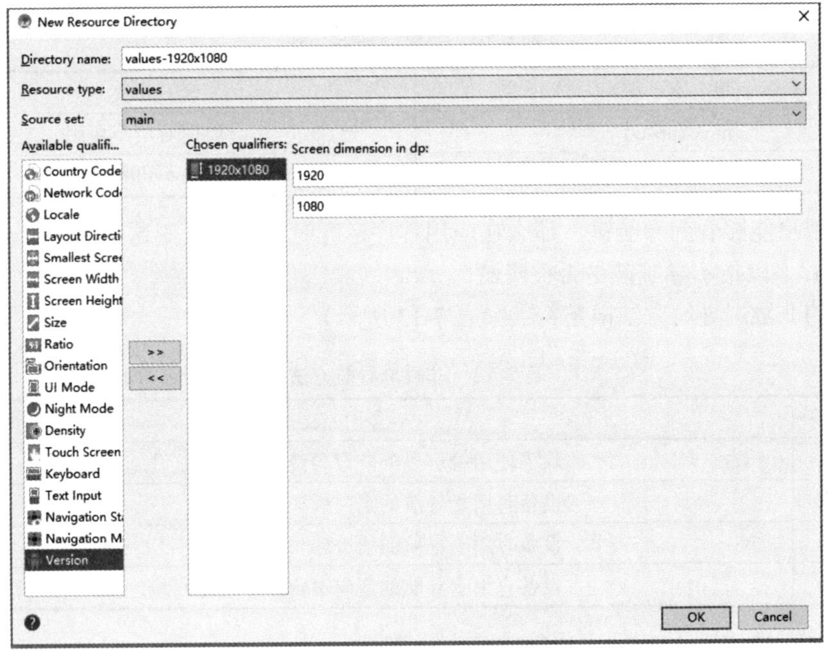

图 7-12　生成特别的分辨率适配

values 文件夹里放置的 dimens.xml 文件可以这样编写：

```
<?xml version="1.0" encoding="utf-8"?>
<resources>
    <dimen name="textview_width">200dp</dimen>
    <dimen name="text_size">16sp</dimen>
</resources>
```

然后再计算对应的其他分辨率文件夹的 dimens.xml 的具体转换值即可。

（5）还有一种适配就是使用 Google 新出的布局方式，如百分比布局等，具体用法读者可以自行研究，不再赘述。

7.5.2　语言国际化

关于国际化，主要就是语言国际化，也就是 res/values 下的 strings.xml 文件。首先新建对应国家或地区的国际化文件夹，具体操作如图 7-13 所示。

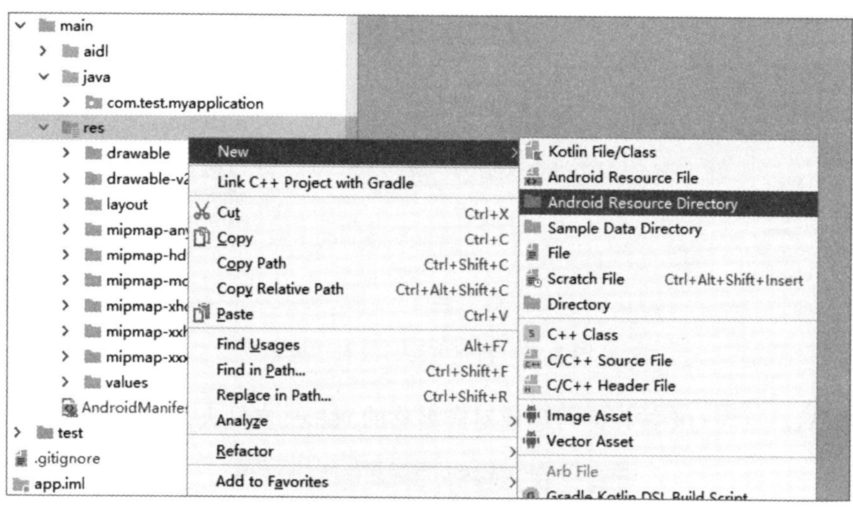

图 7-13　新建资源目录

之后会弹出创建资源目录的对话框，如图 7-14 所示。

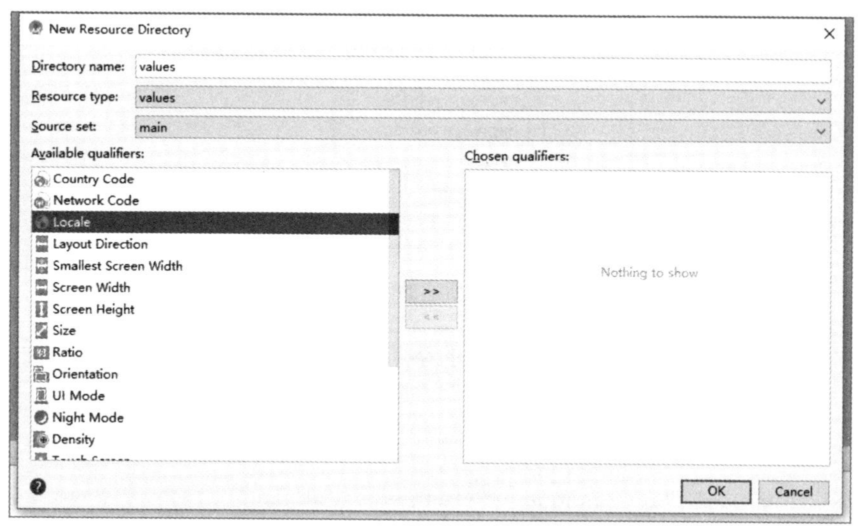

图 7-14　新建资源目录对话框 1

选择 Locale，单击>>按钮，选中语言，即可生成对应的文件夹，如图 7-15 所示。

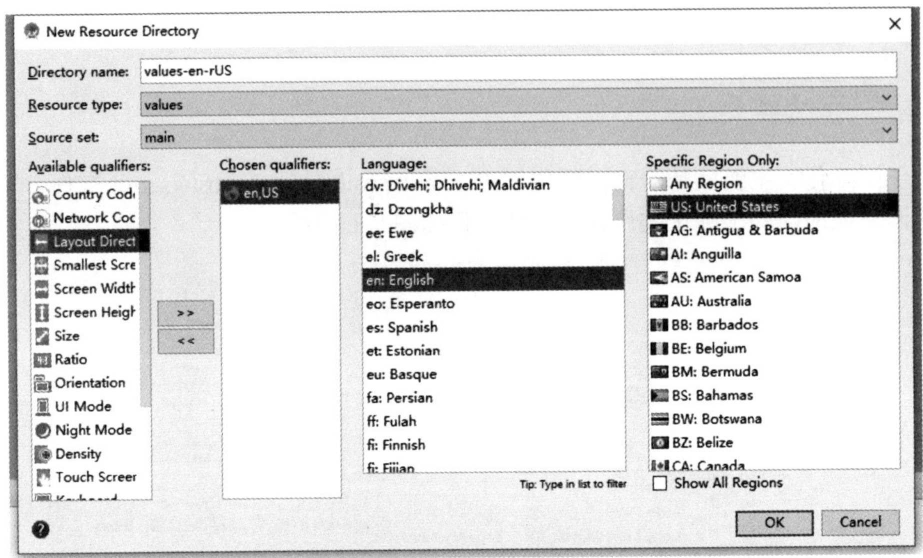

图 7-15 新建资源目录对话框 2

选择好后，单击 OK 按钮即可创建对应名称的 values 文件夹，如图 7-16 所示。

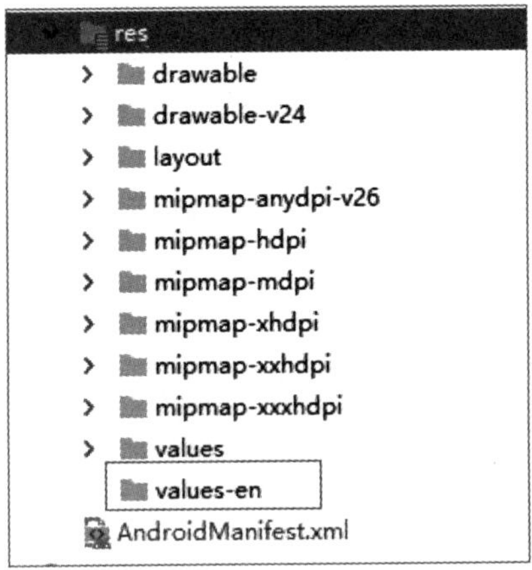

图 7-16 新建的资源目录

然后分别编写 strings.xml，不同语言的字符串资源的名称要一样，如下面的中文和英文：

```
//英文资源
<resources>
    <string name="app_language">language</string>
</resources>
```

```
//中文资源
<resources>
    <string name="app_language">语言</string>
</resources>
```

这样，应用就会根据手机系统的默认语言环境选择对应文件夹的 strings.xml，而应用的文字就会显示对应手机语言环境的语言，应用语言国际化就基本完成了。

第3篇 拓展与实践

第 8 章　深入探索 Android ROM

Android ROM 是手机硬件刷入的一个 Android 系统程序包。这个 ROM 包里包含了 Android 的操作系统，俗称 Android ROM 包，是 Google 公司于 2007 年推出的一款操作系统。Android 操作系统是基于 Linux 内核的系统，所以 Android 系统也是开源的。开源项目为 Android Open Source Project（AOSP），可以下载官方或者第三方的系统代码进行编译及修改，也可以把编译打包好的 ROM 刷入真机。Google 的 Nexus 系列手机都支持刷入 ROM，国产的很多机器还不支持，也不可以 Root。想要设备刷机，就要解锁 bootloader，让设备接受签名不一样的固件映像。

本章主要带领读者更深入地学习 Android 系统的结构、原理和常用知识。

8.1　了解 Android 平台

Android 是一种基于 Linux 的开放源代码平台，最初由 Andy Rubin 开发，主要支持手机设备，2005 年 8 月由 Google 收购注资。2007 年 11 月，Google 与 84 家硬件制造商、软件开发商及电信营运商组建了“开放手机联盟”，共同研发改良 Android 系统。随后 Google 以 Apache 开源许可证的授权方式发布了 Android 的源代码。第一部 Android 智能手机发布于 2008 年 10 月。如图 8-1 所示为 Android 平台的主要架构。

可以看到，最底层的是 Linux 内核。Android 平台的基础是 Linux 内核。例如，Android Runtime（ART）依靠 Linux 内核来执行底层功能，如线程和底层内存管理。使用 Linux 内核可以让设备制造商为内核开发硬件驱动程序。

接下来是硬件抽象层（HAL），里面包含了音频、蓝牙、相机和传感器等。硬件抽象层（HAL）提供了标准界面，更高级别的 Java API 框架提供显示设备硬件的功能。HAL 包含多个库模块，其中每个模块都为特定类型的硬件组件实现一个界面，如相机或蓝牙模块。当框架 API 要求访问设备硬件时，Android 系统将为该硬件组件加载库模块。

再往上是 Android Runtime（ART），也就是 Android 运行环境，类似于虚拟机。运行时库又分为核心库和 ART（5.0 系统之后，Dalvik 虚拟机被 ART 取代），对于运行 Android 5.0（API 级别为 21）或更高版本的设备，每个应用都在其自己的进程中运行，并且有自己的 Android Runtime（ART）实例。ART 将 DEX 字节码文件在安装时就翻译成了机器码，使得应用运行更快。DEX 文件是一种专为 Android 设计的字节码格式，经过优化后使用的内存很少。编译工具链（如 Jack）将 Java 源代码编译为 DEX 字节码，使其可在 Android 平台上运行。ART 的部分功能包括：

- 预先（AOT）和即时（JIT）编译；
- 优化的垃圾回收（GC）；
- 更好的调试支持，包括专用采样分析器、详细的诊断异常和崩溃报告，并且能够设置监视点以监控特定字段。

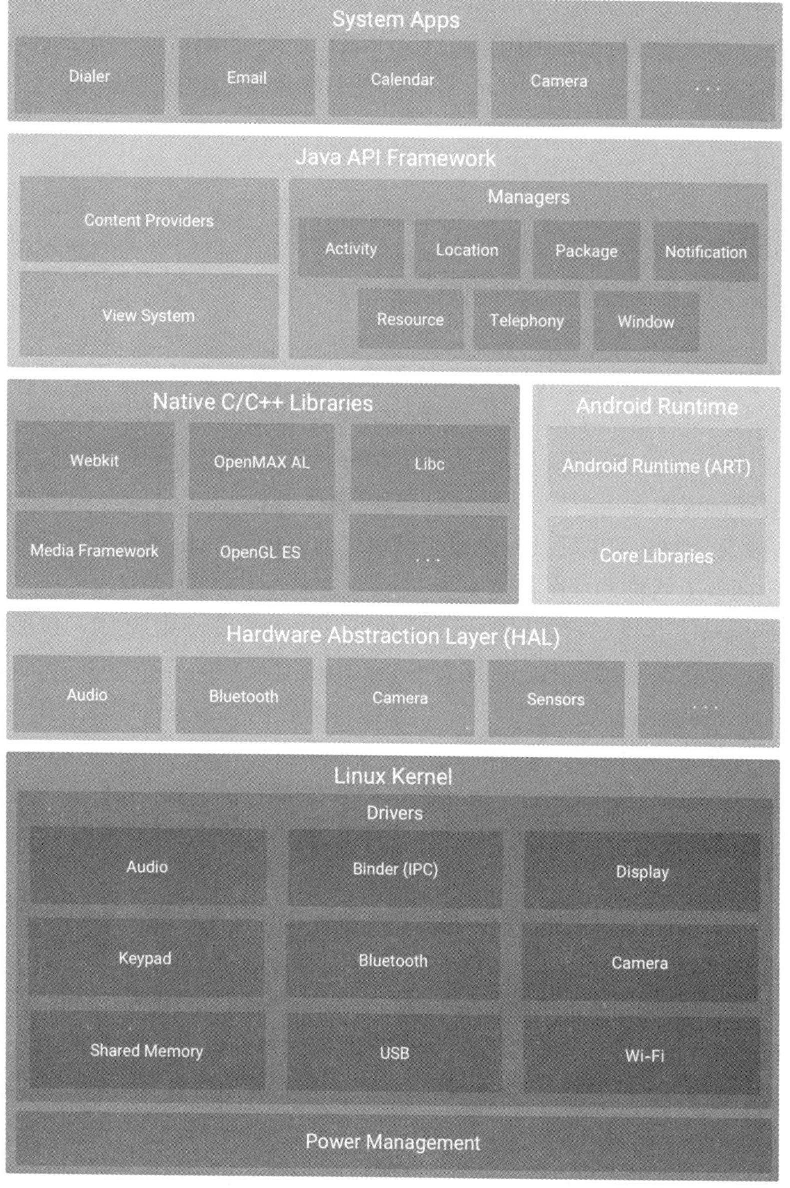

图 8-1　Android 平台架构

在 Android 5.0 版本之前，Dalvik 是 Android Runtime。如果你的应用在 ART 上运行效果很好，那么也可在 Dalvik 上运行，但反过来就不一定。

Android 还包含一套核心运行时库，可提供 Java API 框架使用的 Java 编程语言的大部分功能，包括 Java 8 的一些特性。

接下来是原生 C/C++库。许多核心的 Android 系统组件和服务（如 ART 和 HAL）是用 C 和 C++代码构建的，需要以 C 和 C++编写原生库。Android 平台提供 Java 框架 API，并通过 JNI 调用其中部分原生库的功能。例如，可以通过 Android 框架的 Java OpenGL API 访问 OpenGL ES，以支持在应用中绘制和操作 2D 与 3D 图形。如果开发过程中需要使用 C 或 C++代码，可以使用 Android NDK 进行一些编程操作。原生 C/C++库这一层主要包括以下组件和服务：

- OpenGL ES：3D 绘图函数库；
- Libc：从 BSD 继承来的标准 C 系统函数库，专门为基于嵌入式 Linux 的设备定制；
- Media Framework：多媒体库，支持多种常用音频、视频格式的录制和回放；
- SQLite：轻型的关系型数据库引擎；
- SGL：底层的 2D 图形渲染引擎；
- SSL：安全套接层，是为网络通信提供安全及数据完整性的一种安全协议；
- FreeType：可移植的字体引擎，它提供统一的接口来访问多种字体格式文件。

再上一层就是 Java API 框架层，这也是大部分开发中我们所接触的层级。使用 Java API 进行调用、编程来实现应用逻辑功能，我们可以通过 Java 语言编写的 API 来使用 Android OS 的整个功能集。这些 API 可以简化核心模块化的系统组件和服务的重复使用。Java API 框架层主要包括以下组件和服务：

- View System：丰富、可扩展的视图系统。可用以构建应用的 UI，包括列表、网格、文本框、按钮甚至可嵌入的网络浏览器；
- Resource Manager：资源管理器，用于访问非代码资源。如本地化的字符串、图形和布局文件；
- Notification Manager：通知管理器，可让所有应用在状态栏中显示自定义提醒；
- Activity Manager：Activity 管理器，用于管理应用的生命周期。提供常见的导航返回栈；
- Window Manager：窗口管理器，管理所有开启的窗口程序；
- Telephony Manager：电话管理器，管理所有移动设备的功能；
- Package Manager：包管理器，管理所有安装在 Android 系统中的应用程序；
- Location Manager：位置管理器，提供地理位置及定位功能服务；
- Content Providers：内容提供程序，可让应用访问其他应用（如“联系人”应用）中的数据或者共享其自己的数据。

最上一层就是系统应用层了，这是用户所接触和使用的一个层级。Android 系统会默认安装一套系统基础服务应用，如电子邮件、短信、日历、互联网浏览和联系人等核心应用。当然，也可以安装第三方应用。

通用系统映像（GSI）是原生的未修改的 Android 开源项目（AOSP）代码的系统映像包。从 Android 9（API 级别为 28）开始，可以使用通用系统映像，在真实设备上运行而不是仅仅在模拟器上运行。从而使开发人员可以更轻松、更一致地进行应用程序测试，并且 GSI 也是开源的。

想要了解 Android 系统，也需要了解 Android 系统的各个版本的进化过程。Android 在正式发行之前拥有两个内部测试版本，并且以著名的机器人名称对其进行命名，它们分别是阿童木（AndroidBeta）和发条机器人（Android 1.0）。后来由于涉及版权问题，谷歌将其命名规则变更为用甜点作为它们系统版本代号的命名方法。甜点命名法开始于 Android 1.5 发布的时候，每个版本代表的甜点的尺寸越变越大，它们是按照 26 个字母的顺序来命名的。分别是纸杯蛋糕（Android 1.5）、甜甜圈（Android 1.6）、松饼（Android 2.0/2.1）、冻酸奶（Android 2.2）、姜饼（Android 2.3）、蜂巢（Android 3.0）、冰激凌三明治（Android 4.0）、果冻豆（Jelly Bean，Android4.1 和 Android 4.2）、奇巧（KitKat，Android 4.4）、棒棒糖（Lollipop，Android 5.0）、棉花糖（Marshmallow，Android 6.0）、牛轧糖（Nougat，Android 7.0）、奥利奥（Oreo，Android 8.0）和派（Pie，Android 9.0）。它们的发布时间如下：

- Android1.1：Android 第一版，发布于 2008 年 9 月；
- Android1.5：Cupcake（纸杯蛋糕），发布于 2009 年 4 月 30 日；
- Android1.6：Donut（甜甜圈），发布于 2009 年 9 月 15 日；
- Android2.0/2.1：Eclair（松饼），发布于 2009 年 10 月 26 日；
- Android2.2：Froyo（冻酸奶），发布于 2010 年 5 月 20 日；
- Android2.3/2.4 ：Gingerbread（姜饼），发布于 2010 年 12 月 7 日；
- Android3.0：Honeycomb（蜂巢），发布于 2011 年 2 月 2 日；
- Android3.1：Honeycomb（蜂巢），发布于 2011 年 5 月 11 日；
- Android3.2：Honeycomb（蜂巢），发布于 2011 年 7 月 13 日；
- Android4.0：（Ice cream sandwich）冰激凌三明治，在中国香港发布于 2011 年 10 月 19 日；
- Android 4.1：Jelly Bean（果冻豆），发布于 2012 年 6 月 28 日；
- Android 4.2：Jelly Bean（果冻豆），发布于 2012 年 10 月 30 日；
- Android 4.4：KitKat（奇巧巧克力），发布于 2013 年 11 月 1 日；
- Android 5.0：Lollipop（棒棒糖），发布于 2014 年 10 月 15 日；
- Android 6.0：Marshmallow（棉花糖），发布于 2015 年 9 月 30 日；
- Android 7.0：Nougat（牛轧糖），发布于 2016 年 8 月 22 日；
- Android 8.0：Oreo（奥利奥），发布于 2017 年 8 月 22 日；
- Android 9.0：Pie（派），发布于 2018 年 5 月 9 日。

Android 虽然运行于 Linux Kernel 之上，但并不是 GNU/Linux。因为在一般的 GNU/

Linux 里支持的功能，Android 大都没有支持，包括 Cairo、X11、Alsa、FFmpeg、GTK、Pango 及 Glibc 等都被移除了。Android 用 Bionic 取代了 Glibc，以 Skia 取代了 Cairo，以及用 opencore 取代了 FFmpeg 等。Android 为了达到商业应用的目的，必须移除被 GNU GPL 授权证所约束的部分。如 Android 将驱动程序移到 Userspace 上，使得 Linux Driver 与 Linux Kernel 彻底分开。Bionic/Libc/Kernel/并非标准的 Kernel header 文件，Android 的 Kernel header 是利用工具由 Linux Kernel header 所产生的，这样做是为了保留常数、数据结构与宏。

Android 的 Linux Kernel 控制包括安全（Security）、存储器管理（Memory Management）、程序管理（Process Management）、网络堆栈（Network Stack）和驱动程序模型（Driver Model）等。下载 Android 源码之前，先要安装其构建工具 Repo 来初始化源码。Repo 是 Android 用来辅助 Git 工作的一个工具。

如果想获取 Android 源码，可以通过以下几种方式：

- Google 官方源码：https://android.googlesource.com/；
- OTA 升级官方源码：https://developers.google.com/android/ota；
- 高通扩展源码：https://www.codeaurora.org/project/android-for-msm；
- AndroidXRef：http://androidxref.com/；
- CM 源码：https://github.com/cyanogenmod；
- LineageOS 源码：https://www.lineageos.org/；
- MIUI 部分源码：https://github.com/MiCode。

8.2　Android 系统架构

ROM 的本意其实是只读内存（Read Only Memory），而我们所说的 ROM 其实指的是手机的固件（Firmware），它是把某个系统程序写入特定硬件系统中的 flash ROM。手机固件相当于手机的系统，刷新固件就相当于刷系统，也就是常说的刷 ROM。

在了解 Android ROM 结构前，先看一下 Android 系统从开机到系统运行的整个启动过程的结构图，如图 8-2 所示。

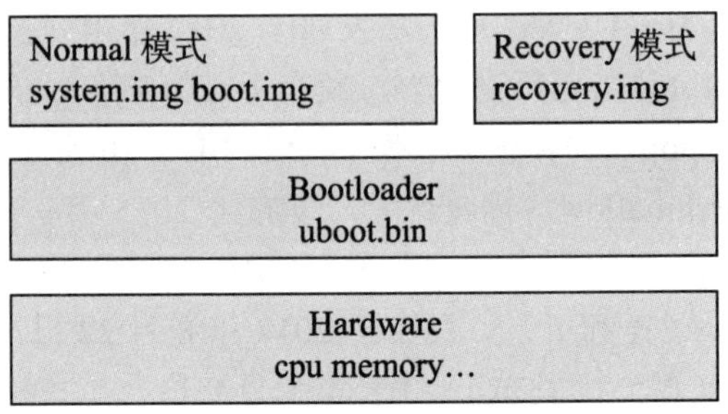

图 8-2　Android 启动过程的结构图（从下到上）

可以看出，最底层的是各种硬件设备，开机时首先要初始化硬件系统，如给硬件设备通电等。

往上一层是 Bootloader。先了解一下什么是 Bootloader。Bootloader 是在操作系统内核运行之前运行，可以初始化硬件设备，建立内存空间映射图，从而将系统的软件和硬件环境带到一个合适状态，以便为最终调用操作系统内核准备好正确的环境。在嵌入式系统中，通常并没有像BIOS那样的固件程序（注：有的嵌入式CPU也会内嵌一段短小的启动程序），因此整个系统的加载启动任务就完全由 Bootloader 来完成。它是一小段类似于 BIOS 的程序，是嵌入式系统在加电后执行的第一段代码。在它完成 CPU 和相关硬件的初始化之后，再将操作系统映像或固化的嵌入式应用程序装载到内存中，然后跳转到操作系统所在的空间，启动操作系统。也就是把 ROM 系统内核存放在一个地址，Bootloader 通电后，在初始完硬件环境后，去这个地址引导启动操作系统运行。

这个 Bootloader 使用 U-boot（Universal Boot Loader）去执行引导启动操作系统命令，作用是系统引导。

执行到 Bootloader 这步之后，Android 系统就会等待命令。如果用户没有其他命令输入，系统就会执行正常的模式逻辑，进行开机启动操作。如果用户有其他的命令输入，如 Fastboot 或 Recovery，那么就会进入对应命令的模式。其中，Fastboot 模式是线刷模式，是用 USB 数据线进行安装更新 Android 系统；Recovery 模式是卡刷模式，是将刷机包放在 SD 卡上，然后再重启刷机的模式。

如果手机系统支持 Fastboot 模式，那么可以输入 adb reboot bootloader 命令，就可以重启进入 Fastboot 模式。当然，也可以通过组合键进入 Fastboot 模式。如果手机系统支持 Recovery 模式，那么可以输入 adb reboot recovery 命令，就可以重启进入 Recovery 模式。当然也可以通过组合键进入 Recovery 模式。

通常，一个能够正常启动的嵌入式设备的 ROM 包含以下 4 个分区：

- Bootloader：存放 uboot.bin 的分区；
- 参数区：用来保存环境变量的分区；
- Kernel 分区：存放 OS 内核的分区；
- Rootfs 分区：存入系统第一个进程 init 对应的程序分区。

从图 8-2 中可以看到，正常的系统包包含 system.img 和 boot.img 镜像文件，而 Recovery 模式下需要 recovery.img 镜像文件。

用户正常使用 Android 设备时，系统主要包含有两个分区：System 分区和 Boot 分区。System 分区包含 Android 运行时框架、系统 App 及预装的第三方 App 等，而 Boot 分区包含 Kernel 和 Rootfs。刷入到 System 分区和 Boot 分区的两个镜像称为 system.img 和 boot.img，通常将它们打包压缩为一个 zip 文件，如 update.zip，并且将它上传到 Android 设备的 SD 卡上。这样当系统进入 Recovery 模式时，就可以在 Recovery 界面上使用之前上传到 SD 卡上的 zip 包来更新用户的 Android 系统了。这个过程就是通常所说的刷 ROM。

说到这里就不得不说另外一个概念：就是 Bootloader 锁。Bootloader 在锁定的情况下是无法刷入非官方的 recovery.img、system.img 和 boot.img 镜像的。这是跟厂商实现的 Bootloader 相关的，它们可以通过一定的算法（如签名）来验证要刷入的镜像是否是官方发布的。在这种情况下，必须要对 Bootloader 进行解锁才可以刷入非官方的镜像。

刷入的 ROM 包，如 update.zip 里一般包含 boot.img、system.img 或 system 目录（system.img 解压后的目录）、META-INF 目录等，如图 8-3 所示。

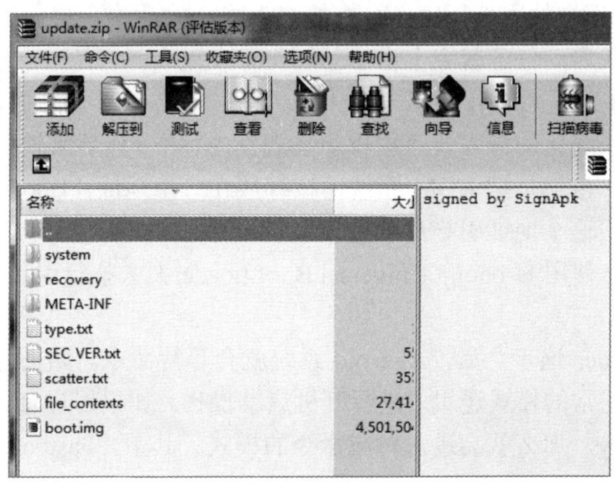

图 8-3　Android ROM 包结构

Android ROM 包中的各个目录的含义和作用如下：

- boot.img 文件：编译 Linux 内核源代码生成的内核镜像，它是与 Android 源码编译出来的 ramdisk.img 一起通过 mkbootimg 工具创建出来的。
- system.img 或 system：这个镜像文件或目录是编译 Android 源代码时生成的。
- META-INF：该目录是手工创建的，主要用来存放一个升级脚本 update-script（这个脚本的内容与 system 中包含的文件有很大关联）及保存若干刷机包内的 APK 文件签名。

Android 的整个系统源码是由 Linux Kernel 源码和 Android 源码组成的。Android 源码编译后会在 out/target/product/generic 下生成 3 个镜像文件，即 ramdisk.img、system.img 和 userdata.img，以及它们对应的目录树，即 root、system、data。其中，ramdisk.img 是根文件系统；system.img 包含主要的包和库等文件；userdata.img 包含一些用户数据。Android 加载这 3 个镜像文件后，会把 system 和 userdata 分别加载到 ramdisk 文件系统中的 system 和 data 目录下。而 Linux Kernel 源码编译后会生成 boot.img 镜像文件，这个 boot.img 文件的前身是 zImage。Linux 内核编译之后会生成两个文件：一个是 Image，一个是 zImage。其中，Image 为内核映像文件，而 zImage 为内核的一种映像压缩文件。Linux Kernel 源码编译的镜像文件和 Android 源码编译的镜像文件这两部分组成了完整的 Android 系统。

8.3　Android 平台源码结构

前面已经大致讲解了 Android 系统的架构，接下来需要介绍一下 Android 系统的源码目录结构，为后期源码分析及 ROM 学习打下基础。关于源码的详细情况，可以访问 http://androidxref.com/进行查看。当然，最好是将源码下载下来。下载源码可以使用清华大学开源软件镜像站提供的 Android 镜像：https://mirrors.tuna.tsinghua.edu.cn/help/AOSP/。

Android 的整个系统源码是由 Linux Kernel 源码和 Android 源码组成的。从 Android 源代码树下载下来的最新 Android 源代码是不包括内核代码的。也就是 Android 源代码工程默认不包含 Linux Kernel 代码，而是使用预先编译好的内核，即 prebuilt/android-arm/kernel/kernel-qemu 文件。如果想完整编译 Android 的整个系统，则需要分别编译 Linux Kernel 源码和 Android 源码。

下面先来看一下 Linux Kernel 内核源码结构。可供选择的内核源码有很多版本，大致如下：

```
$ git clone https://android.googlesource.com/kernel/common.git
$ git clone https://android.googlesource.com/kernel/exynos.git
$ git clone https://android.googlesource.com/kernel/goldfish.git
$ git clone https://android.googlesource.com/kernel/msm.git
$ git clone https://android.googlesource.com/kernel/omap.git
$ git clone https://android.googlesource.com/kernel/samsung.git
$ git clone https://android.googlesource.com/kernel/tegra.git
```

- goldfish 版本中包含适合于模拟器平台的源码；
- msm 版本中包含适合于 ADP1、ADP2、Nexus One 和 Nexus 4 的源码，并且可以作为高通 MSM 芯片组开发定制内核工作的起始点。
- omap 版本中包含适合于 PandaBoard 和 Galaxy Nexus 的源码，并且可以作为德州仪器 OMAP 芯片组内核开发定制工作的起始点。
- samsung 版本中包含适合于 Nexus S 的源码，并且可以作为三星蜂鸟芯片组内核开发定制工作的起始点。
- tegra 版本中包含了适合于 Xoom 和 Nexus 7 的源码，并且可以作为英伟达图睿芯片组内核开发定制工作的起始点。
- exynos 版本中包含了适合于 Nexus 10 的源码，并且可以作为三星猎户座芯片组内核开发定制工作的起始点。

这里选择 goldfish 这个版本进行编译。

执行$ git clone https://android.googlesource.com/kernel/goldfish.git 或$git clone https://aosp.tuna.tsinghua.edu.cn/kernel/goldfish.git 命令即可下载 Linux Kernel 源码。然后执行$ git branch -a 来查看分支，接着选择一个分支进行下载，输入命令，如$ git checkout -b android-goldfish-2.6.29 origin/android-goldfish-2.6.29。

Linux Kernel 源码目录结构如图 8-4 所示。

名称	修改日期	类型	大小
.git	2019/1/16 23:18	文件夹	
arch	2019/1/16 23:18	文件夹	
block	2019/1/16 23:18	文件夹	
crypto	2019/1/16 23:18	文件夹	
Documentation	2019/1/16 23:18	文件夹	
drivers	2019/1/16 23:18	文件夹	
firmware	2019/1/16 23:18	文件夹	
fs	2019/1/16 23:18	文件夹	
include	2019/1/16 23:18	文件夹	
init	2019/1/16 23:18	文件夹	
ipc	2019/1/16 23:18	文件夹	
kernel	2019/1/16 23:18	文件夹	
lib	2019/1/16 23:18	文件夹	
mm	2019/1/16 23:18	文件夹	
net	2019/1/16 23:18	文件夹	
samples	2019/1/16 23:18	文件夹	
scripts	2019/1/16 23:18	文件夹	
security	2019/1/16 23:18	文件夹	
sound	2019/1/16 23:18	文件夹	
usr	2019/1/16 23:18	文件夹	
virt	2019/1/16 23:18	文件夹	
.gitignore	2019/1/16 23:18	文本文档	1 KB
.mailmap	2019/1/16 23:18	MAILMAP 文件	5 KB
COPYING	2019/1/16 23:18	文件	19 KB
CREDITS	2019/1/16 23:18	文件	96 KB
Kbuild	2019/1/16 23:18	文件	3 KB
MAINTAINERS	2019/1/16 23:18	文件	113 KB
Makefile	2019/1/16 23:18	文件	56 KB
README	2019/1/16 23:18	文件	18 KB
REPORTING-BUGS	2019/1/16 23:18	文件	4 KB

图 8-4　Linux Kernel 源码目录结构

接下来看一下各个目录的作用和含义。

- arch：包含和硬件体系结构相关的代码，每种平台占一个相应的目录，如 i386、arm、arm64、powerpc 和 mips 等。Linux 内核目前已经支持约 30 种体系结构。在 arch 目录下存放的是各个平台及各个平台的芯片对 Linux 内核进程调度、内存管理、主频设置的支持，以及每个具体的 SoC 和电路板的板级支持代码。
- block：表示块设备，如 SD 卡、iNand、Nand 和硬盘等都是块设备。可以认为块设备就是存储设备。block 目录下放的是一些 Linux 存储体系中关于块设备管理的代码。
- crypto：常用的加密和散列算法（如 AES、SHA 等），还有一些压缩和 CRC 校验算法。
- Documentation：内核各部分的通用解释和注释。
- drivers：所有的设备驱动程序，里面的每一个子目录对应一个一类驱动程序。例如 drivers/block 为块设备驱动程序，drivers/char 为字符串设备驱动程序，drivers/mtd

为 NorFlash、NandFlash 等存储设备的驱动程序。

- firmware：固件。固件其实是软件，但是这个软件是固化到 IC 里运行的，就像 S5PV210 里的 iROM 代码。
- fs：Linux 支持的文件系统代码，每个子目录对应一种文件系统，如 EXT、FAT、NTFS 和 JFFS2 等。
- include：内核公用的头文件，有基本头文件（存放在 include/linux/目录下）、驱动或功能部件的头文件（如 include/media/、/include/mtd、include/net）、体系相关的头文件（如 include/asm-arm、include/asm-i386/）等。
- init：内核的初始化代码（不是系统的引导代码），其中 main.c 文件中的 start_kernel 函数是内核引导后的第一个函数。
- ipc：进程间通信（inter process communication），其中放置的是进程间通信的代码。
- kernel：内核管理的核心代码，与处理器相关的代码位于 arch/*/kernel/目录下。
- lib：内核用到的一些库函数代码，如 crc32.c、string.c，与处理器相关的库函数代码位于 arch/*/lib 目录下。
- mm：内存管理代码，与处理器相关的内存管理代码位于 arch/*/mm 目录下。
- net：该目录下存放的是网络相关的代码，如 TCP/IP 协议栈等都在这里。
- samples：一些示例代码。
- scripts：用于配置、编译内核的脚本文件。
- security：与安全、密钥相关的代码。
- sound：音频设备的驱动程序代码。
- usr：用来制作一个压缩的 cpio 归档文件，即 initrd 的镜像。它可以作为内核启动后挂载的第一个文件系统。
- virt：内核虚拟机相关的代码。
- Kbuild：Kbuild 是 Kernel build，是内核编译的意思，这个文件是 Linux 内核特有的内核编译体系需要用到的文件。
- Makefile：Linux 内核的总 Makefile，整个内核工程用这个 Makefile 来管理。

以上是 Linux Kernel 部分的源码结构。Linux Kernel 源码解压后大概有 1.73GB，并不算太大。

接下来看一下 Android 源码的目录结构，这里使用的是在线查看方式，网址为 https://www.androidos.net.cn/sourcecode。Android 7.1.1 源码目录结构及说明如图 8-5 所示。

接下来看一下各个目录的作用和含义。

- abi：应用程序二进制接口，生成 libgabi++和.so 相关库文件；
- art：Android Run Time，Google 在 Android 4.4 版本后加入，用来代替 Dalvik 的运行时环境；
- bionic：即 bionic 库，是系统 C 库，Android 的基础库；
- bootable：启动引导程序的源码；

- build：存放系统编译配置规则及所需的脚本和工具，generic 等基础开发包配置；
- cts：Android 兼容性测试套件标准；

abi	应用程序二进制接口，生成libgabi++和.so相关的库文件
bootable	启动引导程序的源码
dalvik	Dalvik的Java虚拟机
device	设备相关代码和编译脚本
pdk	平台开发套件
cts	Android兼容性测试套件
art	Google在4.4后加入用来代替Dalvik的运行时环境
sdk	SDK及模拟器
toolchain	
libcore	Java核心库
platform_testing	
docs	文档
bionic	bionic库，Android的基础库
packages	Android的原生应用程序，App开发者需要重点关注
external	由其他平台移植过来的项目，对于移植工作是非常好的参考
frameworks	应用程序框架层，请仔细阅读此部分代码，对于开发App会有很大帮助
tools	
developers	开发使用的例子
ndk	原生开发套件，提供了一系列工具可以快速开发c/c++的动态库
libnativehelper	支持Android的类库
build	编译和配置所需的脚本和工具
development	开发应用程序所需的模板和工具
prebuilts	编译所需要的程序文件，主要包含不同平台下的ARM编译器
hardware	与硬件相关的库，与驱动开发相关
system	Android的底层库
Makefile	

图 8-5　Android 源码结构

- dalvik：Dalvik Java 虚拟机；
- developers：开发使用的例子；
- development：开发应用程序所需的模板和工具；
- device：设备相关代码和编译脚本；

- docs：参考文档；
- external：Android 使用的一些开源模组，是由其他平台移植过来的项目，对于移植工作是非常好的参考；
- frameworks：应用程序框架，是 Android 系统的核心部分，由 Java 和 C++语言编写。请仔细阅读此部分代码，对于开发 App 会有很大帮助；
- hardware：部分厂家开源的硬解（硬件解码）适配层 HAL 代码，与硬件相关的库，与驱动开发相关；
- libcore：Java 核心库相关文件；
- libnativehelper：动态库，实现 JNI 库的基础；
- ndk：原生开发套件，提供了一系列工具可以快速开发 C/C++的动态库；
- packages：Android 的原生应用程序，App 开发者需要重点关注；
- pdk：Plug Development Kit 的缩写，本地平台开发套件；
- platform_testing：与平台测试相关；
- prebuilts：x86 和 ARM 架构下预编译的一些资源和编译所需要的程序文件，主要包含不同平台下的 ARM 编译器；
- sdk：与 SDK 和模拟器相关；
- system：Android 底层文件系统库、应用和组件；
- toolchain：工具链文件；
- tools：工具文件；
- Makefile：全局 Makefile 文件，用来定义编译规则。

读者需要关注几个重要的目录，其中一个是 packages 目录，开发者开发的应用程序及系统内置的应用程序都是在这里。下面来看一下 packages 目录结构，如图 8-6 所示。

services	电话
screensavers	屏保
inputmethods	输入法)
experimental	
wallpapers	墙纸
providers	不同的内容提供器
apps	应用程序库

图 8-6　packages 目录结构

接下来看一下各个目录的作用和含义。

- apps：核心系统应用程序；
- experimental：第三方应用程序；
- inputmethods：输入法目录；

- providers：内容提供者目录；
- screensavers：屏幕保护；
- services：通信服务；
- wallpapers：墙纸。

从目录结构可以发现，packages 目录存放着系统核心应用程序、第三方的应用程序和输入法等，这些应用都是运行在系统应用层的，因此 packages 目录对应着系统的应用层。

读者需要关注的另一个目录是 frameworks 目录。应用框架层是系统的核心部分，一方面向上提供接口给应用层调用，另一方面向下与 C/C++程序库及硬件抽象层等进行衔接。应用框架层的主要实现代码在/frameworks/base 和/frameworks/av 目录下，首先看一下 frameworks 目录结构，如图 8-7 所示。

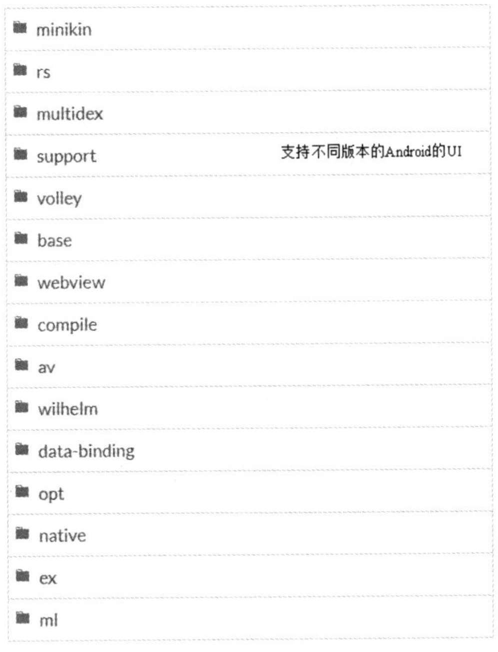

图 8-7　frameworks 目录结构

接下来看一下各个目录的作用和含义。

- av：多媒体框架相关的系统源码；
- base：核心基础库源码；
- compile：编译相关的工具类；
- data-binding：数据绑定框架的相关源码；
- ex：其他拓展类源码；
- minikin：Android 原生字体和连体字效果相关文件；
- multidex：分包策略 multi-dex 的相关源码；

- ml：机器学习的相关源码；
- native：Native 实现部分的相关源码；
- opt：其他工具类源码；
- rs：Renderscript，可创建 3D 接口源码；
- support：framework 相关的 support 库源码；
- volley：volley 网络请求库的相关源码；
- webview：webview framework 层的接口源码；
- wilhelm：基于 Khronos 的 OpenSL ES/OpenMAX AL 的 audio/multimedia 实现源码。

接下来看一下/frameworks/base 目录结构，如图 8-8 所示。

rs	
sax	sax实现
samples	
proto	
obex	蓝牙传输库
services	各种服务程序，如电源管理、传感器等
api	
telephony	电话通信管理
cmds	重要命令：am、app_proce等
telecomm	
libs	存储、USB等相关的源码
drm	数字加密相关库
location	地区库
keystore	数字签名证书相关的源码
test-runner	测试工具相关
graphics	图书相关的源码
opengl	2D-3D加速库
docs	文档
packages	设置、TTS、VPN程序
include	头文件
core	核心库
tools	工具
wifi	无线网络
native	
media	媒体相关库
data	字体和声音等数据文件
tests	各种测试
nfc-extras	NFC额外的管理和模拟

图 8-8　frameworks/base 目录结构

接着再看一下各个目录的作用和含义。

- api：Android 应用框架层声明类、属性、资源、定义 API；
- cmds：Android 系统中的一些重要命令，如 am、app_process 等；
- core：frameworks 核心 API 库，API 类源码；
- data：Android 资源文件，如字体、声音、视频和输入法等；
- docs：文档；
- drm：版权、数据保护等相关的源码；
- graphics：图形图像渲染相关类的源码；
- include：头文件；
- keystore：和数据签名证书相关的源码；
- libs：相关库的源码，如存储、USB 等库；
- location：与定位相关的库；
- media：多媒体相关的库；
- native：native 方法的库；
- nfc-extras：NFC 近场通信的相关源码；
- obex：蓝牙相关的源码；
- opengl：2D/3D 图形的 API；
- packages：框架层的实现，如设置、TTS 和 VPN 程序；
- proto：proto 协议框架相关的源码；
- rs：renderscript 渲染资源框架相关的源码；
- sax：XML 解析器；
- samples：一些实例文件；
- services：各种系统级别服务类，如电源管理、ActivityManagerService 和传感器等；
- telephony：电话通信管理相关的类；
- telecomm：远程控制、通信相关的类；
- test-runner：测试工具相关的类；
- tests：各种程序测试用例类；
- tools：自带的工具，如 aapt2、打包、布局等；
- wifi：Wi-Fi 无线网络相关的文件。

frameworks/av 目录结构如图 8-9 所示。

接下来看一下各个目录的作用和含义，frameworks/av 目录下的类基本都是 C/C++语言底层实现部分。

- camera：多媒体相机部分的源码；
- cmds：各种命令源码；
- drm：数据、版权保护类源码；
- include：头文件；

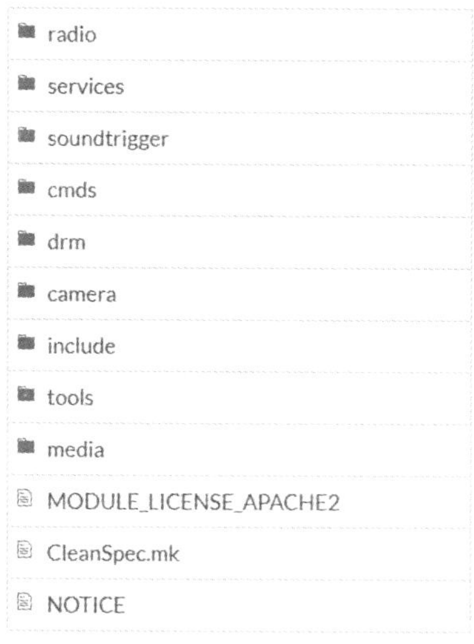

图 8-9　frameworks/av 目录结构

- media：多媒体类源码；
- radio：无线射频类源码；
- services：系统服务底层实现部分，如 MediaCodecService 等，用 C/C++语言编写库；
- soundtrigger：语音识别相关类源码；
- tools：工具包源码。

系统运行库层（Native）中的 C/C++程序库的类型繁多，功能强大，C/C++程序库并不完全在一个目录中，这里给出几个常用且比较重要的 C/C++程序库所在的目录位置：

- bionic：Google 开发的系统 C 库，以 BSD 许可形式开源，是基础 C 库源代码，Android 改造的 C/C++库；
- frameworks/av/media：系统媒体库；
- frameworks/native/opengl：2D/3D 图形渲染库；
- frameworks/native/services/surfaceflinger：图形显示库，主要负责图形的渲染、叠加和绘制等功能；
- external/sqlite：轻量型关系数据库 SQLite 的 C++实现。

以上就是 Linux Kernel 和 Android 源码的主要目录结构，如果想了解其他的目录结构和作用，可以自行查阅文档。

8.4　编译 Linux Kernel

接下来学习编译 Android 内核源码，也就是 Linux Kernel 部分。首先给出 Android 版本和 Linux Kernel 版本的对应关系，如表 8-1 所示。

表 8-1　Android版本和Linux Kernel版本的对应关系

Code name	Version number	Linux Kernel Version	API Level
Petit Four	1.1	2.6	2
Cupcake	1.5	2.6.27	3
Donut	1.6	2.6.29	4
Eclair	2.0 - 2.1	2.6.29	5 - 7
Froyo	2.2 – 2.2.3	2.6.32	8
Gingerbread	2.3 – 2.3.7	2.6.35	9 - 10
Honeycomb	3.0 – 3.2.6	2.6.36	11 - 13
Ice Cream Sandwich	4.0 – 4.0.4	3.0.1	14 - 15
Jelly Bean	4.1 – 4.3.1	3.0.31 - 3.4.39	16 - 18
KitKat	4.4 – 4.4.4	3.10	19 - 20
Lollipop	5.0 – 5.1.1	3.16	21 - 22
Marshmallow	6.0 – 6.0.1	3.18	23
Nougat	7.0 – 7.1.2	4.4	24 - 25
Oreo	8.0 – 8.1	4.10	26 - 27
Pie	9.0	4.4.107, 4.9.84, 4.14.42	28

下面正式进入 Linux Kernel 源码编译环节，需要 Linux 系统环境，所以推荐使用 Ubuntu 操作系统进行源码内核编译。

前面介绍过，Linux Kernel 源码可供选择的版本有很多，这里选择 goldfish 内核版本源码进行下载和编译。首先在终端输入以下命令创建一个文件夹，用来保存下载的源码。

```
$ mkdir linux
```

接下来输入命令下载源码：

```
$ git clone https://android.googlesource.com/kernel/goldfish.git
```

为了便于下载，这里使用的是清华大学开源软件镜像站提供的地址下载（如图 8-10 所示）。

```
$ git clone https://aosp.tuna.tsinghua.edu.cn/kernel/goldfish.git
```

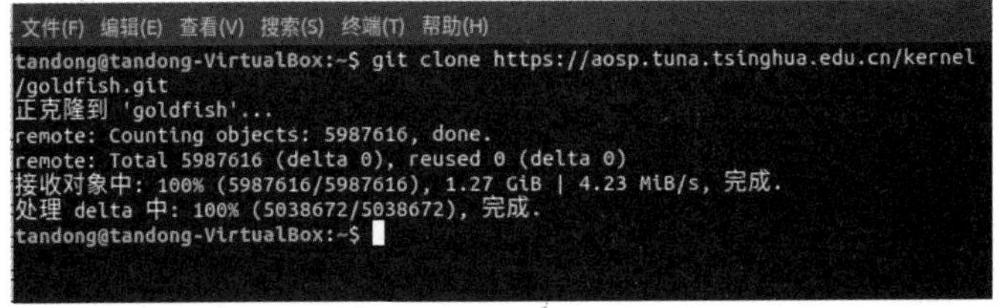

图 8-10　Linux Kernel 源码下载

然后选择源码分支，下载分支，如图 8-11 所示。

```
$ git branch -a
```

```
tandong@tandong-VirtualBox:~/goldfish$ git branch -a
* master
  remotes/origin/HEAD -> origin/master
  remotes/origin/android-3.10
  remotes/origin/android-3.18
  remotes/origin/android-3.4
  remotes/origin/android-4.14
  remotes/origin/android-4.4
  remotes/origin/android-goldfish-2.6.29
  remotes/origin/android-goldfish-3.10
  remotes/origin/android-goldfish-3.10-k-dev
  remotes/origin/android-goldfish-3.10-l-mr1-dev
  remotes/origin/android-goldfish-3.10-m-dev
  remotes/origin/android-goldfish-3.10-n-dev
  remotes/origin/android-goldfish-3.18
  remotes/origin/android-goldfish-3.18-dev
  remotes/origin/android-goldfish-3.4
  remotes/origin/android-goldfish-3.4-l-mr1-dev
  remotes/origin/android-goldfish-4.14-dev
  remotes/origin/android-goldfish-4.14-dev.120914098
  remotes/origin/android-goldfish-4.14-dev.backup
  remotes/origin/android-goldfish-4.4-dev
  remotes/origin/android-goldfish-4.9-dev
  remotes/origin/b12
...skipping...
```

图 8-11　Linux Kernel 源码分支下载

接着选择一个分支进行下载，这里选择 2.6.29 版本，如图 8-12 所示。

```
$ git checkout -b android-goldfish-2.6.29 origin/android-goldfish-2.6.29
```

```
tandong@tandong-VirtualBox:~/goldfish$ git checkout -b android-goldfish-2.6.29 origin/android-goldfish-2.6.29
正在检出文件: 100% (26821/26821), 完成.
分支 'android-goldfish-2.6.29' 设置为跟踪来自 'origin' 的远程分支 'android-goldfish-2.6.29'。
切换到一个新分支 'android-goldfish-2.6.29'
tandong@tandong-VirtualBox:~/goldfish$
```

图 8-12　Linux Kernel 源码分支下载完成

分支下载完毕后，就可以在相应的目录下看到源码文件，如图 8-13 所示。

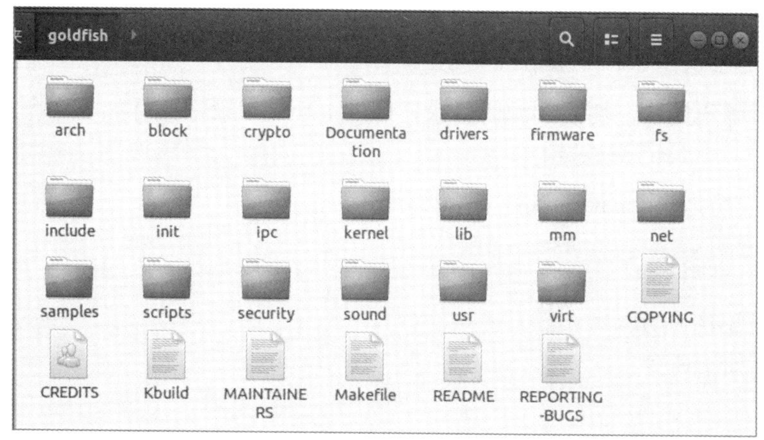

图 8-13　Linux Kernel 源码文件

然后需要下载编译所需要的 prebuilt 工具，如下：

```
$ git clone https://android.googlesource.com/platform/prebuilt
```

这里仍然使用清华大学开源软件镜像站提供的下载地址，如图 8-14 所示。

```
$ git clone https://aosp.tuna.tsinghua.edu.cn/platform/prebuilt
```

```
tandong@tandong-VirtualBox:~$ git clone https://aosp.tuna.tsinghua.edu.cn/platfo
rm/prebuilt
正克隆到 'prebuilt'...
remote: Counting objects: 21576, done.
remote: Total 21576 (delta 0), reused 0 (delta 0)
接收对象中: 100% (21576/21576), 1.93 GiB | 2.49 MiB/s, 完成.
处理 delta 中: 100% (12545/12545), 完成.
正在检出文件: 100% (44941/44941), 完成.
tandong@tandong-VirtualBox:~$
```

图 8-14　下载 prebuilt 工具

下载完成后在 prebuilt 目录下就可以看到相关的文件了，如图 8-15 所示。

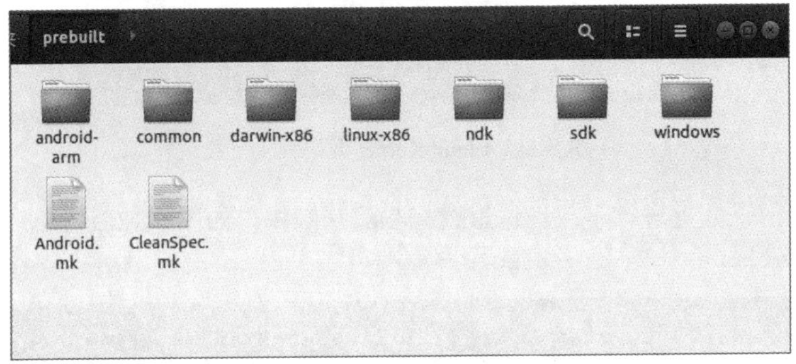

图 8-15　prebuilt 文件

Linux Kernel 的源码大概有 1.73GB，prebuilt 大概有 1.93GB。

接下来将 prebuilt 工具添加到环境变量中，方便后续使用，命令如下：

```
$ export ARCH=arm
$ export SUBARCH=arm
$ export CROSS_COMPILE=arm-eabi-
```

配置完环境变量后，切换到源码目录，即 goldfish 目录，执行如下命令：

```
$ make goldfish_defconfig
```

如果提示没有安装 make 的话，安装即可。

```
$ sudo apt install make
$ sudo apt install make-guile
```

结果如图 8-16 所示。

最后执行如下命令：

```
$ make
```

镜像的输出路径为 arch/arm/boot/zImage，这样就通过默认的配置完成了 Android 内核

Linux Kernel 的编译。

```
tandong@tandong-VirtualBox:~/goldfish$ make goldfish_defconfig
  HOSTCC  scripts/basic/fixdep
  HOSTCC  scripts/basic/docproc
  HOSTCC  scripts/basic/hash
  HOSTCC  scripts/kconfig/conf.o
scripts/kconfig/conf.c: In function 'conf_sym':
scripts/kconfig/conf.c:159:6: warning: variable 'type' set but not used [-Wunuse
d-but-set-variable]
  int type;
      ^~~~
scripts/kconfig/conf.c: In function 'conf_choice':
scripts/kconfig/conf.c:231:6: warning: variable 'type' set but not used [-Wunuse
d-but-set-variable]
  int type;
      ^~~~
scripts/kconfig/conf.c: In function 'conf_askvalue':
scripts/kconfig/conf.c:105:3: warning: ignoring return value of 'fgets', declare
d with attribute warn_unused_result [-Wunused-result]
   fgets(line, 128, stdin);
   ^~~~~~~~~~~~~~~~~~~~~~~
scripts/kconfig/conf.c: In function 'conf_choice':
scripts/kconfig/conf.c:307:4: warning: ignoring return value of 'fgets', declare
d with attribute warn_unused_result [-Wunused-result]
    fgets(line, 128, stdin);
    ^~~~~~~~~~~~~~~~~~~~~~~
  HOSTCC  scripts/kconfig/kxgettext.o
  SHIPPED scripts/kconfig/zconf.tab.c
  SHIPPED scripts/kconfig/lex.zconf.c
  SHIPPED scripts/kconfig/zconf.hash.c
  HOSTCC  scripts/kconfig/zconf.tab.o
  HOSTLD  scripts/kconfig/conf
arch/arm/configs/goldfish_defconfig:289:warning: override: FB_EARLYSUSPEND chang
es choice state
#
# configuration written to .config
#
tandong@tandong-VirtualBox:~/goldfish$
```

图 8-16　编译 Linux Kernel

8.5　编写系统应用

对于 Android 系统应用，相信读者并不陌生，手机内置的一些应用基本都是系统级别的应用，有些无法卸载。Android 系统内置应用可以使用更多的 API，并且系统应用的权限级别最高，可以卸载其他 App，可以拥有很多权限。下面首先了解一下哪些权限是系统级别应用专有的权限。

- android.permission.WRITE_SETTINGS：允许程序读取或写入系统设置；
- android.permission.WRITE_SECURE_SETTINGS：允许应用程序读取或写入安全系统设置；
- android.permission.WRITE_GSERVICES：允许程序修改 Google 服务地图；
- android.permission.WRITE_APN_SETTINGS：允许程序写入网络 GPRS 接入点设置；
- android.permission.UPDATE_DEVICE_STATS：允许程序更新设备状态；
- android.permission.STATUS_BAR：允许程序打开、关闭、禁用状态栏；
- android.permission.SIGNAL_PERSISTENT_PROCESSES：允许程序发送一个永久的

进程信号；

- android.permission.SET_TIME_ZONE：允许程序设置系统时区；
- android.permission.SET_TIME：允许程序设置系统时间；
- android.permission.SET_PROCESS_LIMIT：允许程序设置最大进程数量的限制；
- android.permission.SET_PREFERRED_APPLICATIONS：允许程序设置应用的参数；
- android.permission.SET_POINTER_SPEED：设置指针速度；
- android.permission.SET_ORIENTATION：允许程序设置屏幕方向为横屏或标准方式显示；
- android.permission.SET_DEBUG_APP：允许程序设置调试程序；
- android.permission.SET_ANIMATION_SCALE：允许程序设置全局动画缩放；
- android.permission.SET_ALWAYS_FINISH：允许程序设置程序在后台是否总是退出；
- android.permission.SET_ACTIVITY_WATCHER：允许程序设置 Activity 观察器，一般用于 monkey 测试；
- android.permission.SEND_RESPOND_VIA_MESSAGE：允许用户在来电的时候用应用进行即时短信回复；
- android.permission.REBOOT：允许程序重新启动设备；
- android.permission.READ_LOGS：允许程序读取系统底层日志；
- android.permission.READ_INPUT_STATE：允许程序读取当前键的输入状态；
- android.permission.READ_FRAME_BUFFER：允许程序读取帧缓存，用于屏幕截图；
- android.permission.MOUNT_UNMOUNT_FILESYSTEMS：允许程序挂载、反挂载外部文件系统；
- android.permission.MOUNT_FORMAT_FILESYSTEMS：允许程序格式化可移动文件系统，比如格式化清空 SD 卡；
- android.permission.MODIFY_PHONE_STATE：允许程序修改电话状态，如飞行模式，但不包含替换系统拨号器界面；
- android.permission.MEDIA_CONTENT_CONTROL：允许一个应用程序知道什么时播放和控制其内容；
- android.permission.MASTER_CLEAR：允许程序执行软格式化，删除系统配置信息；
- android.permission.MANAGE_DOCUMENTS：允许一个应用程序来管理文档的访问，通常文档选择器需要用到这个权限；
- android.permission.MANAGE_APP_TOKENS：允许程序管理应用的引用，仅用于系统；
- android.permission.LOCATION_HARDWARE：允许一个应用程序中使用定位功能的硬件；
- android.permission.INTERNAL_SYSTEM_WINDOW：允许程序打开内部窗口；

- android.permission.INSTALL_PACKAGES：允许程序安装应用；
- android.permission.INSTALL_LOCATION_PROVIDER：允许程序安装提供定位服务的应用；
- android.permission.INJECT_EVENTS：允许程序访问本程序的底层事件，获取按键、轨迹球的事件流；
- android.permission.HARDWARE_TEST：允许程序访问硬件辅助设备，用于硬件测试；
- android.permission.GLOBAL_SEARCH：允许程序全局搜索；
- android.permission.GET_TOP_ACTIVITY_INFO：允许应用程序获取当前最顶层 Activity 的相关信息；
- android.permission.FORCE_BACK：允许程序强制使用 back 后退按键，无论 Activity 是否在顶层；
- android.permission.FACTORY_TEST：允许程序运行工厂测试模式；
- android.permission.DUMP：允许程序获取系统的 dump 信息；
- android.permission.DIAGNOSTIC：允许程序诊断调试程序资源；
- android.permission.DEVICE_POWER：允许程序访问底层电源管理；
- android.permission.DELETE_PACKAGES：允许程序删除应用；
- android.permission.DELETE_CACHE_FILES：允许程序删除缓存文件；
- android.permission.CONTROL_LOCATION_UPDATES：允许程序获得移动网络定位信息改变；
- android.permission.CLEAR_APP_USER_DATA：允许程序清除用户数据；
- android.permission.CLEAR_APP_CACHE：允许程序清除应用缓存；
- android.permission.CHANGE_CONFIGURATION：允许当前应用改变配置，如定位；
- android.permission.CHANGE_COMPONENT_ENABLED_STATE：改变组件是否启用状态；
- android.permission.CAPTURE_VIDEO_OUTPUT：允许一个应用程序捕获视频输出；
- android.permission.CAPTURE_SECURE_VIDEO_OUTPUT：允许一个应用程序捕获视频输出；
- android.permission.CAPTURE_AUDIO_OUTPUT：允许一个应用程序捕获音频输出；
- android.permission.CALL_PRIVILEGED：允许程序拨打电话，替换系统的拨号器界面；
- android.permission.BROADCAST_SMS：允许程序当收到短信时触发一个广播；
- android.permission.BROADCAST_PACKAGE_REMOVED：允许程序删除时接收广播；
- android.permission.BRICK：能够禁用手机，非常危险，顾名思义就是让手机变成“砖头”；

- android.permission.BLUETOOTH_PRIVILEGED：允许应用程序配对蓝牙设备，而无须用户交互；
- android.permission.BIND_WALLPAPER：必须通过 WallpaperService 服务来请求绑定壁纸；
- android.permission.BIND_VPN_SERVICE：必须通过 VpnService 服务来请求绑定 VPN 服务；
- android.permission.BIND_TEXT_SERVICE：必须由 TextService（如 SpellChecker-Service）来确保只有系统可以绑定它；
- android.permission.BIND_REMOTEVIEWS：必须通过 RemoteViewsService 服务来请求绑定 RemoteViews；
- android.permission.BIND_PRINT_SERVICE：移动打印机设备绑定打印服务需要的权限，属于系统级别应用权限；
- android.permission.BIND_NOTIFICATION_LISTENER_SERVICE：获取系统通知的权限，属于系统级别应用权限；
- android.permission.BIND_NFC_SERVICE：用绑定系统 NFC 的权限，属于系统级别应用权限，必须确保只有系统可以绑定它；
- android.permission.BIND_INPUT_METHOD：请求 InputMethodService 服务；
- android.permission.BIND_DEVICE_ADMIN：设置设备系统管理员才可以绑定的权限，属于系统应用权限；
- android.permission.BIND_APPWIDGET：允许程序告诉 appWidget 服务需要访问 appWidget 的数据库；
- android.permission.BIND_ACCESSIBILITY_SERVICE：请求 accessibilityservice 服务，以确保只有系统可以绑定它；
- android.permission.ACCOUNT_MANAGER：允许程序获取账户验证信息，主要为 GMail 账户信息；
- android.permission.ACCESS_SURFACE_FLINGER：Android 平台上底层的图形显示支持，一般用于游戏或照相机预览界面和底层模式的屏幕截图；
- android.permission.ACCESS_MOCK_LOCATION：允许程序获取模拟定位信息，一般用于帮助开发者调试应用；
- android.permission.ACCESS_CHECKIN_PROPERTIES：允许程序读取或写入登记 check-in 数据库属性表的权限。

Android 权限大约有 142 个，其中系统级别权限大约有 72 个。

想要开发系统应用，首先要在项目注册清单 AndroidManifest.xml 中添加 android:sharedUserId="android.uid.system"。例如：

```
<manifest xmlns:android="http://schemas.android.com/apk/res/android"
    package="com.google.instrumenttest"
    android:sharedUserId="android.uid.system">
```

这样你的应用就可以在系统进程中运行了，具有了系统应用的特性。

接下来看一下 Android 系统的目录结构，这里以 Android 9.0 的 Android 模拟器系统目录为例进行分析，如图 8-17 所示。

Emulator Nexus_5_API_28 Android 9, API 28

Name	Permissions	Date	Size
acct	dr-xr-xr-x	2019-01-20 08:11	0 B
bin	lrw-r--r--	2009-01-01 08:00	11 B
cache	drwxrwx---	2009-01-01 08:00	4 KB
config	drwxr-xr-x	2019-01-20 08:11	0 B
d	lrw-r--r--	2009-01-01 08:00	17 B
data	drwxrwx--x	2019-01-05 15:09	4 KB
dev	drwxr-xr-x	2019-01-20 08:11	2.5 KB
etc	lrw-r--r--	2009-01-01 08:00	11 B
lost+found	drwx------	2009-01-01 08:00	16 KB
mnt	drwxr-xr-x	2019-01-20 08:11	240 B
odm	drwxr-xr-x	2009-01-01 08:00	4 KB
oem	drwxr-xr-x	2009-01-01 08:00	4 KB
proc	dr-xr-xr-x	2019-01-20 08:11	0 B
product	lrw-r--r--	2009-01-01 08:00	15 B
sbin	drwxr-x---	2009-01-01 08:00	4 KB
sdcard	lrw-r--r--	2009-01-01 08:00	21 B
storage	drwxr-xr-x	2019-01-20 08:12	100 B
sys	dr-xr-xr-x	2019-01-20 08:11	0 B
system	drwxr-xr-x	2009-01-01 08:00	4 KB
vendor	drwxr-xr-x	2009-01-01 08:00	4 KB
bugreports	lrw-r--r--	2009-01-01 08:00	50 B
charger	lrw-r--r--	2009-01-01 08:00	13 B
default.prop	lrw-------	2009-01-01 08:00	23 B

图 8-17　Android 系统目录

其中比较重要的目录是 data 目录和 system 目录。先看一下整体系统的主要目录含义。

- acct：系统回收站目录，误删除的系统文件恢复；
- bin：系统工具目录，如 ps/cp/pm 等；
- cache：缓存目录；
- config：系统配置目录；
- data：用户的所有程序相关数据所在的目录；
- dev：设备文件目录，是 Linux 系统常规文件夹，里面的很多文件都是设备模拟的文件系统；
- etc：Android 系统的配置文件目录，如 APN 接入点设置等核心配置；
- lost+found：当系统意外崩溃时或意外关机时会在该目录下生成一些文件，用来恢复丢失的文件；
- mnt：挂载点目录；
- proc：运行时的文件目录；
- product：配置规则信息目录；
- root：超级用户的配置文件所在的目录，相当于 Windows 里面的 C:\Documents and

settings\ Administrator 文件夹；

- sbin：system bin 目录，系统管理可执行程序存放目录，主要用于 root 用户；
- sdcard：SD 卡目录；
- storage：手机存储设备目录；
- sys：Linux 内核文件目录；
- system：Android 系统文件目录；
- vendor：厂商定制相关文件和硬件厂商私有文件目录；
- default.prop：系统属性配置文件目录。

我们重点看一下 data 和 system 目录。看一下 data 目录结构，如图 8-18 所示。

名称	权限
data	drwxrwx--x
app	drwxrwx--x
data	drwxrwx--x
local	drwxrwx--x

图 8-18　data 目录

data 目录的文件内容如下：

- app：存放用户安装的 App 或升级的 App 文件；
- data：包含了 App 的数据信息、文件信息、数据库信息等，以包名的方式来区分各个应用；
- local：存放临时文件。

接着看一下 system 目录结构，如图 8-19 所示。

名称	权限
system	drwxr-xr-x
app	drwxr-xr-x
bin	drwxr-xr-x
etc	drwxr-xr-x
fake-libs	drwxr-xr-x
fonts	drwxr-xr-x
framework	drwxr-xr-x
lib	drwxr-xr-x
media	drwxr-xr-x
priv-app	drwxr-xr-x
product	drwxr-xr-x
usr	drwxr-xr-x
vendor	lrw-r--r--
build.prop	-rw-------
compatibility_matrix.xml	-rw-r--r--

图 8-19　system 目录

system 目录主要的文件内容如下：

- app：存放系统应用目录；
- bin：Linux 自带的组件命令目录；

- etc：存放了系统中几乎所有的配置文件，根目录下的/etc 就链接于此。
- fonts：系统字体存放目录，root 后可下载 TTF 格式的字体替换原字体，以达到修改系统字体的效果；
- framework：系统的核心文件、框架层，里面的文件都是.jar 和.odex 文件，存放了 Java API 库；
- lib：存放了几乎所有的共享库（.so）文件；
- media：该目录用来保存系统的提示音和铃声。其中，/system/media/audio/目录下保存着 Android 系统的默认铃声文件；alarms 目录下保存闹铃提醒文件；notification 目录下保存短信或提示音文件；ringtones 目录下保存来电铃声文件；而 ui 目录下则是一些界面音效文件；
- priv-app：厂商定制的系统应用目录；
- product：配置信息目录；
- usr：用来保存用户的配置文件，如键盘布局、共享和时区文件等；
- vendor：硬件厂商私有文件目录，预编译的一些驱动和核心等；
- xbin：类似于 bin 目录，存放系统管理工具，一般 root、busybox、superuser 等工具都在这个目录下；
- build.prop：记录的是系统的属性信息。

其中，build.prop 是存储系统属性的配置文件，一般是以键值对形式存储。通过代码可以读取或者修改这些属性值。以 ro 开头表示只读属性，即这些属性的值代码是无法修改的，重启之后不会保留修改的值。以 persist 开头表示这些属性值会保存在文件中，重新启动之后这些值还会保留。其他属性一般以所属的类别开头，这些属性是可读、可写的，但是对它们的修改在重启后不会保留。很多 ROM 的制作者都会修改 build.prop 信息，其中的一些以 ro.build 开头的属性就是在设备设置中的“关于设备”里看到的。可以通过修改 build.prop 文件将这个 ROM 打上自己的标签。

了解了 Android 系统目录结构和含义后，我们继续看一下系统应用。上面提到过系统应用最后都是安装在 system/app 目录下的，相关数据、文件是在 data/data 目录下，相关 so 库存放在 system/lib 目录下。熟悉了系统应用存储的不同位置，可以使我们更加了解系统应用的特点。

当编写完系统应用后，最重要的一步就是签名了。这里的签名需要系统签名，并不是自定义的应用签名文件。这个签名文件在 Android 系统的源码包内，每个手机系统基本都不一样。主要是需要以下 3 个文件：

- platform.pk8：文件位于 android/build/target/product/security/目录下；
- platform.x509.pem：文件位于 android/build/target/product/security/；
- signapk.jar：文件位于 android/prebuilts/sdk/tools/lib。

需要将签名证书 platform.pk8、platform.x509.pem 及签名工具 signapk.jar 放置在同一个文件夹中，然后执行以下命令：

```
java -jar signapk.jar platform.x509.pem platform.pk8 Demo.apk signedDemo.
apk
```

或者直接在 Ubuntu 编译环境中执行以下命令：

```
java -jar out/host/linux-x86/framework/signapk.jar build/target/product/
security/platform.x509.pem build/target/product/security/platform.pk8 input.
apk output.apk
```

还有一种方式，就是生成常用的证书.keystore，在 IDE 里用工具导入签名。

把 pkcs8 格式的私钥 platform.pk8 转化成 pkcs12 格式，执行命令如下：

```
openssl pkcs8 -in platform.pk8 -inform DER -outform PEM -out shared.priv.pem
-nocrypt
```

把 x509.pem 公钥转换成 pkcs12 格式，执行命令如下：

```
openssl pkcs12 -export -in platform.x509.pem -inkey    shared.priv.pem
-out shared.pk12 -name androiddebugkey
密码都是：android
```

生成 platform.keystore，执行命令如下：

```
keytool -importkeystore -deststorepass android -destkeypass android
-destkeystore platform.keystore -srckeystore shared.pk12 -srcstoretype
PKCS12 -srcstorepass android -alias androiddebugkey
```

最后在 Android Studio 等 IDE 里正常使用这个签名文件即可。这样应用就成为了系统应用而可以进行安装并使用。

8.6　Android ROM 常用知识点

Android ROM 的相关知识点有很多，本节只针对常用的、需要熟悉的知识点来讲解。

1．Android ROM的签名和打包

其实 Android ROM 的签名和 Anroid 系统应用的签名打包基本一样，只不过一个是给 APK 签名，一个是给 zip 压缩文件包签名。需要用到的文件有：

- platform.pk8：文件位于 android/build/target/product/security/目录下；
- platform.x509.pem：文件位于 android/build/target/product/security/目录下；
- signapk.jar：文件位于 android/prebuilts/sdk/tools/lib 目录下。

需要将签名证书 platform.pk8 和 platform.x509.pem、签名工具 signapk.jar 及未签名但打包好的 zip 格式的 ROM 文件压缩包放置在同一个文件夹下，然后执行以下命令：

```
java -jar signapk.jar platform.x509.pem platform.pk8 update.zip update_
signed.zip
```

这样就可以在此目录下生成签好名的 ROM 包 update_signed.zip，Android 系统在升级安装新 ROM 时也会进行签名校验。如果想精简系统 APK 或者加入新的系统 APK 的话，

直接在打包的 ROM 里的 system/app 下加入或者删除相应的 APK 文件即可。如图 8-20 所示为签名后 ROM 包的大致结构。

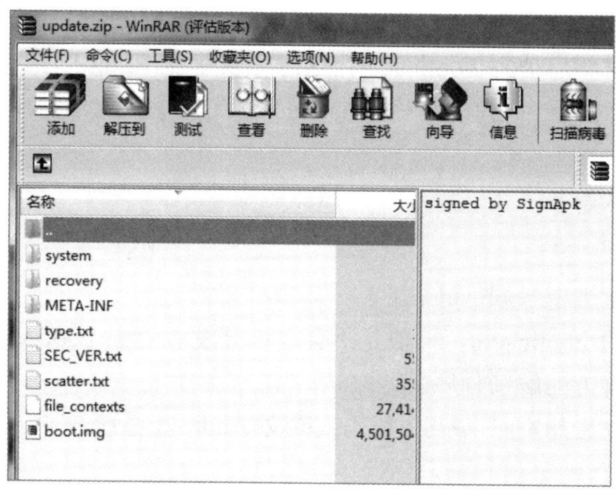

图 8-20　签名后的 ROM 包目录

2. Android ROM的升级校验与安装

Android ROM 的升级一般是 OTA 在线下载，通常下载到 cache 分区。另一种是将 ROM 升级包复制到 SD 卡的某个位置进行安装升级。但无论采用哪种下载方式，最终都要对这个 ROM 升级包进行签名校验，然后再执行安装操作。

针对 ROM 包的签名校验，可以调用 RecoverySystem 的 verifyPackage()方法：

```
public static void verifyPackage(File packageFile,
                                 ProgressListener listener,
                                 File deviceCertsZipFile) ;
```

其中，packageFile 为待验证的升级包，listener 为验证的进度，deviceCertsZipFile 为验证的证书文件，如果为 null 的话，系统默认用的是"/system/etc/security/otacerts.zip"文件。

校验成功后，继续调用 RecoverySystem 的另一个方法 installPackage()：

```
public static void installPackage(Context context, File packageFile);
```

其中，第二个参数 packageFile 为安装包 ROM 文件。一般而言，正常编译 OTA 包与固件，均是默认使用 testkey 进行签名。假如指定了新的签名目录，那么必须保证待升级固件中的公钥信息（包括 system 及 recovery）都要与升级的 OTA 包中的公钥信息相匹配，即使用同一个密钥对。

3. 针对Google Nexus设备解锁

所有 Android 设备的 bootloader 都是被锁定的，想要刷入新的固件 ROM，就要对它进行解锁。Google 的所有 Nexus 设备只需要一个简单的命令就可以解锁 bootloader。首先要把设备连接到计算机上，并确保开启了 USB 调试功能。接下来输入 adb 命令将设备重新启动到 bootloader：

```
$adb reboot -bootloader
```

此时设备就会重新启动到 bootloader，这时可以使用 fastboot 命令解锁设备和刷新固件镜像。接下来执行如下命令就会解锁 bootloader，这样就可以刷入自定义镜像了。

```
$fastboot oem unlock
```

也可以使用如下命令：

```
$fastboot oem lock
```

这样就可以再次锁定 bootloader 了。

至于其他厂商的 bootloader，一般是不会允许开发者解锁 bootloader 和刷入自定义固件的，因为需要有官方的解锁程序。

最后，如果开发者想贡献 AOSP 代码或提交 Android 系统漏洞，可以访问 Google 官方的 AOSP 网址。

第 9 章　Android TV 开发

随着智能电视的普及，基于 Android 系统开发的 TV 应用越来越多。IPTV 和 OTT 应用也越来越多，它们基本上都是基于 C/S 或者 B/S 模式开发的，各有优势。Google 官方在 2014 年 6 月首次在 Google I/O 上宣布推出 Android TV 开发平台及相关开发框架和支持文档等。Android TV 的开发不但涉及应用层，而且还会涉及一些 Frameworks 层及 ROM 的相关知识。一般开发都是基于机顶盒的开发，也可以直接基于内置了 Android 定制系统的智能电视进行开发。开发 Android TV 应用重点需要关注机顶盒或电视的 Android 系统版本号、机顶盒芯片型号、硬件性能、支持分辨率、网络连接方式、WebView 的内核版本等，也要关注一些硬件方面的基础知识，这样更有利于开发。

本章将对 Android TV 开发进行详细的介绍，让读者可以快速掌握 Android TV 开发所应具备的技能和注意事项。

9.1　了解 Android TV

Android TV 是专为数字媒体播放器设计的 Android 操作系统版本，适合大屏应用和游戏，操作方式也从手机的触摸操作变成了使用遥控器进行操控。其实早在 Android TV 发布前，Google 就在 2010 年 5 月 19 日召开的 2010 Google I/O 大会上发布了 Google TV，但是其市场应用并不好，而 Android TV 被视为 Google TV 的替代品。Android TV 平台还被索尼和夏普等公司采用为智能电视中间件，基于 Android 系统的产品也被许多 IPTV 电视提供商采用为机顶盒操作系统。谷歌在 2014 年 10 月的一次硬件活动中推出了第一款 Android 电视设备，即华硕开发的 Nexus 播放器。

9.1.1　Android TV 相关技术名词

Android TV 是适用于机顶盒的 Android 操作系统和智能电视硬件上的集成软件系统。在了解 Android TV 之前，先来了解几个关键词：IPTV、OTT、EPG、VOD、AAA、单播、广播、组播、IGMP、PIM。

IPTV（Internet Protocol Television），网络协议电视，即通过互联网协议来提供包括电视节目在内的多种数字媒体服务。国际电信联盟对 IPTV 的定义：IP 电视（IPTV）是指通过可控、可管理、安全传送并具有 Qos 保证的无线或有线 IP 网络。提供包含视频、音频（包括语音）、文本、图形和数据等业务在内的多媒体业务。其中，接收终端包括电视机、掌上电脑、手机、移动电视及其他类似终端。

国家广播电影电视总局发展研究中心在《中国视听新媒体发展报告（2011）》中对我国 IPTV 的相关定义（P96）：中国现阶段所指的 IP 电视（IPTV）是指通过可控、可管理、安全传送并具有质量保证的有线 IP 网络，提供基于电视终端的多媒体业务。其中有线 IP 网络可以是电信宽带网，也可以是五类线网和经过 IP 化改造的有线电视网。IP 电视与互联网电视的区别在于，前者运行在城域网上，后者运行在广域网（互联网）上。目前，中国的 IP 电视业务主要运行在电信宽带网上。

IPTV 是将从卫星上接收的信号经过视频压缩处理，然后将压缩后的报文经过 IP 流化变成 IP 报文。通过 IP 网络传送到用户家里，因此可以充分利用 IP 网络的可达性及 IP 网络传送效率的优越性。IPTV 网络电视的功能可以概括为直播、点播、回看和交互功能四大方面。一般来说 IPTV 用的是 IP 城域网，它是独立组网的。

IPTV 系统在网络和应用结构上分为 5 层：内容提供层、业务支撑层、业务网络层、承载网络层和家庭网络层。这 5 层中业务网络层和承载网络层与具体的网络硬件相关联。IPTV 的业务层次如图 9-1 所示。

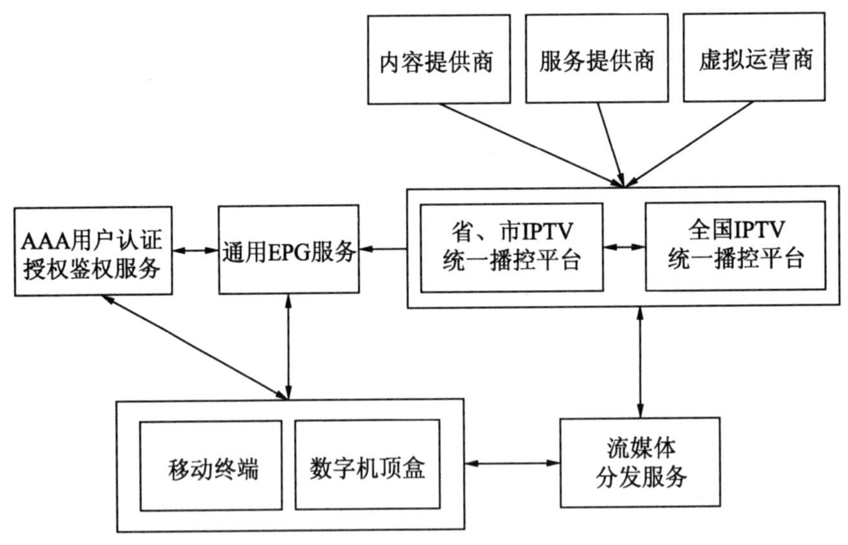

图 9-1　IPTV 业务层次图

OTT TV（Over The Top TV）是指基于开放互联网的视频服务，越过运营商（电信、移动、联通），终端可以是电视机、计算机、机顶盒、Pad 和智能手机等。其在网络之上提供服务，强调服务与物理网络的无关性，通过互联网传输视频节目，但不受运营商、广播电视局、机顶盒绑定等条件限制。

下面看一下 IPTV 和 OTT TV 的区别。

- IPTV 采用独立组网，而 OTT TV 使用的是宽带网。
- IPTV 有 QoS 保障，而 OTT TV 没有。
- IPTV 由各地广播电视台提供节目源，有电视直播，而 OTT TV 没有。
- IPTV 需要牌照，OTT TV 不需要，但是视频节目也需要版权。
- IPTV 只是针对电视屏幕，而 OTT TV 多了 Pad 和 Phone 等屏幕（即多屏互动）。

目前的 IPTV 需要通过机顶盒（Set Top Box，STB）播放节目，而 OTT TV 可以内置在智能电视操作系统里或使用机顶盒，相对开放一些。

EPG（Electronic Program Guide）是电子节目指南。打开 IPTV 机顶盒后，电视屏幕上就会出现图文结合的菜单，它就是 EPG。EPG 的重要作用就是把节目按各种规则分门别类地进行整理，通过它可以迅速找到用户喜欢的频道和节目。EPG 分为非交互式和交互式两种，交互式 EPG 也称为 IPG。IPTV 所提供的各种业务的索引及导航都是通过 EPG 系统来完成的。IPTV EPG 实际上就是 IPTV 的一个门户系统，如图 9-2 所示。

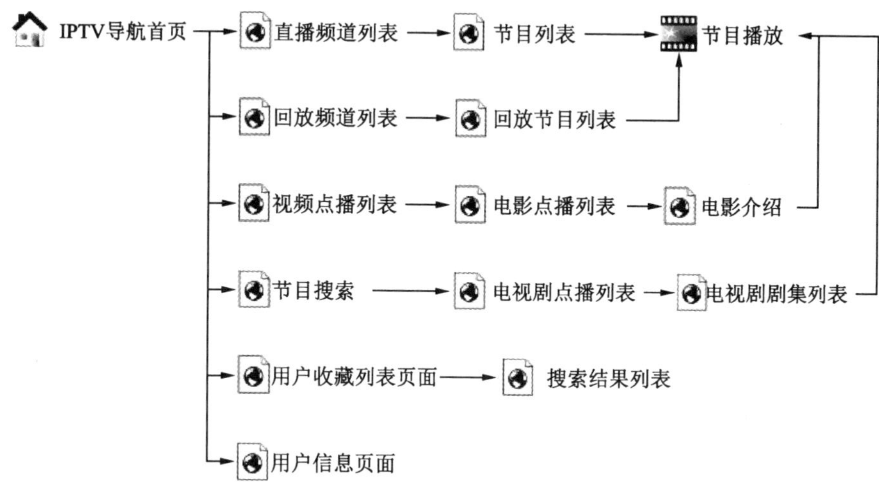

图 9-2　EPG 页面导航关系图

EPG 系统的界面与 Web 页面类似，在 EPG 界面上一般都提供了各类菜单、按钮、链接等可供用户选择节目时直接单击的组件；EPG 的界面上也可以包含各类供用户浏览的动态或静态的多媒体内容，如图 9-3 所示。

VOD（Video on Demand）即视频点播。顾名思义，就是根据观众的要求播放节目的视频点播系统，把用户所单击或选择的视频内容传输给所请求的用户。

AAA 指的是认证（Authentication）、授权（Authorization）和计费（Accout）。因为 IPTV 提供的交互式服务通常是有偿服务，用户需要缴纳一定的费用才能使用这些服务，因此 AAA 服务通常是 IPTV 系统中非常重要的一环。

单播（Unicast）是客户端与服务器之间的点到点连接。“点到点”指每个客户端都从服务器接收数据流。单播在网络中得到了广泛应用，网络上绝大部分的数据都是以单播的形式传输的，只是一般的网络用户不知道而已。例如，你在收发电子邮件、浏览网页时，必须与邮件服务器、Web 服务器建立连接，此时使用的就是单播数据传输方式。在视频播放方面，单播中每个视频流都精确地送往每个受体。如果多个受体需要同一个视频，那么信号源就要对每个用户产生独立的单播流，然后这些独立的流从信号源经过 IP 网络流向每一个受众。单播发送流程：一份单播报文使用一个单播地址作为目的地址。Source 会向每个 Receiver 地址发送一份独立的单播报文，*N* 个 Receiver 就需要发送 *N* 份单播报文。最后，网络为每份单播报文建立一条独立的数据传送通路，*N* 份单播报文就需要建立 *N* 条相互独立的传输路径。

图 9-3　EPG 首页效果图

广播（Broadcast）是主机之间一对全部（一对多）的通信模式，网络对其中每一台主机发出的信号都进行无条件复制并转发，全部主机都能够接收到全部信息（无论是否需要）。因为其不用路径选择，所以网络成本非常低廉。广播在网络中的应用较多，如客户机通过 DHCP 自己主动获得 IP 地址的过程就是通过广播来实现的。可是同单播和多播相比，广播几乎占用了子网内网络的全部带宽。有线电视网就是典型的广播型网络，电视机实际上是能接收到全部频道的信号，但仅仅将一个频道的信号还原成画面。

组播（Multicast）也称多播，如网上视频会议、网上视频点播特别适合采用多播方式。组播在发送者和每个接收者之间实现点对多点的网络连接。如果一个发送者同时给多个接收者传输相同的数据，只需复制一份相同的数据包即可。它提高了数据传送效率，减少了骨干网络出现拥塞的可能性。在组播中，一个单独的视频流会同时发送给多个用户，其使用特别协议，网络定向为每个受众复制视频流。这种复制发生在网络内部而不是在信号源，复制是在受众需要的网络点上进行。组播在点对多点的网络中优势很明显：单一的信息流沿树形路径被同时发送给一组用户，相同的组播数据流在每一条链路上最多仅有一份。相比单播来说，使用组播方式传递信息，用户的增加不会显著增加网络的负载，减轻了服务器和 CPU 的负荷，不需要此报文的用户不能收到此数据。相比广播来说，组播数据仅被传输到有接收者的地方，减少了冗余流量，节约了网络带宽，降低了网络负载。因此可以说组播技术有效地解决了单点发送多点接收的问题，实现了 IP 网络中点到多点的高效数据传送。若 IPTV 单播流量和用户上网流量“混跑”在宽带网络上，接入端无法实现 QoS 质量保障，则会出现 IPTV 卡顿、上网测速不达标，从而使用户使用感知下降。城域网 OLT 至 CR 的流量也会变得很大，容易出现拥塞。组播解决了单播方式在源主机上多次“打包”，在网络上重复“投递”这种极其消耗服务器资源和网络资源的缺陷，同时也解决了广播方式缺乏足够安全的机制（只有加入到组才能接收）和消耗传输链路带宽的缺陷。

IGMP 协议（Internet Group Management Protocol，Internet 组管理协议）是因特网协议家族中的一个组播协议。该协议运行在主机和组播路由器之间。IGMP 协议共有 3 个版本，即 IGMPv1、IGMPv2 和 IGMPv3。IGMP 协议是主机和路由器进行组播通信的语言，对应到 OSI 模型属于第三层协议，是我们所说的三层组播协议中的关键组件。IGMP 提供了在转发组播数据包到目的地的最后阶段所需的信息，实现了双向的功能：主机通过 IGMP 通知路由器希望接收或离开某个特定组播组的信息；路由器通过 IGMP 周期性地查询局域网内的组播组成员是否处于活动状态，实现所连网段组成员关系的收集与维护。

PIM（Protocol Independent Multicast，协议无关组播）是使用较广泛的组播路由协议。什么是协议无关？简单理解 PIM 是“拿来主义者”，它不是自己去发现路由，而是使用现成的单播路由表中的路由条目。不用管这些单播路由条目是哪种单播路由协议发现和传递的，这就是与协议无关的含义。PIM 利用现有的单播路由信息，对组播报文执行 RPF（Reverse Path Forwarding）检查，从而创建组播路由表项，构建组播分发树。PIM 不维护专门的单播路由，也不依赖某个具体的单播路由协议，而是直接利用单播路由的结果。

关于互联网电视，我们还需要了解流媒体的相关概念。流媒体（Streaming Media）是指在网络中使用流式传输技术的连续式基媒体，如音频、视频和其他多媒体文件。流媒体技术一般是指把连续的影像和声音信息经过压缩处理后放在流媒体服务器上，让用户可以一边下载一边观看、收听，而不需要等整个压缩文件下载到自己的机器上后才可以观看的视频或音频传输、编解码技术。流媒体技术不是单一的技术，它是建立在很多基础技术之上的技术。流媒体实现的关键技术是流式传输，即通过网络将流媒体内容传送到客户机上。流媒体的基础网络协议是 TCP、UDP 和 IP 协议，其传输协议常用的有 RTSP、RTMP、RTCP 和 HLS 等。

RTSP（Real Time Streaming Protocol，实时流传输协议）是 TCP/IP 协议体系中的一个应用层协议，在体系结构上位于 RTP 和 RTCP 之上，它使用 TCP 或 UDP 完成数据传输。该协议用于 C/S 模型，是一个基于文本的协议，用于在客户端和服务器端建立和协商实时流会话。RTSP 一般用来做直播协议，传输一般需要 2 个或 3 个通道，其命令和数据通道分离，主要用来控制具有实时特性的数据发送。但它本身并不传输数据，而是必须依赖于下层传输协议所提供的某些服务。RTSP 可以对流媒体提供诸如播放、暂停、快进等操作，它负责定义具体的控制消息、操作方法和状态码等，此外还描述了与 RTP 间的交互操作（RFC2326）。

RTMP（Real Time Messaging Protocol，实时消息传输协议）协议基于 TCP，是一个协议族，包括 RTMP 基本协议及 RTMPT、RTMPS、RTMPE 等多种变种。RTMP 是一种设计用来进行实时数据通信的网络协议，主要用来在 Flash 和 AIR 平台，以及支持 RTMP 协议的流媒体和交互服务器之间进行音视频和数据通信。支持 RTMP 协议的软件包括 Adobe Media Server、Ultrant Media Server、Red 5 等。RTMP 协议是 Adobe 的私有协议，未完全公开。而 RTSP 协议和 HTTP 协议是公有协议，并有专门机构做维护。RTMP 协议一般传输的是 FLV、F4V 格式流，而 RTSP 协议一般传输的是 TS、MP4 格式的流。RTMP 适合长时间播放并且延迟低，一般浏览器都可以直接播放。

RTCP（Real-time Transport Control Protocol）是实时传输协议（RTP）的一个姊妹协议。RTCP 控制协议需要与 RTP 数据协议一起配合使用，当应用程序启动一个 RTP 会话时将同时占用两个端口，分别供 RTP 和 RTCP 使用。RTP 本身并不能为按序传输数据包提供可靠的保证，也不提供流量控制和拥塞控制，这些都由 RTCP 来负责完成。通常，RTCP 会采用与 RTP 相同的分发机制向会话中的所有成员周期性地发送控制信息。应用程序通过接收这些数据从中获取会话参与者的相关资料，以及网络状况、分组丢失概率等反馈信息，从而能够对服务质量进行控制或者对网络状况进行诊断。RTCP 协议的功能是通过不同的 RTCP 数据包来实现的，主要有如下几种类型：

- SR：发送端报告。所谓发送端是指发出 RTP 数据报的应用程序或者终端，发送端同时也可以是接收端。
- RR：接收端报告。所谓接收端是指仅接收但不发送 RTP 数据包的应用程序或者终端。
- SDES：源描述。它的主要功能是作为会话成员有关标识信息的载体，如用户名、邮件地址和电话号码等，此外还具有向会话成员传达会话控制信息的功能。
- BYE：通知离开。它的主要功能是指示某一个或者几个源不再有效，即通知会话中的其他成员自己将退出会话。
- App：由应用程序自己定义，解决了 RTCP 的扩展性问题，并且为协议的实现者提供了很大的灵活性。

HLS（HTTP Live Streaming）是苹果公司的动态码率自适应技术，是苹果公司提出的流媒体协议。HLS 主要用于 PC 和苹果终端的音视频服务，包括一个 M3U8 的索引文件、TS 媒体分片文件和 key 加密串文件。其直接把流媒体切片成一段段，将信息保存到 M3U 列表文件中，可以将不同速率的版本切成相应的片。播放器可以直接使用 HTTP 协议请求流数据，可以在不同速率的版本间自由切换，实现无缝播放，省去了使用其他协议的烦恼。HLS 协议的缺点是延迟大小受切片大小的影响，不适合作为直播协议，而适合作为视频点播协议。

由于视频数据庞大，未压缩的数字视频数据量对于网络来说无论是存储还是传输都是很大的压力，因此数字视频的关键问题是数字视频压缩技术。而视频是由连续的图像帧形成的图像序列，由于景物变换速度的限制，相邻帧之间存在很高的相关性，因此利用运动补偿技术结合变换编码，构成了序列图像编码的主要方法。主要编码方法有 H.264 视频编码和 H.265 视频编码。

H.264 视频编码是国际标准化组织（ISO）和国际电信联盟（ITU）共同提出的继 MPEG4 之后的新一代数字视频压缩格式。与其他现有的视频编码标准相比，H.264 视频编码在相同的带宽下提供更加优秀的图象质量。通过该标准，在同等图像质量下的压缩效率比以前的标准（MPEG2）提高了 2 倍左右。H.264 具有低码率、高质量图像、容错能力强、网络适应性强、高数据压缩率等优点。

H.265 视频编码是 ITU-T VCEG 继 H.264 之后所制定的新的视频编码标准。H.265 标准在现有的视频编码标准 H.264 基础上保留了原来的某些技术，同时对一些相关的技术进行了改进。新技术使用了先进的系统用以改善码流、编码质量、延时和算法复杂度之间的关系，达到最优化设置。具体的研究内容包括提高压缩效率、提高鲁棒性和错误恢复能力、减少实时的时延、减少信道获取时间和随机接入时延、降低复杂度等。H.264 由于进行了算法优化，可以以低于 1Mbps 的速度实现标清（分辨率在 1280×720 以下）数字图像传送；H.265 则可以实现利用 1~2Mbps 的传输速度传送 720P（分辨率 1280×720）普通高清音视频传送。

观看视频或直播时，一般有标清、高清、4K 超高清几个画质级别。标清节目的分辨率一般为 720×480，视觉体验与 DVD 相当。当前常用的标清节目编码方式为 MPGE-2 和 H.264，对应带宽需求分别为 3.75Mbps 和 2Mbps；高清节目标准分为 720P 和 1080i 两种，视觉体验高于 DVD，分别对应的分辨率为 1280×720 和 1920×1080。MPGE-2 编码高清节目所需带宽为 12Mbps，H.264 编码高清节目所需带宽为 8Mbps；对于 4K 超高清 IPTV，物理分辨率为 3840×2160，采用 H.265 编码技术，带宽需求约为 27Mbps。

由于 Android TV 应用运行于机顶盒或智能电视硬件上，而机顶盒和电视硬件的配置性能和手机相比较低，所以在性能、分辨率、动画、布局绘制和图片等方面都应该注意，尽可能降低内存使用率，及时释放资源，达到提升性能和更好的操作流畅度等。

9.1.2　了解 Android TV 机顶盒

机顶盒全称为数字视频变换盒，可以将压缩的数字信号转成电视内容，并在电视机上显示出来。一般来说，机顶盒的定制开发主要包括以下几个方面：

- 修改机顶盒启动图片和开机视频；
- 修改和开发默认的 Launcher；
- 修改或开发输入法，并内置安装；
- 重写或移植 Settings 设置模块；
- 修改屏幕保护相关逻辑；
- 修改设置按键反馈默认声音；
- 修改默认语言和时区；

- 机顶盒升级的相关定制。

机顶盒从开机到进入 EPG 界面一般分以下几个阶段：

- 网络认证阶段（0%～7%）；
- 载入机顶盒固件（7%～52%）；
- 解析域名服务器（52%～61%）；
- IPTV 业务账号认证（61%～83%）；
- 载入 EPG（83%～100%）。

9.2　Android TV 开发规范及注意事项

电视应用与手机或平板电脑应用相比有一些不同的地方。例如，由于看电视时距离显示屏不能太近，因此涉及小文本难以看清的问题，以及遥控器操控等问题。这些体验和软硬件的差异化使我们在开发前需要了解 Android TV 设计准则、注意事项等，为开发电视应用打造更好的用户体验。

9.2.1　Android TV 设计准则

距离：由于人与电视的观看距离比较远，用户可能无法像在计算机或移动设备上那样在电视上处理、阅读尽可能多的信息，所以要限制电视屏幕上的文字和阅读量。如图 9-4 所示为屏幕大小和距离的差别关系。

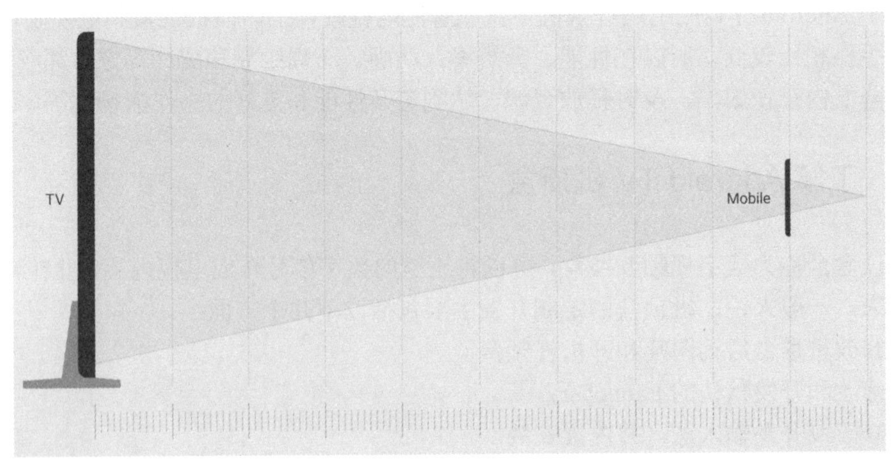

图 9-4　屏幕大小和距离的差别

主屏幕：主屏幕是用户体验的开始，也就是之前提到的 EPG 系统，所以应尽量把主要功能的入口放在主屏幕上。主屏幕的设计也要清晰简洁，方便遥控器的选择，信息密度不要过大，如图 9-5 所示为主屏幕上的元素。

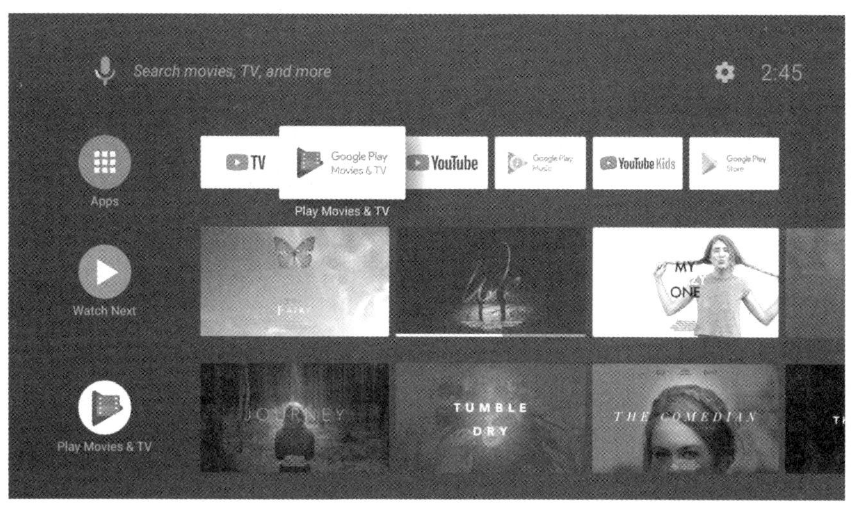

图 9-5　主屏幕的用户体验

导航、焦点和选择：用户通常使用方向键进行操控导航电视设备，通过遥控器向上、向下、向左和向右的移动进行焦点目标的控制。在设计时，应尽可能地通过对齐列表和网格中的对象，确保用户界面具有用于双轴导航的清晰路径。也就是既能横向移动选择，也可以纵向移动选择，并且要有四周的移动界限，不能无限地移动下去。垂直方向排列不同的分类，水平方向排列每种分类里的元素，并且减少层级和不必要的操作。导航设计要基于方向键和 OK 确认键进行设计。

此外，还要保证当前选中项始终有一个明显聚焦的选中效果。例如使用一定的比例放大焦点选中项、增加阴影亮度、改变不透明度、添加动画或这些属性的组合来帮助用户查看焦点对象。焦点的移动速度也不要过快，过快会使用户感觉焦点跳跃或丢失。如图 9-6 所示为选择和焦点控制示意图。

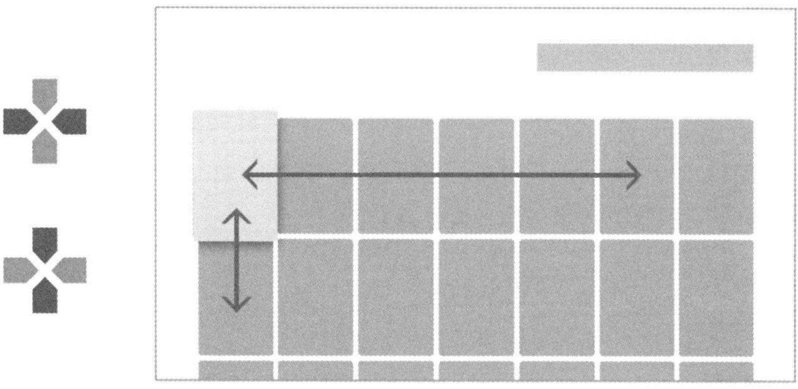

图 9-6　选择和焦点控制示意图

用户输入：由于使用遥控器进行操控，所以可以借助语音输入来帮助用户快速地输入和搜索它们想要的内容。如果使用键盘进行输入，那么键盘应变大、简洁，配合 T9 输入、联想输入、首字母匹配等快捷输入方式。

色调和文字大小：电视上的颜色和计算机、移动设备等有很大的偏差。并且电视端的背景色调不宜过亮，应该偏深色调或偏暗。一般建议把移动端上适用的颜色加深 2 到 3 个暗度，或者使用调色板上 700～900 范围内的颜色。字体颜色和背景颜色不适合纯白，因为在电视屏幕上会很刺眼，建议在深色背景上使用浅灰色（#EEEEEE）作为默认字体颜色。可以将相关的文字字号设置得大一些，如内容标题可以设置 34sp 或 24sp 等。并且要注意行距，避免使用轻量级字体或具有非常窄和非常宽的笔划的字体。可以使用简单的 sans-serif 字体和抗锯齿来提高可读性，要保证在远处观看时也可以看清文字内容。可以使用 Android 标准的字体大小，代码如下：

```
<TextView
     android:id="@+id/atext"
     android:layout_width="wrap_content"
     android:layout_height="wrap_content"
     android:gravity="center_vertical"
     android:singleLine="true"
     android:textAppearance="?android:attr/textAppearanceMedium"/>
```

设置控件大小宽度时，建议使用 wrap_content 而不是固定值。不要使用 px 为单位，推荐使用 dip 为长度和宽度单位。

屏幕方向：要使用横屏模式，并且应设置主题为全屏无标题栏模式，在主屏幕顶部的合适位置自定义显示当前时间等信息。

主题设置：主题的设置是开发的基础，可以使用 Leanback 主题或 NoTitleBar 主题。v17 版本的 Leanback 支持库提供了 Theme.Leanback 主题，设置方式如下：

```
<activity
  android:name="com.example.android.TvActivity"
  android:label="@string/app_name"
  android:theme="@style/Theme.Leanback">
```

TitleBar 是手机和平板电脑上 Android 应用的标准用户界面元素，但它不适用于电视应用。如果不想使用 v17 Leanback 支持库的 Theme.Leanback 主题的话，可以使用下面的 NoTitleBar 主题：

```
<application>
  ...

  <activity
    android:name="com.example.android.TvActivity"
    android:label="@string/app_name"
    android:theme="@android:style/Theme.NoTitleBar">
    ...

  </activity>
</application>
```

布局绘制：在 TV 应用的开发中非常重要，以下为在布局绘制中需要注意的几点。

- 绘制适合于横向方向显示和使用的布局，并且电视屏幕始终以横向模式显示。
- 在屏幕的左侧或右侧放置屏幕导航控件，并保留足够内容的垂直空间。现在很多主流的 TV 应用也使用了顶部或底部导航的放置方式，可以根据实际情况进行适当的选择。
- 不要使用 ListView，可以使用 RecyclerView 或 GridView 来绘制视图，也可以使用 Leanback 库里提供的相关 View。
- 推荐使用 RelativeLayout、LinearLayout 和 FrameLayout 绘制布局，不要使用绝对布局，布局层级越少越好，利于渲染和提升性能。
- 在布局控件之间添加足够的边距，以防止在不同的分辨率电视设备上出现 UI 控件重叠现象。

广告信息的显示：对于家庭观看环境，建议视频广告或图片广告的显示时长设置为 30 秒内，尽量不要在广告上设置单击跳转。

焦点选择顺序：如果布局控件开启了 android:focusable="true"属性，默认会使用自动计算的焦点顺序。如果需要定义指定焦点移动顺序的话，可以进行如下设置：

```
<TextView android:id="@+id/Category1"
      android:nextFocusDown="@+id/Category2"\>
```

可以使用如下属性：

- nextFocusDown：定义用户按向下导航时获得焦点的下一个视图；
- nextFocusLeft：定义用户按向左导航时接收焦点的下一个视图；
- nextFocusRight：定义用户按向右导航时接收焦点的下一个视图；
- nextFocusUp：定义用户按向上导航时获得焦点的下一个视图。

清晰的焦点状态控制：Android 提供 Drawable 状态列表资源，以实现焦点和选定控件在不同状态下的高亮显示。可以这样设置：

```
<!-- res/drawable/button.xml -->
<?xml version="1.0" encoding="utf-8"?>
<selector xmlns:android="http://schemas.android.com/apk/res/android">
   <item android:state_pressed="true"
        android:drawable="@drawable/button_pressed" /> <!-- pressed -->
   <item android:state_focused="true"
        android:drawable="@drawable/button_focused" /> <!-- focused -->
   <item android:state_hovered="true"
        android:drawable="@drawable/button_focused" /> <!-- hovered -->
   <item android:drawable="@drawable/button_normal" /> <!-- default -->
</selector>
```

使用这个 drawable 效果的控件可以这样引用：

```
<Button
   android:layout_height="wrap_content"
   android:layout_width="wrap_content"
   android:background="@drawable/button" />
```

电视 UI 按键事件：按钮的一些事件可以按照表 9-1 所给出的事件和响应行为来对应。

表 9-1　按钮的事件和响应行为

按钮事件	响应行为
BUTTON_B, BACK	Back
BUTTON_SELECT, BUTTON_A, ENTER, DPAD_CENTER, KEYCODE_NUMPAD_ENTER	Selection
DPAD_UP, DPAD_DOWN, DPAD_LEFT, DPAD_RIGHT	Navigation

媒体控制事件：音频或视频播放时，控制播放、暂停、上一个、下一个的相关事件处理和响应行为，建议按照表 9-2 来对应。

表 9-2　控制播放、暂停、上一个、下一个的相关事件处理和响应行为

按钮事件	调用方法	响应行为
BUTTON_SELECT, BUTTON_A, ENTER, DPAD_CENTER, KEYCODE_NUMPAD_ENTER	pause()	Play
BUTTON_START, BUTTON_SELECT, BUTTON_A, ENTER, DPAD_CENTER, KEYCODE_NUMPAD_ENTER	pause()	Pause
BUTTON_R1	skipToNext()	Skip to next
BUTTON_L1	skipToPrevious()	Skip to previous
DPAD_RIGHT, BUTTON_R2, AXIS_RTRIGGER, AXIS_THROTTLE	fastForward()	Fast forward
DPAD_LEFT, BUTTON_L2, AXIS_LTRIGGER, AXIS_BRAKE	rewind()	Rewind
(No KeyEvent is associated with Stop)	stop()	Stop

9.2.2　Android TV 开发注意事项

OVERSCAN：所谓 Overscan 区域，就是电视机屏幕四周某些不可见的区域。这是电视机的特性，一般出现在旧的电视机上。由于显示内容并不是总能在“安全区域”中显示而不被遮蔽，所以需要确保内容显示在 Overscan 区域，使得没有任何文字或组件被电视屏幕边缘遮蔽。可以通过添加大小为屏幕尺寸 5%的边距来避免内容被 Overscan 区域遮挡。例如 1920×1080 的屏幕可以设置 27px 的垂直边距和 48px 的水平边距。当然，用户也可以通过手动方式对电视屏幕显示边距进行缩放。示例代码如下：

```
<?xml version="1.0" encoding="utf-8"?>
<RelativeLayout xmlns:android="http://schemas.android.com/apk/res/android"
   android:layout_width="match_parent"
   android:layout_height="match_parent"
   >

   <!-- Screen elements that can render outside the overscan safe area go
here -->
```

```
<!-- Nested RelativeLayout with overscan-safe margin -->
<RelativeLayout xmlns:android="http://schemas.android.com/apk/res/android"
    android:layout_width="match_parent"
    android:layout_height="match_parent"
    android:layout_marginTop="27dp"
    android:layout_marginBottom="27dp"
    android:layout_marginLeft="48dp"
    android:layout_marginRight="48dp">

    <!-- Screen elements that need to be within the overscan safe area go
here -->

  </RelativeLayout>
</RelativeLayout>
```

布局适配：常见的高清电视显示分辨率为 720p、1080i 和 1080p。电视布局应针对 1920×1080 像素的屏幕尺寸进行设计，然后允许 Android 系统根据需要将布局元素缩小到 720p 或者其他小尺寸进行等比例缩放显示。通常缩小（删除像素）不会降低布局显示效果和质量，但是放大尺寸可能会导致显示效果和质量降低，并对应用的用户体验产生负面影响。一些图片可以使用 9-patch 图进行适配或者用 XML 进行绘制，这样不影响缩放显示效果。

大图片处理：与移动端 Android 设备一样，电视设备的内存有限。如果使用非常高分辨率的图像显示，会使设备内容量不足，导致画面和操作卡顿甚至死机。对于大多数情况，建议使用 Glide 库来加载、解码和显示应用中的图片，Glide 会自动根据设备内存信息和图片信息进行缩放显示。

电视硬件设置：电视硬件与移动端 Android 设备截然不同。电视不支持移动端 Android 设备上的某些硬件功能，如触摸屏、相机和 GPS 接收器。而且电视必须使用遥控器或者无线遥控等方式进行操作，所以在为电视构建应用程序时，必须仔细考虑在电视硬件上运行的硬件限制和要求。因此需要在启动 App 时检测下应用是否运行在电视设备上：

```
public static final String TAG = "DeviceTypeRuntimeCheck";

UiModeManager uiModeManager = (UiModeManager) getSystemService(UI_MODE_
SERVICE);
if (uiModeManager.getCurrentModeType() == Configuration.UI_MODE_TYPE_
TELEVISION) {
    Log.d(TAG, "Running on a TV Device");
} else {
    Log.d(TAG, "Running on a non-TV Device");
}
```

处理不受支持的硬件功能：对于电视设备不支持的功能，可以通过一些限定符配置来进行相应的处理。电视设备不支持的功能如表 9-3 所示。

表 9-3　电视设备不支持的功能

硬 件 要 求	特 性 描 述
Touchscreen	android.hardware.touchscreen
Touchscreen emulator	android.hardware.faketouch
Telephony	android.hardware.telephony
Camera	android.hardware.camera
Near Field Communications（NFC）	android.hardware.nfc
GPS	android.hardware.location.gps
Microphone	android.hardware.microphone
Sensors	android.hardware.sensor
Screen in portrait orientation	android.hardware.screen.portrait

当然这些也不是绝对的，有些可以通过外接设备来实现，如外接麦克风等。这些不支持的功能可以通过其他方式来规避或者解决。

声明电视机应用的硬件要求：为了提高用户体验，Android TV 应用最好在应用项目注册清单中声明硬件功能要求，以确保它们不会安装在不提供这些功能的设备上。示例代码如下：

```
<uses-feature android:name="android.hardware.touchscreen"
       android:required="false"/>
<uses-feature android:name="android.hardware.faketouch"
       android:required="false"/>
<uses-feature android:name="android.hardware.telephony"
       android:required="false"/>
<uses-feature android:name="android.hardware.camera"
       android:required="false"/>
<uses-feature android:name="android.hardware.nfc"
       android:required="false"/>
<uses-feature android:name="android.hardware.location.gps"
       android:required="false"/>
<uses-feature android:name="android.hardware.microphone"
       android:required="false"/>
<uses-feature android:name="android.hardware.sensor"
       android:required="false"/>
```

如果要求必须具备某个硬件功能，则设置为 android:required="true"。有些权限或者功能的使用需要对应的硬件功能的支持，如表 9-4 所示。

表 9-4　权限或功能的使用所对应硬件的功能支持

权　　限	硬件特性支持
RECORD_AUDIO	android.hardware.microphone
CAMERA	android.hardware.camera and android.hardware.camera.autofocus

（续）

权　　限	硬件特性支持
ACCESS_COARSE_LOCATION	android.hardware.location android.hardware.location.network (Target API level 20 or lower only.)
ACCESS_FINE_LOCATION	android.hardware.location android.hardware.location.gps (Target API level 20 or lower only.)

当然也可以使用内置的 API 方法来检测设备是否具有这个功能：

```
// Check if the telephony hardware feature is available.
if (getPackageManager().hasSystemFeature(PackageManager.FEATURE_TELEPHONY)) {
    Log.d("HardwareFeatureTest", "Device can make phone calls");
}

// Check if android.hardware.touchscreen feature is available.
if (getPackageManager().hasSystemFeature(PackageManager.FEATURE_TOUCHSCREEN)) {
    Log.d("HardwareFeatureTest", "Device has a touch screen.");
}
```

低功耗模式处理：当电视处于低功耗模式时，如用户关闭了屏幕等操作，我们可以暂停或者停止当前正在播放的音频或视频内容。

```
@Override
public void onStop() {
  // App-specific method to stop playback
  stopPlayback();
  super.onStop();
}
```

可以通过重写 onStop()方法，加入暂停或停止播放方法来处理。当电视设备恢复的时候，会自动调用 onStart()方法，可以在 onStart()方法里调用恢复播放即可。

9.3　Android TV 开发的常用 ADB 命令

ADB（Android Debug Bridge）是 Android 开发中常见的一种通过命令进行相关开发和调试操作的方式，采用监听端口的方式让 IDE 和 Qemu 通信，以下简称 ADB 为 adb。默认情况下 adb 会守护相关的网络端口，熟练使用 adb 命令将会大大提升开发效率。Android 开发中经常使用一些 adb 命令，可以提高开发和调试效率。接下来看一下 Android TV 开发中经常用到的 adb 命令。

adb 连接终端操作，使用如下命令（前提是设备已经开启了开发者调试模式，如果是无线连接调试的话需要在同一网络下；如果是 USB 连接的话开启开发者调试模式即可）：

```
adb connect 192.168.16.8
//或后缀加上端口号
adb connect 192.168.16.8:5555
```

断开设备连接，命令如下：

```
adb disconnect 192.168.1.61
```

查看连接的设备列表，命令如下：

```
adb devices
```

如果有多个设备的话，也可以指定某个设备进行操作。通过加入-s 参数+设备 ID，然后再加入要执行的 CMD 命令操作即可：

```
adb -s [指定设备] [cmd]
```

切换用户为 root 用户（使用这个命令的前提是设备已经 root 过了）命令如下：

```
adb root
```

重新挂载，获取文件的读写执行权限。有些设备目录不能直接操作，因为没权限，如系统相关的目录。这时需要先使用 adb root 命令切换到 root 用户下，再执行下面的命令：

```
adb remount
```

9.4　构建 Android TV 应用

在创建 Android TV 应用前，需要满足以下几点：

- 将 SDK 工具更新到 24.0.0 或更高版本；
- 使用 Android 5.0（API 21）或更高版本的 SDK。

接下来需要向 Android TV 项目的注册清单里加入 android.intent.category.LEANBACK_LAUNCHER 这个过滤器标识，这样其他应用可以通过这个过滤器标识来找到应用的启动页。其他应用或者 Google Play 官方也会通过这个标识将其识别为电视应用，具体代码如下：

```
<activity
    android:name="com.example.android.TvActivity"
    android:label="@string/app_name"
    android:theme="@style/Theme.Leanback">

    <intent-filter>
      <action android:name="android.intent.action.MAIN" />
      <category android:name="android.intent.category.LEANBACK_LAUNCHER" />
    </intent-filter>

  </activity>
```

接下来需要进行 Leanback 属性声明设置。如果想要求应用仅能在使用 Leanback UI 库的设备上运行的话，需要将 required 属性设置为 true，否则就设置为 false。没有特殊要求的话，设置为 false 即可。代码如下：

```
<manifest>
    <uses-feature android:name="android.software.leanback"
        android:required="false" />
    ...
</manifest>
```

同时建议设置无须触摸屏使用，即普通的 Android 的终端屏幕也可以使用。

```
<manifest>
    <uses-feature android:name="android.hardware.touchscreen"
            android:required="false" />
    ...
</manifest>
```

推荐设置应用横幅。代码如下：

```
<application
    ...
    android:banner="@drawable/banner" >

    ...
</application>
```

横幅 banner 图标一般放在 xhdpi 文件夹中，尺寸一般设置为 320×180px。横幅 banner 图标一般显示在 Launcher Intent 选择的启动器里。

再看一下启动器颜色相关配置。当电视应用程序启动时，系统会显示类似于展开的实心圆圈的动画。可以配置这些属性来增加用户体验：

```
<resources>
    <style ... >
      <item name="android:colorPrimary">@color/primary</item>
      <item name="android:windowAllowReturnTransitionOverlap">true</item>
      <item name="android:windowAllowEnterTransitionOverlap">true</item>
    </style>
</resources>
```

最后是电视支持库的添加使用。推荐使用以下支持库，对 TV 开发非常有用。

- v17 leanback library：提供了一些绘制列表、导航的控件等。
- v7 recyclerview library：用于支持 v17 leanback 依赖库一些控件的引用，提供高效的列表和导航控件。
- v7 cardview library：提供卡片样式显示效果的控件。

注意，如果使用 v17 leanback library 库的话，需要引入这几个库：v4 support library、v7 recyclerview support library、v17 leanback support library，因为 v17 leanback library 依赖这些库。

现在可以开始创建 Android TV 应用了。首先通过 Android Studio 创建 Android TV 标准项目。目标设备选择 TV，目标开发 SDK 选择合适的版本即可，如图 9-7 所示。

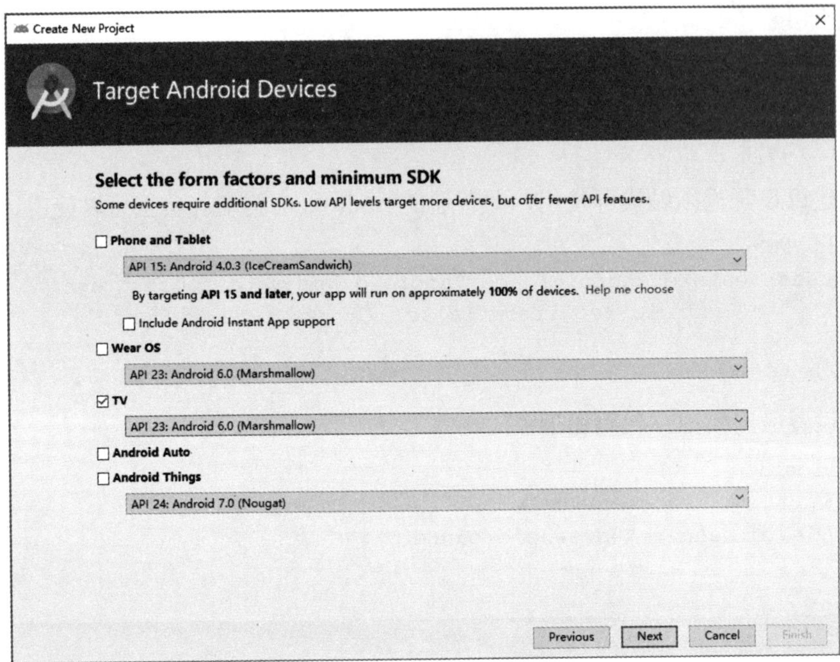

图 9-7　新建 Android TV 项目

单击 Next 按钮，进入下一步，如图 9-8 所示。

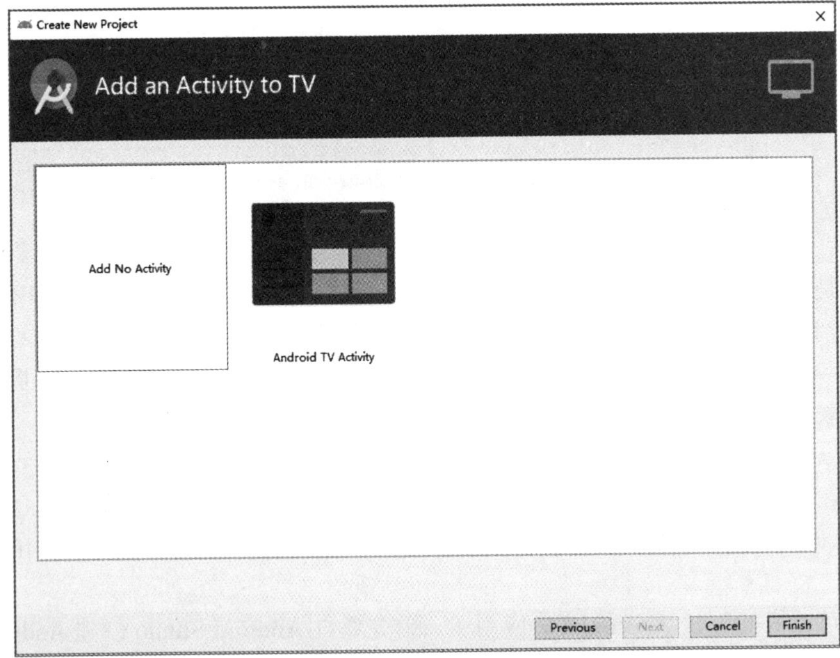

图 9-8　新建 Android TV 项目

这里选择 Add No Activity，单击 Finish 按钮即可完成创建。基本的项目结构和 Android 移动端是一样的。

项目注册清单 AndroidManifest.xml 配置大致如下：

```
<?xml version="1.0" encoding="utf-8"?>
<manifest xmlns:android="http://schemas.android.com/apk/res/android"
    xmlns:tools="http://schemas.android.com/tools"
    package="com.google.androidtvarc">

    <uses-feature
        android:name="android.hardware.touchscreen"
        android:required="false" />
    <uses-feature
        android:name="android.software.leanback"
        android:required="true" />

    <application
        android:allowBackup="true"
        android:icon="@mipmap/ic_launcher"
        android:label="@string/app_name"
        android:supportsRtl="true"
        android:theme="@style/AppTheme">
        <activity
            android:name=".ui.MainActivity"
            android:banner="@drawable/app_icon_your_company"
            android:icon="@drawable/app_icon_your_company"
            android:label="@string/title_activity_main"
            android:logo="@drawable/app_icon_your_company"
            android:screenOrientation="landscape">
            <intent-filter>
                <action android:name="android.intent.action.MAIN" />

                <category  android:name="android.intent.category.LEANBACK_
LAUNCHER" />
            </intent-filter>
        </activity>
    </application>

</manifest>
```

项目 app 目录的 build.gradle 配置内容大致如下：

```
apply plugin: 'com.android.application'

android {
    compileSdkVersion 28
    defaultConfig {
        applicationId "com.google.androidtvarc"
        minSdkVersion 23
        targetSdkVersion 28
        multiDexEnabled true
        versionCode 1
        versionName "1.0"
    }
    buildTypes {
```

```
        release {
            minifyEnabled false
            proguardFiles getDefaultProguardFile('proguard-android.txt'),
'proguard-rules.pro'
        }
    }
}

dependencies {
    implementation fileTree(dir: 'libs', include: ['*.jar'])
    implementation 'com.android.support:leanback-v17:28.0.0'
    implementation 'com.android.support:appcompat-v7:28.0.0'
    implementation 'com.android.support:recyclerview-v7:28.0.0'
    implementation 'com.android.support:cardview-v7:28.0.0'
    implementation 'com.github.bumptech.glide:glide:3.8.0'
}
```

SDK 的版本可以根据情况自己设置，不过建议使用 Android 5.0 及以上版本的 SDK。

将主题设置为 Theme.Leanback：

```
<?xml version="1.0" encoding="utf-8"?>
<resources>
    <style name="AppTheme" parent="@style/Theme.Leanback" />
</resources>
```

这样就完成了 Android TV 应用的创建。TV 开发后续的一些细节可以参阅 Android 官网的 Android TV 文档进行学习，这里不再详述。

第 10 章　Flutter 从入门到实战

Flutter 是 Google 于 2015 年 5 月 3 日推出的免费开源移动框架，可以快速使用一套代码开发出 Android 和 iOS 应用，同时它也是 Google Fuchsia 下开发应用的主要框架，当然也可以开发 Web。Flutter 的引擎使用 C++语言开发，基础库由 Dart 编写，提供了用 Flutter 构建应用所需要的基本类和函数。Flutter 的第一个版本运行在 Android 操作系统上，被称作 Sky。Flutter 1.0 正式版于 2018 年 12 月 5 日发布，正式版的功能基本上已经完善，其他功能 Google Flutter 团队正在规划和开发中。

整体来说，Flutter 的开发效率和速度非常快，提高了以前开发原生 Android 或 iOS 应用的速度。例如，在 Android 中无须耗费大量的时间编写布局的 XML 文件和绑定控件等，Flutter 已经将常用的控件和布局封装成了 Widget；调试也变得非常高效，可以在真机或模拟器上热重载，1 秒就可运行修改的逻辑，达到了几乎实时显示的效果；应用的运行速度和体验也非常好，目前来说基本上和原生应用的流畅度不相上下，并且一套代码可以多平台编译运行。本章主要讲解 Flutter 入门及实际应用方面的知识。

10.1　认识 Flutter

Flutter 是一个框架，基于 Dart 语言编写，语言风格和 React 很像。Flutter 里几乎都是采用组件的形式构建应用和功能的，组件采用现代响应式框架构建，中心级思想是用组件（Widget）构建 UI。一切对象都是组件，Flutter 可以说是一个采用全新技术的平台级框架，学习和开发起来并不难，开发应用的效率相对于原生开发提升了很多，并且运行流畅度和原生控件几乎没有太大差别，远远高于采用 H5 开发的应用流畅度。Flutter 目前已经发布了 1.0 稳定版本，基本功能已经很完善、很强大了。目前阿里巴巴、腾讯、Google 的一些应用已经转为采用 Flutter 进行开发，可以说 Flutter 是一项突破性技术，Dart 语言在未来几年内也将有望成为热门的主流编程语言。国内最早把 Flutter 应用于商业项目的是阿里的闲鱼团队，当时也只是应用在很少的页面中。Flutter 不但支持 Android 和 iOS 平台的应用开发，还可以用 Flutter 和 Dart 进行 Web 开发，Dart 未来也将成为 Google 的 Fuchsia 操作系统的应用开发语言，所以学习 Flutter 和 Dart 势在必行。

了解了 Flutter，接下来看一下它的编程语言 Dart。Dart 是 Google 开发的计算机编程语言，于 2011 年 10 月 10 日在丹麦奥尔胡斯举行的 GOTO 大会上推出，后来被 Ecma

（ECMA-408）认定为标准。Dart 非常强大，目前可以进行 Web 应用、服务器、移动应用、物联网等应用的开发，是一个真正的高性能、跨平台开发语言。Dart 是面向对象的结构化编程语言。2018 年 2 月，Dart 2 版本发布。

接下来看一下 Flutter 的整体结构，如图 10-1 所示。

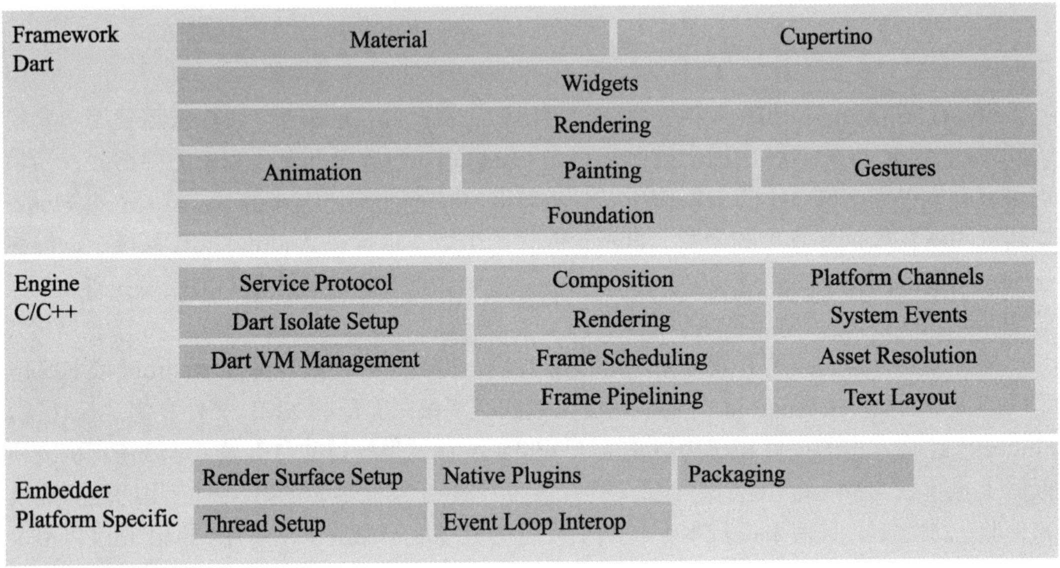

Framework
Dart
Material　Cupertino
Widgets
Rendering
Animation　Painting　Gestures
Foundation

Engine
C/C++
Service Protocol　Composition　Platform Channels
Dart Isolate Setup　Rendering　System Events
Dart VM Management　Frame Scheduling　Asset Resolution
Frame Pipelining　Text Layout

Embedder
Platform Specific
Render Surface Setup　Native Plugins　Packaging
Thread Setup　Event Loop Interop

图 10-1　Flutter 框架结构

从图 10-1 中可以看到，Flutter 是跨平台的应用框架，没有使用原生控件，而是实现了一个高性能的自绘引擎（Skia），所以体验上基本与原生组件的流畅度和性能差不多。同时，Flutter 提供了两种风格的 Widget 来分别适配 Android 和 iOS 应用的特点，分别是 Material 和 Cupertino 风格的 Widget。应用层的开发语言采用 Dart，底层渲染引擎使用的是 C 和 C++编程语言。Flutter 的开发特点就是 Widget 是由许多更小的 Widget 组合而成，形成了一个功能强大的 Widget，类的层次结构也是扁平的。目前，Flutter 的活跃开发者正在快速增加，Flutter 相关社区已经很庞大。Flutter 的文档、资源也越来越丰富，开发过程中遇到的很多问题都可以在 Stackoverflow 或其 GitHub issue 中找到答案。

Flutter 其实很像一个胶水语言，可以用 Dart 语言编写一套代码，然后它会编译渲染成不同平台的应用。接下来看一下 Flutter 的 API Widget 分类和基本结构，如图 10-2 所示。

可以看出，Flutter 的一切都可以看成是 Widget，主要分为 StatelessWidget 和 StatefulWidget，即有状态组件和无状态组件。StatelessWidget 用于不需要维护状态的场景，例如应用页面只需要显示布局即可，没有其他状态及数据的更新与存储；与之相反，StatefulWidget 主要用于需要维护状态的页面场景，如图 10-3 所示。

Widget
StatelessWidget
StatefulWidget
...
AssetImage
Text
Scrollable
Animatable

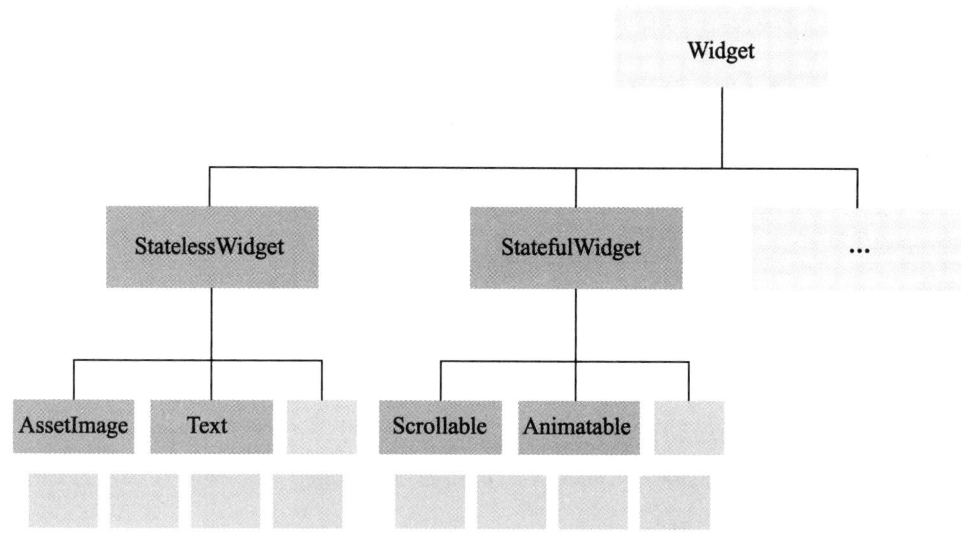

图 10-2　Flutter Widget 分类结构

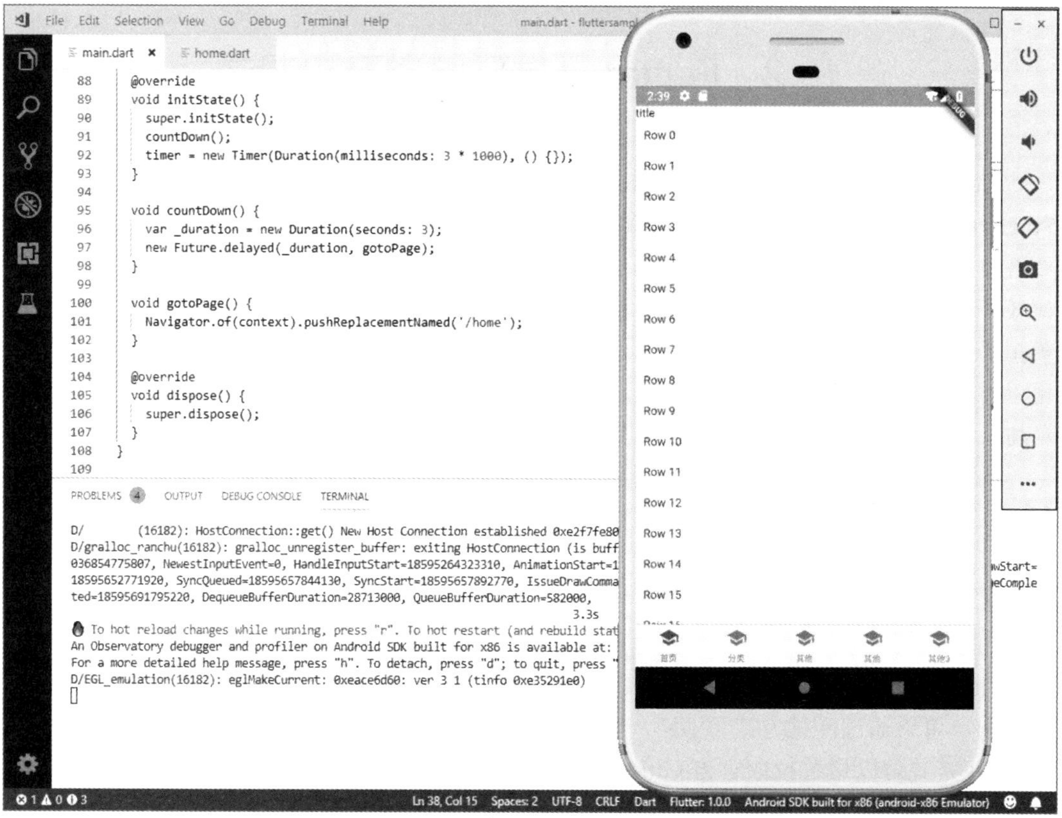

File Edit Selection View Go Debug Terminal Help
main.dart
home.dart
@override
void initState() {
super.initState();
countDown();
timer = new Timer(Duration(milliseconds: 3 * 1000), () {});
}
void countDown() {
var _duration = new Duration(seconds: 3);
new Future.delayed(_duration, gotoPage);
}
void gotoPage() {
Navigator.of(context).pushReplacementNamed('/home');
}
@override
void dispose() {
super.dispose();
}
}
PROBLEMS OUTPUT DEBUG CONSOLE TERMINAL
title
Row 0
Row 1
Row 2
Row 3
Row 4
Row 5
Row 6
Row 7
Row 8
Row 9
Row 10
Row 11
Row 12
Row 13
Row 14
Row 15
Ln 38, Col 15 Spaces: 2 UTF-8 CRLF Dart Flutter: 1.0.0 Android SDK built for x86 (android-x86 Emulator)

图 10-3　开发环境预览

再看一下目前跨平台应用开发采用的技术手段和相关性能对比，如表 10-1 所示。

表 10-1　跨平台应用开发采用的技术手段和相关性能对比

技 术 类 型	UI渲染方式	性能	开发效率	动态化	代表框架
HTML 5	WebView渲染	一般	高	支持	Cordova和Ionic
JavaScript原生渲染	原生控件渲染	好	高	支持	RN和Weex
自绘UI	调用系统API渲染	很好	很高	默认不支持	Flutter

最后列举 Flutter 的特点：

- 跨平台，一套代码可以运行在 Android 和 iOS 上，未来还可以运行在 Fuchsia OS 上；
- 接近原生的用户体验和性能；
- 快速开发，不用单独编写布局文件，直接通过 Widget 组合和配置属性方式绘制布局，类似于 React 风格；
- 毫秒级的热重载，修改后可以立即看到效果，开发和调试非常高效；
- 自绘引擎，而不是依赖于 WebView 渲染，性能高、体验好。

10.2　Flutter 开发环境搭建和调试

Flutter 开发工具很多，有很多支持 Flutter 开发的 IDE，比如 Android Studio、Visual Studio Code、IntelliJ IDEA、Atom 和 Komodo 等。这里将使用 Visual Studio Code 作为主要开发工具，因为 Visual Studio Code 占用的内存和 CPU 比较低，运行非常流畅，体验也比较好。模拟器这里推荐使用 Android 官方模拟器，也就是 Android Studio SDK 里自带的模拟器。不过，这里的模拟器使用单独启动的形式，无须从 Android Studio 启动，当然也可以用真机运行调试。接下来我们就开始 Flutter 开发环境的搭建。注意，本书是在 Windows 环境下搭建开发环境。

10.2.1　开发环境的搭建

1. 下载Flutter SDK

Flutter SDK 由两部分构成，一是 Dart SDK，二是 Flutter SDK，因为 Flutter 是基于 Dart 的。可以通过两种方式下载：一种是 Git 下载，另一种是直接下载 SDK 压缩包。

Git 方式可以通过拉取官方 GitHub 上的 Flutter 分支来下载。分支分类如图 10-4 所示。

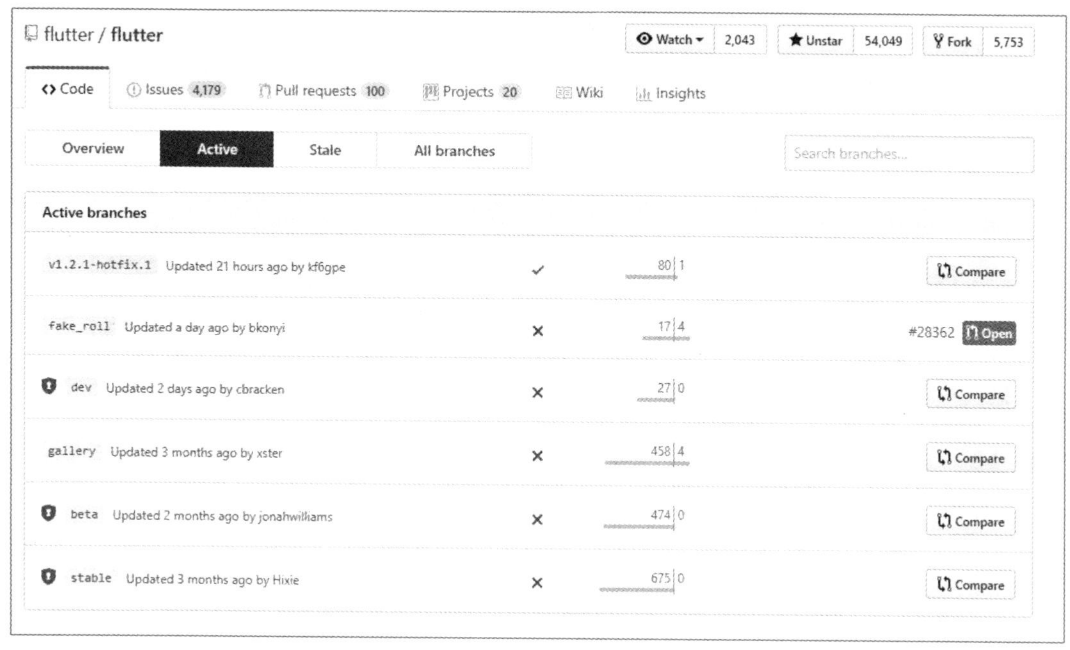

图 10-4　Flutter 分支

由图 10-4 可以看出，Flutter 主要有 dev、beta 和 stable 三个官方分支，如果是正式开发的话可以下载 stable（稳定）版本。用 Git 命令下载 stable 分支：

```
git clone -b stable https://github.com/flutter/flutter.git
```

另一种是直接到官网下载 SDK 压缩包，官方下载地址如下：

```
https://storage.googleapis.com/flutter_infra/releases/stable/windows/fl
utter_windows_v1.0.0-stable.zip
```

2. 配置环境变量

下载完 SDK 后可以把它解压放到指定的文件夹里，接下来就是配置 SDK 环境变量，这样就可以在需要的目录下直接执行相关命令了。如果在官网更新下载 SDK 较慢的话，可以设置国内的镜像代理地址，这样下载会快一些。可以将如下的国内下载镜像地址加入环境变量中：

```
变量名：PUB_HOSTED_URL，变量值：https://pub.flutter-io.cn
变量名：FLUTTER_STORAGE_BASE_URL，变量值：https://storage.flutter-io.cn
```

然后配置 Flutter SDK 环境变量，将 Flutter 的 bin 目录加入环境变量即可：

```
[你的 Flutter 文件夹路径]\flutter\bin
```

这样 Flutter SDK 的环境变量就配置完了。接下来在命令提示符窗口中输入以下命令：

```
flutter doctor
```

上面的命令可以检查 Flutter 环境变量是否设置成功，Android SDK 是否下载及是否配置好环境变量等。如果有相关的错误提示，根据提示进行修复、安装和设置即可。每次运行 flutter doctor 命令，都会检查是否缺失了必要的依赖，并且可以自动更新和下载相关的依赖。如果配置全部正确的话，会出现如图 10-5 所示的检测信息。

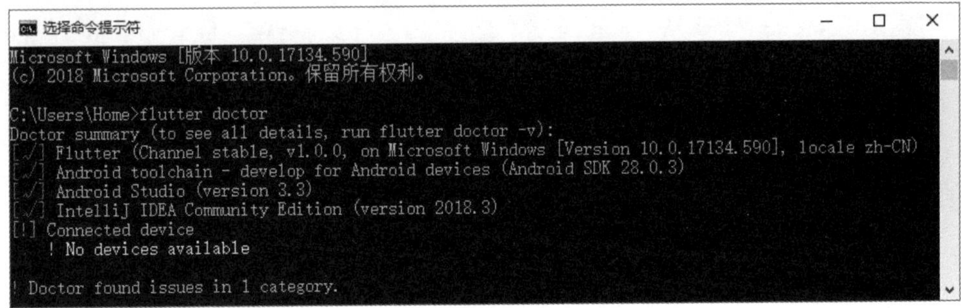

图 10-5　Flutter 配置检查

主要检测信息为 Flutter SDK、Android toolchain、开发工具和 Connected device。

3．安装Visual Studio Code所需插件

在 Visual Studio Code 的 Extensions 里搜索安装 Dart 和 Flutter 扩展插件，如图 10-6 所示。

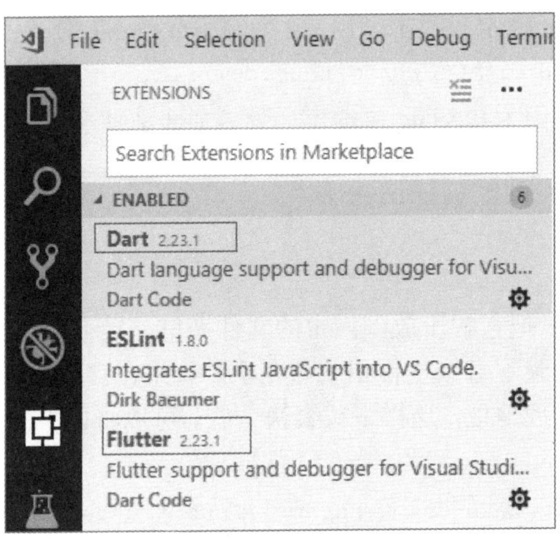

图 10-6　Flutter 插件安装

安装完成插件后，重启 Visual Studio Code 编辑器即可。

4．创建Flutter项目

接下来进行 Flutter 项目的创建，可以通过命令或者组合键 Ctrl+Shif+P 打开命令面板，

找到 Flutter：New Project，如图 10-7 所示。

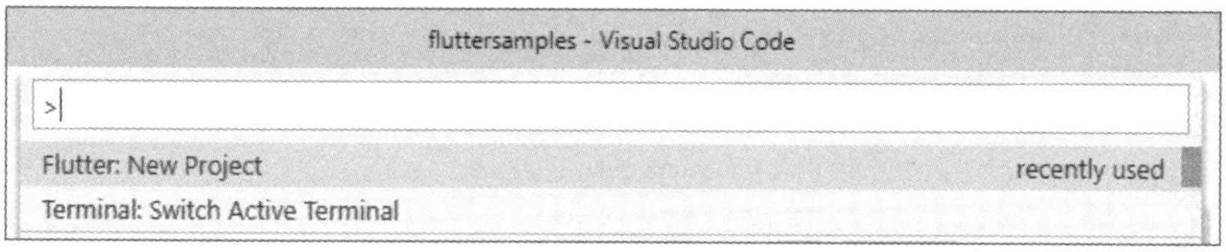

fluttersamples - Visual Studio Code
>
Flutter: New Project　recently used
Terminal: Switch Active Terminal

图 10-7　新建 Flutter 项目

选择 New Project 选项，输入项目名称后回车，如图 10-8 所示。

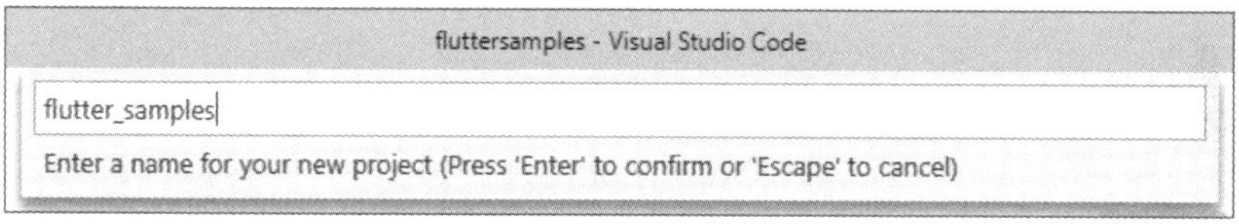

fluttersamples - Visual Studio Code
flutter_samples
Enter a name for your new project (Press 'Enter' to confirm or 'Escape' to cancel)

图 10-8　输入 Flutter 项目名称

然后选择项目的存储位置，这样就完成了 Flutter 项目的创建。
整个的创建流程日志如下：

```
[undefined] flutter create .
Waiting for another flutter command to release the startup lock...
Creating project ....
  .gitignore (created)
  .idea\libraries\Dart_SDK.xml (created)
  .idea\libraries\Flutter_for_Android.xml (created)
  .idea\libraries\KotlinJavaRuntime.xml (created)
  .idea\modules.xml (created)
  .idea\runConfigurations\main_dart.xml (created)
  .idea\workspace.xml (created)
  .metadata (created)
  android\app\build.gradle (created)
  android\app\src\main\java\com\example\fluttersamples\MainActivity.java
(created)
  android\build.gradle (created)
  android\flutter_samples_android.iml (created)
  android\app\src\main\AndroidManifest.xml (created)
  android\app\src\main\res\drawable\launch_background.xml (created)
  android\app\src\main\res\mipmap-hdpi\ic_launcher.png (created)
  android\app\src\main\res\mipmap-mdpi\ic_launcher.png (created)
  android\app\src\main\res\mipmap-xhdpi\ic_launcher.png (created)
  android\app\src\main\res\mipmap-xxhdpi\ic_launcher.png (created)
  android\app\src\main\res\mipmap-xxxhdpi\ic_launcher.png (created)
  android\app\src\main\res\values\styles.xml (created)
  android\gradle\wrapper\gradle-wrapper.properties (created)
  android\gradle.properties (created)
  android\settings.gradle (created)
```

```
  ios\Runner\AppDelegate.h (created)
  ios\Runner\AppDelegate.m (created)
  ios\Runner\main.m (created)
  ios\Runner.xcodeproj\project.pbxproj (created)
  ios\Runner.xcodeproj\xcshareddata\xcschemes\Runner.xcscheme (created)
  ios\Flutter\AppFrameworkInfo.plist (created)
  ios\Flutter\Debug.xcconfig (created)
  ios\Flutter\Release.xcconfig (created)
  ios\Runner\Assets.xcassets\AppIcon.appiconset\Contents.json (created)
  ios\Runner\Assets.xcassets\AppIcon.appiconset\Icon-App-1024x1024@1x.
png (created)
  ios\Runner\Assets.xcassets\AppIcon.appiconset\Icon-App-20x20@1x.png
(created)
  ios\Runner\Assets.xcassets\AppIcon.appiconset\Icon-App-20x20@2x.png
(created)
  ios\Runner\Assets.xcassets\AppIcon.appiconset\Icon-App-20x20@3x.png
(created)
  ios\Runner\Assets.xcassets\AppIcon.appiconset\Icon-App-29x29@1x.png
(created)
  ios\Runner\Assets.xcassets\AppIcon.appiconset\Icon-App-29x29@2x.png
(created)
  ios\Runner\Assets.xcassets\AppIcon.appiconset\Icon-App-29x29@3x.png
(created)
  ios\Runner\Assets.xcassets\AppIcon.appiconset\Icon-App-40x40@1x.png
(created)
  ios\Runner\Assets.xcassets\AppIcon.appiconset\Icon-App-40x40@2x.png
(created)
  ios\Runner\Assets.xcassets\AppIcon.appiconset\Icon-App-40x40@3x.png
(created)
  ios\Runner\Assets.xcassets\AppIcon.appiconset\Icon-App-60x60@2x.png
(created)
  ios\Runner\Assets.xcassets\AppIcon.appiconset\Icon-App-60x60@3x.png
(created)
  ios\Runner\Assets.xcassets\AppIcon.appiconset\Icon-App-76x76@1x.png
(created)
  ios\Runner\Assets.xcassets\AppIcon.appiconset\Icon-App-76x76@2x.png
(created)
  ios\Runner\Assets.xcassets\AppIcon.appiconset\Icon-App-83.5x83.5@2x.
png (created)
  ios\Runner\Assets.xcassets\LaunchImage.imageset\Contents.json (created)
  ios\Runner\Assets.xcassets\LaunchImage.imageset\LaunchImage.png (created)
  ios\Runner\Assets.xcassets\LaunchImage.imageset\LaunchImage@2x.png (created)
  ios\Runner\Assets.xcassets\LaunchImage.imageset\LaunchImage@3x.png (created)
  ios\Runner\Assets.xcassets\LaunchImage.imageset\README.md (created)
  ios\Runner\Base.lproj\LaunchScreen.storyboard (created)
  ios\Runner\Base.lproj\Main.storyboard (created)
  ios\Runner\Info.plist (created)
  ios\Runner.xcodeproj\project.xcworkspace\contents.xcworkspacedata (created)
  ios\Runner.xcworkspace\contents.xcworkspacedata (created)
```

```
  lib\main.dart (created)
  flutter_samples.iml (created)
  pubspec.yaml (created)
  README.md (created)
  test\widget_test.dart (created)
Running "flutter packages get" in flutter_samples...          11.8s
Wrote 64 files.

All done!
[√] Flutter is fully installed. (Channel stable, v1.0.0, on Microsoft Windows
[Version 10.0.17134.590], locale zh-CN)
[√] Android toolchain - develop for Android devices is fully installed.
(Android SDK 28.0.3)
[√] Android Studio is fully installed. (version 3.3)
[√] IntelliJ IDEA Community Edition is fully installed. (version 2018.3)
[!] Connected device is not available.

Run "flutter doctor" for information about installing additional components.

In order to run your application, type:

  $ cd .
  $ flutter run

Your application code is in .\lib\main.dart.

exit code 0
```

Flutter 项目结构如图 10-9 所示。

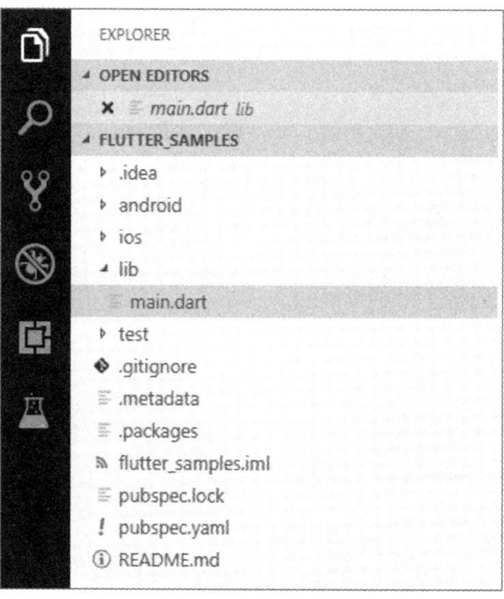

图 10-9　Flutter 项目结构

其中，Android 相关的修改和配置在 android 目录下，结构和 Android 应用项目结构一样；iOS 相关的修改和配置在 ios 目录下，结构和 iOS 应用项目结构一样；最重要的 Flutter 代码文件在 lib 目录下，类文件以.dart 结尾，语法结构为 Dart 语法结构。代码如下：

```
import 'package:flutter/material.dart';

void main() => runApp(MyApp());

class MyApp extends StatelessWidget {
  // 应用的基础构建配置方法
  @override
  Widget build(BuildContext context) {
    return MaterialApp(
      title: 'Flutter Demo',
      theme: ThemeData(
        primarySwatch: Colors.blue,
      ),
      home: MyHomePage(title: 'Flutter Demo Home Page'),
    );
  }
}

class MyHomePage extends StatefulWidget {
  MyHomePage({Key key, this.title}) : super(key: key);

  final String title;

  @override
  _MyHomePageState createState() => _MyHomePageState();
}

class _MyHomePageState extends State<MyHomePage> {
  int _counter = 0;

  void _incrementCounter() {
    setState(() {
      _counter++;
    });
  }

  @override
  Widget build(BuildContext context) {
    return Scaffold(
      appBar: AppBar(
        // the App.build method, and use it to set our appbar title.
        title: Text(widget.title),
```

```
        ),
        body: Center(
          child: Column(
            mainAxisAlignment: MainAxisAlignment.center,
            children: <Widget>[
              Text(
                'You have pushed the button this many times:',
              ),
              Text(
                '$_counter',
                style: Theme.of(context).textTheme.display1,
              ),
            ],
          ),
        ),
        floatingActionButton: FloatingActionButton(
          onPressed: _incrementCounter,
          tooltip: 'Increment',
          child: Icon(Icons.add),
        ),
      );
    }
  }
```

10.2.2　模拟器的安装与调试

项目新建完毕后，接下来就是在真机或模拟器上编译运行 Flutter 项目了。先说模拟器，它在下载的 Android SDK 目录里。可以通过两种方法创建模拟器，推荐在 Android Studio 里新建一个模拟器，单击进入 AVD Manager，如果没有模拟器的话，就创建一个，可以选择最新的 SDK，如图 10-10 所示。

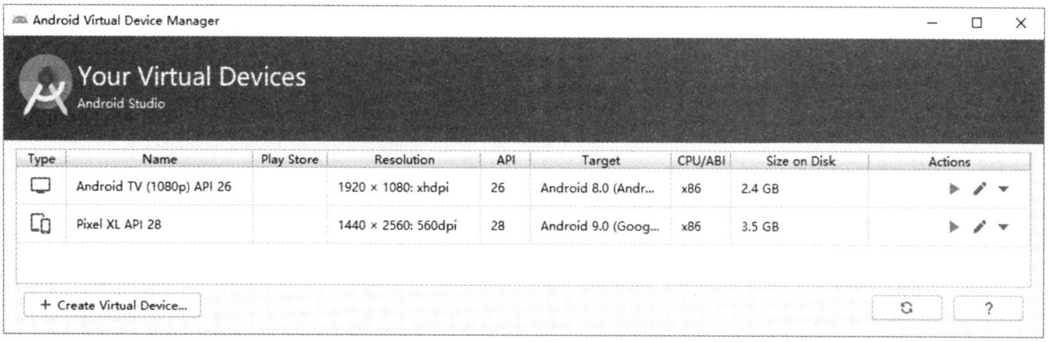

图 10-10　AVD Manager 模拟器列表

创建完毕后，就可以在计算机的模拟器目录下看到创建的模拟器，如图 10-11 所示。

电脑 › Windows (C:) › 用户 › Home › .android › avd ›

名称	修改日期	类型	大小
Android_TV_1080p_API_26.avd	2019/1/5 22:57	文件夹	
Pixel_XL_API_28.avd	2019/2/23 17:10	文件夹	
Android_TV_1080p_API_26.ini	2018/4/1 21:37	配置设置	1 KB
Pixel_XL_API_28.ini	2019/2/7 13:42	配置设置	1 KB

图 10-11　已创建的模拟器列表

对应模拟器 AVD Manager 的相关工具也在 Android SDK 目录下，如图 10-12 所示。

电脑 › 软件 (D:) › Sdk › emulator

名称	修改日期	类型	大小
bin	2019/2/7 13:05	文件夹	
lib	2019/2/7 13:05	文件夹	
lib64	2019/2/7 13:05	文件夹	
qemu	2019/2/7 13:05	文件夹	
resources	2019/2/7 13:05	文件夹	
android-info.txt	2019/2/7 13:02	文本文档	1 KB
emulator.exe	2019/2/7 13:02	应用程序	948 KB
emulator64-arm.exe	2019/2/7 13:02	应用程序	29,003 KB
emulator64-crash-service.exe	2019/2/7 13:02	应用程序	9,508 KB
emulator64-x86.exe	2019/2/7 13:02	应用程序	29,147 KB
emulator-arm.exe	2019/2/7 13:02	应用程序	27,894 KB
emulator-check.exe	2019/2/7 13:02	应用程序	4,722 KB
emulator-crash-service.exe	2019/2/7 13:02	应用程序	9,217 KB
emulator-x86.exe	2019/2/7 13:02	应用程序	28,121 KB
mksdcard.exe	2019/2/7 13:02	应用程序	235 KB
NOTICE.txt	2019/2/7 13:02	文本文档	38 KB
package.xml	2019/2/7 13:02	XML 文件	18 KB
qemu-img.exe	2019/2/7 13:02	应用程序	1,816 KB
source.properties	2019/2/7 13:02	PROPERTIES 文件	1 KB

图 10-12　SDK 里的模拟器所在目录

接下来就可以关闭相关窗口了，建立一个 bat 文件，写入启动模拟器的命令，这样每次启动模拟器直接运行这个 bat 文件即可。命令如下：

```
D:\Sdk\emulator\emulator.exe -avd Pixel_XL_API_28
```

模拟器所在的 SDK 目录根据实际位置修改即可，如图 10-13 所示。

flutter	2019/2/18 21:51	文件夹	
fluttersamples	2019/2/22 22:46	文件夹	
emulator.bat	2019/2/8 11:45	Windows 批处理...	1 KB

图 10-13　快速运行模拟器的命令文件

接下来双击这个 bat 文件运行模拟器，如图 10-14 所示。

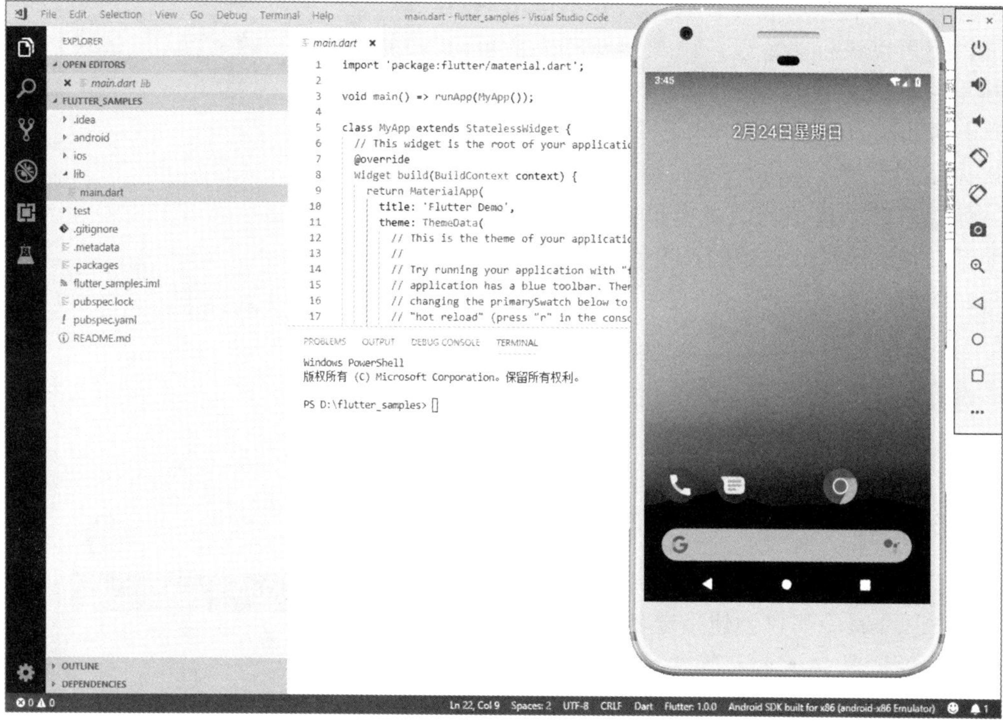

图 10-14　启动模拟器

接着在项目所在目录运行 flutter run 命令即可在模拟器上编译运行 Flutter 项目，如图 10-15 所示。

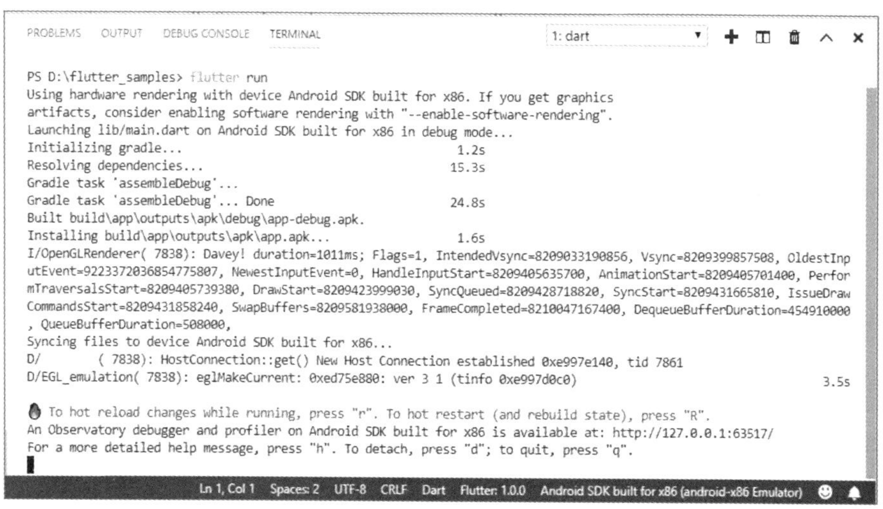

图 10-15　启动模拟器日志

运行效果如图 10-16 所示。

运行成功后，后续运行调试只要不退出应用界面，就可以进行热重载，输入 r 进行当前页面的热重载，输入 R 进行整个应用的热重启，输入 h 弹出帮助信息，输入 d 解除关联，输入 q 退出应用调试。

如果有多个模拟器或者模拟器与真机同时存在的话，可以通过-d 参数加设备 ID 指定要运行的设备，例如：

```
flutter run -d emulator-5556
```

可以通过 flutter devices 或 adb devices 命令查看目前已连接的设备信息。

还有一种命令方式也可以创建模拟器，如输入如下命令可以查看当前可用的模拟器。

```
flutter emulator
```

输入以下命令可以创建指定名称的模拟器，默认创建的模拟器 Android 版本号为已安装的最新 SDK 版本号。

```
flutter emulators --create --name xyz
```

图 10-16　Flutter Demo 模拟器运行效果

运行以下命令可以启动模拟器。

```
flutter emulators --launch <emulator id>
```

将<emulator id>替换为你的模拟器 ID 名称即可。

在真机设备上运行调试的过程和模拟器的过程基本一样，将手机与计算机通过 USB 进行连接，在手机上开启开发人员选项和 USB 调试模式，最后运行 flutter run 命令即可。

其他常用的命令如下：

```
flutter build apk;        //打包 Android 应用
flutter build apk -release;
flutter install;          //安装应用
flutter build ios;        //打包 iOS 应用
flutter build ios -release;
flutter clean;            //清理重新编译项目
flutter upgrade;          //升级 Flutter SDK 和依赖包
flutter channel;          //查看 Flutter 官方分支列表和当前项目使用的 Flutter 分支
flutter channel <分支名>;//切换分支
```

10.3　Flutter 常用的 Widget 和布局

Flutter 里的类都可以看作 Widget，每个大的 Widget 基本上都是由小型的、单用途的 Widget 组合起来的。例如一个应用页面，里面由很多个 Widget 组合形成大的 Widget 页面。从状态上看，Flutter 把 Widget 分为 StatefulWidget 类和 StatelessWidget 类。从 Widget 风格上来看，Flutter 把 Widget 分成 Material 和 Cupertino 风格，Material 主要适用于 Android 的设计风格，而 Cupertino 主要适用于 iOS 的设计风格。

Flutter Material 风格的 Widget 结构如图 10-17 所示。

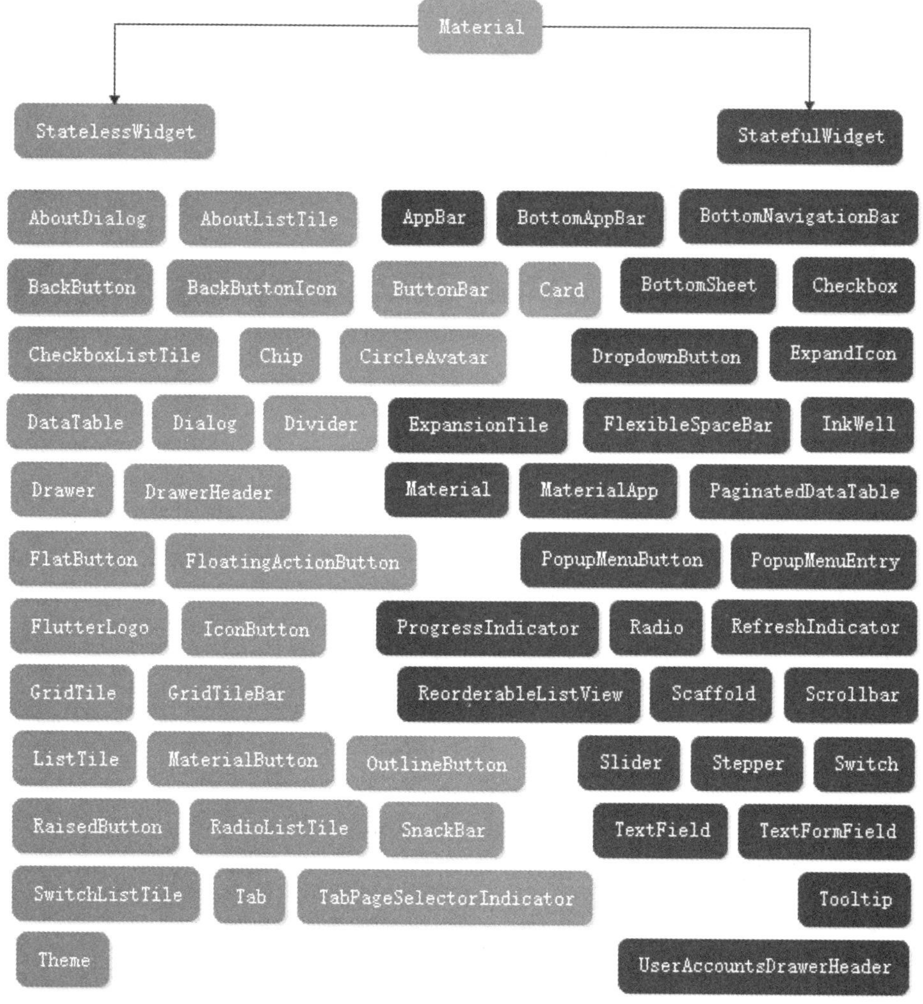

图 10-17　Flutter Material 风格的 Widget

Flutter Cupertino 风格的 Widget 结构如图 10-18 所示。

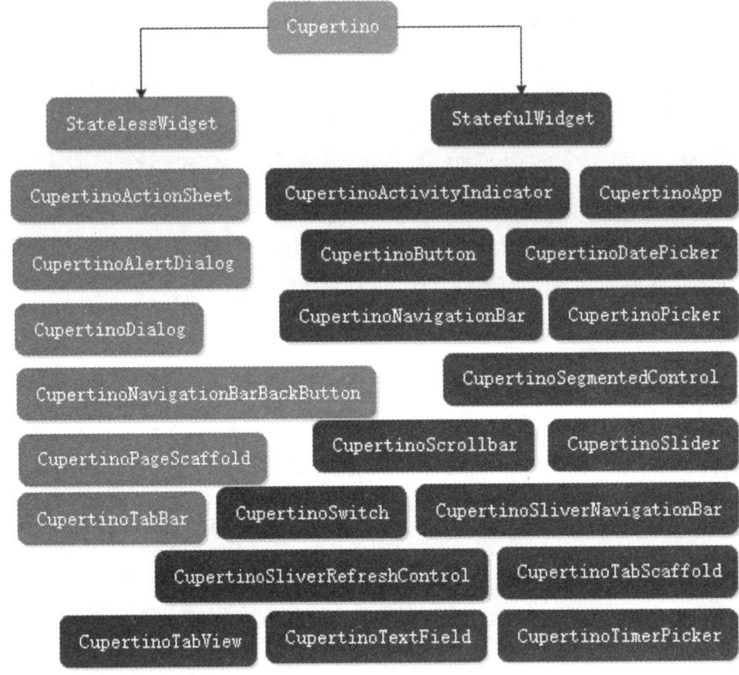

图 10-18　Flutter Cupertino 风格的 Widget

基础风格的部分 Widget 结构如图 10-19 所示。

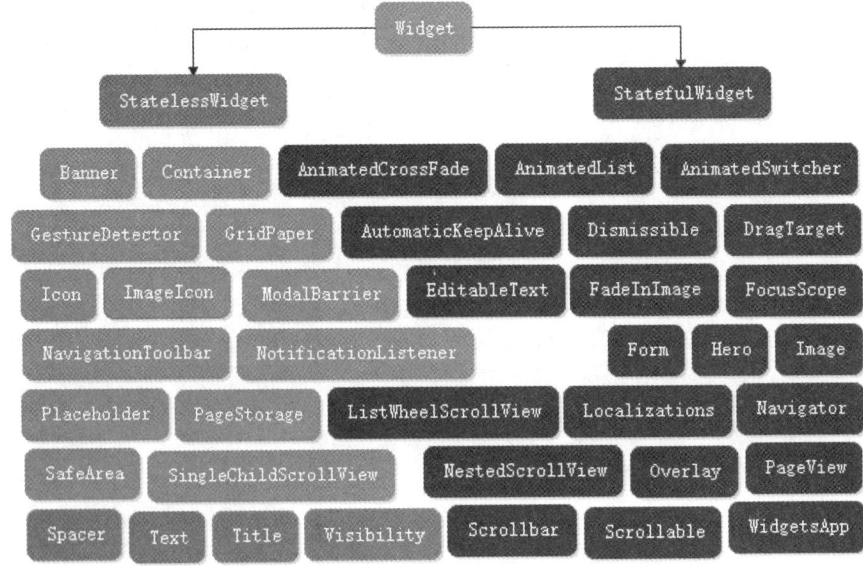

图 10-19　Flutter 基础风格的部分 Widget

其实还有其他一些 Widget，这里就不一一列举了。

按照控件特性还可以这样归类：可滚动类 Widget，如 ListView、GridView、CustomScrollView、SingleChildScrollView、ListWheelScrollView、NestedScrollView 等；常用布局类 Widget，如 Container、Scaffold、Stack、IndexedStack、Center、Column、Row、Flex 和 Expanded 等；常用基础类 Widget，如 Text、Image、Icon、Button、TextFiled 和 AppBar 等。

由于 Flutter 有大量的 Widget，所以本节主要介绍一些常用的基础 Widget 和常用布局。

10.3.1　Flutter 基础 Widget

首先看一下 Text Widget，它主要用来显示文字信息，我们可以通过配置 Text Widget 的属性来实现不同的效果。

```
//最简单的用法
Text('Text Widget 组件用法'),
//添加其他属性参数
Text('文字',
    //文字对齐方式
    textAlign: TextAlign.center,
    //详细的字体样式配置
    style: TextStyle(
      fontSize: 18,
      decoration: TextDecoration.none,
    )),

Text('文字' * 6,
    textAlign: TextAlign.center,
    //行数
    maxLines: 1,
    //超过范围后，结尾显示处理方式
    overflow: TextOverflow.ellipsis,
       style: TextStyle(
         fontSize: 18,
         decoration: TextDecoration.none,
       )),
Text(
    '文字',
    textAlign: TextAlign.center,
    //字体放大 1.6 倍
    textScaleFactor: 1.6,
),
```

Text 的主要属性：textAlign 用来配置文本对齐方式；style 可以详细配置文字属性，如加粗、字体大小、颜色和下划线等；maxLines 用来控制显示的行数；overflow 用来指定最后的字符截断方式，默认是直接截断，也可以设置成以省略号结尾；textScaleFactor 用来配置文本相对于当前字体大小的缩放因子，也就是缩放倍数，默认为 1，小于 1 表示缩小，大于 1 表示放大。

Text Widget 运行效果如图 10-20 所示。

图 10-20　Text Widget 效果

Image Widget 也是一个常用的 Widget，主要用来显示图片。图片来源可以是应用自身的 Assets 资源图片、内存、SD 卡和网络图片等。

首先看一下如何加载 Assets 资源图片。从项目里加载图片资源文件，首先需要把这个文件路径配置到项目的 pubspec.yaml 配置文件里：

```
assets:
    - assets/flutter-mark-square-64.png
    - assets/flutter.png
```

这个配置表示项目根目录的 Assets 文件夹下的指定图片，对其他路径进行类似配置。

使用 Image 加载 Assets 资源图片的代码如下：

```
///从项目目录里读取图片，需要在 pubspec.yaml 里注册路径
Image.asset("assets/flutter-mark-square-64.png"),
Image(
  image: AssetImage("assets/flutter-mark-square-64.png"),
),
```

上面这段代码实现了从项目根目录的 assets 文件夹里加载 flutter-mark-square-64.png 图片。再看一下从文件加载图片，使用方式类似：

```
///从文件读取图片
Image.file(
  File('/sdcard/flutter.png'),
  //可设置图片显示尺寸
  width: 200,
  height: 80,
  //图片缩放因子
  scale: 1.0,
  //图片的混合色值
  color: Colors.orange,
  //显示填充模式
  fit: BoxFit.cover,
),
```

```
Image(
  image: FileImage(File('/sdcard/flutter.png')),
),
```

也可以对显示的图片进行个性化配置，如尺寸、缩放、背景色和填充模式等。其中，填充模式有 7 种，显示效果如图 10-21 所示。

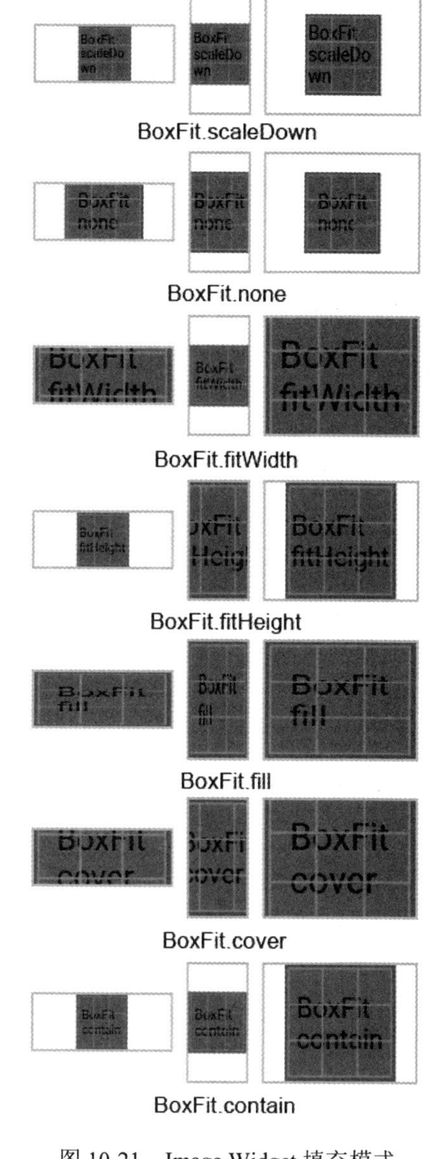

图 10-21　Image Widget 填充模式

下面解释一下这几种填充模式。

- fill 模式：会拉伸填充满显示空间，图片本身长宽比会发生变化，图片会变形。
- cover 模式：会按图片的长宽比放大后居中填满显示空间，图片不会变形，超出显示空间的部分会被剪裁。
- contain 模式：这是图片的默认适应规则，图片会在保证本身长宽比不变的情况下缩放以适应当前显示空间，图片不会变形。
- fitWidth 模式：图片的宽度会缩放到显示空间的宽度，高度会按比例缩放，然后居中显示，图片不会变形，超出显示空间的部分会被剪裁。
- fitHeight 模式：图片的高度会缩放到显示空间的高度，宽度会按比例缩放，然后居中显示，图片不会变形，超出显示空间的部分会被剪裁。
- none 模式：图片没有适应策略，会在显示空间内显示图片，如果图片比显示空间大，则显示空间只会显示图片中间的部分。
- scaleDown 模式：是 contain 和 none 模式的结合。

接下来看一下网络图片的加载。

```
/// 读取网络图片
Image.network(imageUrl),
Image(
  image: NetworkImage(imageUrl),
),

///加入占位图的加载图片
FadeInImage(
  placeholder:
      AssetImage("assets/flutter-mark-square-64.png"),
```

```
  image: FileImage(File('/sdcard/img.png')),
),
FadeInImage.assetNetwork(
  placeholder: "assets/flutter-mark-square-
64.png",
  image: imageUrl,
),
```

Image 还有一个重要属性就是 colorBlendMode，常和 color 混合使用，是指图片的混合模式。在图片绘制时可以对每一个像素进行颜色混合处理，color 指定混合色，而 colorBlendMode 指定混合模式。下面是一个简单的示例：

```
Image(
  image: AssetImage("assets/flutter-mark-
square-64.png"),
  color: Colors.blue,
  colorBlendMode: BlendMode.difference,
),
```

运行效果如图 10-22 所示。

在图 10-22 中，上面的图为原图，下面的图为混合后显示的效果。

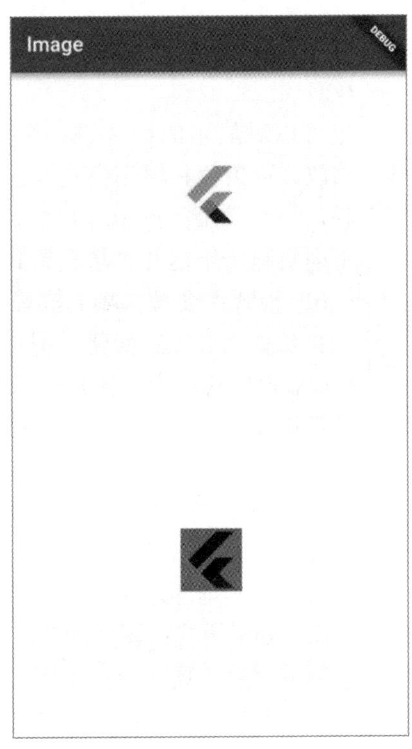

图 10-22　Image Widget 混合模式

当然，还可以进行自定义裁剪图片、显示圆形图片头像、圆角图片等操作。代码示例如下：

```
///加载圆形图片
CircleAvatar(
  backgroundColor: Colors.brown.shade800,
  child: Text('头像'),
  backgroundImage: AssetImage("assets/img_welcome.jpg"),
  radius: 50.0,
),
Container(
  decoration: BoxDecoration(
      image: DecorationImage(
          image: AssetImage("assets/img_welcome.jpg"))),
),
ImageIcon(AssetImage("assets/img_welcome.jpg")),
ClipRRect(
  child: Image.network(
    imageUrl,
     scale: 8.5,
     fit: BoxFit.cover,
),
  borderRadius: BorderRadius.only(
    topLeft: Radius.circular(20),
    topRight: Radius.circular(20),
  ),
),
```

```
Container(
  width: 120,
  height: 60,
  decoration: BoxDecoration(
    shape: BoxShape.rectangle,
    borderRadius: BorderRadius.circular
(10.0),
    image: DecorationImage(
        image: NetworkImage(imageUrl), fit:
BoxFit.cover),
  ),
),
ClipOval(
  child: Image.network(
    imageUrl,
    scale: 1.5,
  ),
),
CircleAvatar(
  backgroundImage:
NetworkImage(imageUrl),
  radius: 50.0,
),
```

运行效果如图 10-23 所示。

图 10-23　Image Widget 图片个性化处理

接下来看一下 Flutter 的 Icon Widget。Icon 用来显示图标，框架默认带了一套 Material 图标，当然也可以引用其他的 IconData，只需要传入对应图标的 Unicode 码即可自动识别。使用 Icon 有很多好处，如：无须占用额外的图片，减小了应用的体积和加载额外的网络图片所需的流量；图标是矢量图，缩放画质无损失。

Flutter 默认包含了一套 Material Design 的图标，在 pubspec.yaml 文件中的配置如下：

```
flutter:
  uses-material-design: true
```

Material Design 携带的所有图标效果可以在官网查看，网址为 https://material.io/tools/icons/。

使用代码如下：

```
Icon(IconData(0xE90D, fontFamily: "MaterialIcons")),
Text(
  '\uE90D',
  style: TextStyle(
     fontFamily: "MaterialIcons",
     fontSize: 24.0,
     color: Colors.green),
),
```

显示效果如图 10-24 所示。

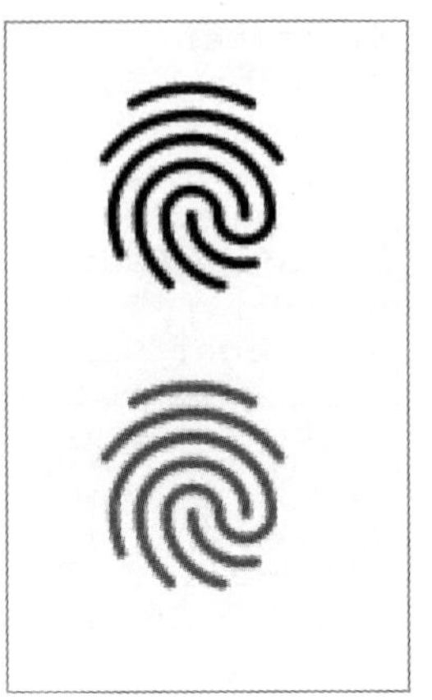

图 10-24　Icon Widget 显示图标

最后看一下基础 Widget 里的 Button。Button 在 Flutter 里充当单击按钮操作 Widget，分为 FlatButton、RaisedButton、BackButton、CloseButton、OutlineButton、MaterialButton、RawMaterialButton、FloatingActionButton、ButtonBar 和 IconButton 等。用法大同小异，只不过 Flutter 把一些效果封装好了，我们可以按照特点直接使用对应的 Button Widget。

下面直接给出这几种 Button 的用法示例代码。

```
BackButton(
  color: Colors.orange,
),
CloseButton(),
ButtonBar(
  children: <Widget>[
    FlatButton(
      child: Text('FLAT BUTTON',
         semanticsLabel: 'FLAT BUTTON 1'),
      onPressed: () {
        // 点击操作
      },
    ),
    FlatButton(
      child: Text(
        'DISABLED',
        semanticsLabel: 'DISABLED BUTTON 3',
      ),
      onPressed: null,
    ),
  ],
),
FlatButton.icon(
   disabledColor: Colors.teal,
   label:
      Text('FLAT BUTTON', semanticsLabel: 'FLAT BUTTON 2'),
  icon: Icon(Icons.add_circle_outline, size: 18.0),
  onPressed: () {},
),
FlatButton.icon(
  icon: const Icon(Icons.add_circle_outline, size: 18.0),
  label: const Text('DISABLED',
     semanticsLabel: 'DISABLED BUTTON 4'),
  onPressed: null,
),
ButtonBar(
  mainAxisSize: MainAxisSize.max,
  children: <Widget>[
    OutlineButton(
       onPressed: () {},
       child: Text('data'),
    ),
```

```
    OutlineButton(
      onPressed: null,
      child: Text('data'),
    ),
  ],
),
ButtonBar(
  children: <Widget>[
    OutlineButton.icon(
      label: Text('OUTLINE BUTTON',
        semanticsLabel: 'OUTLINE BUTTON 2'),
      icon: Icon(Icons.add, size: 18.0),
      onPressed: () {},
    ),
    OutlineButton.icon(
      disabledTextColor: Colors.orange,
      icon: const Icon(Icons.add, size: 18.0),
      label: const Text('DISABLED',
          semanticsLabel: 'DISABLED BUTTON 6'),
      onPressed: null,
     ),
   ],
),
ButtonBar(
  children: <Widget>[
     RaisedButton(
        child: Text('RAISED BUTTON',
           semanticsLabel: 'RAISED BUTTON 1'),
        onPressed: () {
          //点击操作
        },
     ),
     RaisedButton(
       child: Text('DISABLED',
           semanticsLabel: 'DISABLED BUTTON 1'),
       onPressed: null,
     ),
  ],
),
ButtonBar(
   children: <Widget>[
     RaisedButton.icon(
        icon: const Icon(Icons.add, size: 18.0),
        label: const Text('RAISED BUTTON',
            semanticsLabel: 'RAISED BUTTON 2'),
        onPressed: () {
           //点击操作
        },
     ),
     RaisedButton.icon(
        icon: const Icon(Icons.add, size: 18.0),
        label: Text('DISABLED',
           semanticsLabel: 'DISABLED BUTTON 2'),
        onPressed: null,
     ),
```

```
      ],
    ),
    ButtonBar(
      children: <Widget>[
        MaterialButton(
          child: Text('MaterialButton1'),
          onPressed: () {
            //点击操作
          },
        ),
        MaterialButton(
          child: Text('MaterialButton2'),
          onPressed: null,
        ),
      ],
    ),
    ButtonBar(
      children: <Widget>[
        RawMaterialButton(
          child: Text('RawMaterialButton1'),
          onPressed: () {
            // 点击操作
          },
        ),
        RawMaterialButton(
          child: Text('RawMaterialButton2'),
          onPressed: null,
        ),
      ],
    ),
    ButtonBar(
      children: <Widget>[
        FloatingActionButton(
          child: const Icon(Icons.add),
          heroTag: 'FloatingActionButton1',
          onPressed: () {
            //点击操作
          },
          tooltip: 'floating action button1',
        ),
        FloatingActionButton(
          child: const Icon(Icons.add),
          onPressed: null,
          heroTag: 'FloatingActionButton2',
          tooltip: 'floating action button2',
        ),
      ],
    ),
```

运行效果如图 10-25 所示。

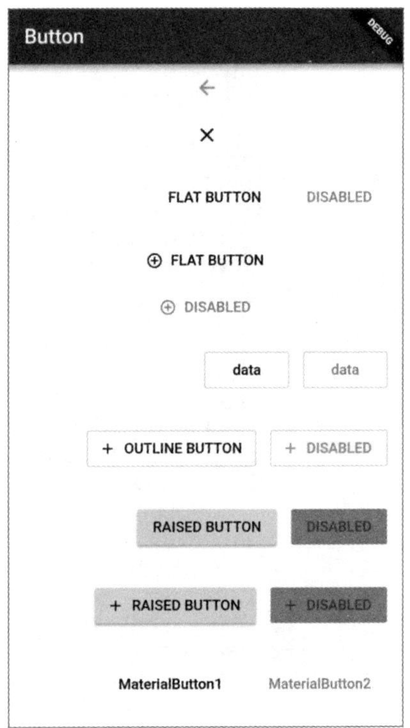

图 10-25　Button Widget 显示效果

10.3.2　Flutter 基础布局

接下来看一下 Flutter 的常用基础布局方式。首先看一下 Scaffold 布局方式。顾名思义，Scaffold 就是脚手架，一个可以帮我们快速构建起页面布局框架的 Widget。Scaffold 构建好了页面的基础框架，我们只需要填充配置即可使用。例如，一般页面可能包含顶部标题导航栏、主体、底部导航栏、侧滑菜单、悬浮按钮等，把需要的部分补充完整即可。接下来用一个完整的实例来介绍 Scaffold Widget 的基本用法，要实现的效果如图 10-26 所示。

图 10-26　Scaffold Widget 显示效果

实现这个页面的代码非常少，具体如下：

```
import 'package:flutter/material.dart';
import 'package:flutter/widgets.dart';

class ScaffoldSamples extends StatefulWidget {
  @override
  State<StatefulWidget> createState() {
    return ScaffoldSamplesState();
  }
}

class ScaffoldSamplesState extends State
<ScaffoldSamples> {
  @override
  void initState() {
    super.initState();
  }

  @override
  Widget build(BuildContext context) {
    return Scaffold(
      appBar: AppBar(
        //导航栏标题
        title: Text('Scaffold Title'),
        //阴影大小
        elevation: 1,
        //导航栏右侧菜单
        actions: <Widget>[
          IconButton(
              icon: Icon(Icons.shopping_cart), tooltip: "购物", onPressed: () {}),
        ],
```

```
          //标题是否居中
          centerTitle: false,
          //导航栏左侧按钮
          leading:
              IconButton(icon: Icon(Icons.menu), tooltip: "菜单", onPressed: () {}),
          //leading 为空时，是否自动实现默认的 leading 按钮
          automaticallyImplyLeading: true,
          //导航栏底部菜单，通常为 TabBar
          // bottom: ,
        ),
        //主页面
        body: Container(
          child: Text('data'),
        ),
        bottomNavigationBar: BottomNavigationBar(
          // 底部导航
          items: <BottomNavigationBarItem>[
            BottomNavigationBarItem(icon: Icon(Icons.home), title: Text('Home')),
            BottomNavigationBarItem(
                icon: Icon(Icons.business), title: Text('Business')),
            BottomNavigationBarItem(
                icon: Icon(Icons.school), title: Text('School')),
          ],
        ),
        //侧滑菜单
        // drawer: ,
        //底部悬浮按钮
        floatingActionButton: FloatingActionButton(
          onPressed: () {},
          child: Text('按钮'),
        ),
      );
    }
  }
```

接下来看一下另一个常用的布局 Widget——Container Widget。它也是一个容器类布局 Widget，可以视为包含很多内部特性和 Widget 的容器类。它可以设置容器宽高、背景色、前景色、padding、margin、旋转变换和装饰等，功能十分强大。先看一下它的构造方法，如下：

```
Container({
  Key key,
  //内容排列方式
  this.alignment,
  //padding
  this.padding,
  //背景色
```

```
    Color color,
    //背景装饰，一般用 BoxDecoration
    Decoration decoration,
    //前景装饰，一般用 BoxDecoration
    this.foregroundDecoration,
    //宽度，可不设置
    double width,
    //高度，可不设置
    double height,
    //容器约束条件
    BoxConstraints constraints,
    //margin
    this.margin,
    //旋转变换
    this.transform,
    //布局子 Widget
    this.child,
  })
```

接下来用一个实例来演示一下 Container 的具体使用方法。

```
Container(
  constraints: BoxConstraints.expand(
    height: Theme.of(context).textTheme.display1.fontSize * 1.1 + 200.0,
  ),
  padding: const EdgeInsets.all(8.0),
  color: Colors.teal.shade700,
  alignment: Alignment.center,
  child: Text('Hello World', style: Theme.of(context).textTheme.display1.
copyWith(color: Colors.white)),
  foregroundDecoration: BoxDecoration(
    image: DecorationImage(
      image: NetworkImage('https://www.example.com/images/frame.png'),
      centerSlice: Rect.fromLTRB(270.0, 180.0, 1360.0, 730.0),
    ),
  ),
  transform: Matrix4.rotationZ(0.1),
)
```

实现的效果如图 10-27 所示。

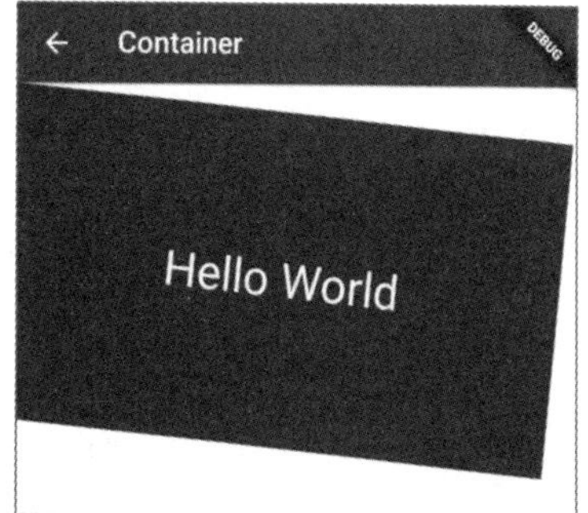

图 10-27　Container Widget 显示效果

再看一下 Stack Widget 布局。Stack Widget 布局方式很像 Android 里的 FrameLayout，里面的控件是按照先后顺序堆叠在一起的，有层级关系。

看一下 Stack Widget 的构造方法：

```
Stack({
    Key key,
    //排列对齐方式
```

```
    this.alignment = AlignmentDirectional. topStart,
    //文字方向
    this.textDirection,
    //堆叠方式
    this.fit = StackFit.loose,
    //子 child 超过容器后的处理方式
    this.overflow = Overflow.clip,
    //子 child Widgetsss
    List<Widget> children = const <Widget>[],
})
```

Stack Widget 的可控制参数相对较少，接下来通过一段代码来演示其用法。

```
SizedBox(
        width: 250,
        height: 250,
        child: Stack(
          children: <Widget>[
            Container(
              width: 250,
              height: 250,
              color: Colors.white,
            ),
            Container(
              padding: EdgeInsets.all(5.0),
              alignment: Alignment.bottomCenter,
              decoration: BoxDecoration(
                gradient: LinearGradient(
                  begin: Alignment.topCenter,
                  end: Alignment.bottomCenter,
                  colors: <Color>[
                    Colors.black.withAlpha(0),
                    Colors.black12,
                    Colors.black45
                  ],
                ),
              ),
              child: Text(
                "Foreground Text",
                style: TextStyle(color: Colors.
white,fontSize: 20.0),
              ),
            ),
          ],
        ),
),
```

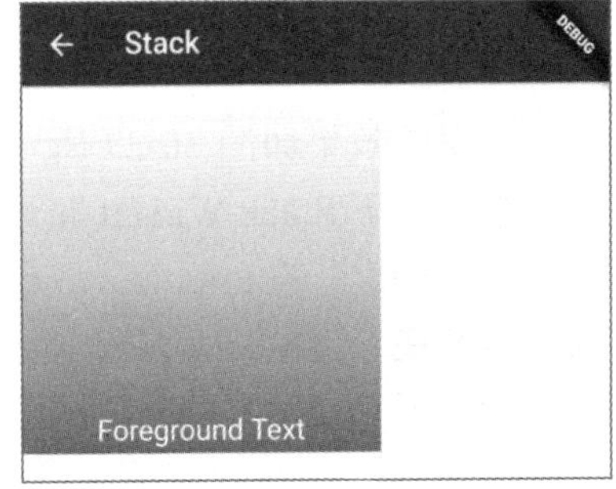

图 10-28　Stack Widget 显示效果

显示效果如图 10-28 所示。

这个实例演示了多层效果 Widget 堆叠形成的最终页面，底部是一个白色背景的容器，接着上面又放了一个渐变容器，最上面放了一个白色字体的 Text Widget。

最后看一下线性布局方式里的两个 Widget：Row 和 Column。这两个 Widget 分别用来进行横向布局和纵向布局，是指沿水平或垂直方向排布子 Widget，类似于 Android 中的 LinearLayout 控件。Row 和 Column 都继承自 Flex 弹性布局 Widget。

对于线性布局，有主轴和纵轴之分。如果布局沿水平方向，那么主轴就是指水平方向，而纵轴即垂直方向；如果布局沿垂直方向，那么主轴就是指垂直方向，而纵轴就是水平方向。在线性布局中，有两个定义对齐方式的枚举类 MainAxisAlignment 和 CrossAxisAlignment，分别代表主轴对齐和纵轴对齐。

首先看一下 Column 的构造方法。

```
Column({
  Key key,
  //主轴对齐方式
  MainAxisAlignment mainAxisAlignment = MainAxisAlignment.start,
  //主轴方向占用的空间
  MainAxisSize mainAxisSize = MainAxisSize.max,
  //纵轴对齐方式
  CrossAxisAlignment crossAxisAlignment = CrossAxisAlignment.center,
  //文字方向
  TextDirection textDirection,
  //纵轴对齐方向
  VerticalDirection verticalDirection = VerticalDirection.down,
  TextBaseline textBaseline,
  //子 Widget
  List<Widget> children = const <Widget>[],
})
```

下面通过实例代码演示具体用法。

```
Column(
      crossAxisAlignment: CrossAxisAlignment.start,
      mainAxisSize: MainAxisSize.min,
      children: <Widget>[
        Container(
          child: Text('A'),
          height: 50,
          width: MediaQuery.of(context).size.width,
          color: Colors.teal,
        ),
        Container(
          child: Text('B'),
          height: 50,
          width: MediaQuery.of(context).size.width,
          color: Colors.orange,
        ),
        Container(
          child: Text('C'),
```

```
          height: 50,
          width: MediaQuery.of(context).size.width,
          color: Colors.blue,
        ),
        Container(
          child: Text('D'),
          height: 50,
          width: MediaQuery.of(context).size.width,
          color: Colors.yellow,
        ),
        Container(
          child: Text('E'),
          height: 50,
          width: MediaQuery.of(context).size.width,
          color: Colors.green,
        ),
        Container(
          child: Text('F'),
          height: 50,
          width: MediaQuery.of(context).size.width,
          color: Colors.teal,
        ),
        Container(
          child: Text('G'),
          height: 50,
          width: MediaQuery.of(context).size.
width,
          color: Colors.pink,
        ),
      ],
)
```

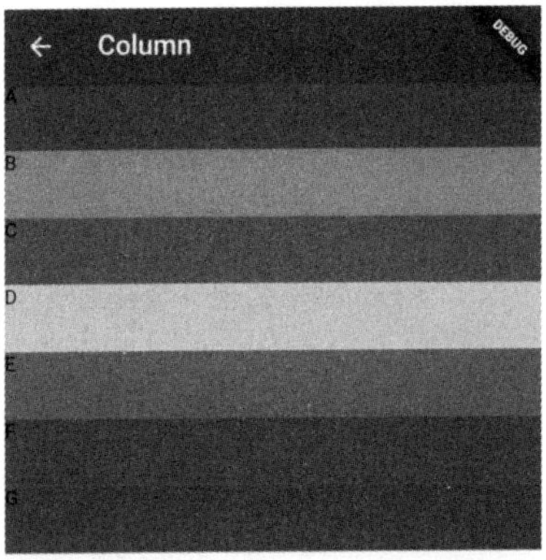

运行效果如图 10-29 所示。

Column

A

B

C

D

E

F

G

图 10-29　Column Widget 显示效果

接下来看一下 Row 的构造方法，Row 其实和 Column 大同小异，示例如下：

```
Row({
    Key key,
    //主轴对齐方式
    MainAxisAlignment mainAxisAlignment = MainAxisAlignment.start,
    //主轴方向占用的空间
    MainAxisSize mainAxisSize = MainAxisSize.max,
    //纵轴对齐方式
    CrossAxisAlignment crossAxisAlignment = CrossAxisAlignment.center,
    //文字方向
    TextDirection textDirection,
    //纵轴对齐方向
```

```
    VerticalDirection verticalDirection = VerticalDirection.down,
    TextBaseline textBaseline,
    //子 Widget
    List<Widget> children = const <Widget>[],
})
```

下面通过一个实例来演示一下 Row Widget 的用法。

```
Row(
      children: <Widget>[
        Container(
          child: Text('A'),
          width: 50,
          height: MediaQuery.of(context).size.width,
          color: Colors.teal,
        ),
        Container(
          child: Text('B'),
          width: 50,
          height: MediaQuery.of(context).size.width,
          color: Colors.orange,
        ),
        Container(
          child: Text('C'),
          width: 50,
          height: MediaQuery.of(context).size.width,
          color: Colors.blue,
        ),
        Container(
          child: Text('D'),
          width: 50,
          height: MediaQuery.of(context).size.width,
          color: Colors.yellow,
        ),
        Container(
          child: Text('E'),
          width: 50,
          height: MediaQuery.of(context).size.width,
          color: Colors.green,
        ),
        Container(
          child: Text('F'),
          width: 50,
          height: MediaQuery.of(context).size. width,
          color: Colors.teal,
        ),
```

```
          Container(
            child: Text('G'),
            width: 50,
            height: MediaQuery.of(context).size.
width,
            color: Colors.pink,
          ),
        ],
)
```

运行效果如图 10-30 所示。

关于 Flutter 的常用基础 Widget 和基础布局 Widget 就讲解到这里。还有很多其他的 Widget 大家可以按照这个思路自行学习，也可以通过官方的例子进行学习。Flutter SDK 里自带的 flutter_gallery 例子基本上把主要的 Widget 用法和效果都示范了一遍，读者可以自己阅读、学习。

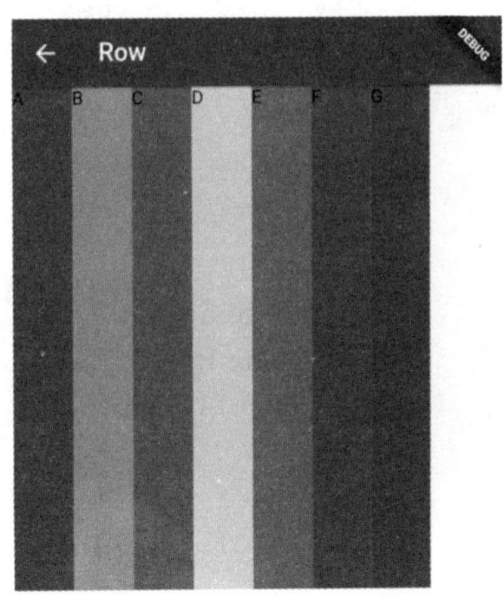

图 10-30　Row Widget 显示效果

10.4　HTTP 网络请求详解

HTTP 网络请求是开发中比较常用和重要的功能，主要用于资源访问、接口数据请求、上传下载文件等操作。HTTP 请求方式主要有 GET、POST、HEAD、PUT、DELETE、TRACE、CONNECT 和 OPTIONS。本节主要介绍 GET 和 POST 这两种常用请求在 Flutter 中的用法，其中将对 POST 进行着重讲解。Flutter 的 HTTP 网络请求的实现主要分为 3 种：io.dart 里的 HttpClient 实现、Dart 原生 HTTP 请求库实现和第三方库实现。后面将会详细讲解这 3 种方式的区别和特点及前两种方式的使用方法。下面正式开始 Flutter 的 HTTP 网络请求介绍。

10.4.1　HTTP 的请求方式简介

HTTP 网络请求方式就是描述客户端想对指定的资源或服务器所要执行的操作。接下来简单介绍 HTTP 请求方式的特点和作用。

- GET 请求方式：从 GET 这个单词也可以看出，它主要用来执行获取资源操作的。例如，通过 URL 从服务器获取返回的资源，其中 GET 可以把请求的一些参数信息拼接在 URL 上传递给服务器，由服务器端进行参数信息解析，然后返回相应的资源给请求者。注意，GET 请求拼接的 URL 数据大小和长度是有最大限制的，传输的数据量一般限制在 2KB。
- POST 请求方式：主要用来执行提交信息和传输信息的操作，请求包含两部分，即请求头（header）和请求体（body）。POST 请求可以携带更多的数据，而且格式不限，如 JSON、XML、文本等都支持。POST 传递的一些数据和参数不是直接拼接在 URL 后，而是放在 HTTP 请求体里，相对 GET 来说比较安全，是比较重要和常用的一种请求方式。POST 常见的请求体（body）有 3 种传输内容类型（Content-type），分别是 application/x-www-form-urlencoded、application/json 和 multipart/form-data。当然还有其他几种，不过不常用，常用的就是这 3 种。

- HEAD 请求方式：主要用来给请求的客户端返回头信息，而不返回 Body 主体内容。它和 GET 方式类似，只不过 GET 方式返回 Body 实体，而 HEAD 只返回头信息，无 Body 实体内容返回。HEAD 主要用于确认 URL 的有效性、资源更新的日期时间、查看服务器状态等，对于有这方面需求的请求来说，不占用资源。
- PUT 请求方式：主要用来执行传输文件操作，类似于 FTP 的文件上传一样。请求里包含文件内容，并将此文件保存到 URI 指定的服务器位置。它和 POST 方式的主要区别是，PUT 请求方式如果前后两个请求相同，则后一个请求会把前一个请求覆盖，实现了 PUT 方式的修改资源；而 POST 请求方式如果前后两个请求相同，则后一个请求不会把前一个请求覆盖，实现了 POST 的增加资源。
- DELETE 请求方式：主要用来告诉服务器想要删除的资源，用于执行删除指定资源操作。
- OPTIONS 请求方式：主要用来查询针对所要请求的 URI 资源服务器所支持的请求方式，也就是获取这个 URI 所支持客户端提交给服务器端的请求方式有哪些。
- TRACE 请求方式：主要用来执行追踪传输路径的操作。例如，我们发起了一个 HTTP 请求，期间这个请求可能会经过很多个路径和过程，TRACE 就是告诉服务器在收到请求后返回一条响应信息，将它收到的原始 HTTP 请求信息返回给客户端，这样就可以确认在 HTTP 传输过程中请求是否被修改过。
- CONNECT 请求方式：主要用来执行连接代理操作，如“翻墙”。客户端通过 CONNECT 方式与服务器建立通信隧道，进行 TCP 通信。主要通过 SSL 和 TLS 安全传输数据。CONNECT 的作用就是告诉服务器让它代替客户端去请求访问某个资源，然后再将数据返回给客户端，相当于一个媒介中转。

10.4.2 Flutter HTTP 网络请求实现的区别和特点

介绍完了 HTTP 的几种请求方式，下面来看一下 Flutter 中的 HTTP 网络请求的实现方式。Flutter 的 HTTP 网络请求实现主要分为 3 种：io.dart 中的 HttpClient 实现、Dart 原生 http 请求库实现和第三方库实现。下面分别介绍一下这 3 种方式的特点和用法。

1. io.dart中的HttpClient实现

io.dart 中 HttpClient 实现的 HTTP 网络请求主要用来实现基本的网络请求，复杂一些的网络请求它还无法完成。例如，POST 中的其他几种请求体传输的内容类型部分它还无法支持、multipart/form-data 类型的传输也不支持。

接下来就看一下 io.dart 中 HttpClient 实现 HTTP 网络请求的步骤。代码如下：

```
import 'dart:convert';
import 'dart:io';

class IOHttpUtils {
  //创建 HttpClient
  HttpClient _httpClient = HttpClient();

  //要用 async 关键字异步请求
  getHttpClient() async {
    _httpClient
        .get('https://abc.com', 8090, '/path1')
        .then((HttpClientRequest request) {
      //在这里可以对 Request 请求添加 headers 操作，写入请求对象数据等
      // 调用请求关闭方法
      return request.close();
    }).then((HttpClientResponse response) {
      // 处理 Response 响应
      if (response.statusCode == 200) {
        response.transform(utf8.decoder).join().then((String string) {
          print(string);
        });
      } else {
        print("error");
      }
    });
  }

  getUrlHttpClient() async {
    var url = "https://abc.com:8090/path1";
    _httpClient.getUrl(Uri.parse(url)).then((HttpClientRequest request) {
      // 这里可以设置一些请求头
      return request.close();
    }).then((HttpClientResponse response) {
      //处理响应
      if (response.statusCode == 200) {
        response.transform(utf8.decoder).join().then((String string) {
          print(string);
        });
      } else {
        print("error");
      }
    });
  }

  //进行 POST 请求
  postHttpClient() async {
    _httpClient
        .post('https://abc.com', 8090, '/path2')
        .then((HttpClientRequest request) {
      //这里添加 POST 请求体的 ContentType 和内容
```

```
        //这个是 application/json 数据类型的传输方式
        request.headers.contentType = ContentType("application", "json");
        request.write("{\"name\":\"value1\",\"pwd\":\"value2\"}");
        return request.close();
      }).then((HttpClientResponse response) {
        // 处理响应
        if (response.statusCode == 200) {
          response.transform(utf8.decoder).join().then((String string) {
            print(string);
          });
        } else {
          print("error");
        }
      });
    }

    postUrlHttpClient() async {
      var url = "https://abc.com:8090/path2";
      _httpClient.postUrl(Uri.parse(url)).then((HttpClientRequest request) {
        //这里添加 POST 请求体的 ContentType 和内容
        //这个是 application/x-www-form-urlencoded 数据类型的传输方式
        request.headers.contentType =
            ContentType("application", "x-www-form-urlencoded");
        request.write("name='value1'&pwd='value2'");
        return request.close();
      }).then((HttpClientResponse response) {
        // 处理响应
        if (response.statusCode == 200) {
          response.transform(utf8.decoder).join().then((String string) {
            print(string);
          });
        } else {
          print("error");
        }
      });
    }

    ///其余的 HEAD、PUT、DELETE 请求用法类似，请读者自行尝试
    ///在 Widget 里请求成功数据后，使用 setState 来更新内容和状态即可
    ///setState(() {
    ///    ...
    ///  });

  }
```

2. Dart原生http请求库实现

这里推荐这种实现方式，毕竟 Dart 原生的 http 请求库支持的 HTTP 请求比较全面，比较复杂的请求都可以实现，如上传和下载文件等操作。目前 Dart 官方的仓库里有大量的第三方库和官方库，引用也非常方便，Dart PUB 官方地址为 https://pub.dartlang.org。

Dart PUB 仓库打开后如图 10-31 所示。

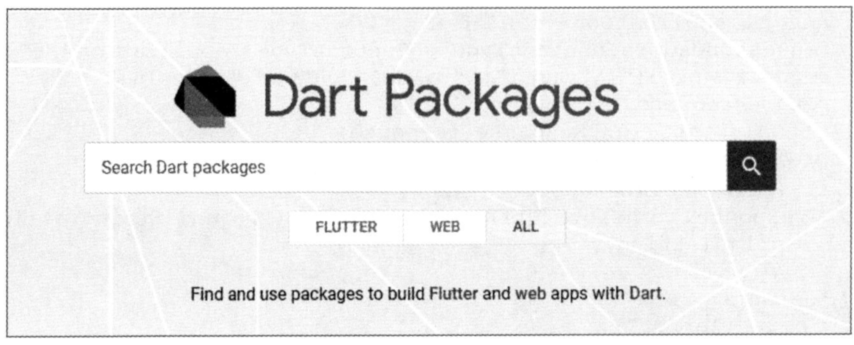

图 10-31　Dart PUB 仓库

使用 Dart 原生 http 库，首先需要在 Dart PUB 或官方 GitHub 里把相关的 http 库引用过来。在 Dart PUB 里搜索 http，便可以查找到 http 库，根据说明进行引用和使用即可。http 库的官方 GitHub 库地址为 https://github.com/dart-lang/http，界面如图 10-32 所示。

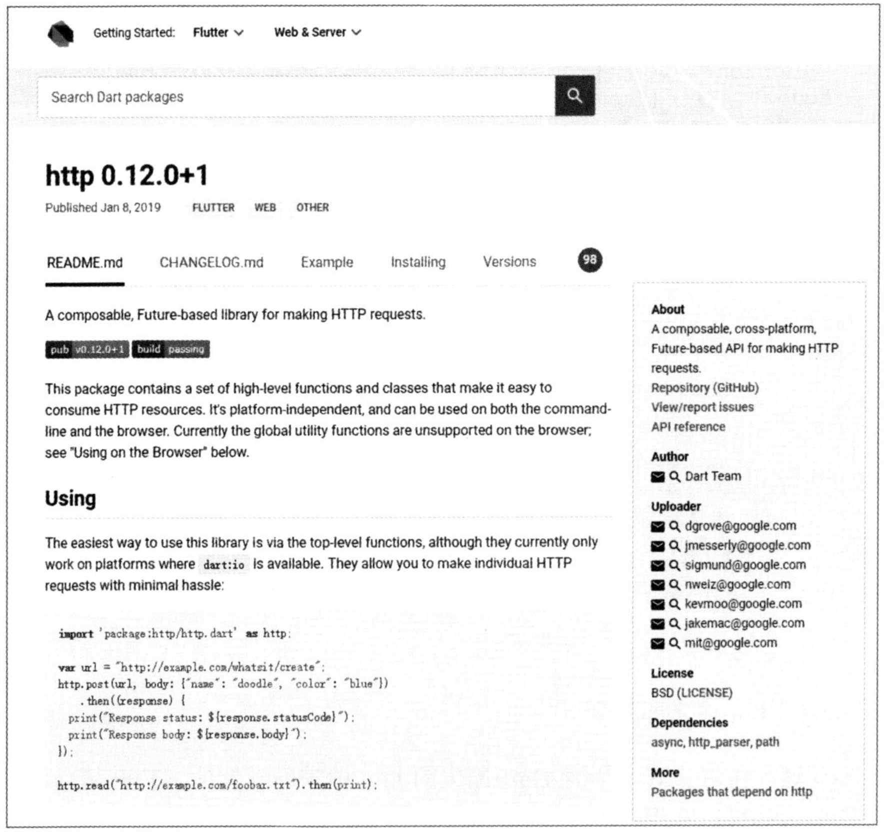

图 10-32　http 库

选择 Installing 标签，查看引用方法进行引用即可，如图 10-33 所示。

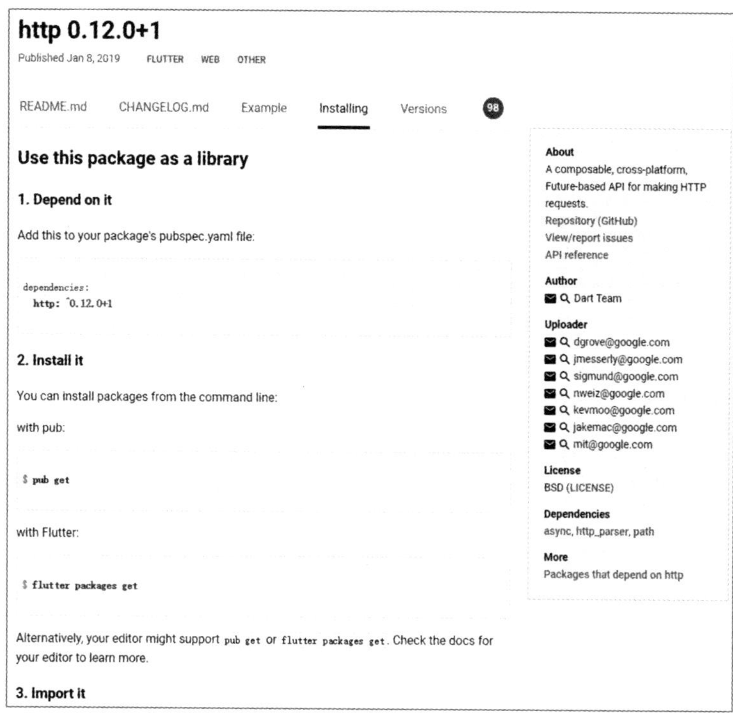

图 10-33　引用 http 库

在项目的 pubspec.yaml 配置文件里加入引用库，如图 10-34 所示。

```
! pubspec.yaml ×
name: flutter_samples
description: A new Flutter project.

# The following defines the version and build number for your application.
# A version number is three numbers separated by dots, like 1.2.43
# followed by an optional build number separated by a +.
# Both the version and the builder number may be overridden in flutter
# build by specifying --build-name and --build-number, respectively.
# Read more about versioning at semver.org.
version: 1.0.0+1

environment:
  sdk: ">=2.0.0-dev.68.0 <3.0.0"

dependencies:
  flutter:
    sdk: flutter
  http: ^0.12.0+1
  # The following adds the Cupertino Icons font to your application.
  # Use with the CupertinoIcons class for iOS style icons.
  cupertino_icons: ^0.1.2

dev_dependencies:
  flutter_test:
    sdk: flutter


# For information on the generic Dart part of this file, see the
# following page: https://www.dartlang.org/tools/pub/pubspec

```

图 10-34　加入引用 http 库

这样就可以在 dart 文件类里直接使用 import 关键字进行导入了。接下来给出一个完整的使用例子。

```
import 'dart:convert';
import 'dart:io';

import 'package:http/http.dart' as http;
import 'package:http_parser/http_parser.dart';

class DartHttpUtils {
  //创建 client 实例
  var _client = http.Client();

  //发送 GET 请求
  getClient() async {
    var url = "https://abc.com:8090/path1?name=abc&pwd=123";
    _client.get(url).then((http.Response response) {
      //处理响应信息
      if (response.statusCode == 200) {
        print(response.body);
      } else {
        print('error');
      }
    });
  }

//发送 POST 请求，application/x-www-form-urlencoded
  postUrlencodedClient() async {
    var url = "https://abc.com:8090/path2";
    //设置 header
    Map<String, String> headersMap = new Map();
    headersMap["content-type"] = "application/x-www-form-urlencoded";
    //设置 body 参数
    Map<String, String> bodyParams = new Map();
    bodyParams["name"] = "value1";
    bodyParams["pwd"] = "value2";
    _client
        .post(url, headers: headersMap, body: bodyParams, encoding: 
Utf8Codec())
        .then((http.Response response) {
      if (response.statusCode == 200) {
        print(response.body);
      } else {
        print('error');
      }
    }).catchError((error) {
      print('error');
    });
  }

  //发送 POST 请求，application/json
  postJsonClient() async {
    var url = "https://abc.com:8090/path3";
    Map<String, String> headersMap = new Map();
```

```
    headersMap["content-type"] = ContentType.json.toString();
    Map<String, String> bodyParams = new Map();
    bodyParams["name"] = "value1";
    bodyParams["pwd"] = "value2";
    _client
        .post(url,
            headers: headersMap,
            body: jsonEncode(bodyParams),
            encoding: Utf8Codec())
        .then((http.Response response) {
      if (response.statusCode == 200) {
        print(response.body);
      } else {
        print('error');
      }
    }).catchError((error) {
      print('error');
    });
  }

  // 发送 POST 请求，multipart/form-data
  postFormDataClient() async {
    var url = "https://abc.com:8090/path4";
    var client = new http.MultipartRequest("post", Uri.parse(url));
    client.fields["name"] = "value1";
    client.fields["pwd"] = "value2";
    client.send().then((http.StreamedResponse response) {
      if (response.statusCode == 200) {
        response.stream.transform(utf8.decoder).join().then((String string) {
          print(string);
        });
      } else {
        print('error');
      }
    }).catchError((error) {
      print('error');
    });
  }

// 发送 POST 请求，multipart/form-data，上传文件
  postFileClient() async {
    var url = "https://abc.com:8090/path5";
    var client = new http.MultipartRequest("post", Uri.parse(url));
    http.MultipartFile.fromPath('file', 'sdcard/img.png',
            filename: 'img.png', contentType: MediaType('image', 'png'))
        .then((http.MultipartFile file) {
      client.files.add(file);
      client.fields["description"] = "descriptiondescription";
      client.send().then((http.StreamedResponse response) {
        if (response.statusCode == 200) {
          response.stream.transform(utf8.decoder).join().then((String string) {
            print(string);
          });
        } else {
          response.stream.transform(utf8.decoder).join().then((String string) {
```

```
          print(string);
        });
      }
    }).catchError((error) {
      print(error);
    });
  });
}
///其余的 HEAD、PUT、DELETE 请求用法类似，可以自己试一下
///在 Widget 里请求成功数据后，使用 setState 来更新内容和状态即可
///setState(() {
///    ...
///  });
}
```

3. 第三方库实现

Flutter 第三方库中很多都可以实现 HTTP 网络请求，例如国内开发者开发的 dio 库，其支持多个文件上传、文件下载及并发请求等复杂的操作。在 Dart PUB 上可以搜索 dio 进行使用，如图 10-35 所示。

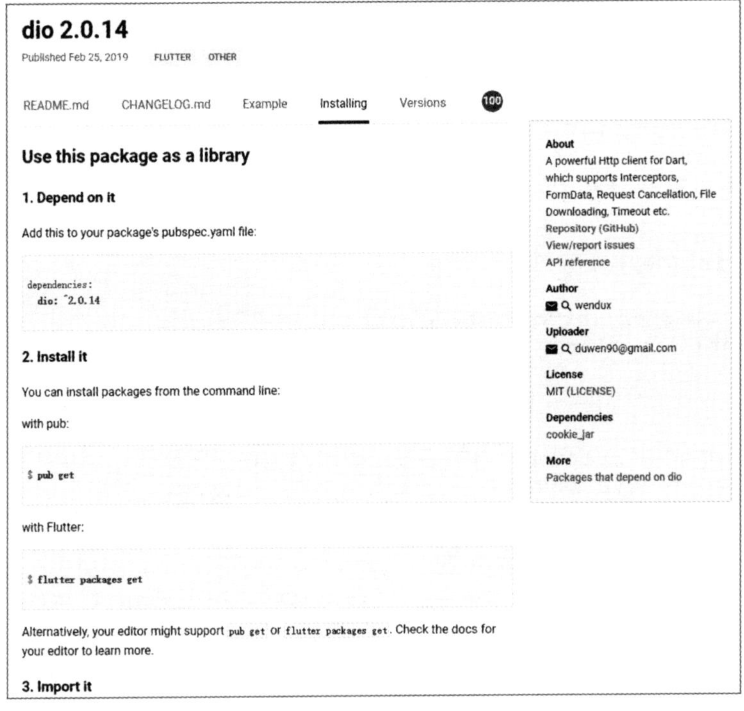

图 10-35　引用 dio 库

在项目的 pubspec.yaml 配置文件里加入 dio 库引用：

```
dependencies:
  dio: ^2.0.14
```

这样就可以引用 dio 库的 API 来实现 HTTP 网络请求了。下面给出一个完整的 dio 库用法示例。

```
import 'dart:io';
import 'package:dio/dio.dart';

class DartHttpUtils {
  //配置 dio，通过 BaseOptions
  Dio _dio = Dio(BaseOptions(
      baseUrl: "https://abc.com:8090/",
      connectTimeout: 5000,
      receiveTimeout: 5000));

  //dio 的 GET 请求
  getDio() async {
    var url = "/path1?name=abc&pwd=123";
    _dio.get(url).then((Response response) {
      if (response.statusCode == 200) {
        print(response.data.toString());
      }
    });
  }

  getUriDio() async {
    var url = "/path1?name=abc&pwd=123";
    _dio.getUri(Uri.parse(url)).then((Response response) {
      if (response.statusCode == 200) {
        print(response.data.toString());
      }
    }).catchError((error) {
      print(error.toString());
    });
  }

//dio 的 GET 请求，通过 queryParameters 配置传递参数
  getParametersDio() async {
    var url = "/path1";
    _dio.get(url, queryParameters: {"name": 'abc', "pwd": 123}).then(
        (Response response) {
      if (response.statusCode == 200) {
        print(response.data.toString());
      }
    }).catchError((error) {
      print(error.toString());
    });
  }

//发送 POST 请求，application/x-www-form-urlencoded
  postUrlencodedDio() async {
    var url = "/path2";
    _dio
        .post(url,
            data: {"name": 'value1', "pwd": 123},
            options: Options(
```

```
            contentType:
                ContentType.parse("application/x-www-form-urlencoded")))
        .then((Response response) {
      if (response.statusCode == 200) {
        print(response.data.toString());
      }
    }).catchError((error) {
      print(error.toString());
    });
  }

  //发送 POST 请求，application/json
  postJsonDio() async {
    var url = "/path3";
    _dio
        .post(url,
            data: {"name": 'value1', "pwd": 123},
            options: Options(contentType: ContentType.json))
        .then((Response response) {
      if (response.statusCode == 200) {
        print(response.data.toString());
      }
    }).catchError((error) {
      print(error.toString());
    });
  }

  // 发送 POST 请求，multipart/form-data
  postFormDataDio() async {
    var url = "/path4";
    FormData _formData = FormData.from({
      "name": "value1",
      "pwd": 123,
    });
    _dio.post(url, data: _formData).then((Response response) {
      if (response.statusCode == 200) {
        print(response.data.toString());
      }
    }).catchError((error) {
      print(error.toString());
    });
  }

  // 发送 POST 请求，multipart/form-data，上传文件
  postFileDio() async {
    var url = "/path5";
    FormData _formData = FormData.from({
      "description": "descriptiondescription",
      "file": UploadFileInfo(File("./example/upload.txt"), "upload.txt")
    });
    _dio.post(url, data: _formData).then((Response response) {
      if (response.statusCode == 200) {
        print(response.data.toString());
      }
    }).catchError((error) {
```

```
      print(error.toString());
    });
  }

  //dio 下载文件
  downloadFileDio() {
    var urlPath = "https://abc.com:8090/";
    var savePath = "./abc.html";
    _dio.download(urlPath, savePath).then((Response response) {
      if (response.statusCode == 200) {
        print(response.data.toString());
      }
    }).catchError((error) {
      print(error.toString());
    });
  }

  ///其余的 HEAD、PUT、DELETE 请求用法类似，可以自己试一下
  ///在 Widget 里请求成功数据后，使用 setState 来更新内容和状态即可
  ///setState(() {
  ///    ...
  ///  });
}
```

整个 Flutter 的 HTTP 网络请求的内容就介绍完了，读者可以将本节中的例子实际操作一遍，加深理解。

10.5　Flutter 与 Android

Flutter 和 Android 都是 Google 的产品，将二者对比学习更加有利于我们学习 Flutter 开发。会 Android 开发技术对于学习 Flutter 开发非常有用，可以做到事半功倍。下面来看一下 Flutter 和 Android 的区别和联系。

首先，Android 中 View 是很多控件的父类，每个页面里含有很多个 View，如按钮、图片、输入框等。在 Flutter 中，View 相当于 Widget，不过它们之间有一些不同之处。例如，Widget 仅支持一帧，并且在每一帧上 Flutter 的框架都会创建一个 Widget 实例树，相当于一次性绘制整个界面。而在 Android 中，View 绘制结束后就不会重绘，直到调用 invalidate 时才会重绘。

关于 View 的更新，在 Android 中可以通过直接对 View 进行改变来更新视图。然而，在 Flutter 中 Widget 是不可变的，不会直接更新，必须使用 Widget 的状态。这也是 Stateful 和 Stateless Widget 的概念的来源。Stateless Widget 是一个没有状态信息的 Widget；而 Stateful Widget 是有状态管理的 Widget。在 Flutter 中，使用 setState 进行更新 Widget。代码示例如下：

```
import 'package:flutter/material.dart';
```

```
void main() {
  runApp(new SampleApp());
}

class SampleApp extends StatelessWidget {
  @override
  Widget build(BuildContext context) {
    return new MaterialApp(
      title: 'Sample App',
      theme: new ThemeData(
        primarySwatch: Colors.blue,
      ),
      home: new SampleAppPage(),
    );
  }
}

class SampleAppPage extends StatefulWidget {
  SampleAppPage({Key key}) : super(key: key);

  @override
  _SampleAppPageState createState() => new _SampleAppPageState();
}

class _SampleAppPageState extends State<SampleAppPage> {
  String textToShow = "I Like Flutter";

  void _updateText() {
      //更新 Widget
    setState(() {
      textToShow = "Flutter is Awesome!";
    });
  }

  @override
  Widget build(BuildContext context) {
    return new Scaffold(
      appBar: new AppBar(
        title: new Text("Sample App"),
      ),
      body: new Center(child: new Text(textToShow)),
      floatingActionButton: new FloatingActionButton(
        onPressed: _updateText,
        tooltip: 'Update Text',
        child: new Icon(Icons.update),
      ),
    );
  }
}
```

在 Android 中，通过 XML 编写布局；但在 Flutter 中，可以使用 Widget 树来编写布局。每个页面都是由 Widget 进行组合而成，很像 React 风格编程。

关于自定义 Widget，在 Android 中通常会继承 View 或已经存在的某个控件，然后覆盖其绘制方法来实现自定义 View。而在 Flutter 中，一个自定义 Widget 通常是通过组合其他 Widget 来实现的而不是继承。示例如下：

```
class CustomButton extends StatelessWidget {
  final String label;
  CustomButton(this.label);

  @override
  Widget build(BuildContext context) {
    return new RaisedButton(onPressed: () {}, child: new Text(label));
  }
}
…
@override
  Widget build(BuildContext context) {
    return new Center(
      child: new CustomButton("Hello"),
    );
  }
}
```

上面的例子是通过将 Text 与 RaisedButton 组合来实现自定义 Widget 的，而不是扩展 RaisedButton 并重写其绘制方法来实现。

接下来看一下 Intent。在 Android 中，Intents 主要有两种使用场景：在 Activity 之间切换，以及调用外部组件。Flutter 不具有 Intent 的概念，但如果需要的话，Flutter 可以通过 Native 整合触发 Intent。要在 Flutter 中切换页面，可以通过路由去访问新的页面，也就是绘制新的 Widget。主要是通过 Route 和 Navigator 来实现。Route 是应用程序的“屏幕”或“页面”的抽象（可以认为是 Activity），Navigator 是管理 Route 的 Widget。Navigator 可以通过 push 和 pop Route 来实现页面切换。示例代码如下：

```
//定义路由
void main() {
  runApp(new MaterialApp(
    home: new MyAppHome(), // becomes the route named '/'
    routes: <String, WidgetBuilder> {
      '/a': (BuildContext context) => new MyPage(title: 'page A'),
      '/b': (BuildContext context) => new MyPage(title: 'page B'),
      '/c': (BuildContext context) => new MyPage(title: 'page C'),
    },
  ));
}
//跳转页面
Navigator.of(context).pushNamed('/b');
```

关于线程，在 Android 里有 UI 线程和异步线程。Flutter 里可以通过 async 关键字来定义其是异步操作。示例代码如下：

```
loadData() async {
  String dataURL = "https://jsonplaceholder.typicode.com/posts";
  http.Response response = await http.get(dataURL);
  setState(() {
```

```
      widgets = JSON.decode(response.body);
    });
  }
```

关于网络请求，在 Android 中一般使用 OkHttp 框架进行请求。在 Flutter 中，一般使用 Dart 自带的 http 包来请求网络接口。虽然 http 包没有实现 OkHttp 的所有功能，但 http 包抽象出了许多常用的 API，可以简单有效地发起网络请求。

可以通过在 pubspec.yaml 中添加依赖项来使用它，示例代码如下：

```
dependencies:
  ...
  http: '>=0.11.3+12'
```

然后就可以进行网络请求调用了。例如，请求 GitHub 上的 JSON Gist：

```
import 'dart:convert';

import 'package:flutter/material.dart';
import 'package:http/http.dart' as http;
[...]
  loadData() async {
    String dataURL = "https://jsonplaceholder.typicode.com/posts";
    http.Response response = await http.get(dataURL);
    setState(() {
      widgets = JSON.decode(response.body);
    });
  }
}
```

一旦获得结果后，就可以通过调用 setState 来告诉 Flutter 更新其状态，setState 将使用网络调用的结果更新 UI。

对于添加三方库依赖，在 Android 中，可以在 Gradle 文件中添加第三方库依赖项；在 Flutter 中是使用 pubspec.yaml 声明用于 Flutter 的外部依赖项。官方也提供了一个第三方库的仓库 Dart Pub，网址为 https://pub.dartlang.org/flutter/packages/。

在 Android 中，Activity 代表用户可以完成的一项重点工作。Fragment 代表了一种模块化代码的方式，可以为大屏幕设备构建更复杂的用户界面，也可以在小屏幕和大屏幕之间自动调整 UI。在 Flutter 中，这两个概念都等同于 Widget。

还有一些其他控件之间的区别，如 Android 的 LinearLayout 相当于 Flutter 里的 Row 和 Column；RelativeLayout 相当于 Row、Column、Stack 等组合形成的效果；ScrollView 相当于 Flutter 的 CustomScrollView、ListView 或 GridView；Android 中的 ListView 在 Flutter 里也叫 ListView，GridView 也一样，名称上没有变化。

以上就是 Flutter 和 Android 对比的相关内容，读者可以对照着学习。这样更有针对性，学习的效率会更高。

10.6　Flutter 的 Android 和 iOS 应用打包

Flutter 应用的打包需要在 Android 和 iOS 两个平台分别打包。在 iOS 上需要在 Mac 环境下进行打包，并且需要已经安装好 Xcode 开发环境和 SDK。先来看一下 Flutter 在 Android 平台上的应用打包。

10.6.1　Flutter 的 Android 应用打包

前面讲过 Flutter 在真机或者模拟器上运行时只需要在命令窗口中输入如下命令即可：

```
flutter run -d <device-id>
```

Android 应用打包也是一条命令：

```
flutter build apk;                    //打包 Android 应用
```

或

```
flutter build apk -release;
```

其他的应用信息配置，如包名修改、图标修改、版本号修改、Release 版本签名文件配置等都是在 Android 项目里操作，基本上都是在 build.gradle 文件中修改配置即可。例如，添加修改签名密钥信息，代码如下：

```
android {
    ...
    signingConfigs {                        //签名配置要在 buildtypes 之前
        //签名文件放在 build.gradle 同级目录
        myConfig {
            storeFile file("flutter.keystore")
            storePassword "*****"           //写入自己的密码
            keyAlias "*****"
            keyPassword "*****"
        }
    }
    buildTypes {
        release {
            signingConfig signingConfigs.myConfig    //使用签名
            minifyEnabled true /*发布版一定要混淆，下面是混淆文件*/
            proguardFiles getDefaultProguardFile('proguard-android.txt'),
'proguard-rules.pro'
        }
        debug {
            signingConfig signingConfigs.myConfig
            minifyEnabled false /*测试版可以不混淆*/
```

```
            proguardFiles getDefaultProguardFile('proguard-android.txt'),
'proguard-rules.pro'
        }
    }
}
```

配置完毕后，应用的 release 版本将自动进行签名。接下来进入 Flutter 项目的根目录，运行命令打包即可，命令如下：

```
flutter build apk;          //打包 Android 应用
```

或

```
flutter build apk -release;
```

打包好发布的 APK 位于<app dir>/build/app/outputs/apk/app-release.apk，接下来通过 flutter install 命令就可以将其安装在真机或者模拟器上了。

10.6.2　Flutter 的 iOS 应用打包

iOS 的应用打包构建和 Android 类似，也是使用官方的应用打包方式即可，最后通过 Flutter 的一条命令就可以生成 iOS 应用了。

iOS 的打包均在 Mac 操作系统环境下，并且需要安装 Xcode 开发工具和开发环境。首先在 Xcode 中进入项目的 target 属性设置界面，然后进行如下操作：

（1）在 Xcode 中的工程目录最近的 ios 文件夹下打开 Runner.xcworkspace。

（2）要查看应用程序的设置，可以在 Xcode 项目导航器中选择 Runner 项目，然后在主视图的边栏中选择 Runner target。

（3）选择 General 选项卡。

然后切换到 Identity 部分，进行相关应用的配置：

- Display Name：要在主屏幕和其他地方显示的应用程序的名称。
- Bundle Identifier：在 iTunes Connect 上注册的 App ID。

再切换到 Signing 部分，进行相关的配置如下：

- Automatically manage signing：Xcode 是否应该自动管理应用程序签名和生成。默认设置为 true，对大多数应用程序来说应该足够了。
- Team：选择与你注册的 Apple Developer 账户关联的团队。如果需要，请选择 Add Account…，然后更新此设置。

最后再切换到 Deployment Info 部分，配置如下：

- Deployment Target：应用支持的最低 iOS 版本。Flutter 支持 iOS 8.0 及更高的版本。如果你的应用程序包含使用 iOS 8 中不可用的 API 的 Objective-C 或 Swift 代码，请适当更新此设置。

项目设置的 General 选项卡如图 10-36 所示。

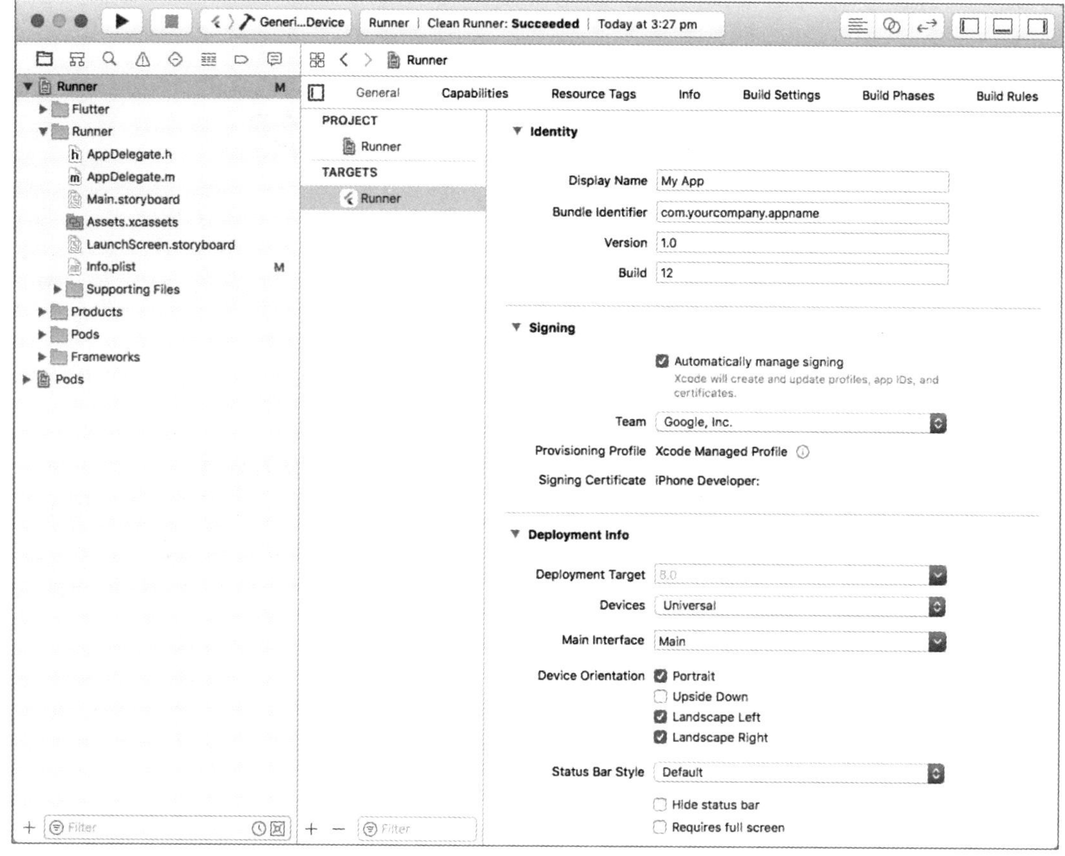

图 10-36 Xcode 打包 iOS 应用配置

都配置好后，最后运行一条命令就可以打包 Release 版本的 Flutter iOS 应用了。

```
flutter build ios;              //打包 iOS 应用
```

或

```
flutter build ios -release;
```

这样就完成了 Flutter Android 和 iOS 平台应用的打包工作，非常快速和简单。更多个性化配置，可以参照 Android 和 iOS 官方原生应用的打包和配置方法。

第 11 章　设计模式详解

设计模式（Design Pattern）不分编程语言，是经过长期的软件开发、代码设计总结出的一套经验模板。按照不同的应用场景、特点可以把它分成不同分类。好的、合适的设计模式对开发非常有好处，既规范又有效率，还可以解决一些疑难问题，也方便他人阅读理解。设计模式是经过长期的实践、试验总结出来的，所以学习并掌握一些常用的设计模式，对软件开发、系统设计是非常有必要的，对自己的长期发展也十分有好处。

本章首先会介绍设计模式的几种设计原则，了解它的设计原则才会更快、更好地了解和学习设计模式；然后会按照设计模式的三大种类依次讲解 23 种软件设计模式。希望通过设计模式的原则、三个大的分类、23 种模式的讲解，让读者对软件设计模式有更深入的理解，能够在实际开发中解决实际问题。

11.1　软件设计原则

设计模式是一套被反复使用、多数人知晓、经过分类编目的长期代码设计经验的总结。可以总结为以下几个特点：

- 使用设计模式是为了可重用代码，让代码更容易被他人理解，保证代码的可靠性；
- 设计模式使代码编制真正工程化；
- 设计模式是软件工程的基石、脉络，如同大厦的结构一样。

同样，软件设计模式也需要遵循一定的原则，如单一职责原则、里氏替换原则、依赖倒转原则、迪米特法则、开闭原则、合成复用原则。接下来具体讲解一下这几种设计模式原则的特点和区别。

11.1.1　单一职责原则

单一职责原则（Single Responsibility Principle），又称单一功能原则，是面向对象的五个基本原则之一。该原则由罗伯特・C.马丁（Robert C. Martin）于《敏捷软件开发：原则、模式和实践》一书中给出的。马丁表示此原则是基于汤姆・狄马克（Tom DeMarco）和 Meilir Page-Jones 的著作中的内聚性原则发展来的。单一职责原则顾名思义就是一个类或者模块应该有且只有一个改变的原因，也就是一个类尽量只负责一项原则、一个功能、一个任务。如果一个类有多于一个的职责，那么它就不符合单一职责原则。这个单一职责可以是一类相似的任务。为什么要这么做呢？如果一个类或者模块具有多个职责，其中的一个职责更改后，可能会引起另一个职责出现故障风险，甚至不得不更改整个类来适应这两种职责的更改。这样就不符合高内聚、低耦合的设计了。

举个例子：我们画了一个通用布局，这个布局 A 页面可以用，B 页面也可以用。有一天，需求变更，A 页面需要变化，此时这个通用布局一旦更新，B 页面也会受影响，所以不得不重新再单独建立一个布局。这就违背了单一职责原则，导致了耦合度增加。

11.1.2　里氏替换原则

里氏替换原则（Liskov Substitution Principle）是面向对象设计的基本原则之一，它是由 2008 年图灵奖得主、美国第一位计算机科学女博士 Barbara Liskov 最早在 1987 年提出的。她主张使用抽象（Abstraction）和多态（Polymorphism）将设计中的静态结构改为动态结构，维持设计的封闭性。“抽象”是语言提供的功能；“多态”由继承语义实现。简单来说就是子类可以替换父类里的方法和逻辑，而不会影响软件整体的功能；子类可以扩展父类功能，而不影响软件整体功能和父类的功能。总结起来有以下几个特点：

- 子类可以实现父类的抽象方法，但不能覆盖父类的非抽象方法；
- 子类中可以增加自己特有的方法；
- 当子类的方法重载父类的方法时，方法的前置条件（即方法的形参）要比父类方法的输入参数更宽松；
- 当子类的方法实现父类的抽象方法时，方法的后置条件（即方法的返回值）要比父类更严格。

举个例子：我们在父类中定义了一个 fly 飞行的抽象方法，在子类中去继承或实现这个 fly 方法，如飞机子类的 fly 飞行逻辑和鸟子类实现的 fly 飞行逻辑是不同的，有各自的特点。

11.1.3　依赖倒转原则

依赖倒转原则（Dependence Inversion Principle）主要是为了降低耦合度，通过接口或抽象类进行关联，使得子类变动不影响父类或其他同级别的类。面向过程的开发，上层调用下层，上层依赖于下层，当下层剧烈变动时上层也要跟着变动，这就会导致模块的复用性降低，而且大大提高了开发的成本。面向对象的开发很好地解决了这个问题，一般情况下抽象的变化概率很小，让子类依赖于抽象，实现的细节也依赖于抽象，即使实现细节不断变动，只要抽象不变，程序就不需要变化。这大大降低了程序与实现细节的耦合度。总结一下特点如下：

- 高层模块（稳定）不应该依赖低层模块（变化），二者都依赖于抽象（稳定）；

- 抽象（稳定）不应该依赖于实现细节（变化），实现细节应该依赖于抽象（稳定）。

依赖倒转原则也就是面向接口（抽象）编程。举个例子：司机开车，如果你此时只写司机开奔驰车，那么后续如果给司机增加了功能，可以开奥迪车、红旗车，则改动将非常大。此时就可以将司机和车不进行强耦合，而将奥迪、奔驰车抽象统称为 Car，司机也可以抽象为一个接口，内含驾驶方法。此时如果你想开什么车，传入该车的具体类型就可以了，因为它们都有共同的父类 Car。这样就增加了类的变换和拓展，防止了出现需求变更改动大等问题。

11.1.4　接口隔离原则

接口隔离原则（Interface Segregation Principle）就是建议使用多个专门的接口，这比使用一个有各种功能的单一总接口要好，可以避免不必要的性能浪费和出错及改动的风险。所以，接口隔离原则就是要求一个类对另一个类的依赖应该建立在最小的接口上，客户端也不应该依赖它不需要用到的接口。接口尽量细化，同时接口中的方法应该尽量少。

举个例子，我们设计了一个接口，具有 5 个方法，类 A 实现了这个接口，它只用到了其中的 1 个方法，其余 4 个对它来说实现了也没有用；类 B 实现了这个接口，它用到了其中的 2 个方法，其余 3 个对它来说没用。这样就造成了接口的浪费，可能导致接口角色的混乱和接口的污染，如图 11-1 所示。

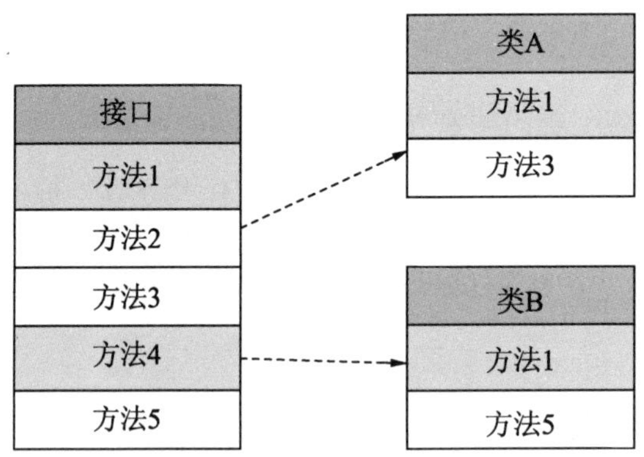

图 11-1　接口隔离法则反例

11.1.5　迪米特原则

迪米特法则（Law of Demeter）又称为最少知道原则（Demeter Principle），1987 年秋天由美国 Northeastern University 的 Ian Holland 提出，被 UML 的创始者之一 Booch 等推广。后来因为在经典著作 *The Pragmatic Programmer* 中介绍而广为人知。迪米特法则可以简单说成 talk only to your immediate friends。迪米特法则主要是为了降低类之间的耦合，降低直接联系，尽量保持一个软件实体或一个类尽可能少地与其他实体或者类相互作用，相互之间不存在或者有很少的依赖关系。其特点总结如下：

- 从被依赖者的角度来说，只暴露应该暴露的方法或者属性，即在编写相关类的时候确定方法或属性的权限；
- 从依赖者的角度来说，只依赖应该依赖的对象。

举例，类 A 和类 B 需要关联，则可以通过第三个接口来中转关联，而不是直接关联，保持弱关联依赖关系。

11.1.6　开闭原则

开闭原则（Open Close Principle）规定软件开发中的对象（类、模块、函数等）应该对扩展是开放的，但是对修改是封闭的。类似于 SDK，可以扩展它，但是不能修改它。因为一旦修改是开放的，可能会导致其他使用的地方出现故障和风险。在软件的生命周期内，因为变化、升级和维护等原因需要对软件的原有代码进行修改，这样可能会给旧代码引入错误，也有可能会使我们不得不对整个功能进行重构，并且需要对原有代码重新测试。所以开闭原则建议当软件需求变化时，尽量通过扩展软件实体的行为来实现变化，而不是通过修改已有的代码来实现。软件实体应尽量在不修改原有代码的情况下进行拓展。

遵守开闭原则，需要对系统进行抽象化设计，可以使用抽象类或者接口来实现。

- 通过接口或者抽象类约束扩展，对扩展进行边界限定，不允许出现在接口或抽象类中不存在的 public 方法，也就是扩展必须添加具体实现的方法，而不是改变具体的方法；
- 从依赖者的角度来说，只依赖应该依赖的对象；
- 一般抽象模块设计完成（如接口的方法已经确定），不允许修改接口或者抽象方法的定义。

举个例子，我们定义了一个接口，在其中定义了需要的几个方法，子类可以实现定义的接口方法中的逻辑，但是子类不能修改父类接口中的方法和功能。

11.1.7　合成复用原则

合成复用原则（Composite Reuse Principle）也叫组合/聚合复用原则（Composite/Aggregate Reuse Principle）。合成复用原则就是在一个新的对象里使用一些已有的对象，使之成为新对象的一部分；新的对象通过向内部持有的这些对象的委派达到复用已有功能的目的，而不是通过继承来获得已有的功能。它要求在软件复用时，要尽量先使用组合或者聚合等关联关系来实现复用，其次才考虑使用继承关系来实现复用。如果要使用继承关系，则必须严格遵循里氏替换原则。合成复用原则同里氏替换原则是相辅相成的，两者都是开闭原则的具体实现规范。

首先，组合/聚合可以使系统更加灵活，降低类与类之间的耦合度，一个类的变化对其他类造成的影响相对较少；其次，应考虑继承，在使用继承时，需要严格遵循里氏替换原则，有效使用继承有助于对问题的理解，降低复杂度。而滥用继承反而会增加系统构建和维护的难度及系统的复杂度，因此需要慎重使用继承复用。

通常，类的复用分为继承复用和合成复用两种，继承复用虽然有简单和易实现的优点，但它也存在以下缺点：

- 继承复用破坏了类的封装性。因为继承会将父类的实现细节暴露给子类，父类对子类是透明的，所以这种复用又称为“白箱”复用；
- 子类与父类的耦合度高，父类实现的任何改变都会导致子类的实现发生变化，这不利于类的扩展与维护；
- 它限制了复用的灵活性，从父类继承而来的实现是静态的，在编译时已经定义，所以在运行时不可能发生变化。

采用组合/聚合复用原则时，可以将已有对象纳入新对象中，使之成为新对象的一部分，新对象可以调用已有对象的功能。它有以下优点：

- 维持了类的封装性，因为成分对象的内部细节是新对象看不见的，所以这种复用又称为“黑箱”复用；
- 新旧类之间的耦合度低，这种复用所需的依赖较少，新对象存取成分对象的唯一方法是通过成分对象的接口；
- 复用的灵活性高，这种复用可以在运行时动态进行，新对象可以动态地引用与成分对象类型相同的对象。

举个例子，继承其实就是底层父类设计了几个方法，子类只能继承实现，当父类的方法无法满足子类的需求时，那么就要改动父类，而改动父类就可能影响到子类。如果是组合/聚合复用的话，就可以把一个大类分解成几个子类属性组合起来，如果需要修改，只修改扩展子类就可以了，父类不会受太大影响，如图 11-2 所示。

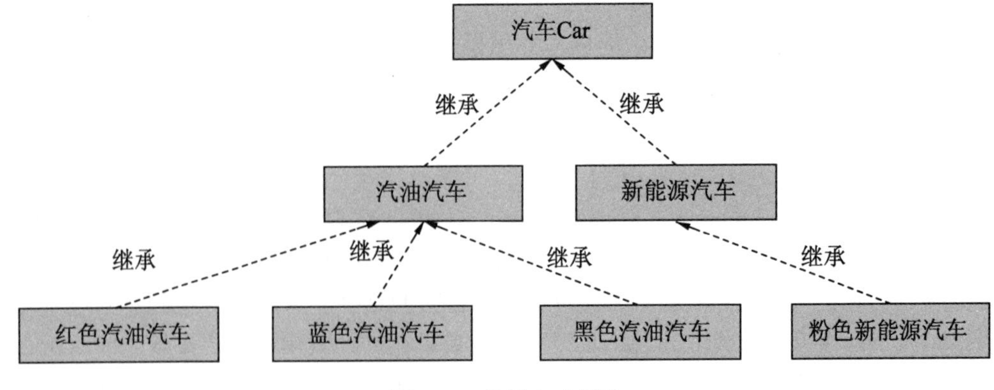

图 11-2　继承方式复用

这样当新增其他类型的汽车或者颜色的汽车时可能需要修改父类和子类，影响比较大，如图 11-3 所示。

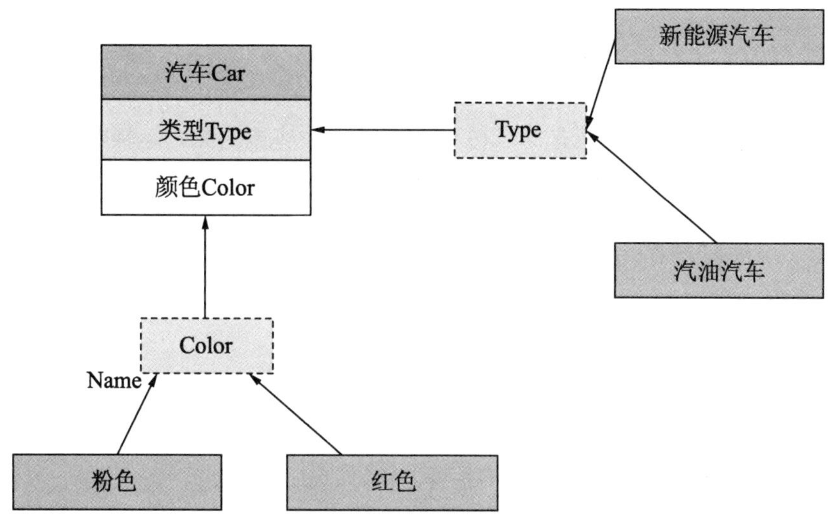

图 11-3　合成复用方式

这样把一个车拆分成几部分进行组合、复用和扩展，以达到最小的耦合度。

以上这 7 种设计原则在软件设计中应尽量遵循，这样可以让软件系统和架构更加稳定，避免过高的耦合度和出错风险。

11.2　软件设计模式之创建型模式

面向对象软件设计模式按照特点可以分为三大类：创建型模式（Creational Patterns）、结构型模式（Structural Patterns）和行为型模式（Behavioral Patterns）。目前一共有 23 种设计模式。

本节主要讲解创建型模式（Creational Patterns）。创建型模式的特点就是提供了一种在创建对象的同时隐藏创建逻辑的方式，而不是使用 new 运算符直接实例化对象。这使得程序在判断针对某个给定实例需要创建哪些对象时更加灵活。简单地说就是用一种新的模式去创建对象，而不是用 new 关键字直接创建对象。创建型模式主要有如下几种：

- 单例模式（Singleton Pattern）；
- 工厂模式（Factory Pattern）；
- 抽象工厂模式（Abstract Factory Pattern）；
- 建造者模式（Builder Pattern）；
- 原型模式（Prototype Pattern）。

下面分别进行详细介绍。

11.2.1　单例模式

单例模式是常用的一种设计模式，尤其是在 Java 语言开发中，使用起来很简单，容易理解。单例模式，顾名思义就是同一时刻只创建一个实例对象，这样就避免了多个实例资源开销大、不安全等问题。

单例模式的优点如下：

- 同一时刻只有一个实例存在，节省了系统资源，减轻了 GC 压力；
- 避免频繁创建和销毁对象；
- 可以更好控制逻辑流程，防止多重访问和占用。

单例模式的缺点如下：

- 单例模式无抽象层，所以不能继承，不利于扩展功能；
- 在一定程度上违背了“单一职责原则”；
- 不能滥用单例模式，比如在数据库操作方面。

接下来通过一个 Java 代码实例来看一下单例模式的实现过程。

```
public class SingleTonClass {

    //创建 SingleTonClass 的一个对象
    private static SingleTonClass instance = new SingleTonClass();

    //让构造函数为 private，这样该类就不会被实例化
    private SingleTonClass(){}

    //获取单例对象
    public static SingleTonClass getInstance(){
        return instance;
    }
    //编写类里的方法
    public void showMethod(){
        System.out.println("Hello World!");
    }
}
```

创建对象，使用调用方法：

```
public class SingleTonDemo {
    public static void main(String[] args) {
        //不可以通过 new 关键字来创建对象，因为是私有的
        //SingleTonClass singleTonClass = new SingleTonClass();

        //实例化获取单例对象
        SingleTonClass singleTonClass = SingleTonClass.getInstance();

        //调用方法
        singleTonClass.showMethod();
```

```
    }
}
```

上面的例子只是最基本的单例模式创建设计方式，还有其他不同场景特点的创建构造方式。来看一下：

1. 懒汉式

懒汉式就是俗称的懒加载模式，用的时候再加载创建对象。懒汉式分为线程安全和不安全两种，我们通过代码来看一下这两种方式的用法。

```
//懒汉式加载，多线程不安全，没有加锁 synchronized，不过性能高一些
public class SingleTonClass {
    private static SingleTonClass instance;

    private SingleTonClass() {
    }

    public static SingleTonClass getInstance() {
        if (instance == null) {
            instance = new SingleTonClass();
        }
        return instance;
    }
}

//懒汉式加载，多线程安全，加锁 synchronized，但加锁会影响效率且效率很低，大部分情况
  下不需要同步
public class SingleTonClass {
    private static SingleTonClass instance;

    private SingleTonClass() {
    }

    public static synchronized SingleTonClass getInstance() {
        if (instance == null) {
            instance = new SingleTonClass();
        }
        return instance;
    }
}
```

2. 饿汉式

饿汉式是类加载时就初始化、不加锁，执行效率比较高，并且多线程安全。

```
// 饿汉式
public class SingleTonClass {
    private static SingleTonClass instance = new SingleTonClass();

    private SingleTonClass() {
    }
```

```
    public static SingleTonClass getInstance() {
        return instance;
    }
}
```

3. 双重校验锁（double-checked locking）

双重校验锁方式也是采用懒加载并且多线程安全，但实现起来难度相对大一些。

```
// 双重校验锁，多线程安全，并可以保持高性能
public class SingleTonClass {
    private volatile static SingleTonClass singleton;

    private SingleTonClass() {
    }

    public static SingleTonClass getSingleton() {
        if (singleton == null) {
            synchronized (SingleTonClass.class) {
                if (singleton == null) {
                    singleton = new SingleTonClass();
                }
            }
        }
        return singleton;
    }
}
```

4. 静态内部类

静态内部类这种方式也比较常用，如一些常用工具类的封装使用。这种方式实现起来比较简单，也是类需要的时候再加载，多线程安全。

```
// 静态内部类
public class SingleTonClass {
    private static class SingletonHolder {
        private static final SingleTonClass INSTANCE = new SingleTonClass();
    }
    private SingleTonClass (){}
    public static final SingleTonClass getInstance() {
        return SingletonHolder.INSTANCE;
    }
}
```

5. 枚举

枚举方式不是懒加载方式，但是是线程安全的，实现起来简洁、支持序列化。

```
//枚举方式
public enum SingleTonClass {
    INSTANCE;

    public void showMethod() {
    }
}
```

一般情况下，不建议使用第 1 种懒汉方式，推荐使用第 2 种饿汉方式。只有在要明确实现懒加载效果时，才会使用第 4 种静态内部类方式。如果涉及反序列化创建对象时，可以尝试使用第 5 种枚举方式。如果有其他特殊的需求，可以考虑使用第 3 种双重校验锁方式。读者可以对比一下各种创建方式的难易程度、安全性和性能，合理选择使用。

11.2.2　工厂模式

工厂模式（Factory Pattern）也是开发中常用的一种设计模式。我们都知道，工厂是用来生产产品的，在工厂模式里也类似，创建对象的工作推迟到具体工厂子类里，这样就实现了创建与使用相分离的特点。只需要创建一个工厂接口和实现类，子类就可以根据需求去实例化对应的那个产品类，并且用这个类去创建对应类的实例。工厂类提供工厂类抽象接口，也要提供一个产品类接口。我们把核心类抽象出接口，具体逻辑在子类中去具体实现。

工厂模式的优点：扩展性高，如果想增加产品，只需要扩展一个工厂类即可；具体实现在子类中自己实现，灵活度高，调用者只关心产品接口；解耦和多态性。缺点：每增加一个产品都要增加一个具体产品类和工厂类内的增加修改，使系统中类的个数成倍增加，增加了系统的复杂度。

下面通过一个代码实例来具体看一下工厂模式的实现过程。

```
// 创建产品类的接口
public interface Car {
    void run();
}

// 创建实现接口的具体产品类
public class Audi implements Car {
    @Override
    public void run() {
        System.out.println("Inside Audi:run() method");
    }
}

// 创建实现接口的具体产品类
public class Benz implements Car {
    @Override
    public void run() {
        System.out.println("Inside Benz:run() method");
    }
}

// 创建一个工厂类，可以看作是生产各种类型产品的类，根据给的 type 来创建实例化对应的产品类
public class CarFactory {
    //使用 getCar()方法获取 Car 类型的对象
    public Car getCar(String carType) {
```

```
        if (carType == null) {
            return null;
        }
        if (carType.equalsIgnoreCase("BENZ")) {
            return new Benz();
        } else if (carType.equalsIgnoreCase("AUDI")) {
            return new Audi();
        }
        return null;
    }
}

// 创建调用的时候使用方法
public class FactoryPatternDemo {
    public static void main(String[] args) {
        CarFactory carFactory = new CarFactory();

        //获取 Audi 的对象，并调用它的 run()方法
        Car car1 = carFactory.getCar("AUDI");

        //调用 Audi 的 run()方法
        car1.run();

        //获取 Benz 的对象，并调用它的 run()方法
        Car car2 = carFactory.getCar("BENZ");

        //调用 Benz 的 run()方法
        car2.run();

    }
}
```

11.2.3 抽象工厂模式

抽象工厂模式（Abstract Factory Pattern）是通过多种抽象产品来整合成一个抽象工厂类的模式。

抽象工厂模式与工厂模式的区别：工厂模式是创建一个工厂，可以实现多种实例对象；而抽象工厂模式提供一个抽象工厂接口，其中定义了多种工厂，每个工厂可以生产多种实例对象；工厂模式一个抽象产品类，可以派生出多个具体产品类，而抽象工厂模式是多个抽象产品类，每个抽象产品类可以派生出多个具体产品类；工厂模式的每个具体工厂类只能创建一个具体产品类的实例，而抽象工厂模式的每个具体工厂类可以创建多个具体产品类的实例。

下面通过一个代码实例来具体看一下抽象工厂模式的实现过程。

```
// 创建 car 产品接口
public interface Car {
    void run();
}
```

```
// 创建bus产品接口
public interface Bus {
    void run();
}

// 创建car产品实现类
public class Audi implements Car {
    @Override
    public void run() {
        System.out.println("Inside Audi:run() method");
    }
}

public class Benz implements Car {
    @Override
    public void run() {
        System.out.println("Inside Benz:run() method");
    }
}

// 创建bus产品实现类
public class BigBus implements Bus {
    @Override
    public void run() {
        System.out.println("Inside BigBus:run() method");
    }
}

public class SmallBus implements Bus {
    @Override
    public void run() {
        System.out.println("Inside SmallBus:run() method");
    }
}

// 创建产品抽象工厂
public abstract class AbstractFactory {
    public abstract Car getCar(String type);

    public abstract Bus getBus(String type);
}

// 创建产品抽象工厂的具体实现类
public class AbsCarFactory extends AbstractFactory {
    // 生产car
    @Override
    public Car getCar(String type) {
        if (type == null) {
            return null;
        }
        if (type.equalsIgnoreCase("AUDI")) {
            return new Audi();
        } else if (type.equalsIgnoreCase("BENZ")) {
```

```
            return new Benz();
        }
        return null;
    }

    //生产bus
    @Override
    public Bus getBus(String type) {
        return null;
    }
}

public class AbsBusFactory extends AbstractFactory {
    // 生产car
    @Override
    public Car getCar(String type) {
        return null;
    }

    //生产bus
    @Override
    public Bus getBus(String type) {
        if (type == null) {
            return null;
        }
        if (type.equalsIgnoreCase("BIG")) {
            return new BigBus();
        } else if (type.equalsIgnoreCase("SMALL")) {
            return new SmallBus();
        }
        return null;
    }
}

// 创建工厂顶层类
public class AbsFactory {
    public static AbstractFactory getFactory(String type) {
        if (type.equalsIgnoreCase("CAR")) {
            return new AbsCarFactory();
        } else if (type.equalsIgnoreCase("BUS")) {
            return new AbsBusFactory();
        }
        return null;
    }
}

// 抽象工厂的调用使用
public class AbstractFactoryPatternDemo {

    public static void main(String[] args) {

        //获取Car工厂
        AbstractFactory carFactory = AbsFactory.getFactory("CAR");
```

```
        //获取 Car 为 AUDI 的对象
        Car car = carFactory.getCar("AUDI");

        car.run();

        //获取 Bus 工厂
        AbstractFactory busFactory = AbsFactory.getFactory("BUS");

        //获取 Bus 为 big 的对象
        Bus bus1 = busFactory.getBus("BIG");

        //调用 bus 的 run()方法
        bus1.run();
    }
}
```

11.2.4　建造者模式

建造者模式（Builder Pattern）也叫构造者模式。建造者模式比较好理解，就是把一个复杂的构建分成多个小步骤，一步一步进行构建组合。具体的建造者类之间是相互独立的，对系统的扩展非常有利，满足“开闭”原则。一个 Builder 类会一步一步构造最终的对象，该 Builder 类是独立于其他对象的。类似于制造汽车，可能先安装发动机再安装外壳，然后再安装轮子这些步骤一样。

建造者模式的优点：建造者独立易扩展；便于控制细节风险。缺点：内部范围有限制，也就是这些组件只能组合成有限功能的产品；如果内部很复杂，需要很多建造类。

下面通过一个代码实例来具体看一下建造者模式的实现过程。

```
// 创建产品实体
public class Bike {
    // 颜色
    private String color;
    // 轮胎
    private String tyre;
    // 车架
    private String frame;

    public String getColor() {
        return color;
    }

    public void setColor(String color) {
        this.color = color;
    }

    public String getTyre() {
        return tyre;
    }

    public void setTyre(String tyre) {
```

```
        this.tyre = tyre;
    }

    public String getFrame() {
        return frame;
    }

    public void setFrame(String frame) {
        this.frame = frame;
    }
}

// 创建产品生产步骤接口
public interface BikeBuilder {
    // 组装轮胎
    void buildTyres();

    // 组装车架
    void buildFrame();

    // 喷涂颜色
    void buildColor();

    // 生产出自行车
    Bike getBike();
}

// 创建对应类型产品的建造者 Builder
public class BlueBikeBuilder implements BikeBuilder {
    // 自动创建自行车对象
    Bike bike = new Bike();

    @Override
    public void buildTyres() {
        bike.setTyre("蓝色轮胎");
    }

    @Override
    public void buildFrame() {
        bike.setFrame("蓝色车架");
    }

    @Override
    public void buildColor() {
        bike.setColor("蓝色");
    }

    @Override
    public Bike getBike() {
        return bike;
    }
}

public class OrangeBikeBuilder implements BikeBuilder {
```

```
    // 自动创建自行车对象
    Bike bike = new Bike();

    @Override
    public void buildTyres() {
        bike.setTyre("橙色轮胎");
    }

    @Override
    public void buildFrame() {
        bike.setFrame("橙色车架");
    }

    @Override
    public void buildColor() {
        bike.setColor("橙色");
    }

    @Override
    public Bike getBike() {
        return bike;
    }
}

// 创建生产调度者
public class Director {
    BikeBuilder bikeBuilder;

    public Director(BikeBuilder bikeBuilder) {
        this.bikeBuilder = bikeBuilder;
    }

    // 开始生产自行车
    public Bike construct() {
        bikeBuilder.buildTyres();
        bikeBuilder.buildFrame();
        bikeBuilder.buildColor();
        return bikeBuilder.getBike();
    }
}

// 建造者模式使用
public class BuilderPatternDemo {
    public static void main(String[] args) {
        // 生产蓝色自行车
        BikeBuilder blueBikeBuilder = new BlueBikeBuilder();
        Director director1 = new Director(blueBikeBuilder);
        Bike bike1 = director1.construct();

        // 生产橙色自行车
        BikeBuilder orangeBikeBuilder = new OrangeBikeBuilder();
        Director director2 = new Director(orangeBikeBuilder);
        director2.construct();
```

```
        Bike bike2 = director2.construct();
    }
}
```

11.2.5　原型模式

原型模式（Prototype Pattern）也很好理解，就是复制原型实例来创建新的对象。类似于复制粘贴这种操作，将对象复制一份并返还给调用者。原型模式用于创建重复的对象，同时又能保证不浪费应用的系统资源。

- 原型模式的优点：如果对象创建比较复杂时，可以简化对象创建流程；扩展性好。
- 原型模式的缺点：需要为每一个对象类添加一个克隆方法；深克隆时，需要编写比较复杂的代码。

当创建新对象成本大、复杂时可以使用原型模式通过复制来获得创建的对象。下面通过一个代码实例具体演示一下原型模式的实现过程。

```
// 创建一个可复制的对象
public abstract class Car implements Cloneable {

    private String id;
    private String type;

    abstract void run();

    public String getType() {
        return type;
    }

    public void setType(String type) {
        this.type = type;
    }

    public String getId() {
        return id;
    }

    public void setId(String id) {
        this.id = id;
    }

    public Object clone() {
        Object clone = null;
        try {
            clone = super.clone();
        } catch (CloneNotSupportedException e) {
            e.printStackTrace();
        }
        return clone;
    }
}
```

```
// 实例化对象，也可以省略这一步
public class Benz extends Car {

    @Override
    void run() {
        System.out.println("Inside Benz:run() method");
    }
}

public class Audi extends Car {

    @Override
    void run() {
        System.out.println("Inside Audi:run() method");
    }
}

// 原型模式使用
public class ProtoTypePatternDemo {
    public static void main(String[] args) {
        Benz benz1 = new Benz();
        benz1.setId("1");
        benz1.setType("BENZ");

        Benz benz2 = (Benz) benz1.clone();
        // 返回值相等
        System.out.println("benz1Type: " + benz1.getType() + ",benz2Type:
" + benz2.getType());
        // 返回 false，克隆对象和原对象不是同一个对象
        System.out.println("obj1==obj2?" + (benz1 == benz1));
        // 返回 true，克隆对象与原对象的类型一样
        System.out.println(benz1.getClass() == benz2.getClass());
    }
}
```

通过以上介绍和实例演示，5 种创建型设计模式就讲解完了，读者可以将以上实例代码重新理解和实践一遍，加深印象。

11.3　软件设计模式之结构型模式

结构型设计模式（Structural Patterns）主要有 7 种：适配器模式、外观模式、桥接模式、装饰器模式、代理模式、享元模式和组合模式。这 7 种适配模式可以归类如下：

- 接口适配类模式：适配器模式、外观模式、桥接模式；
- 行为扩展类模式：装饰器模式；
- 性能与对象访问类模式：代理模式、享元模式；
- 抽象集合类模式：组合模式。

本节就详细讲解这几类结构型设计模式的特点和用法。

11.3.1 适配器模式

适配器模式（Adapter Pattern）常用来进行接口和对象间的适配工作。例如，A 对象是 A 类型，B 对象是 B 类型，而两个对象无法直接兼容和通信。需要一个适配器作为中转适配桥梁来进行适配，使原本由于接口不兼容而不能一起工作的那些类可以一起工作，所以适配器模式属于结构型设计模式。

适配器模式的优点：

- 可以兼容不同的类共同使用；
- 增加了类的复用；
- 灵活性好，能更好地解耦。

适配器模式缺点：

- 最多适配一个适配者类，不能同时适配多个适配者；
- 目标抽象类只能为接口，不能为类；
- 更换适配器的实现过程比较复杂。

适配器模式（Adapter）包含以下主要角色：

- 目标（Target）接口：当前系统业务所期待的接口，可以是抽象类或接口；
- 适配者（Adaptee）类：被访问和适配的现存组件库中的组件接口；
- 适配器（Adapter）类：是一个转换器，通过继承或引用适配者的对象，把适配者接口转换成目标接口，让客户按目标接口的格式访问适配者。

适配器模式还细分为类适配器模式、对象适配器模式、接口适配器模式。下面通过代码实例来看一下这几种模式的用法。首先看一下类适配器模式。

```
// 类适配器模式
// 目标接口
public interface DC5Target {
    int output5V();
}

// 适配者类
public class AC220Adaptee {
    public int output220V() {
        int output = 220;
        return output;
    }
}

// 适配器类
public class PowerAdapter extends AC220Adaptee implements DC5Target {

    @Override
    public int output5V() {
        int output = output220V();
```

```
        return (output / 44);
    }
}

// 调用使用
public class ClassAdapterPatternDemo {
    public static void main(String[] args) {
        // 将 220V 电压转为通用 5V 电压
        DC5Target dc5Target = new PowerAdapter();
        dc5Target.output5V();
    }
}
```

其次看一下对象适配器模式。对象适配器其实就是将要适配的对象传入适配器，然后进行适配，代码如下：

```
// 前面类都一样，就是改写一些适配器写法，持有一个对象
public class PowerAdapter implements DC5Target {
    private AC220Adaptee ac220Adaptee;

    public PowerAdapter(AC220Adaptee ac220Adaptee) {
        this.ac220Adaptee = ac220Adaptee;
    }

    @Override
    public int output5V() {
        int output = 0;
        if (ac220Adaptee != null) {
            output = ac220Adaptee.output220V() / 44;
        }
        return output;
    }
}

// 调用使用
public class ObjectAdapterPatternDemo {
    public static void main(String[] args) {
        // 将 220V 电压转为通用的 5V 电压
        PowerAdapter powerAdapter = new PowerAdapter(new AC220Adaptee());
        powerAdapter.output5V();
    }
}
```

最后看一下接口适配器模式。接口适配器模式就是定义多个适配的接口，实现类里根据自己的需要实现其中的一个或几个接口形成适配器。代码如下：

```
/**
 * 定义电压输出接口
 */
public interface DCOutput {
    int output5V();

    int output8V();
```

```
    int output9V();

    int output12V();

    int output24V();
}

/**
 * 定义抽象类实现电压输出接口，但是什么事情都不做
 */
public abstract class PowerAdapter implements DCOutput {
    @Override
    public int output5V() {
        return 0;
    }

    @Override
    public int output8V() {
        return 0;
    }

    @Override
    public int output9V() {
        return 0;
    }

    @Override
    public int output12V() {
        return 0;
    }

    @Override
    public int output24V() {
        return 0;
    }
}

/**
 * 提供 5V 电压适配输出服务
 */
public class Power5VAdapter extends PowerAdapter {

    @Override
    public int output5V() {
        return 5;
    }
}

/**
 * 提供 5V 和 8V 电压适配输出服务
 */
public class Power5V8VAdapter extends PowerAdapter {

    @Override
    public int output5V() {
```

```
        return 5;
    }

    @Override
    public int output8V() {
        return 8;
    }
}

// 调用使用
public class InterfaceAdapterPatternDemo {
    public static void main(String[] args) {
        // 将 220V 电压转为通用的 5V 电压
        DCOutput dcOutput5 = new Power5VAdapter();
        dcOutput5.output5V();
        // 将 220V 电压转为通用的 5V 和 8V 电压
        DCOutput dcOutput58 = new Power5V8VAdapter();
        dcOutput58.output5V();
        dcOutput58.output8V();
    }
}
```

11.3.2　外观模式

外观模式（Facade Pattern）很好理解，就是通过一个对外访问的接口来提供各种功能，隐藏系统内部的复杂逻辑。外观模式也属于结构型设计模式中的一种，大大简化了系统的使用，使系统对外保持一个统一的界面。

外观模式的优点：

- 降低了使用类和系统之间的耦合度，内部变化不会影响外部使用；
- 降低了 API 系统的使用难度；
- 增加了系统安全性。

外观模式的缺点：增加新的子系统可能需要修改外观类或客户端的源代码，违背了“开闭原则”。

外观模式包含以下主要角色：

- 外观（Facade）角色：为多个子系统对外提供一个共同的接口；
- 子系统（Sub System）角色：实现系统的部分功能，客户可以通过外观角色访问它；
- 客户（Client）角色：通过一个外观角色访问各个子系统的功能。

这样看可能太抽象，下面通过代码实例来看一下外观模式的用法。

```
/**
 * 定义接口
 */

public interface Car {
    void run();
}
```

```java
/**
 * 子系统（Sub System）角色
 */
public class Audi implements Car {
    @Override
    public void run() {
        System.out.println("Inside Audi:run() method");
    }
}

/**
 * 子系统（Sub System）角色
 */
public class Benz implements Car {
    @Override
    public void run() {
        System.out.println("Inside Benz:run() method");
    }
}

/**
 * 外观（Facade）角色
 */
public class CarFacade {
    private Car benz;
    private Car audi;

    public CarFacade() {
        benz = new Benz();
        audi = new Audi();
    }

    public void benzRun() {
        benz.run();
    }

    public void audiRun() {
        audi.run();
    }
}

// 调用使用
public class FacadePatternDemo {
    public static void main(String[] args) {
        CarFacade carFacade = new CarFacade();
        carFacade.audiRun();
        carFacade.benzRun();
    }
}
```

11.3.3　桥接模式

桥接模式（Bridge Pattern）就是将抽象和具体实现逻辑分类，实现解耦和可以独立变化的功能，它是通过组合代替继承关系来实现的。

桥接模式的优点：

- 抽象与实现分离，使得扩展能力变强；
- 具体实现细节对 API 使用者来说是透明的。

桥接模式的缺点：需要较好和较高的抽象设计能力。

桥接模式（Bridge Pattern）包含以下主要角色：

- 抽象化（Abstraction）角色：定义抽象类，并包含一个对实现化对象的引用；
- 扩展抽象化（Refined Abstraction）角色：抽象化角色的子类，实现父类中的业务方法，并通过组合关系调用实现化角色中的业务方法；
- 实现化（Implementor）角色：定义实现化角色的接口，供扩展抽象化角色调用；
- 具体实现化（Concrete Implementor）角色：给出实现化角色接口的具体实现。

下面通过一个代码实例来具体看一下桥接模式的用法。

```
/**
 * 实现化角色：颜色
 */

public interface CarColor {
    String getColor();
}

/**
 * 具体实现化角色：蓝色
 */
public class Blue implements CarColor {
    public String getColor() {
        return "blue";
    }
}

/**
 * 具体实现化角色：黄色
 */
public class Yellow implements CarColor {
    public String getColor() {
        return "yellow";
    }
}

/**
 * 抽象化角色：汽车
 */
public abstract class Car {
    protected CarColor color;

    public void setCarColor(CarColor color) {
        this.color = color;
    }
```

```
    public void run() {
    }

    public abstract String getName();
}

/**
 * 扩展抽象化角色：大汽车
 */
public class BigCar extends Car {

    @Override
    public String getName() {
        return color.getColor() + " BigCar";
    }
}

/**
 * 扩展抽象化角色：小汽车
 */
public class SmallCar extends Car {

    @Override
    public String getName() {
        return color.getColor() + " SmallCar";
    }
}

// 调用使用
public class BridgePatternDemo {
    public static void main(String[] args) {
        CarColor carColorBlue = new Blue();
        SmallCar smallCar = new SmallCar();
        smallCar.setCarColor(carColorBlue);
        String carName = smallCar.getName();
        System.out.print(carName);
    }
}
```

11.3.4　装饰器模式

装饰器模式（Decorator Pattern）是指在不改变现有类对象结构的基础上，动态给类对象增加额外功能的一种设计模式。也就是创建了一个装饰类，用来包装原有的类，来提供完整的功能。

装饰器模式的优点：

- 装饰类和被装饰类可以独立修改，不会耦合；
- 装饰模式扩展对象功能比继承方式更加灵活；
- 可以设计多个装饰类，组合不同的对象。

装饰器模式的缺点：增加了许多子类，过度使用会让系统变得复杂。

装饰器模式主要包含以下角色：

- 抽象构件（Component）角色：定义一个抽象接口以规范准备接收附加责任的对象；
- 具体构件（Concrete Component）角色：实现抽象构件，通过装饰角色为其添加一些职责；
- 抽象装饰（Decorator）角色：继承抽象构件，并包含具体构件的实例，可以通过其子类扩展具体构件的功能；
- 具体装饰（ConcreteDecorator）角色：实现抽象装饰的相关方法，并给具体构件对象添加附加的责任。

下面通过代码实例来看一下装饰模式的用法。

```
/**
 * 抽象构件角色
 */

public interface Car {
    void run();
}

/**
 * 具体构件角色
 */
public class BigCar implements Car {
    @Override
    public void run() {
        System.out.println("Inside BigCar:run() method");
    }
}

/**
 * 具体构件角色
 */
public class SmallCar implements Car {
    @Override
    public void run() {
        System.out.println("Inside SmallCar:run() method");
    }
}

/**
 * 抽象装饰角色
 */
public class CarDecorator implements Car {
    private Car car;

    public CarDecorator(Car car) {
        this.car = car;
    }

    @Override
    public void run() {
```

```
        car.run();
    }
}

/**
 * 具体装饰角色
 */
public class SizeCarDecorator extends CarDecorator {

    public SizeCarDecorator(Car car) {
        super(car);
    }

    @Override
    public void run() {
        super.run();
        addFunction();
    }

    public void addFunction() {
        System.out.println("增加扩展功能，也可以修改功能");
    }
}

// 调用使用
public class DecoratorPatternDemo {
    public static void main(String[] args) {
        Car bigCar = new BigCar();
        Car sizeCarBig = new SizeCarDecorator(bigCar);
        Car sizeCarSmall = new SizeCarDecorator(new SmallCar());
        sizeCarBig.run();
        sizeCarSmall.run();
    }
}
```

11.3.5　代理模式

代理模式（Proxy Pattern）是当一个类不能或不想直接访问另一个类时，需要通过一个代理类来代替访问的一种模式。也就是通过一个类来代表另一个类的功能，通过一个代理类来控制对该对象的访问，类似于中介。

代理模式的优点：

- 保护目标对象的内部安全；
- 可以灵活扩展。

代理模式的缺点：

- 性能可能会降低；
- 增加了复杂程度。

代理模式的主要角色如下：

- 抽象主题（Subject）类：通过接口或抽象类声明真实主题类和代理对象类实现的业务方法；
- 真实主题（Real Subject）类：实现了抽象主题类中的具体业务，是代理对象类所代表的真实对象，是最终要引用的对象；
- 代理（Proxy）类：提供了与真实主题类相同的接口，其内部含有对真实主题类的引用，它可以访问、控制或扩展真实主题类的功能。

代理模式分为静态代理、动态代理，细分的话还有一个 Cglib 代理。下面通过一个代码实例来看一下代理模式中静态代理模式的使用。

```
/**
 * 抽象主题
 */

public interface Car {
    void product();
}

/**
 * 真实主题
 */
public class RealCar implements Car {
    @Override
    public void product() {
        System.out.println("product: RealCar");
    }
}

/**
 * 代理
 */
public class ProxyCar implements Car {
    private Car realCar;

    public ProxyCar(Car car) {
        this.realCar = car;
    }

    @Override
    public void product() {
        if (realCar == null) {
            realCar = new RealCar();
        }
        preRequest();
        realCar.product();
        postRequest();
    }

    private void preRequest() {
        System.out.println("预处理");
    }
```

```
    private void postRequest() {
        System.out.println("后续处理");
    }
}

// 调用使用
public class ProxyPatternDemo {
    public static void main(String[] args) {
        ProxyCar proxyCar = new ProxyCar(new RealCar());
        proxyCar.product();
    }
}
```

11.3.6　享元模式

享元模式（Flyweight Pattern）是通过减少对象数量和复用，从而改善应用所需的对象结构的一种结构型设计模式。

享元模式的优点：

- 相同对象只保存一份；
- 提高性能，避免不必要的重复创建。

代理模式的缺点：

- 增加了系统的复杂程度；
- 需要分离出内部状态和外部状态。

享元模式主要有两种状态：

- 内部状态：即不会随着环境的改变而改变的可共享部分；
- 外部状态：指随环境改变而改变的不可以共享的部分。享元模式的实现要领就是区分应用中的这两种状态，并将外部状态外部化。

享元模式的主要角色如下：

- 抽象享元角色（Flyweight）：所有的具体享元类的基类，为具体享元规范需要实现的公共接口，非享元的外部状态以参数的形式通过方法传入；
- 具体享元（Concrete Flyweight）角色：实现抽象享元角色中所规定的接口；
- 非享元（Unsharable Flyweight)角色：不可以共享的外部状态，它以参数的形式注入具体享元的相关方法中；
- 享元工厂（Flyweight Factory）角色：负责创建和管理享元角色。当客户对象请求一个享元对象时，享元工厂检查系统中是否存在符合要求的享元对象，如果存在则提供给客户；如果不存在的话，则创建一个新的享元对象。

下面通过代码实例看一下享元模式的用法。

```
/**
 * 抽象享元角色
 */
```

```
public interface Car {
    void product(UnsharedCarInfo unsharedCarInfo);
}

/**
 * 具体享元角色
 */
public class BigCar implements Car {
    private String key;

    public BigCar(String key) {
        this.key = key;
        System.out.println("具体享元:" + key + "被创建");
    }

    @Override
    public void product(UnsharedCarInfo unsharedCarInfo) {
        System.out.println("具体享元方法:product");
    }
}

/**
 * 非享元角色，不会复用，用于传递参数
 */
public class UnsharedCarInfo {
    private String info;

    public UnsharedCarInfo(String info) {
        this.info = info;
    }

    public String getInfo() {
        return info;
    }

    public void setInfo(String info) {
        this.info = info;
    }
}

/**
 * 享元工厂角色
 */
public class CarFactory {
    private final HashMap<String, Car> carHashMap = new HashMap<>();
```

```
    public Car getCar(String key) {
        Car car = carHashMap.get(key);
        if (car == null) {
            car = new BigCar(key);
            carHashMap.put(key, car);
        } else {
            System.out.println("具体享元" + key + "已经存在，无须创建");
        }
        return car;
    }
}

// 调用使用
public class FlyWeightPatternDemo {
    public static void main(String[] args) {
        CarFactory carFactory = new CarFactory();

        Car audi = carFactory.getCar("audi");
        Car benzi = carFactory.getCar("benzi");
        Car audi2 = carFactory.getCar("audi");

        audi.product(new UnsharedCarInfo("大汽车"));
        benzi.product(new UnsharedCarInfo("小汽车"));
        audi2.product(new UnsharedCarInfo("小汽车"));
    }
}
```

11.3.7　组合模式

组合模式（Composite Pattern）也叫“部分-整体”模式。是把一组类似的对象看成一个单一的整体对象，按照树形层级结构来组合对象，用来表示部分和整体之间的层级关系，它创建了对象组的树形结构。

组合模式的优点：

- 可以通过相同的调用方法去调用单个对象和组合对象，简化了逻辑实现；
- 更容易在组合对象内加入新的单个对象，而无须改动源码。

组合模式的缺点：

- 设计比较复杂，要处理对象间的层级关系；
- 单个对象都是实现类，不能用继承方法增加新功能。

组合模式分为透明式的组合模式和安全式的组合模式。

- 透明方式：在该方式中，由于抽象构件声明了所有子类中的全部方法，所以客户端无须区别树叶对象和树枝对象，对客户端来说是透明的。缺点是树叶构件本来没有Add()、Remove()及GetChild()方法，却要实现它们（空实现或抛异常），这样会带来一些安全性问题。

- 安全方式：在该方式中，将管理子构件的方法移到树枝构件中，抽象构件和树叶构件没有对子对象的管理方法，这样就避免了透明方式的安全性问题。但由于叶子和分支有不同的接口，客户端在调用时要知道树叶对象和树枝对象的存在，所以失去了透明性。

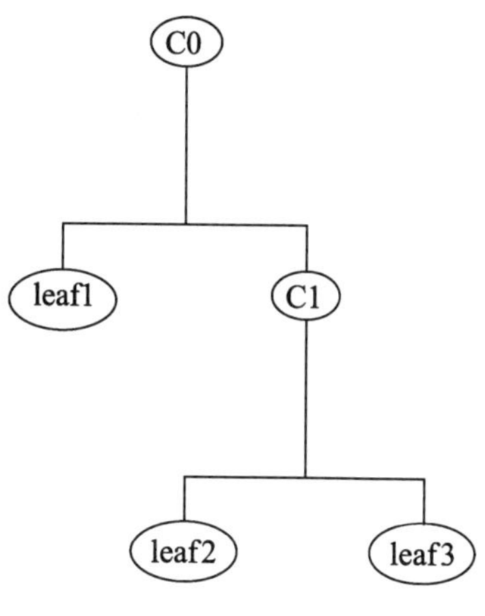

图 11-4　树状图

下面通过代码实例来看一下组合模式的用法。实例将实现如图 11-4 所示的树形组合结构模式，其中有 2 个树枝 C0 和 C1，3 个树叶 leaf1、leaf2 和 leaf3。

实例代码如下：

```
/**
 * 抽象构件
 */

public interface Car {
    void add(Car car);

    void remove(Car car);

    Car getChild(int i);

    void product();
}

/**
 * 树叶构件
 */
public class BigCar implements Car {

    private String name;

    public BigCar(String name) {
        this.name = name;
    }

    @Override
    public void add(Car car) {

    }

    @Override
    public void remove(Car car) {

    }

    @Override
    public Car getChild(int i) {
```

```
        return null;
    }

    @Override
    public void product() {
        System.out.println("树叶" + name + ": 被生产");
    }
}

/**
 * 树枝构件
 */
public class SizeCar implements Car {
    private ArrayList<Car> children = new ArrayList<Car>();

    @Override
    public void add(Car car) {
        children.add(car);
    }

    @Override
    public void remove(Car car) {
        children.remove(car);
    }

    @Override
    public Car getChild(int i) {
        return children.get(i);
    }

    @Override
    public void product() {
        for (Object obj : children) {
            ((Car) obj).product();
        }
    }
}

// 调用使用
public class CompositePatternDemo {
    public static void main(String[] args) {
        Car c0 = new SizeCar();
        Car c1 = new SizeCar();
        Car leaf1 = new BigCar("audi");
        Car leaf2 = new BigCar("benz");
        Car leaf3 = new BigCar("hongqi");
        c0.add(leaf1);
        c0.add(c1);
        c1.add(leaf2);
        c1.add(leaf3);
        c0.product();
    }
}
```

11.4　软件设计模式之行为型模式

行为型设计模式（Behavioral Patterns）是对不同对象的责任划分和算法的抽象化，关注对象间的通信。行为型设计模式主要有 11 种：模板方法模式、策略模式、命令模式、责任链模式、状态模式、观察者模式、中介模式、迭代器模式、访问者模式、备忘录模式和解释器模式。

本节就详细讲解这 11 类行为型设计模式的用法。

11.4.1　模板方法模式

模板方法模式（Template Method Pattern）主要是定义好一个操作流程中的骨架，而具体是在子类中进行实现，封装了不变的部分，扩展了可变部分。也就是需要在抽象类中定义好一个模板，在子类中实现，属于行为型设计模式。

模板方法模式的优点：

- 封装不变部分，可变部分可以在子类中拓展；
- 提取公共代码，便于修改、维护和复用。

模板方法模式的缺点：子类个数可能会增加，系统会更加庞大。

模板方法模式包含以下主要角色：

- 抽象类（Abstract Class）：负责给出一个算法的轮廓和骨架。它由一个模板方法和若干个基本方法构成。模板方法定义算法的骨架，按某种顺序调用其包含的基本方法；基本方法是整个算法中的一个步骤。基本方法包含以下几种类型：
    - 抽象方法：在抽象类中申明，由具体子类实现；
    - 具体方法：在抽象类中已经实现，在具体子类中可以继承或重写；
    - 钩子方法：在抽象类中已经实现，包括用于判断的逻辑方法和需要子类重写的空方法两种。
- 具体子类（Concrete Class）：实现抽象类中所定义的抽象方法和钩子方法，它们是一个顶级逻辑的组成步骤。

下面通过代码实例来看一下模板方法模式的用法。

```
/**
 * 定义抽象类
 */
public abstract class Article {
    //抽象方法
    abstract void writeTitle();

    abstract void writeContent();
```

```
    //具体方法并不一定是抽象方法，如果需要具体方法，也可以写具体方法
    public void writeEnd() {
        System.out.println("抽象类中的具体方法被调用");
    }

    //模板，模板方法
    public final void write() {

        //写标题
        writeTitle();

        //写内容
        writeContent();

        //写结尾
        writeEnd();
    }
}

/**
 * 具体子类
 */
public class IEEEArticle extends Article {
    //实现抽象方法，如果需要重写具体方法也可以重写
    @Override
    void writeTitle() {
        System.out.println("writeTitle");
    }

    @Override
    void writeContent() {
        System.out.println("writeContent");
    }
}

// 调用使用
public class TemplateMethodPatternDemo {
    public static void main(String[] args) {
        Article article = new IEEEArticle();
        article.write();
    }
}
```

11.4.2　策略模式

策略模式（Strategy Pattern）就是调用的 API 和行为策略会根据使用时的情况进行动态更改，封装的方法可以相互替换。例如去运动，后续的行为会根据选择哪种运动方式来动态改变。

策略模式的优点：

- 算法行为可以动态改变；
- 扩展性好；
- 避免使用多重条件语句。

策略模式的缺点：

- 可能会有很多的策略类；
- 所有策略类都要对外展示。

策略模式的主要角色如下：

- 抽象策略（Strategy）类：定义了一个公共接口，各种不同的算法以不同的方式实现这个接口，环境角色使用这个接口调用不同的算法，一般使用接口或抽象类实现。
- 具体策略（Concrete Strategy）类：实现了抽象策略定义的接口，提供具体的算法实现。
- 环境（Context）类：持有一个策略类的引用，最终给客户端调用。

下面通过代码实例来看一下策略模式的用法。

```
/**
 * 抽象策略类
 */
public interface Sport {
    //策略方法
    void sport();
}

/**
 * 具体策略类
 */
public class BasketBallSport implements Sport {
    @Override
    public void sport() {
        System.out.println("具体策略：BasketBallSport 的 sport 方法");
    }
}

/**
 * 具体策略类
 */
public class RunSport implements Sport {
    @Override
    public void sport() {
        System.out.println("具体策略：RunSport 的 sport 方法");
    }
}

/**
 * 环境类
 */
public class SportStrategy {
    private Sport sport;
```

```
    public SportStrategy(Sport sport) {
        this.sport = sport;
    }

    public void sport() {
        sport.sport();
    }
}

// 调用使用
public class StrategyPatternDemo {
    public static void main(String[] args) {
        SportStrategy sportStrategy = new SportStrategy(new BasketBall
Sport());
        sportStrategy.sport();

        sportStrategy = new SportStrategy(new RunSport());
        sportStrategy.sport();
    }
}
```

11.4.3　命令模式

命令模式（Command Pattern）是数据驱动行为的设计模式，发出的请求以命令形式放置在对象中，然后传递给调用对象，调用对象找到可以处理该命令的对象并传递给它来执行。

命令模式的优点：

- 降低了系统的耦合度；
- 扩展灵活，可以实现宏命令；
- 可以实现命令的撤销与恢复。

命令模式的缺点：可能会有很多的命令类。

命令模式包含以下主要角色：

- 抽象命令类（Command）角色：声明执行命令的接口，拥有执行命令的抽象方法 execute()；
- 具体命令（Concrete Command）角色：抽象命令类的具体实现类，它拥有接收者对象，并通过调用接收者的功能来完成命令要执行的操作；
- 实现者/接收者（Receiver）角色：执行命令功能的相关操作，是具体命令对象业务的真正实现者；
- 调用者/请求者（Invoker）角色：请求的发送者，它通常拥有很多的命令对象，并通过访问命令对象来执行相关请求，它不直接访问接收者。

下面通过代码实例来看一下命令模式的用法。

```
/**
 * 抽象命令
```

```
 */

public interface Car {
    void product();
}

/**
 * 具体命令
 */
public class AudiCar implements Car {
    //命令接收者
    private AudiProducter audiProducter;

    public AudiCar() {
        audiProducter = new AudiProducter();
    }

    @Override
    public void product() {
        audiProducter.product();
    }
}

/**
 * 具体命令
 */
public class BenzCar implements Car {
    //命令接收者
    private BenzProducter benzProducter;

    public BenzCar() {
        benzProducter = new BenzProducter();
    }

    @Override
    public void product() {
        benzProducter.product();
    }
}


/**
 * 接收者
 */
public interface Producter {
    void product();
}

/**
 * 具体的接收命令对象
 */
public class AudiProducter implements Producter {
    @Override
    public void product() {
```

```
            System.out.println("AudiProducter 开始生产 AudiCar");
        }
    }

    /**
     * 具体的接收命令对象
     */
    public class BenzProducter implements Producter {
        @Override
        public void product() {
            System.out.println("BenzProducter 开始生产 BenzCar");
        }
    }

    /**
     * 调用者
     */
    public class CarProducter {
        private Car car;

        public CarProducter(Car car) {
            this.car = car;
        }

        public void product() {
            car.product();
        }
    }

    // 调用使用
    public class CommandPatternDemo {
        public static void main(String[] args) {
            // 命令
            Car audi = new AudiCar();
            Car benzi = new BenzCar();
            // 调用者
            CarProducter audiCarProducter = new CarProducter(audi);
            audiCarProducter.product();
            CarProducter benziCarProducter = new CarProducter(benzi);
            benziCarProducter.product();
        }
    }
```

11.4.4　责任链模式

责任链模式（Chain of Responsibility Pattern）也叫职责链模式。其主要是为了让发送者和处理者解耦，将请求的处理者通过前一个对象记住其下一个对象的引用而连成一条链。当有请求发生时，可将请求沿着这条链传递，直到有对象处理它为止。

责任链模式的优点：

- 降低了对象间的耦合度；

- 增加了系统的可扩展性；
- 增加了指派职责的灵活性，可以灵活修改流程。

责任链模式的缺点：

- 不能保证请求一定被处理接收；
- 调试不方便，可能会造成循环调用，系统性能会受到影响。

责任链模式主要包含以下角色：

- 抽象处理者（Handler）角色：定义一个处理请求的接口，包含抽象处理方法和一个后继连接；
- 具体处理者（Concrete Handler）角色：实现抽象处理者的处理方法，判断能否处理本次请求，如果可以处理请求则处理，否则将该请求转给它的后继者；
- 客户类（Client）角色：创建处理链，并向链头的具体处理者对象提交请求，它不关心处理细节和请求的传递过程。

下面通过代码实例来看一下责任链模式用法。

```
/**
 * 抽象处理者角色
 */
public abstract class Producter {

    private Producter next;

    public void setNext(Producter next) {
        this.next = next;
    }

    public Producter getNext() {
        return next;
    }

    //处理请求的方法
    public abstract void product(String request);
}

/**
 * 具体处理者角色
 */
public class ProducterOne extends Producter {
    @Override
    public void product(String request) {
        if (request.equals("one")) {
            System.out.println("ProducterOne 负责处理该请求");
        } else {
            if (getNext() != null) {
                getNext().product(request);
            } else {
                System.out.println("没有人处理该请求");
            }
        }
```

```
    }
}

/**
 * 具体处理者角色
 */
public class ProducterTwo extends Producter {
    @Override
    public void product(String request) {
        if (request.equals("two")) {
            System.out.println("ProducterTwo 负责处理该请求");
        } else {
            if (getNext() != null) {
                getNext().product(request);
            } else {
                System.out.println("没有人处理该请求");
            }
        }
    }
}

// 调用使用
public class ChainPatterDemo {
    public static void main(String[] args) {
        //组装责任链
        Producter producter1 = new ProducterOne();
        Producter producter2 = new ProducterTwo();
        producter1.setNext(producter2);
        //提交请求
        producter1.product("two");
    }
}
```

11.4.5　状态模式

状态模式（State Pattern），类对象的后续行为是基于状态模式的状态而改变的，对有状态的对象，把复杂的“判断逻辑”提取到不同的状态对象中，允许状态对象在其内部状态发生改变时改变其行为。

状态模式的优点：

- 明确地将状态归类，满足“单一职责原则”；
- 更加清晰简单，封装好了转换规则；
- 更有利于程序的扩展。

状态模式的缺点：

- 会增加系统的类对象的个数；
- 实现较为复杂，如果逻辑不清晰的话可能会导致结构混乱。

状态模式包含以下主要角色：

- 环境（Context）角色：也称为上下文，它定义了客户感兴趣的接口，维护一个当前状态，并将与状态相关的操作委托给当前状态对象来处理；
- 抽象状态（State）角色：定义一个接口，用以封装环境对象中的特定状态所对应的行为；
- 具体状态（Concrete State）角色：实现抽象状态所对应的行为。

下面通过代码实例来看一下状态模式的使用。

```
/**
 * 抽象状态类
 */
public abstract class ScoreState {

    //检查当前分数状态级别
    public abstract void computeLevel(int score);
}

/**
 * 具体状态类
 */
public class LowState extends ScoreState {
    @Override
    public void computeLevel(int score) {
        System.out.println("computeLevel:LowState  " + score);
    }
}

/**
 * 具体状态类
 */
public class MiddleState extends ScoreState {
    @Override
    public void computeLevel(int score) {
        System.out.println("computeLevel:MiddleState  " + score);
    }
}

/**
 * 具体状态类
 */
public class HightState extends ScoreState {
    @Override
    public void computeLevel(int score) {
        System.out.println("computeLevel:HightState  " + score);
    }
}

/**
 * 环境类
 */
public class ScoreContext {
    public final static LowState LOW_STATE = new LowState();
    public final static MiddleState MIDDLE_STATE = new MiddleState();
```

```java
    public final static HightState HIGHT_STATE = new HightState();
    private ScoreState scoreState;

    public ScoreContext() {
        this.scoreState = LOW_STATE;
    }

    public void setState(ScoreState scoreState) {
        this.scoreState = scoreState;
    }

    public ScoreState getState() {
        return scoreState;
    }

    public void computeLevel(int score) {
        if (score < 60) {
            setState(LOW_STATE);
        } else if (score >= 60 && score < 80) {
            setState(MIDDLE_STATE);
        } else {
            setState(HIGHT_STATE);
        }
        this.scoreState.computeLevel(score);
    }
}

// 调用使用
public class StatePatternDemo {
    public static void main(String[] args) {
        ScoreContext scoreContextLow = new ScoreContext();
        scoreContextLow.computeLevel(60);

        ScoreContext scoreContextHight = new ScoreContext();
        scoreContextHight.computeLevel(90);
    }
}
```

11.4.6　观察者模式

观察者模式（Observer Pattern）也称“发布-订阅”模式，是当对象间存在一对多的关系时，在一个对象状态或内容发生改变后，其他依赖它的对象都可以收到通知。

观察者模式的优点：

- 降低了目标与观察者之间的耦合度，它们之间是抽象耦合关系；
- 相互通信简单方便。

观察者模式的缺点：

- 如果观察者过多的话，消息都通知到每个观察者会耗费很多时间；
- 如果处理不严格的话，可能会导致循环调用，引发系统崩溃。

观察者模式的主要角色如下：

- 抽象主题（Subject）角色：也叫抽象目标类，它提供了一个用于保存观察者对象的聚集类，增加、删除观察者对象的方法，以及通知所有观察者的抽象方法；
- 具体主题（Concrete Subject）角色：也叫具体目标类，它实现抽象目标中的通知方法，当具体主题的内部状态发生改变时，通知所有注册过的观察者对象；
- 抽象观察者（Observer）角色：是一个抽象类或接口，包含了一个更新自己的抽象方法，当接到具体主题的更改通知时被调用；
- 具体观察者（Concrete Observer）角色：实现抽象观察者中定义的抽象方法，以便在得到目标的更改通知时更新自身的状态。

下面通过一个代码实例来看一下观察者模式的使用方法。

```
/**
 * 定义被观察者/目标的抽象接口
 */
public interface Observerable {

    public void registerObserver(Observer o);

    public void removeObserver(Observer o);

    public void notifyObserver(Object object);
}

/**
 * 具体的被观察者/目标
 */
public class AlertObserverable implements Observerable {
    private List<Observer> observers = new ArrayList<Observer>();

    @Override
    public void registerObserver(Observer observer) {
        observers.add(observer);
    }

    @Override
    public void removeObserver(Observer observer) {
        observers.remove(observer);
    }

    @Override
    public void notifyObserver(Object object) {
        for (int i = 0; i < observers.size(); i++) {
            Observer oserver = observers.get(i);
            oserver.update(object.toString());
        }
    }
}

/**
 * 抽象观察者
```

```
 */
public interface Observer {
    // 更新通知方法
    void update(String message);
}

/**
 * 具体观察者
 */
public class AlertObserver implements Observer {
    @Override
    public void update(String message) {
        System.out.println("收到更新：" + message);
    }
}

// 调用使用
public class ObserverPatternDemo {

    public static void main(String[] args) {
        // 创建被观察者/目标
        Observerable observerable = new AlertObserverable();

        // 创建两个观察者
        Observer observer1 = new AlertObserver();
        Observer observer2 = new AlertObserver();
        // 注册观察者
        observerable.registerObserver(observer1);
        observerable.registerObserver(observer2);

        // 通知更新
        observerable.notifyObserver("内容更新了");

        // 解除观察者注册
        observerable.removeObserver(observer1);
        observerable.removeObserver(observer2);
    }
}
```

11.4.7　中介模式

中介模式（Mediator Pattern）类似星型结构，以中介为中心，一群对象围绕着中介，所有对象相互间的沟通、发消息都要通过中介进行传递中转。中介模式可以用来降低多个对象和类之间的通信复杂度，通过中介类使原来的对象之间的耦合松散降低，并提高了通信能力，如图 11-5 所示。

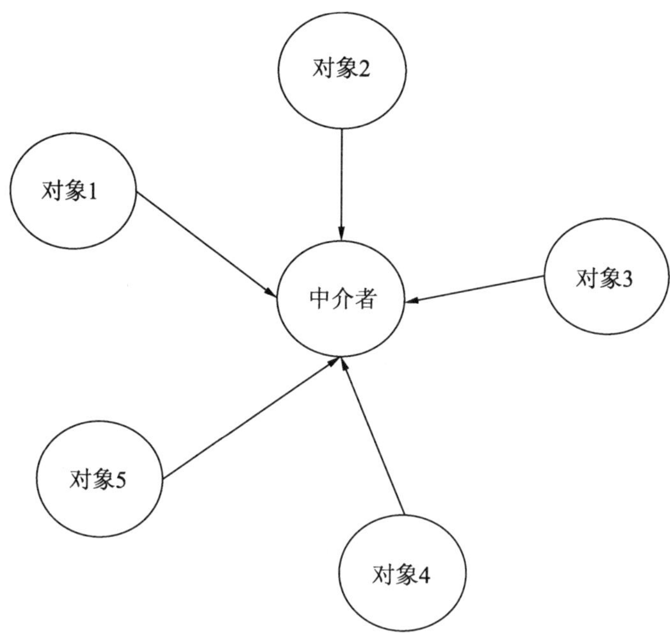

图 11-5　中介模式结构图

中介模式的优点如下：

- 降低了对象之间的耦合度，从一对多变成了一对一中转；
- 提高了系统灵活性，便于扩展和维护；
- 符合迪米特原则。

中介模式的缺点：

- 对象过多时，中介职责过大，系统会很复杂，不易维护；
- 系统过于庞大时，可能会耗费时间。

中介模式包含以下主要角色：

- 抽象中介（Mediator）角色：是中介的接口，提供了同事对象注册与转发同事对象信息的抽象方法；
- 具体中介（ConcreteMediator）角色：实现中介接口，定义一个 List 来管理同事对象，协调各个同事角色之间的交互关系，因此它依赖于同事角色；
- 抽象同事类（Colleague）角色：定义同事类的接口，保存中介对象，提供同事对象交互的抽象方法，实现所有相互影响的同事类的公共功能；
- 具体同事类（Concrete Colleague）角色：抽象同事类的实现者，当需要与其他同事对象交互时，由中介对象负责后续的交互。

下面通过一个代码实例来看一下中介模式的用法。

```
/**
 * 抽象中介
 */
```

```
public abstract class Mediator {

    public abstract void register(Colleague colleague);

    public abstract void relay(Colleague cl,String message);   //转发
}

/**
 * 具体中介
 */
public class MessageMediator extends Mediator {
    private List<Colleague> colleagues = new ArrayList<Colleague>();

    @Override
    public void register(Colleague colleague) {
        if (!colleagues.contains(colleague)) {
            colleagues.add(colleague);
            colleague.setMediator(this);
        }
    }

    @Override
    public void relay(Colleague cl, String message) {
        for (Colleague ob : colleagues) {
            if (!ob.equals(cl)) {
                ((Colleague) ob).receive(message);
            }
        }
    }
}

/**
 * 抽象同事类
 */
public abstract class Colleague {
    protected Mediator mediator;

    public void setMediator(Mediator mediator) {
        this.mediator = mediator;
    }

    public abstract void receive(String message);

    public abstract void send(String message);
}

/**
 * 具体同事类
 */
public class MessageColleague extends Colleague {
    @Override
    public void receive(String message) {
        System.out.println("具体同事类MessageColleague收到信息:" + message);
    }
```

```
    @Override
    public void send(String message) {
        //请中介转发消息
        mediator.relay(this, message);
    }
}

public class MediatorPatterDemo {
    public static void main(String[] args) {
        // 创建中介
        Mediator mediator = new MessageMediator();

        // 创建两个同事类
        Colleague colleague1 = new MessageColleague();
        Colleague colleague2 = new MessageColleague();
        // 注册同事类
        mediator.register(colleague1);
        mediator.register(colleague2);
        // 发送消息
        colleague1.send("来自同事类 1 的消息");
        colleague2.send("来自同事类 2 的消息");
    }
}
```

11.4.8　迭代器模式

迭代器模式（Iterator Pattern），主要用于顺序遍历访问集合中的每一个元素对象，如 Java 中的 List、ArrayList、Map、Set 和 Collection 都是包含了迭代器。

迭代器模式的优点：

- 支持不同方式遍历集合，很方便；
- 遍历任务交由迭代器完成，简化了聚合类。

迭代器模式的缺点：

- 增加了类的个数；
- 增加了系统的复杂性。

迭代器模式主要包含以下角色：

- 抽象聚合（Aggregate）角色：定义存储、添加、删除聚合对象及创建迭代器对象的接口；
- 具体聚合（ConcreteAggregate）角色：实现抽象聚合类，返回一个具体迭代器的实例。
- 抽象迭代器（Iterator）角色：定义访问和遍历聚合元素的接口，通常包含 hasNext()、first()和 next()等方法；
- 具体迭代器（Concretelterator）角色：实现抽象迭代器接口中所定义的方法，完成对聚合对象的遍历，记录遍历的当前位置。

下面通过代码实例来看一下迭代器模式的用法。

```
/**
 * 抽象聚合接口
 */
public interface  Aggregate {
    public void add(Object obj);
    public void remove(Object obj);
    public Iterator getIterator();
}

/**
 * 具体聚合类
 */
public class MessageAggregate implements Aggregate {
    private List<Object> list = new ArrayList<Object>();

    @Override
    public void add(Object obj) {
        list.add(obj);
    }

    @Override
    public void remove(Object obj) {
        list.remove(obj);
    }

    @Override
    public Iterator getIterator() {
        return new MessageIterator(list);
    }
}

/**
 * 抽象迭代器
 */
public interface Iterator {
    Object first();

    Object next();

    boolean hasNext();
}

/**
 * 具体迭代器
 */
public class MessageIterator implements Iterator {
    private List<Object> list = null;

    private int index = -1;

    public MessageIterator(List<Object> list) {
```

```
        this.list = list;
    }

    @Override
    public Object first() {
        index = 0;
        Object obj = list.get(index);
        return obj;
    }

    @Override
    public Object next() {
        Object obj = null;
        if (this.hasNext()) {
            obj = list.get(++index);
        }
        return obj;
    }

    @Override
    public boolean hasNext() {
        if (index < list.size() - 1) {
            return true;
        } else {
            return false;
        }
    }
}

// 调用使用
public class IteratorPatterDemo {
    public static void main(String[] args) {
        // 创建聚合类
        Aggregate aggregate = new MessageAggregate();
        aggregate.add("消息 1");
        aggregate.add("消息 2");
        aggregate.add("消息 3");
        //获取迭代器
        Iterator iterator = aggregate.getIterator();
        while (iterator.hasNext()) {
            Object object = iterator.next();
            System.out.println("迭代消息: " + object.toString());
        }
    }
}
```

11.4.9　访问者模式

访问者模式（Visitor Pattern）是一种将数据操作与数据结构分离的设计模式，将作用于某种数据结构中的各元素的操作分离出来封装成独立的类，使其在不改变数据结构的前提下可以添加作用于这些元素的新的操作，为数据结构中的每个元素提供多种访问方式，是行为类模式中最复杂的一种模式。例如，同一个电影，不同的观众看到后的感觉和评价并不一样。访问者模式就类似于这种情形，有些集合对象中存在多种不同的元素，并且每种元素也存在多种不同的访问者和处理方式。

访问者模式的优点：

- 扩展性、灵活性和复用性好；
- 符合单一职责原则。

访问者模式的缺点：

- 增加新的元素类很困难；
- 具体元素的内部细节对访问者是公开的，这破坏了对象的封装性；
- 违反依赖倒置原则，访问者模式依赖具体类，没有依赖抽象类。

访问者模式包含以下主要角色：

- 抽象访问者（Visitor）角色：定义一个访问具体元素的接口，为每个具体元素类对应一个访问操作 visit()，该操作中的参数类型标识了被访问的具体元素。
- 具体访问者（ConcreteVisitor）角色：实现抽象访问者角色中声明的各个访问操作，确定访问者访问一个元素时该做什么。
- 抽象元素（Element）角色：声明一个包含接受操作 accept()的接口，被接受的访问者对象作为 accept()方法的参数。
- 具体元素（ConcreteElement）角色：实现抽象元素角色提供的 accept()操作，其方法体通常都是 visitor.visit(this)。另外，具体元素中可能还包含本身业务逻辑的相关操作。
- 对象结构（Object Structure）角色：是一个包含元素角色的容器，提供让访问者对象遍历容器中的所有元素的方法，通常由 List、Set 和 Map 等聚合类实现。

下面通过一个代码实例来看一下访问者模式的用法。

```
/**
 * 抽象访问者，声明访问者可以访问哪些元素
 */
public interface Visitor {
    void visit(ScoreElement element);
    void visit(InfoElement element);
}

/**
 * 具体访问者
 */
public class StudentVisitor implements Visitor {

    @Override
    public void visit(ScoreElement element) {
        System.out.println("学生访问：输出学生所有学科成绩");
    }

    @Override
```

```
    public void visit(InfoElement element) {
        System.out.println("学生访问：输出学生所有信息");
    }
}

/**
 * 具体访问者
 */
public class TeacherVisitor implements Visitor {

    @Override
    public void visit(ScoreElement element) {
        System.out.println("教师访问：输出当前登录老师所教的学科成绩");
    }

    @Override
    public void visit(InfoElement element) {
        System.out.println("教师访问：学生部分信息");
    }
}

/**
 * 抽象元素，声明接受哪一类访问者访问
 */
public interface Element {
    void accept(Visitor visitor);
}

/**
 * 具体元素类
 */
public class InfoElement implements Element {

    @Override
    public void accept(Visitor visitor) {
        visitor.visit(this);
    }
}

/**
 * 具体元素类
 */
public class ScoreElement implements Element {

    @Override
    public void accept(Visitor visitor) {
        visitor.visit(this);
    }
}

/**
 * 结构对象集
 */
public class ObjectStruture {
```

```
    private List<Element> list = new ArrayList<Element>();

    public void accept(Visitor visitor) {
        for (Element element : list) {
            element.accept(visitor);
        }
    }

    public void add(Element element) {
        list.add(element);
    }

    public void remove(Element element) {
        list.remove(element);
    }
}

// 调用使用
public class VisitorPatterDemo {
    public static void main(String[] args) {
        // 创建结构数据集
        ObjectStruture objectStruture = new ObjectStruture();
        objectStruture.add(new ScoreElement());
        objectStruture.add(new InfoElement());
        // 创建访问者角色
        Visitor teacherVisitor = new TeacherVisitor();
        Visitor studentVisitor = new StudentVisitor();

        objectStruture.accept(teacherVisitor);
        objectStruture.accept(studentVisitor);
    }
}
```

11.4.10　备忘录模式

备忘录模式（Memento Pattern）又叫快照模式，一般用来保存一个对象的某个状态，使对象在某个情况下可以恢复当时的状态，可以理解为记事本的撤销功能。

备忘录模式的优点：

- 可以恢复对象到某个状态；
- 实现了内部信息的封装。

备忘录模式的缺点：资源消耗大。

备忘录模式的主要角色如下：

- 发起者（Originator）角色：记录当前时刻的内部状态信息，提供创建备忘录和恢复备忘录数据的功能，它可以访问备忘录里的所有信息；
- 备忘录（Memento）角色：负责存储发起人的内部状态，在需要的时候提供这些内部状态给发起人；
- 管理者（Caretaker）角色：对备忘录进行管理，提供保存与获取备忘录的功能，但不能对备忘录的内容进行访问与修改。

下面通过一个代码实例来看一下备忘录模式的用法。

```
/**
 * 备忘录角色
 */
public class StudentMemento {
    private String name;
    private int age;

    public StudentMemento(Student student) {
        this.name = student.getName();
        this.age = student.getAge();
    }

    public String getName() {
        return name;
    }

    public void setName(String name) {
        this.name = name;
    }

    public int getAge() {
        return age;
    }

    public void setAge(int age) {
        this.age = age;
    }
}

/**
 * 发起者角色
 */
public class Student {
    private String name;
    private int age;

    public Student(String name, int age) {
        this.name = name;
        this.age = age;
    }

    public StudentMemento memento() {
        return new StudentMemento(this);
    }

    //进行数据恢复，恢复成备忘录中对象的值
    public void recovery(StudentMemento studentMemento) {
        this.name = studentMemento.getName();
        this.age = studentMemento.getAge();
    }
```

```
    public String getName() {
        return name;
    }

    public void setName(String name) {
        this.name = name;
    }

    public int getAge() {
        return age;
    }

    public void setAge(int age) {
        this.age = age;
    }
}

/**
 * 管理者角色
 */
public class StudentCareTaker {
    private StudentMemento studentMemento;

    public StudentMemento getStudentMemento() {
        return studentMemento;
    }

    public void setStudentMemento(StudentMemento studentMemento) {
        this.studentMemento = studentMemento;
    }
}

// 调用使用
public class MementoPatternDemo {
    public static void main(String[] args) {
        // 创建备忘录管理者
        StudentCareTaker studentCareTaker = new StudentCareTaker();
        // 创建发起者
        Student student = new Student("小明", 18);
        studentCareTaker.setStudentMemento(student.memento()); //进行备忘
        // 修改值状态
        student.setAge(20);
        // 进行恢复备忘
        student.recovery(studentCareTaker.getStudentMemento());
    }
}
```

11.4.11　解释器模式

解释器模式（Interpreter Pattern）类似于编译原理中的语法分析器，对给定的语言语法或表达式设计一个解析器来解释语言中的句子。这种模式被用在 SQL 解析、符号处理引擎等方面。

解释器模式的优点：

- 扩展性好，灵活性高；
- 容易实现。

解释器模式的缺点：

- 执行效率较低；
- 会引起类膨胀，使类的个数急剧增加；
- 可应用场景比较少。

如果想要更好地了解解释器模式，可以先了解一下编译原理中的文法、句子、语法树等概念。

解释器模式包含以下主要角色：

- 抽象表达式（Abstract Expression）角色：定义解释器的接口，约定解释器的解释操作，主要包含解释方法 interpret()；
- 终结符表达式（Terminal Expression）角色：抽象表达式的子类，用来实现文法中与终结符相关的操作，文法中的每一个终结符都有一个具体终结表达式与之相对应；
- 非终结符表达式（Nonterminal Expression）角色：也是抽象表达式的子类，用来实现文法中与非终结符相关的操作，文法中的每条规则都对应于一个非终结符表达式；
- 环境（Context）角色：通常包含各个解释器需要的数据或公共的功能，一般用来传递被所有解释器共享的数据，后面的解释器可以从这里获取这些值；
- 客户端（Client）：主要任务是将需要分析的句子或表达式转换成使用解释器对象描述的抽象语法树，然后调用解释器的解释方法。当然，也可以通过环境角色间接访问解释器的解释方法。

下面通过一个代码实例来看一下解释器模式的用法。

```
/**
 * 定义文法规则
 * <expression> ::= <year>的<degree>
 * <year> ::=2 年工作经验|3 年工作经验
 * <degree> ::= 硕士|博士|博士后
 */

/**
 * 抽象表达式类
 */
public interface Expression {
    boolean interpret(String info);
}

/**
```

```
 * 终结符表达式类
 */
public class TerminalExpression implements Expression {
   private Set<String> set = new HashSet<String>();

   public TerminalExpression(String[] data) {
      for (int i = 0; i < data.length; i++) {
         set.add(data[i]);
      }
   }

   public boolean interpret(String info) {
      if (set.contains(info)) {
         return true;
      }
      return false;
   }
}

/**
 * 非终结符表达式类
 */
public class AndExpression implements Expression {
   private Expression year = null;
   private Expression degree = null;

   public AndExpression(Expression year, Expression degree) {
      this.year = year;
      this.degree = degree;
   }

   public boolean interpret(String info) {
      String s[] = info.split("的");
      return year.interpret(s[0]) && degree.interpret(s[1]);
   }
}

/**
 * 环境类
 */
public class InterpreterContext {

   private String[] years = {"2年工作经验", "3年工作经验"};
   private String[] degrees = {"硕士", "博士", "博士后"};
   private Expression yearDegree;

   public InterpreterContext() {
      Expression year = new TerminalExpression(years);
      Expression degree = new TerminalExpression(degrees);
      yearDegree = new AndExpression(year, degree);
   }

   public void canWork(String info) {
      boolean ok = yearDegree.interpret(info);
```

```
        if (ok) {
            System.out.println("您是" + info + ", 可以胜任本工作");
        } else {
            System.out.println(info + ", 您暂时未满足要求");
        }
    }
}

// 调用使用
public class InterpreterPatternDemo {
    public static void main(String[] args) {
        // 创建解释器环境类
        InterpreterContext interpreterContext = new InterpreterContext();
        // 添加语句
        interpreterContext.canWork("2 年工作经验的硕士");
        interpreterContext.canWork("2 年工作经验的博士");
        interpreterContext.canWork("3 年工作经验的博士后");
        interpreterContext.canWork("1 年工作经验的博士后");
        interpreterContext.canWork("1 年工作经验的博士");
    }
}
```

以上就是关于行为型设计模式的主要内容，如果想加深学习和理解，需要多进行实践。学好设计模式在实际开发中对设计思维、开发效率和系统稳定性提升方面有很大的帮助。

第 12 章　项目实践从 0 到 1

本章主要基于前几章的基础内容进行一个完整的项目实践，即完成从新建项目到最后的打包测试与发布的完整流程，把所学知识应用到实际开发中，加深读者对相关基础知识的理解。本章所选取的项目实践内容比较简单，主要目的在于基础知识的运用和熟悉开发流程，读者可以基于这个项目进行更加深入的扩展。

12.1　创建项目

首先进行 Android 项目的创建。前面的章节中我们已经讲解了 Android Studio 开发工具的使用方法，这里直接使用，不再赘述。

选择 Create New Project 新建项目，在弹出的对话框中输入相关的项目信息，如图 12-1 所示。

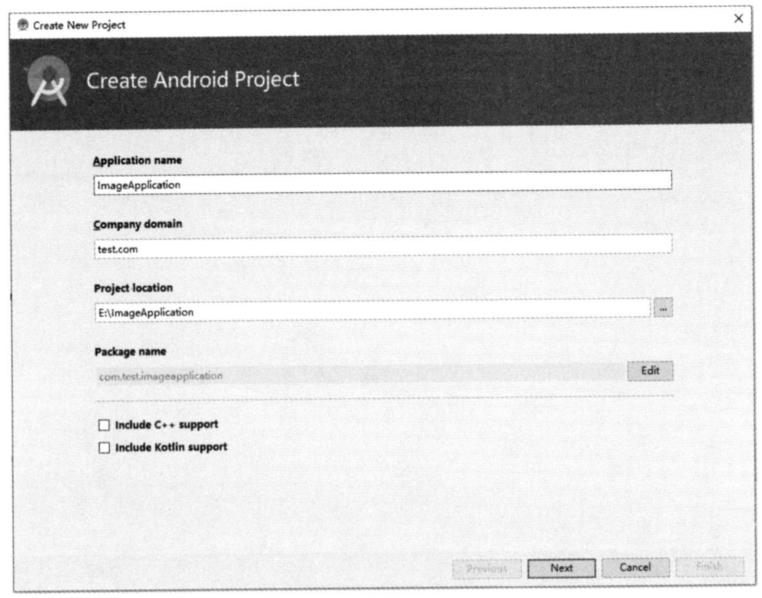

图 12-1　Create Android Project 对话框

其中，Application name 为项目的名称，这里建议使用英文或者拼音名称。Company

domain 为公司域名的含义，实际上是项目最后的包名。这个包名很重要，因为每个 Application 都是根据包名 Package Name 进行唯一区别的，这里一般都是按照域名的格式来定义。各选项都填好后一直单击 Next 按钮，最后单击 Finish 按钮即可完成项目创建，如图 12-2 所示。

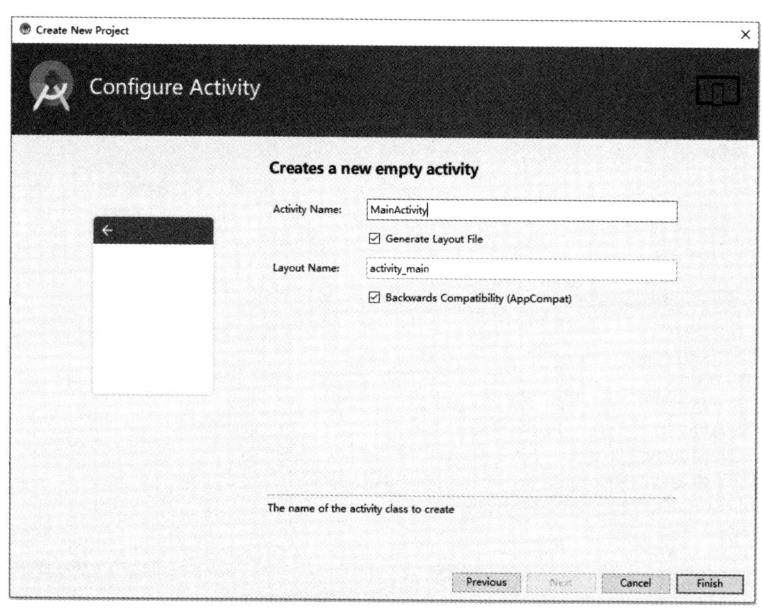

图 12-2　完成项目创建

完成新建后的项目目录默认显示结构如图 12-3 所示。

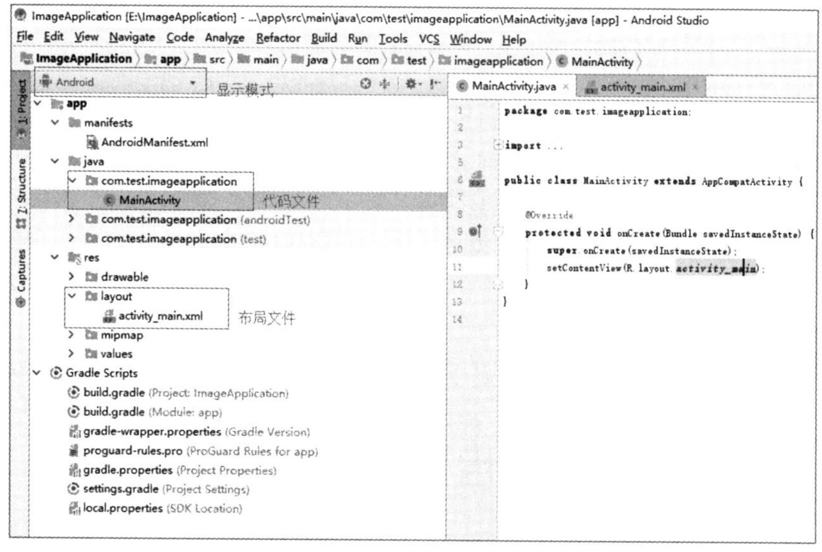

图 12-3　项目目录默认显示方式

如果你习惯使用 Project 方式显示的话，可以切换为 Project 显示模式，如图 12-4 所示。

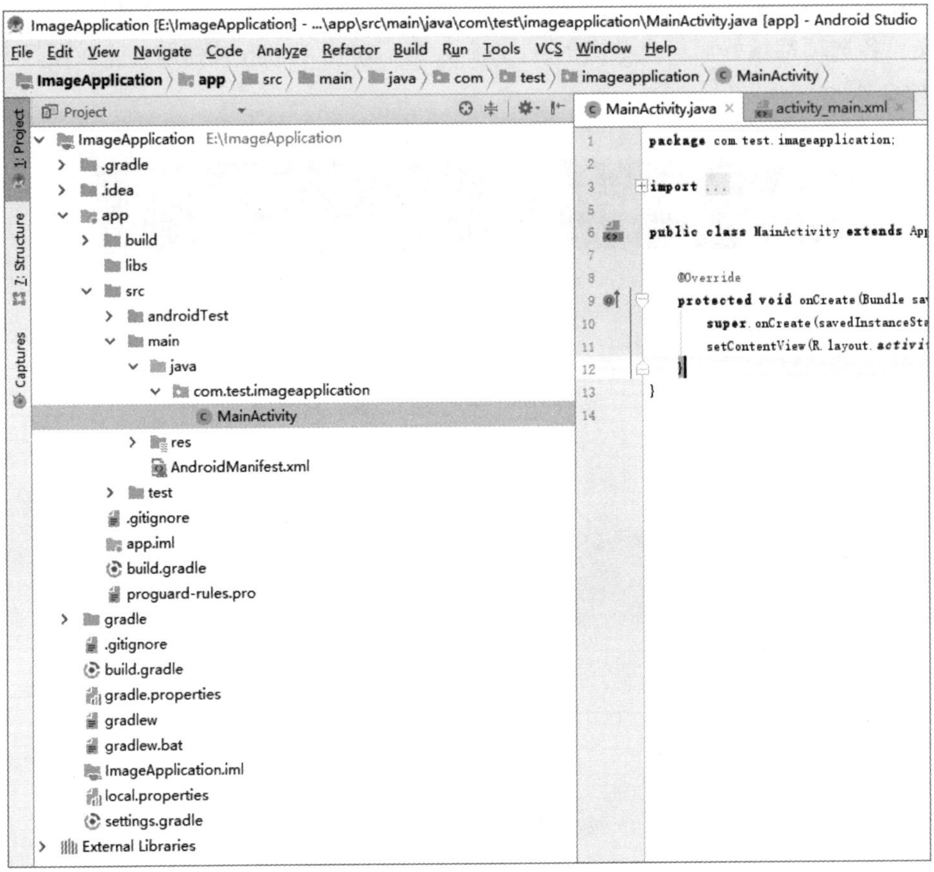

图 12-4　Project 目录显示方式

我们经常用到的是 libs 目录，它负责存放一些第三方的库，可以是 jar 或者 aar 库；src/main/java 目录下放置编写的核心代码文件类；src/main/res 下放置一些绘制的布局文件和资源文件等；AndroidManifest.xml 是项目文件清单，是一个配置文件。此外，还有一个重要的文件是 app 目录下的 build.gradle 文件，从图 12-4 中可以看到有 2 个 build.gradle 文件，项目中经常用到的是 app 目录下的 build.gradle 文件，另外一个是项目根目录下的 build.gradle 文件，一般不做修改，它是全局配置文件。

经过上面几步，我们就完成了项目的新建环节，下一节进入项目的核心逻辑实现环节。

12.2　项目核心逻辑的实现

本节主要实现这样的功能：用 RecyclerView 实现一个列表，列表中的数据来自于模拟

Json 格式的数据，它是用来解析、绑定到列表的数据，然后在列表中显示加载网络图片和文字信息，单击某一条 Item，可以跳转到新的页面，并且传递过来的这个对应的 Item 信息会显示在第二个页面上。

这个小的项目主要涉及 Activity、Intent 跳转及传值、布局绘制、RecyclerView 的用法、Adapter 适配器用法、第三方图片处理库 Glide 用法和 Json 数据的解析等。首先看一下效果，如图 12-5 和图 12-6 所示。

图 12-5　首页列表　　　　图 12-6　详情页

项目整体结构如图 12-7 所示。

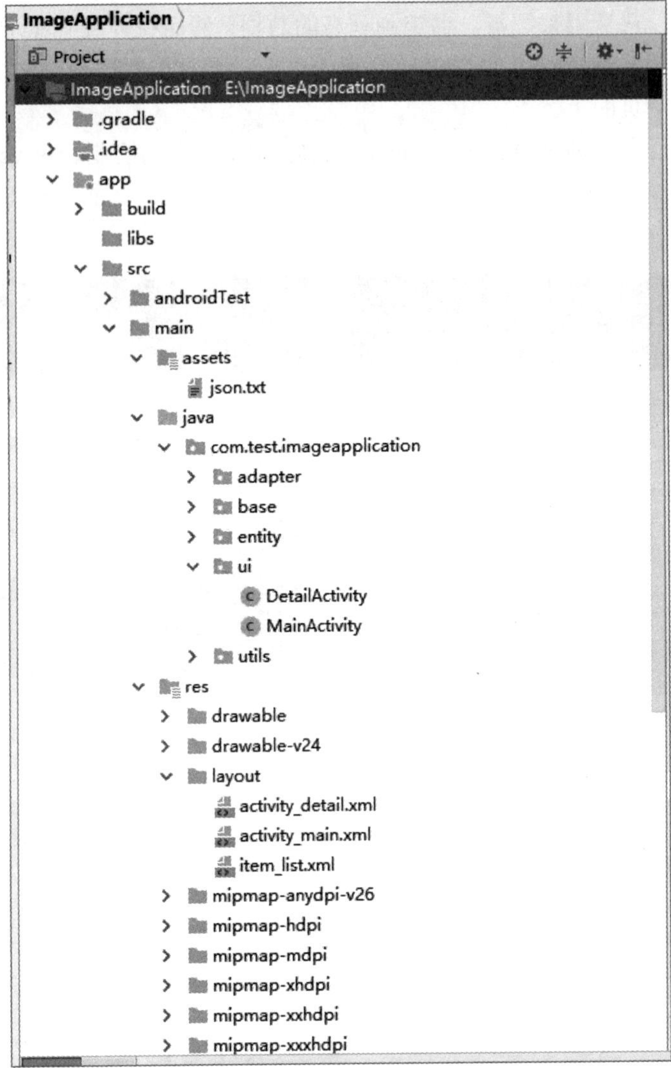

图 12-7　项目结构

接下来看一下核心代码。

这里模拟 JSON 数据建立了一个 txt 文本，并将其放到了 Assets 目录下，便于后续读取数据用。先建立一个 Product 实体，用于记录列表的每条数据对象。代码如下：

```
public class Product implements Serializable {
    private int id;
    private String imageUrl;
    private String title;
    private String content;

    public int getId() {
        return id;
```

```
    }

    public void setId(int id) {
        this.id = id;
    }

    public String getImageUrl() {
        return imageUrl;
    }

    public void setImageUrl(String imageUrl) {
        this.imageUrl = imageUrl;
    }

    public String getTitle() {
        return title;
    }

    public void setTitle(String title) {
        this.title = title;
    }

    public String getContent() {
        return content;
    }

    public void setContent(String content) {
        this.content = content;
    }
}
```

绘制首页列表布局。代码如下：

```
<?xml version="1.0" encoding="utf-8"?>
<FrameLayout xmlns:android="http://schemas.android.com/apk/res/android"
    xmlns:tools="http://schemas.android.com/tools"
    android:layout_width="match_parent"
    android:layout_height="match_parent"
    tools:context=".ui.MainActivity">

    <android.support.v7.widget.RecyclerView
        android:id="@+id/rv"
        android:layout_width="match_parent"
        android:layout_height="match_parent" />

</FrameLayout>
```

绘制列表的 item 布局。代码如下：

```
<?xml version="1.0" encoding="utf-8"?>
<LinearLayout xmlns:android="http://schemas.android.com/apk/res/android"
    android:layout_width="match_parent"
    android:layout_height="wrap_content"
    android:orientation="horizontal"
    android:padding="@dimen/item_padding">
```

```
    <ImageView
        android:id="@+id/iv_img"
        android:layout_width="@dimen/image_width"
        android:scaleType="centerCrop"
        android:layout_height="@dimen/image_height" />

    <LinearLayout
        android:layout_width="@dimen/width_weight"
        android:layout_height="wrap_content"
        android:layout_weight="1"
        android:orientation="vertical">

        <TextView
            android:id="@+id/tv_title"
            android:layout_width="match_parent"
            android:layout_height="wrap_content"
            android:ellipsize="end"
            android:lines="1"
            android:padding="@dimen/item_light_padding"
            android:textColor="@color/gray"
            android:textSize="@dimen/title_size" />

        <TextView
            android:id="@+id/tv_content"
            android:layout_width="match_parent"
            android:layout_height="wrap_content"
            android:ellipsize="end"
            android:lineSpacingMultiplier="1.2"
            android:lines="3"
            android:padding="@dimen/item_light_padding"
            android:textColor="@color/lightgray"
            android:textSize="@dimen/content_size" />

        <View
            android:layout_width="match_parent"
            android:layout_height="@dimen/line_height"
            android:background="@color/line" />
    </LinearLayout>
</LinearLayout>
```

绘制详情页布局。代码如下：

```
<?xml version="1.0" encoding="utf-8"?>
<LinearLayout xmlns:android="http://schemas.android.com/apk/res/android"
    xmlns:tools="http://schemas.android.com/tools"
    android:layout_width="match_parent"
    android:layout_height="match_parent"
    android:orientation="vertical"
    android:padding="@dimen/item_padding"
    tools:context=".ui.DetailActivity">

    <TextView
        android:id="@+id/tv_title"
        android:layout_width="match_parent"
        android:layout_height="wrap_content"
        android:padding="@dimen/item_padding"
```

```
        android:textColor="@color/gray"
        android:textSize="@dimen/title_size" />

    <ImageView
        android:id="@+id/iv_img"
        android:layout_width="match_parent"
        android:layout_height="@dimen/img_height"
        android:scaleType="centerCrop" />

    <TextView
        android:id="@+id/tv_content"
        android:layout_width="match_parent"
        android:layout_height="wrap_content"
        android:lineSpacingMultiplier="1.2"
        android:padding="@dimen/item_padding"
        android:textColor="@color/lightgray"
        android:textSize="@dimen/content_size" />
</LinearLayout>
```

在 build.gradle 里引入相关的第三方库。代码如下：

```
apply plugin: 'com.android.application'

android {
    compileSdkVersion 27
    defaultConfig {
        applicationId "com.test.imageapplication"
        minSdkVersion 15
        targetSdkVersion 27
        versionCode 1
        versionName "1.0"
        testInstrumentationRunner "android.support.test.runner.AndroidJUnit
Runner"
    }
    buildTypes {
        release {
            minifyEnabled false
            proguardFiles getDefaultProguardFile('proguard-android.txt'),
'proguard-rules.pro'
        }
    }
}

dependencies {
    implementation fileTree(dir: 'libs', include: ['*.jar'])
    implementation 'com.android.support:appcompat-v7:27.1.1'
    implementation 'com.android.support.constraint:constraint-layout:1.1.2'
    implementation 'com.android.support:recyclerview-v7:27.1.1'
    implementation 'com.google.code.gson:gson:2.8.5'
    implementation 'com.github.bumptech.glide:glide:4.8.0'
    annotationProcessor 'com.github.bumptech.glide:compiler:4.8.0'
    implementation 'com.jakewharton:butterknife:8.8.1'
    annotationProcessor 'com.jakewharton:butterknife-compiler:8.8.1'
    testImplementation 'junit:junit:4.12'
    androidTestImplementation 'com.android.support.test:runner:1.0.2'
    androidTestImplementation 'com.android.support.test.espresso:espresso-
```

```
core:3.0.2'
}
```

在 AndroidManifest.xml 里添加相关权限，如网络权限和文件读写权限。代码如下：

```
<uses-permission android:name="android.permission.INTERNET" />
<uses-permission android:name="android.permission.READ_EXTERNAL_STORAGE" />
<uses-permission android:name="android.permission.WRITE_EXTERNAL_STORAGE" />
```

接下来编写项目首页的逻辑代码，也就是 RecyclerView 和 Adapter 的使用。代码如下：

```
public class MainActivity extends BaseActivity implements ItemAdapter.
ItemClickListener {
    @BindView(R.id.rv)
    RecyclerView recyclerView;
    private LinearLayoutManager linearLayoutManager;
    private ItemAdapter itemAdapter;

    @Override
    protected void onCreate(Bundle savedInstanceState) {
        super.onCreate(savedInstanceState);
        setContentView(R.layout.activity_main);
        initView();
    }

    private void initView() {
        ButterKnife.bind(this);
        linearLayoutManager = new LinearLayoutManager(this, LinearLayout
Manager.VERTICAL, false);
        itemAdapter = new ItemAdapter(this, Utils.getList(this));
        recyclerView.setLayoutManager(linearLayoutManager);
        recyclerView.setAdapter(itemAdapter);
        itemAdapter.setOnItemClickListener(this);
    }

    @Override
    public void onItemClick(int position, Product product) {
        Intent intent = new Intent(this, DetailActivity.class);
        intent.putExtra(Utils.INTENT_KEY, product);
        startActivity(intent);
    }
}
```

编写适配器，用于首页列表。代码如下：

```
public class ItemAdapter extends RecyclerView.Adapter<ItemAdapter.Item
ViewHolder> {
    private Context context;
    private List<Product> list;
    private ItemClickListener itemClickListener;

    public ItemAdapter(Context context, List<Product> list) {
        this.context = context;
        this.list = list;
    }

    public void setOnItemClickListener(ItemClickListener itemClickListener) {
```

```
        this.itemClickListener = itemClickListener;
    }

    @NonNull
    @Override
    public ItemAdapter.ItemViewHolder onCreateViewHolder(@NonNull ViewGroup
parent, int viewType) {
        View view = LayoutInflater.from(parent.getContext()).inflate(R.layout.
item_list, parent, false);
        return new ItemViewHolder(view);
    }

    @Override
    public void onBindViewHolder(@NonNull ItemAdapter.ItemViewHolder holder,
final int position) {
        Glide.with(context).load(list.get(position).getImageUrl()).into
(holder.iv_img);
        holder.tv_title.setText(list.get(position).getTitle());
        holder.tv_content.setText(list.get(position).getContent());
        holder.itemView.setOnClickListener(new View.OnClickListener() {
            @Override
            public void onClick(View v) {
                if (itemClickListener != null) {
                    itemClickListener.onItemClick(position, list.get(position));
                }
            }
        });
    }

    @Override
    public int getItemCount() {
        if (list == null) {
            return 0;
        }
        return list.size();
    }

    class ItemViewHolder extends RecyclerView.ViewHolder {
        @BindView(R.id.iv_img)
        ImageView iv_img;
        @BindView(R.id.tv_title)
        TextView tv_title;
        @BindView(R.id.tv_content)
        TextView tv_content;

        public ItemViewHolder(View itemView) {
            super(itemView);
            ButterKnife.bind(this, itemView);
        }
    }

    public interface ItemClickListener {
        void onItemClick(int position, Product product);
    }
}
```

接下来编写详情页逻辑：DetailActivity.java 文件逻辑。代码如下：

```
public class DetailActivity extends BaseActivity {
    @BindView(R.id.tv_title)
    TextView tv_title;
    @BindView(R.id.tv_content)
    TextView tv_content;
    @BindView(R.id.iv_img)
    ImageView iv_img;
    private Product product;

    @Override
    protected void onCreate(Bundle savedInstanceState) {
        super.onCreate(savedInstanceState);
        setContentView(R.layout.activity_detail);
        initView();
    }

    private void initView() {
        getSupportActionBar().setTitle("详情");
        getSupportActionBar().setHomeButtonEnabled(true);
        getSupportActionBar().setDisplayHomeAsUpEnabled(true);
        ButterKnife.bind(this);
        product = (Product) getIntent().getExtras().getSerializable(Utils.
INTENT_KEY);
        Glide.with(this).load(product.getImageUrl()).into(iv_img);
        tv_title.setText(product.getTitle());
        tv_content.setText(product.getContent());
    }

    @Override
    public boolean onOptionsItemSelected(MenuItem item) {
        if(item.getItemId()==android.R.id.home){
            this.finish();
        }
        return super.onOptionsItemSelected(item);
    }
}
```

注意，从主页跳转到详情页用的是 Intent 传递，并且传递的数据要进行序列化，因为传递的是一个对象。

```
Intent intent = new Intent(this, DetailActivity.class);
intent.putExtra(Utils.INTENT_KEY, product);
startActivity(intent);
```

至此，整体的核心逻辑代码就编写完成了，读者可以基于这个项目进行扩展和改进，加深对所学知识的理解。

12.3　App 项目调试

要进行项目调试，首先需要打开手机的开发者模式和 USB 调试模式，这样可以连接真机进行断点或者 Log 日志调试，如图 12-8 所示。

图 12-8　开启开发者模式

先看一下 Log 日志调试。Android Log 日志调试可以让一些调试的值输出在 Android Studio 的 Logcat 窗口中，方便开发者根据输出的数据进行判断和修改逻辑，找到问题所在。Log 类比较常用的打印日志的方法有 5 个，这 5 个方法都会把日志打印到 Logcat 窗口中。

- Log.v(tag,message)：verbose 模式，打印最详细的日志；
- Log.d(tag,message)：Debug 级别的日志；
- Log.i(tag,message)：info 级别的日志；
- Log.w(tag,message)：warn 级别的日志；
- Log.e(tag,message)：error 级别的日志。

可以在代码里输入一条打印日志的语句。例如：

```
public class MainActivity extends AppCompatActivity {

    @Override
    protected void onCreate(Bundle savedInstanceState) {
        super.onCreate(savedInstanceState);
        setContentView(R.layout.activity_main);
        Log.i("info", "输出日志");
    }
}
```

这样程序在编译运行后，就会在 Logcat 窗口中输出相应的日志信息了，如图 12-9 所示。

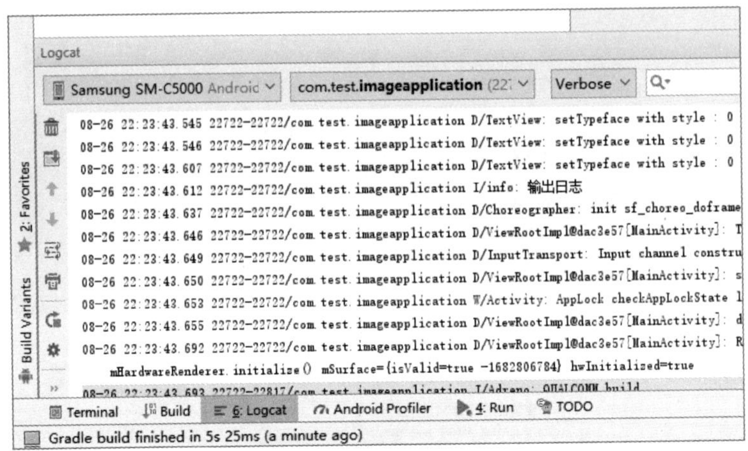

图 12-9　输出 Log 日志

接下来看一下断点 Debug 调试。如图 12-10 所示，顶部框圈出了两个按钮，第一个按钮需要重新运行 App 才可以调试，第二个按钮是在 App 运行中也可以新增断点进行随时调试，如图 12-10 所示。

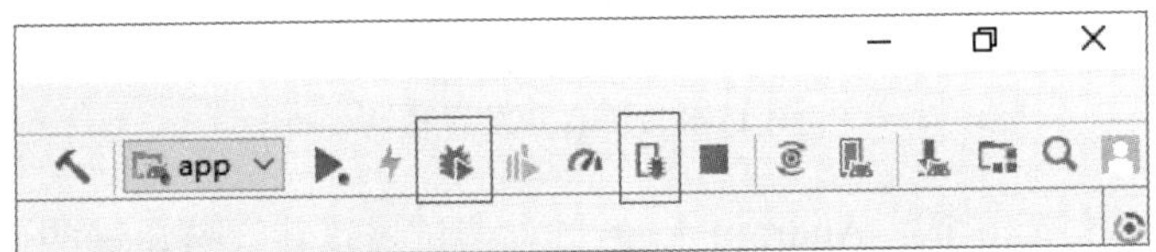

图 12-10　Debug 断点调试按钮

我们编写一段简单的代码进行 Debug 调试，如图 12-11 所示。

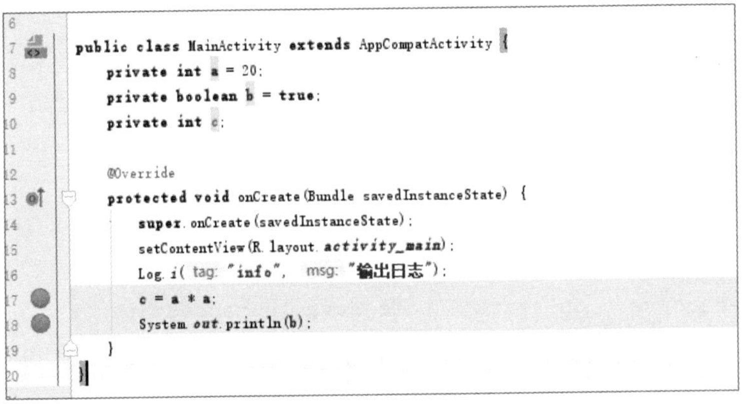

```
public class MainActivity extends AppCompatActivity {
    private int a = 20;
    private boolean b = true;
    private int c;

    @Override
    protected void onCreate(Bundle savedInstanceState) {
        super.onCreate(savedInstanceState);
        setContentView(R.layout.activity_main);
        Log.i( tag: "info",  msg: "输出日志");
        c = a * a;
        System.out.println(b);
    }
}
```

图 12-11　Debug 断点调试 1

然后单击第一个 Debug 调试按钮，重新运行 App 进行调试，会出现如图 12-12 所示的状态。

```
public class MainActivity extends AppCompatActivity {
    private int a = 20;   a: 20
    private boolean b = true;   b: true
    private int c;   c: 0

    @Override
    protected void onCreate(Bundle savedInstanceState) {  savedInstanceState: null
        super.onCreate(savedInstanceState);  savedInstanceState: null
        setContentView(R.layout.activity_main);
        Log.i( tag: "info",  msg: "输出日志");
        c = a * a;   c: 0  a: 20
        System.out.println(b);
    }
}
```

图 12-12　Debug 断点调试 2

在 Debug 输出窗口中，可以清晰地看到调试的变量值，如图 12-13 所示。

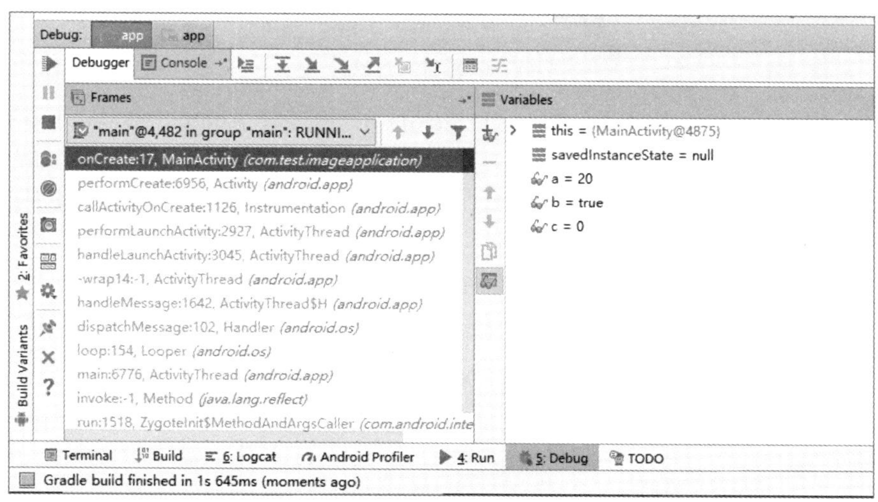

图 12-13　Debug 断点调试 3

如果有多个断点，可以单击 Debug 窗口工具栏顶部的小箭头进行断点的移动，如图 12-14 所示。

图 12-14　Debug 断点调试 4

各控制箭头的作用如下：

- Step Over（F8）：单步跳过，单击该按钮将可使程序向下执行一行。如果当前行是一个方法调用，则此行调用的方法被执行完毕后再执行下一行。
- Step Info（F7）：单步跳入，执行该操作将使得程序向下执行一行。如果该行有自定义的方法，则进入该方法内部继续执行。需要注意，如果是类库中的方法，则不会进入方法内部。
- Force Step Info（Alt+Shift+F7）：强制单步跳入，和 Step Into 功能类似。主要区别在于，如果当前行有任何方法，则不管该方法是自行定义的还是类库提供的，都能跳到方法内部继续执行。
- Step Out（Shift+F8）：如果在调试的时候进入了一个方法（如 f2()），并觉得该方法没有问题，那么就可以使用 Step Out 跳出该方法，返回到该方法被调用处的下一行语句。值得注意的是，此时该方法已执行完毕。
- Run to Cursor（Alt+F9）：立即执行下一个断点。

关于 Android 的基础断点调试就讲解到这里，读者可以自行进行相关的实践和学习。

12.4　打包签名

Android 打包签名的方式有很多种，如 gradle 命令打包、Android Studio 工具打包，还可以通过 Gradle 进行配置多渠道打包，就是一次可以打包出很多个平台不同配置的 APK。App 最终发布时必须要进行签名，要编写自己的签名文件并保存好，因为下次升级打包时还需要用到。

这里讲解一种最基本的打包方式，即通过 Android Studio 自带的界面操作打包方式。

（1）选择 Build | Generate Signed APK...命令，如图 12-15 所示。

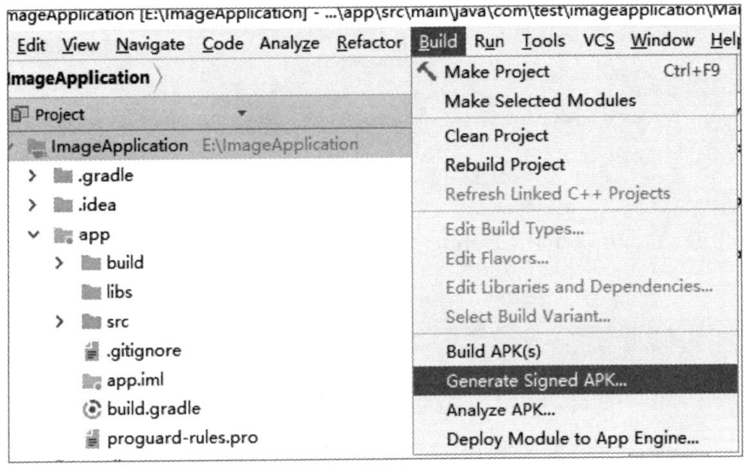

图 12-15　Android 打包签名第 1 步

（2）弹出签名 APK 对话框，如图 12-16 所示。

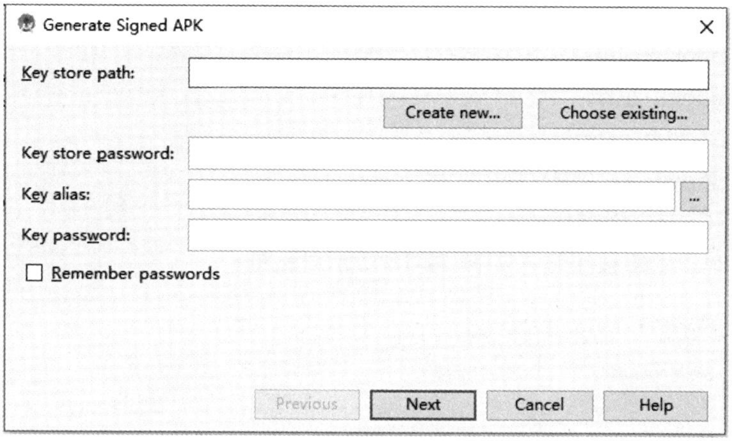

图 12-16　Android 打包签名第 2 步

（3）单击 Create new...按钮，创建一个新的签名文件，如图 12-17 所示。

图 12-17　Android 打包签名第 3 步

（4）在图 12-17 中输入相关的签名文件信息，前几项这里不做介绍，后面几项说明如下：

- Validity：有效年限；
- First and Last Name：名称；
- Organizational Unit：单位名称；
- Organization：组织；
- City or Locality：城市；
- State or Province：省份；
- Country Code：国家代码。

完成后，单击 OK 按钮进入如图 12-18 所示对话框。

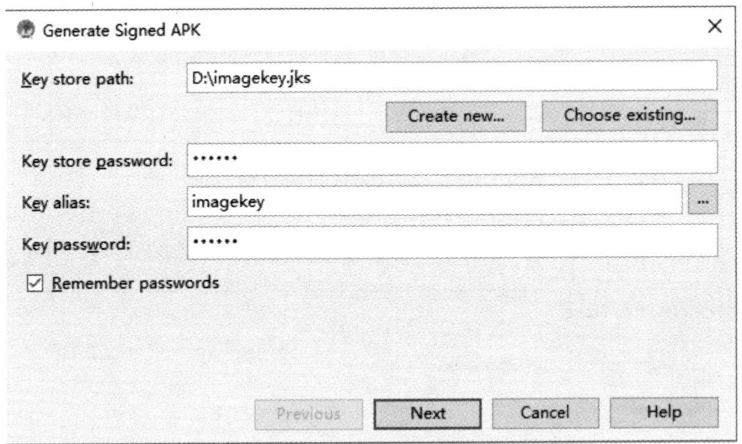

图 12-18　Android 打包签名第 4 步

（5）单击 Next 按钮，进入下一步，如图 12-19 所示。

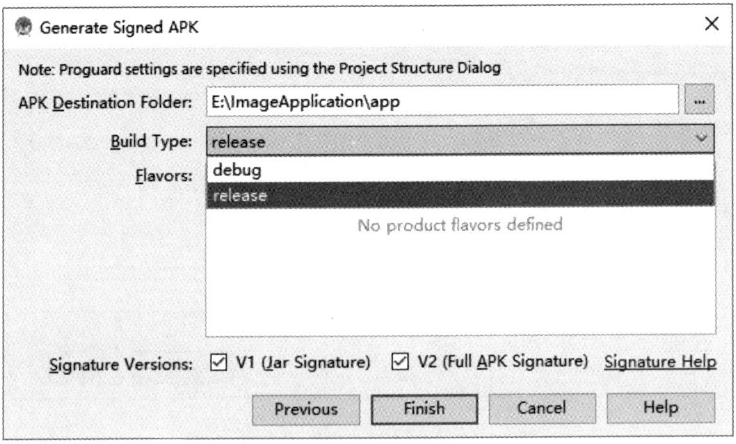

图 12-19　Android 打包签名第 5 步

（6）在 Generate Signed APK 对话框中选择打包的是 debug 版本或 release 版本即可，

打正式包需要选择 release 版本，最后单击 Finish 按钮完成打包，如图 12-20 所示。

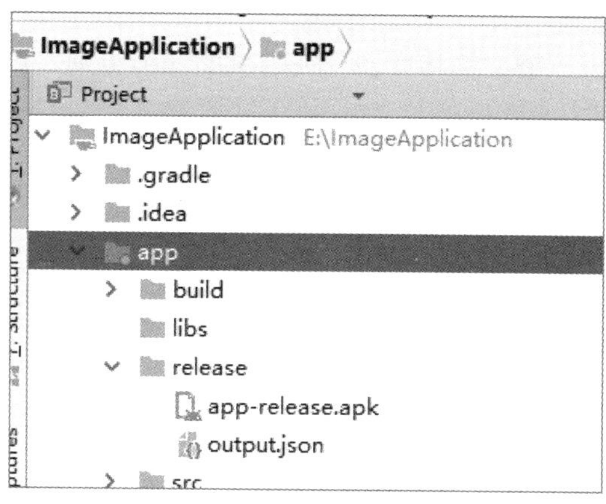

图 12-20　Android 打包签名第 6 步

这样就在 app/release 目录下生成了 release 版本的签名 APK 了。

12.5　自动化压力测试

Android App 开发完成后，在上线前一般都需要进行严格的测试才能发布上线。在测试方面，可以选择一些第三方平台进行自动化测试，如腾讯优测云测试平台、百度云测、Testin 云测等各大平台，也可以自己手动测试。还有一种方式就是编写测试代码或测试用例进行测试，可以使用如 Espresso、UI Automator、Appium 等框架编写测试用例进行测试。

这里选择一个自动化压力测试，是 Android 自带的比较传统的测试工具 Monkey。

Monkey 是 Android 中的一个命令行工具，可以运行在模拟器里或实际设备中。它向系统发送伪随机用户事件流（如按键输入、触摸屏输入、手势输入等），实现对正在开发的应用程序进行压力测试。Monkey 测试是实现测试软件的稳定性和健壮性的快速而有效的方法。Monkey 测试的操作步骤如下：

（1）需要确保真机和计算机通过 USB 线已经连通，可以正确地执行一些 adb 命令。

（2）输入执行 Monkey 测试命令。

例如，输入最简单的一条测试命令来对特定的 App 包进行测试，该命令为 adb shell monkey -p <pakage.name>。

下面看一下 Monkey 的命令参数解释。

1．常规类参数

（1）-help

作用：列出 Monkey 命令的用法。

示例：adb shell monkey -help，也可不写 help，直接用-h 代替。

（2）-v

作用：命令行上的每一个-v 都将增加反馈信息的详细级别。-v 参数的几个不同测试日志级别的信息含义如下：

- Level0（默认）：除了启动、测试完成和最终结果外，只提供较少的信息；
- Level1：提供了较为详细的测试信息，如逐个发送到 Activity 的事件信息；
- Level2：提供了更多的设置信息，如测试选中或未选中的 Activity 信息。

比较常用的是-v -v -v，即最多的详细信息，一般会保存到指定文件中供开发人员查找 bug 时使用。

示例：adb shell monkey -v 10

2．事件类参数

（1）-s <seed>

作用：伪随机数生成器的 seed 值。如果用相同的 seed 值再次运行 Monkey，将生成相同的事件序列。

示例：adb shell monkey -s 1483082208904 -v 10

（2）-throttle <milliseconds>

作用：在事件之间插入固定的时间（毫秒）延迟，可以使用这个设置来减缓 Monkey 的运行速度。如果不指定这个参数，则事件之间将没有延迟，事件将以最快的速度生成。

注：该参数是常用参数，一般设置为 300 毫秒，原因是实际用户最快 300 毫秒左右操作一个动作事件，所以此处一般设置为 300 毫秒。

示例：adb shell monkey -throttle 300 -v 10

（3）-pct-touch <percent>

作用：调整触摸事件的百分比。触摸事件是指在屏幕中进行的一个 down-up 事件，即在屏幕某处按下并抬起的操作。

注：该参数是常用参数，设置时要适应当前被测应用程序的操作，比如一个 App 其 80%的操作都是触摸，那么就可以将此参数的百分比设置成相应较高的百分比。

示例：adb shell monkey -pct-touch 100 -v 10

（4）-pct-motion <percent>

作用：调整 motion 事件的百分比。motion 事件是由屏幕上某处的一个 down 事件、一系列伪随机移动事件和一个 up 事件组成，是常用参数。

注：需注意的是移动事件是直线滑动。

示例：adb shell monkey -pct-motion 100 -v 10

（5）pct-trackball <percent>

作用：调整滚动球事件的百分比。滚动球事件由一个或多个随机的移动事件组成，有时会伴随着单击事件，是不常使用的参数。

注：现在的手机中几乎没有滚动球功能的操作，但滚动球事件中包含曲线滑动事件，在被测程序需要曲线滑动时可以选用此参数。

示例：adb shell monkey -pct-trackball 100 -v 10

（6）-pct-nav <percent>

作用：调整基本导航事件的百分比。导航事件由方向输入设备的上、下、左、右按键所触发的事件组成。

注：该参数属于不常用的参数。

示例：adb shell monkey -pct-nav 100 -v 10

（7）-pct-majornav <percent>

作用：调整主要导航事件的百分比。这些导航事件通常会触发 UI 界面中的动作事件，如 5-way 键盘的中间键、回退按键、菜单按键。

注：该参数属于不常用的参数。

示例：adb shell monkey -pct-majornav 100 -v 10

（8）-pct-syskeys <percent>

作用：调整系统事件的百分比。这些按键通常由系统保留使用，如 Home、Back、Start Call、End Call 和音量调节。

注：该参数属于不常用的参数。

示例：adb shell monkey -pct-syskeys 100 -v 10

（9）-pct-appswitch <percent>

作用：调整 Activity 启动的百分比。在随机的时间间隔中，Monkey 将执行一个 startActivity() 调用，作为最大程度覆盖被测包中全部 Activity 的一种方法。

注：该参数属于不常用的参数。

示例：adb shell monkey -pct-appswitch 100 -v 5

（10）-pct-anyevent

作用：调整其他事件的百分比。（包含所有其他的事件，如按键和在设备上不常用的按钮等）。

注：该参数属于不常用的参数。

示例：adb shell monkey -pct-anyevent 100 -v 5

3. 约束类参数

（1）-p <allowed-package-name>

作用：如果指定一个或多个包，Monkey 将只允许访问这些包中的 Activity。如果应用程序需要访问这些包（如选择联系人）以外的 Activity，则需要指定这些包。如果不指定任何包，Monkey 将允许系统启动所有包的 Activity。如果需要指定多个包，则使用多个-p，一个-p 后面接一个包名。

注：该参数是常用参数，在前面测试准备中已有提及。

示例：adb shell monkey -p com.Android.browser -v 10

（2）-c <main-category>

作用：如果指定一个或多个类别，Monkey 将只允许系统启动这些指定类别中列出的 Activity；如果不指定任何类别，Monkey 将选择下列类别中列出的 Activity，如 Intent.CATEGORY_LAUNCHER 和 Intent.CATEGORY_MONKEY。指定多个类别时可以使用多个-c，且每个-c 指定一个类别。

注：该参数是不常用的参数。

（3）-dbg-no-events

作用：设置该选项后，Monkey 将执行初始启动，进入 Activity 测试阶段，并不会再进一步生成事件。为了得到最佳结果，需要结合参数-v，或者加入一个或多个包的约束，以及一个保持 Monkey 运行 30 秒或更长时间的非零值配置来进行初始化启动测试环境。

注：该参数是不常用的参数。

（4）-hprof

作用：设置该选项后，将在 Monkey 生成事件序列前后生成 profilling 报告，在 data/misc 路径下生成大文件（约 5MB），所以要小心使用。

注：该参数是不常用的参数。

（5）-ignore-crashes

作用：通常，应用发生崩溃或异常时 Monkey 会停止运行，如果设置该参数，Monkey 将继续给系统发送事件，直到事件计数完成。

注：该参数是常用的参数。

（6）-ignore-timeouts

作用：通常，应用程序在发生任何超时错误（如 Application Not Responding 对话框）时，Monkey 将停止运行，设置该参数后，Monkey 将继续给系统发送事件，直到事件计数完成。

注：该参数是常用的参数。

（7）-ignore-security-exception

作用：通常，当程序发生许可错误（如启动一些需要许可的 Activity）导致程序异常时，Monkey 将停止运行。设置该参数后，Monkey 将继续给系统发送事件，直到事件计数完成。

注：该参数是常用的参数。

（8）-kill-process-after-error

作用：通常，当 Monkey 由于一个错误而停止时，出错的应用程序将继续处于运行状态。设置该参数后，程序将会通知系统停止发生错误的进程。注意，程序正常（成功）结束时并没有停止启动进程，设备只是在结束事件之后简单地保持在最后的状态。

（9）-monitor-native-crashes

作用：监视并报告 Andorid 系统中本地代码的崩溃事件，如果设置–kill-process-after-error，系统将停止运行。

（10）-wait-dbg

作用：停止执行中的 Monkey，直到有调试器和它相连接。

接下来执行一条自动化压力测试 Monkey 命令，看一下输出的日志信息。

执行 adb shell monkey -p com.test.imageapplication -v-v-v 100 命令，即执行 100 次随机事件，结果如图 12-21 和图 12-22 所示。

```
Terminal
E:\ImageApplication>adb shell monkey -p com.test.imageapplication -v-v-v 100
:Monkey: seed=1535400565758 count=100
:AllowPackage: com.test.imageapplication
:IncludeCategory: android.intent.category.LAUNCHER
:IncludeCategory: android.intent.category.MONKEY
// Event percentages:
//   0: 15.0%
//   1: 10.0%
//   2: 2.0%
//   3: 15.0%
//   4: -0.0%
//   5: -0.0%
//   6: 25.0%
//   7: 15.0%
//   8: 2.0%
//   9: 2.0%
//   10: 1.0%
//   11: 13.0%
:Switch: #Intent;action=android.intent.action.MAIN;category=android.intent.category.LAUNCHER;launchFlags=0x1
    // Allowing start of Intent { act=android.intent.action.MAIN cat=[android.intent.category.LAUNCHER] cmp=
:Sending Touch (ACTION_DOWN): 0:(427.0,533.0)
:Sending Touch (ACTION_UP): 0:(437.4836,522.9966)
:Sending Trackball (ACTION_MOVE): 0:(-4.0,0.0)
:Sending Touch (ACTION_DOWN): 0:(307.0,223.0)
:Sending Touch (ACTION_UP): 0:(292.662,217.10394)
:Sending Touch (ACTION_DOWN): 0:(385.0,737.0)
:Sending Touch (ACTION_UP): 0:(399.54532,739.6164)
:Switch: #Intent;action=android.intent.action.MAIN;category=android.intent.category.LAUNCHER;launchFlags=0x1
    // Allowing start of Intent { act=android.intent.action.MAIN cat=[android.intent.category.LAUNCHER] cmp=
:Sending Touch (ACTION_DOWN): 0:(82.0,1641.0)
:Sending Touch (ACTION_UP): 0:(57.037773,1605.6395)
```

图 12-21　Monkey 自动化压力测试 1

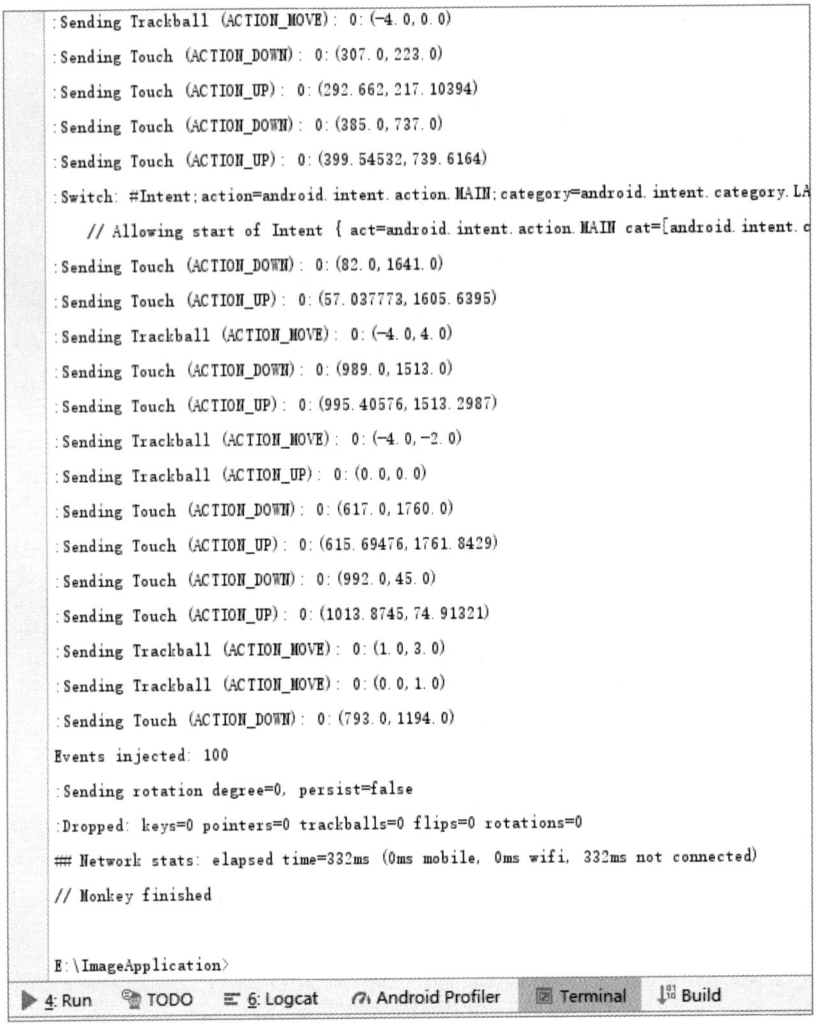

```
:Sending Trackball (ACTION_MOVE): 0:(-4.0,0.0)
:Sending Touch (ACTION_DOWN): 0:(307.0,223.0)
:Sending Touch (ACTION_UP): 0:(292.662,217.10394)
:Sending Touch (ACTION_DOWN): 0:(385.0,737.0)
:Sending Touch (ACTION_UP): 0:(399.54532,739.6164)
:Switch: #Intent;action=android.intent.action.MAIN;category=android.intent.category.LA
    // Allowing start of Intent { act=android.intent.action.MAIN cat=[android.intent.c
:Sending Touch (ACTION_DOWN): 0:(82.0,1641.0)
:Sending Touch (ACTION_UP): 0:(57.037773,1605.6395)
:Sending Trackball (ACTION_MOVE): 0:(-4.0,4.0)
:Sending Touch (ACTION_DOWN): 0:(989.0,1513.0)
:Sending Touch (ACTION_UP): 0:(995.40576,1513.2987)
:Sending Trackball (ACTION_MOVE): 0:(-4.0,-2.0)
:Sending Trackball (ACTION_UP): 0:(0.0,0.0)
:Sending Touch (ACTION_DOWN): 0:(617.0,1760.0)
:Sending Touch (ACTION_UP): 0:(615.69476,1761.8429)
:Sending Touch (ACTION_DOWN): 0:(992.0,45.0)
:Sending Touch (ACTION_UP): 0:(1013.8745,74.91321)
:Sending Trackball (ACTION_MOVE): 0:(1.0,3.0)
:Sending Trackball (ACTION_MOVE): 0:(0.0,1.0)
:Sending Touch (ACTION_DOWN): 0:(793.0,1194.0)
Events injected: 100
:Sending rotation degree=0, persist=false
:Dropped: keys=0 pointers=0 trackballs=0 flips=0 rotations=0
## Network stats: elapsed time=332ms (0ms mobile, 0ms wifi, 332ms not connected)
// Monkey finished

E:\ImageApplication>
```

4: Run　TODO　6: Logcat　Android Profiler　Terminal　Build

图 12-22　Monkey 自动化压力测试 2

这样就实现了使用 Monkey 进行自动化压力测试，更多的用法读者可以自行实践。

那么，整个从项目新建到应用打包测试的完整流程就给读者讲解完毕了。读者可以按照这个项目流程进行实践，加深理解。希望读者能通过本书对 Android 开发的相关知识和技能有更深入的理解。

推荐阅读

人工智能极简编程入门（基于Python）

作者：张光华 贾庸 李岩　书号：978-7-111-62509-4　定价：69.00元

“图书+视频+GitHub+微信公众号+学习管理平台+群+专业助教”立体化学习解决方案

本书由多位资深的人工智能算法工程师和研究员合力打造，是一本带领零基础读者入门人工智能技术的图书。本书的出版得到了地平线创始人余凯等6位人工智能领域知名专家的大力支持与推荐。本书贯穿“极简体验”的讲授原则，模拟实际课堂教学风格，从Python入门讲起，平滑过渡到深度学习的基础算法——卷积运算，最终完成谷歌官方的图像分类与目标检测两个实战案例。

从零开始学Python网络爬虫

作者：罗攀 蒋仟　书号：978-7-111-57999-1　定价：59.00元

详解从简单网页到异步加载网页，从简单存储到数据库存储，从简单爬虫到框架爬虫等技术

本书是一本教初学者学习如何爬取网络数据和信息的入门读物。书中涵盖网络爬虫的原理、工具、框架和方法，不仅介绍了Python的相关内容，而且还介绍了数据处理和数据挖掘等方面的内容。本书详解22个爬虫实战案例、爬虫3大方法及爬取数据的4大存储方式，可以大大提高读者的实际动手能力。

从零开始学Python数据分析（视频教学版）

作者：罗攀　书号：978-7-111-60646-8　定价：69.00元

全面涵盖数据分析的流程、工具、框架和方法，内容新，实战案例多

详细介绍从数据读取到数据清洗，以及从数据处理到数据可视化等实用技术

本书是一本适合“小白”学习Python数据分析的入门图书，书中不仅有各种分析框架的使用技巧，而且也有各类数据图表的绘制方法。本书重点介绍了9个有较高应用价值的数据分析项目实战案例，并介绍了NumPy、pandas库和matplotlib库三大数据分析模块，以及数据分析集成环境Anaconda的使用。

推荐阅读

Python Flask Web开发入门与项目实战

作者：钱游　书号：978-7-111-63088-3　定价：99.00元

从Flask框架的基础知识讲起，逐步深入到Flask Web应用开发
详解116个实例、28个编程练习题、1个综合项目案例

本书从Flask框架的基础知识讲起，逐步深入到使用Flask进行Web应用开发。其中，重点介绍了使用Flask+SQLAlchemy进行服务端开发，以及使用Jinja 2模板引擎和Bootstrap进行前端页面开发，让读者系统地掌握用Python微型框架开发Web应用的相关知识，并掌握Web开发中的角色访问权限控制方法。

React+Redux前端开发实战

作者：徐顺发　书号：978-7-111-63145-3　定价：69.00元

阿里巴巴钉钉前端技术专家核心等三位大咖力荐

本书是一本React入门书，也是一本React实践书，更是一本React企业级项目开发指导书。书中全面、深入地分享了资深前端技术专家多年一线开发经验，并系统地介绍了以React.js为中心的各种前端开发技术，可以帮助前端开发人员系统地掌握这些知识，提升自己的开发水平。

Vue.js项目开发实战

作者：张帆　书号：978-7-111-60529-4　定价：89.00元

通过一个完整的Web项目案例，展现了从项目设计到项目开发的完整流程

本书以JavaScript语言为基础，以Vue.js项目开发过程为主线，系统地介绍了一整套面向Vue.js的项目开发技术。从NoSQL数据库的搭建到Express项目API的编写，最后再由Vue.js显示在前端页面中，让读者可以非常迅速地掌握一门技术，提高项目开发的能力。